中国轻工业"十四五"规划立项教材

高等学校香料香精技术与工程专业教材

香料植物栽培学

Spice Plant Cultivation

殷全玉　主编

中国轻工业出版社

图书在版编目（CIP）数据

香料植物栽培学 / 殷全玉主编. -- 北京：中国轻
工业出版社，2024.11. --（高等学校香料香精技术与工
程专业教材）. -- ISBN 978-7-5184-5117-3

Ⅰ. Q949. 97

中国国家版本馆 CIP 数据核字第 2024MW0378 号

责任编辑：伊双双　　邹婉羽

策划编辑：伊双双　　　　责任终审：张乃东　　封面设计：锋尚设计
版式设计：砚祥志远　　　责任校对：晋　洁　　责任监印：张　可

出版发行：中国轻工业出版社（北京鲁谷东街 5 号，邮编：100040）

印　　　刷：三河市万龙印装有限公司

经　　　销：各地新华书店

版　　　次：2024 年 11 月第 1 版第 1 次印刷

开　　　本：787×1092　1/16　印张：25

字　　　数：563 千字

书　　　号：ISBN 978-7-5184-5117-3　定价：69. 00 元

邮购电话：010-85119873

发行电话：010-85119832　010-85119912

网　　　址：http: //www. chlip. com. cn

Email: club@ chlip. com. cn

版权所有　侵权必究

如发现图书残缺请与我社邮购联系调换

232153J1X101ZBW

本书编写人员

主　编　殷全玉（河南农业大学）

副主编　张明月（河南农业大学）

　　　　何金明（韶关学院）

　　　　杨盟权（河南农业大学）

　　　　欧阳铖人（云南农业大学）

参　编　（按姓氏拼音排序）

　　　　刘春奎（郑州轻工业大学）

　　　　任晓强（韶关学院）

　　　　王　斌（韶关学院）

　　　　肖艳辉（韶关学院）

　　　　杨欣玲（河南中烟工业有限责任公司）

　　　　姚鹏伟（河南农业大学）

　　　　云　菲（河南农业大学）

　　　　张红瑞（河南农业大学）

前言 *Preface*

香料植物是指具有香气和可供提取芳香油的栽培植物和野生植物的总称，是兼有药用植物和香料植物共有属性的植物类群，包括香草、香花、香果、香蔬、香树、香藤等。香料植物是天然香料的主要来源，被广泛应用于调味、医疗、化妆品、日用品、饮料、养生、净化空气等。中国是香料植物资源大国，利用香料植物的历史及其文化源远流长，上溯到距今约 5000 年的炎黄时代。"神农尝百草，华夏万里香"，其中的百草有很多是香料植物。天然香料曾经是我国最早沟通中外贸易的重要物资，对推动社会经济全面发展起到了重要作用。

我国是世界香料植物种类最丰富的国家之一。据不完全统计，我国有香料植物 800 余种，属于 70 余科 200 余属，分布遍及全国，已经开发利用的香料植物有 400 余种，常年出口至国际市场的天然香料有 60 余种，在国际香原料市场上占有举足轻重的地位。21 世纪以来，香料植物逐渐在中国兴旺起来，正高速向产业化方向发展，天然香料企业集群迅速崛起，开发并生产了一系列天然香料品牌产品用于供应市场。一个有着强大生命力和巨大价值的中国天然香料产业正在蓬勃兴起，发展势头十分强劲。

一个产业的发展与壮大需要一支强大的专业技术人才队伍，我国目前从事香料植物栽培、加工、利用等方面的专业人才严重不足，与蓬勃发展的产业需求不相匹配。因此，为中国乃至世界天然香料产业发展培养专业人才尤为重要。

天然香料产业发展培养高学历专业人才的紧迫性已经引起高校重视，如华南农业大学、中国农业大学、北京林业大学、上海交通大学、复旦大学、北京工商大学、四川农业大学、新疆农业大学、韶关学院、河南科技学院、北京农学院、河南农业大学、云南农业大学、郑州轻工业大学等，已经把香料植物的教学纳入了相关专业的教学计划中，开始了香料植物相关课程。国内专门针对"香料植物栽培学"编写的教材相对较少，已有的教材多侧重于香料植物栽培技术介绍，缺少栽培学理论知识讲解，难以满足香料专业本科教学对教材的需求。因此，我们编写了这部《香料植物栽培学》。

本教材分为总论和各论两部分，共16章，总论包括：绪论（殷全玉）、第一章香料植物种类、分布及分类方法（欧阳铖人）、第二章香料植物与精油（张明月、杨欣玲）、第三章香料植物的生长发育（姚鹏伟）、第四章香料植物产量与品质（云菲）、第五章香料植物引种与繁殖（张红瑞）、第六章香料植物栽培技术（殷全玉、张明月）、第七章香料植物芳香成分的生物合成（杨盟权）、第八章现代科学技术在香料植物栽培中的应用（刘春奎、杨盟权）。其中第三章和第四章阐述了植物栽培学中营养生长和生殖生长、地上部分和地下部分生长关系、初生代谢和次生代谢的关系、植物生长发育与环境的关系，"源、库、流"理论、作物产量与品质形成关系等栽培学基本理论。第七章介绍了应用合成生物学技术生产香料植物中的香料成分，第八章重点介绍了数字栽培和现代分子技术在香料植物栽培学中的应用等内容。第九章至第十六章为各论部分，整理了根类、叶类、全草类、花类、心材类、树脂类和皮类56种香料植物的具体栽培技术，由殷全玉、何金明、肖艳辉、王斌和任晓强5人共同编写。

本教材遵循兼具思想性、科学性、趣味性和灵活性的编写原则，明确"思政育人目标"，将课程思政元素有机融入教材的每一个章节，做到"知识传授"与"价值引领"协同发展。本教材可以作为高等院校园艺、园林、农学、香精香料专业的教材，也可供从事香料植物研究的单位和个人参考。

本教材在编写过程中，参阅了大量国内外香料植物专著、论文等资料，特别是国家原轻工业部组织专家编写的权威著作《中国香料植物栽培与加工》、王有江和刘海涛主编的《香料植物资源学》、韶关学院何金明和肖艳辉主编的《芳香植物栽培学》等书。河南大学欧亚国际学院2024级学生王轩为本书提供了封面线图、第二章部分及第三章全部插图，在此一并表示感谢。

由于编者水平有限，书中难免会存在一些疏漏和不妥之处，衷心期待各位同仁和读者在使用过程中提出宝贵的意见和建议。

编者

2024 年 8 月

目录 *Contents*

总　论

绪　论

第三章 香料植物的生长发育

第六章　香料植物栽培技术

第七章　香料植物芳香成分的生物合成

各　论

第十二章　花类香料植物

第十三章　果实和种子类香料植物

总　论

绪　论

【学习目标】

　　1. 了解香料植物在国民经济中的作用，以及世界和我国香料植物栽培与利用的历史。

　　2. 理解香料植物的含义和特点，以及学习香料植物栽培学的目的和意义。

　　3. 掌握我国香料植物开发利用现状和发展前景。

第一节　香料植物的含义和特点

一、香料植物的含义

　　香料按照来源可以分为两大类，即天然香料和人工合成香料。天然香料主要源于植物，也有少量来自动物和微生物。香料与人类的生活关系十分密切，如今已经成为人们日常生活中的必需品，例如作为化妆品、饮料、香皂、牙膏、食品、烟草、医药制品和其他日常用品中香精调配的重要原料。

　　广义上讲，用来提取、制备香原料的植物即称为香料植物（spice plants）。具体来说，香料植物是具有香气和可供提取芳香油的栽培植物和野生植物的总称，是兼有药用植物和香料植物共有属性的植物类群，包括香草、香花、香果、香蔬、香树、香藤等。"香料植物"是原轻工业部组织一批专家学者著书立说确定的名称，这一称谓科学、合理、实用。香料植物中的草本植物可称为"香草"，目前，中外出版物对香草概念的解释五花八门。香草是指含有挥发性成分并具有多种功能的以草本为主要特征的一类植物。有个别香草种类不含挥发性成分，如羽叶薰衣草、柳叶马鞭草等，但其同科同属植物是香料植物，且有很好的观赏价值，可称为"观赏性香草"。香草不是植物学或生物学上的专用名词，而是一个约定俗成的词语。曾有人把"香荚兰"译为"香草"，把从发酵过的香荚兰豆中提取的香兰素称为"香草醛"，把"香茅醛"也称为"香草醛"，把"羟基香茅醛"称为"羟基香草醛"，由此造成了很大的混乱。

相比较而言，香料植物与芳香植物概念相近，只是定义的角度不同。但是，采用香料植物概念比采用芳香植物概念更合理一些，因为芳香植物概念十分宽泛，而且，一说到"芳香产品"，还容易把人们的注意力引到化学合成的香料、香精及其产品上。还有人将香料植物称为芳疗植物、香药草等，均有一定的道理，但也有明显的局限性。

二、香料植物的特点

香料植物具有芳香性、观赏性和医疗保健性三大特点，是区别于其他园艺植物的重要标志。

（一）芳香性

芳香性是香料植物的基本特点。芳香植物散发香气的部位有全草、叶、花、根、果实等，因此不同的植物所散发芳香气味的时期或者阶段不同。如迷迭香整株芳香，整个生育期均有香气；桂花、瑞香是花香，花期才有香气；檀香木要生长 20~30 年后，其树干的木质部分才有香气。不同种类香料植物的芳香物质含量和成分差异也很大，因此表现出不同的芳香气味，或浓郁，或清雅，或甜蜜，有的还会发出某些特殊的香气，如玫瑰天竺葵具有玫瑰香气，菠萝天竺葵具有菠萝香气，杂种香水月季具有压碎的新鲜茶叶香味等。

许多芳香植物的香气具有很深的文化底蕴，给园林带来独特的韵味和意境。如梅花，"遥知不是雪，为有暗香来""天与清香似有私"；又如栀子花，"薰风微处留香雪"；夏秋盛开的茉莉，"燕寝香中暑气清，更烦云鬓插琼英""一卉能令一室香，炎天尤觉玉肌凉"。苏州留园的"闻木樨香轩"、网师园的"小山丛挂轩"、拙政园的"远香堂""荷风四面亭""玉兰堂"、承德避暑山庄的"香远益清""冷香厅""观莲所"等，也纷纷借用桂花、荷花、玉兰等的香味来抒发某种意境和情绪。

香料植物的芳香性，是其含有的挥发性芳香物质所致，人们通过水蒸气蒸馏法、挤压法、冷浸法或溶剂提取法等方法从香料植物的花、叶、茎、根或果实等部位将芳香物质提炼萃取出来，称为植物精油、芳香油或挥发油。一般情况下植物精油比水密度低，极少数（如檀香油）比水密度高，不溶于水，能被水蒸气带出来，易溶于各种有机溶剂，在常温下，多呈流动的透明液体。植物精油的香气或香味常显示香料植物原有的香气（味）特征。

植物精油是用于制药和日用化工的原料，我国的薄荷油、桂油、松节油、各类樟油等在世界上享有盛名。

（二）观赏性

目前已经开发利用的芳香植物大都具有较高的观赏性，是香、色、形俱佳的植物种类，如莲的"香远益清，亭亭净直"，梅的"疏影横斜水清浅，暗香浮动月黄昏"，除了具有诱人的香气，其花色、叶色及植株优美的姿态都极具观赏价值。再如兰花色彩淡雅，终年不凋，幽香清远，神静韵高，是我国历代文人墨客推崇备至的名花之一。

（三）医疗保健性

香料植物所散发出来的香气不但可以香化环境，带给人们嗅觉的愉悦，而且还具有一定的医疗保健、杀菌消毒和净化空气的作用。香料植物散发出来的芳香物质有醇、酮、酯、醚等，这些化合物一经阳光照射，便能分解出挥发性的芳香油。香气挥发物质能够刺激人的呼吸中枢，使大脑得到充分的氧气供应，使人产生旺盛的精力，思维清晰、敏捷。随着香气扩散，空气中的阳离子增多，又可以进一步调节人的神经系统，促进血液循环，进而增强人的免疫力。如薰衣草可以静心安神和辅助睡眠，迷迭香和香蜂草有助于提升记忆力，柠檬香茅可以增进食欲等。有些芳香植物散发出的香气自身还可以治疗疾病，如胡椒薄荷、洋甘菊、荆芥可以治疗感冒，迷迭香和薰衣草可以治疗哮喘病等。此外，芳香植物还可以驱避害虫、排斥杂草、抗菌防腐、抵御病虫害的侵扰、净化空气等，如油茶林中间种一些山鸡椒，可以显著减少油茶树病虫害的发生；烟草地头种植小香葱可以驱避蚜虫。

第二节　香料植物的作用

一、抗氧化和杀菌防腐功能

欧洲一些国家以及日本从 20 世纪 80 年代，就已经开始利用天然的抗氧化物质取代人工合成的抗氧化物质，并发现许多香料植物都有抗氧化性，甚至得出香料植物的抗氧化性要比维生素 E 高出数倍的结论。古罗马时期，人们用于肉类防腐的香料植物有莳萝、干牛至、百里香、荷兰芹和薄荷，然而当时的人们并不了解这些植物的防腐机制。随着近代化学工业的发展，在较长的一段时间内，人工合成的抗氧化剂取代了天然香料植物。例如，近年来越来越多的人对化学合成抗氧化物质产生了疑惑，使得天然抗氧化剂重新得到重视。茶多酚是我国近年开发的天然抗氧化剂，在国内外颇受欢迎，其抗氧化活性比维生素 E 高 20 倍；用迷迭香、橘皮、胡椒、辣椒、芝麻、丁香、茴香等均可制得优于维生素 E 和 2,6-二叔丁基对甲酚（BHT）的抗氧化剂。在实践中人们还发现，香料植物有许多人工合成抗氧化剂所不能替代的优点，例如它可以作为食品的防腐剂。

不同的香料植物，其含有的抗氧化物质存在形式不一，有些抗氧化物质存在于石油醚提取物中，有些存在于提取精油后的残渣中，如迷迭香的石油醚提取物中含有抗氧化性很强的抗氧化物质。

古埃及人在把香料植物作为香料使用的同时，也将其用在食品保存和传染病的预防上。古埃及人将没药作为木乃伊的防腐剂，没药的主要成分是丁香酚、蒎烯、间甲酚等，这几种成分也存在于其他香料植物中。香料植物精油的常见成分，在不同程度上对金黄色葡萄球菌（*Staphylococcus aureus*）、大肠杆菌（*Escherichia coli*）和一些真菌具有一定的抵抗能力，其中草香和辛香香料的杀菌防腐能力较强。由于一种精油只能杀死部分微生物，因此多种植物精油混合成复方使用，杀菌效果更好。

20 世纪 60 年代初，法国政府在进行肺结核病普查时，发现科蒂（COTY）香水厂的女工们没有一个人患肺病，这个现象促使人们对各种香料，特别是天然精油的杀菌、抑菌作用重视起来，并加以深入研究。已经证实的有：精油中的苯甲酚可以杀灭铜绿假单胞菌（*Pseudomonas aeruginosa*）、变形杆菌（*Proteus*）和金黄色葡萄球菌，苯乙醇和异丙醇的杀菌力强于乙醇，龙脑和 8 - 羟基喹啉可以杀灭金黄色葡萄球菌、枯草芽孢杆菌（*Bacillus subtilis*）、大肠杆菌和结核分枝杆菌（*Mycobacterium tuberculosis*），鱼腥草、金银花、大蒜等植物精油对金黄色葡萄球菌具有显著抑制作用。

天然抗氧化剂具有抗氧化活性和抑菌作用，且安全性高、来源范围广，不仅有效抑制肉制品的脂质氧化，而且在改善肉制品的感官品质方面也发挥了一定的作用，可以提高产品的营养价值，符合人们对绿色健康、持续发展食品行业的要求。目前虽有很多关于天然抗氧化剂的研究，但对其作用机制的认识还不够深入，大多仅限于研究，还没有应用到实际生产中。单一天然提取物的抗氧化效果已不能满足各类食品的抗氧化需求，因此，未来需要进一步研究不同抗氧化剂间的协同作用，寻找更高效的复合型抗氧化剂，发挥更好的抗氧化和抑菌作用。

二、驱虫、杀虫和消除甲醛功能

香料植物精油对害虫具有引诱、驱避、拒食、毒杀、抑制生长发育等作用，几乎所有的香料植物精油对害虫均表现出一定的生物活性。据文献记载，早在 16 世纪，欧洲人就使用薰衣草来驱虫和杀虫。万寿菊中的一种无色液体有杀线虫的作用。艾草可抑制农作物害虫的生长，尤其是仓库储存产品中的害虫。桃金娘与桉树提取物是十分理想的杀虫剂，因而有"驱虫树"之称。香料植物可以有效地驱除害虫，与化学药物比较，完全没有安全上的顾虑，尤其是在厨房和其他储存食物的地方更明显。

用食用酒精加适量纯净水浸泡新鲜的纯种芳樟树叶或经过干燥的纯种芳樟干叶，滤取清液称为纯种芳樟叶町，其香气清甜，令人精神愉悦。纯种芳樟叶町里面的多种成分可以杀灭或抑制空气中对人体有害的细菌，消除化学物质如甲醛、一氧化碳、氮氧化物对人体的危害，还可以杀灭、驱赶和抑制蚊子、苍蝇、跳蚤、臭虫、蟑螂、蛀虫、蚂蚁、蜘蛛和各种飞蛾、爬虫等，常用作家庭驱虫剂。

三、美容香体功能

精油的活性成分通过皮肤和嗅觉进入人体内，除清洁皮肤、调节内分泌、促进新陈代谢和血液循环外，还作用于身体器官和神经系统，实现生理和心理的双重疗效。天然精油会刺激并调和皮肤、皮下组织及结缔组织，使得局部温度增加并促进毒素排出，可保持肌肤的湿润、滋养，增加皮肤弹性，恢复皮肤光泽，防治过敏、炎症，增强代谢功能等，从而维持皮肤的年轻活力及光彩。使用精油护理头部，可以祛风止痛，对头发进行杀菌消炎，抑制头皮屑。最好的保养油是薄荷巴油和山茶籽油，若头皮需要进一步营养，则可以添加金盏花油或月见草油等。

所谓香体，是人们利用天然香料植物的精油、浸膏和酊剂等安全自然的产品所具有的消炎杀菌、渗透性强、不残留、代谢快、滋养性好的特点，以外用为主，如沐浴、按摩、熏香等，让身体满身溢香，以营造一个芬芳、美妙、祥和的氛围。

四、平衡心理与养生功能

香料植物不同的香气成分有不同的生理效应，并对人体产生影响。香气成分经由呼吸道进入鼻腔，吸气时，香气分子会被带到鼻子最顶端的嗅觉细胞，透过细胞中纤毛来记忆和传递香味物质，再透过嗅觉阀传递到大脑的嗅觉区，对大脑系统和网状结构具有一定的调节作用，可以提高神经细胞的兴奋性，使人的情绪得到改善。同时通过神经体液的调节，能促进人体分泌多种有益健康的激素、酶、乙酰胆碱等具有生理活性的物质，改善人体各系统功能。香气中的化学物质促进神经化学物质的释放，而产生镇定、放松和兴奋的效果。香气物质也会进入肺部，经过气体交换，进入血液循环。此外，精油产品通过按摩进入皮肤的毛孔，随着血液的流动，依个人体质和健康状态，停留在体内影响各个系统可达数小时之久。

近年来，芳香疗法、芳香养生、芳香康养的理念已经深入普通大众。芳香疗法是利用香料植物精油，通过沐浴、按摩、呼吸、涂敷、室内设香、闻香、香薰等多种方式，促使人体神经系统受良性激发，诱导人体身心朝着健康方向发展，实现调节新陈代谢、加快体内毒素排出、消炎杀菌、保养皮肤的养生方法。芳香疗法由法国医学界所倡导。20 世纪 80 年代芳香疗法盛行于欧美及大洋洲，经过香料化学家、调香师、心理学家和美容化妆师的试验研究和实践应用，趋于成熟并得到社会认可。芳香疗法浪漫温馨，颐养身心，可以对人体产生多种作用，并能改变和优化生活环境。

人们正在探索用博大精深的中医药理论改进和完善蓬勃兴起的芳香疗法，创立中医芳香馆。近年来兴起的园艺疗法是 21 世纪人类对芳香养生的新发展。园艺疗法最初诞生于 17 世纪末的英国，1978 年英国成立了"英国园艺疗法协会"，园艺疗法作为一门课程进入了大学课堂，随后美国、日本和欧洲各国先后开展了对园艺疗法的研究和实践。在我国，由清华大学李树华教授牵头，研究人员正深入研究园艺疗法在养生中的具体应用。

五、香化环境功能

环境绿化是基础，美化是提高，香化是升华。三方面的和谐发展与不断进步，是人居环境改善的目标，而香料植物是集三方面作用为一体的首选植物。

香化有三层含义：一是要用香料植物让人们常闻益于身心健康的香气；二是要通过科普宣传让人们常用香料植物及其产品；三是要让天然香料产业发展繁荣起来，成为国民经济战略性产业和新的经济增长点。这样看来，香化就不是一个简单的绿化问题了，除了种植香草、香花、香树、香蔬、香果和香藤外，还要加工和利用香料植物产品，让人们的生活丰富多彩。

六、调味和赋香功能

香料植物中有很大一部分是辛香香料植物资源，同时也是人们生活中不可或缺的调味品和天然色素植物资源。中华饮食历史悠久，一向以营养丰富、制作精巧、色香味俱全而驰名世界。食物的营养源于原料本身，制作精巧源于烹制工艺，至于色香味则依赖香料和调味品的适当应用。辛香料和调味品是烹饪过程中主要用于调配食物口味的烹饪原料，因此对辛香料和调味品的来源、性质、特点、作用、应用等进行深入研究，对提高烹饪技术以及烹制出口味完美的食物具有重要意义。

香料植物作为调味料使用可以追溯到原始社会，相传当时有个叫阿西列克的原始狩猎民族，将捕获动物的肉放在一些具有芳香气味的草地上，他们发现这些肉不但不腐败，而且还具有一种芳香的味道，这些植物实际上就是莳萝、甜牛至、百里香、薄荷等。香料植物向来是烹调技术的灵魂、厨师的法宝，如果使用得当，厨师可以将千篇一律的饭菜变成芳香扑鼻的感官饕餮盛宴，令人食欲大增。从视觉、嗅觉和味觉等方面来说，加与不加适量的香料植物，做出菜肴的效果是截然不同的。若是几种香料植物组合后，还能变化出各种不同的口味。黑龙江人熟悉的远近闻名的高档菜肴——得莫利炖鱼，其鲜味就是由藿香来烘炖。八角茴香不仅是菜肴中常用的调料，而且从其中提取的莽草酸是抗甲型 H1N1 流感的特效药"达菲"的主要原料。

近年来，天然芳香产品显示出旺盛的增长活力，其中芳香纺织品作为芳香产品中的一种类型有了很大的发展。在国内外市场上，带有芳香气味的絮棉、手帕、围巾、床单、窗帘、服饰等开始流行，纺织品赋香后还具有防霉防蛀虫的作用，可延长其使用寿命。这些高附加值产品具有良好的社会效益和经济价值。

20 世纪 60—70 年代，用浸香和涂香的方法将芳香传给织物颇为流行。20 世纪 80 年代发展的微胶囊涂层技术，真正打开了芳香纺织品的市场。近年来，在不断拓新和完善微胶囊涂层技术的同时，又发展了新型芳香后整理技术。美国采用环糊精作为整理剂主要成分，使芳香物质包含在其中浸涂到织物上。日本中户研究所以乙基硅酸酯为整理剂主要成分，把芳香物质容纳到织物涂层的皮膜晶格结构中。这些方法都能得到长效芳香织物。近年来，人们又开发了直接使纤维具有香味的技术，如将香料直接混入纺织液纺丝得到芳香纤维。

随着纺织品芳香整理技术和芳香纤维技术的不断发展，芳香织物的品种会越来越丰富，而且在织物加工过程中，一般可把芳香整理与提高美学效果结合起来，如将涂料印花香气与花案相配。芳香整理也可与衣物如袜子、内衣等的功能结合，既可用于抗菌除臭，又可用于香肤香精，床上用品可用镇静安神的香精，工作服可用提神醒脑的香精，也可以结合驱虫、驱蚊等作用制成防护性服装。

七、食用功能

芳香蔬菜是指含有特殊芳香或辛香物质的一类蔬菜，即香料植物蔬菜，简称"香蔬"。西方世界对于香料植物，尤其是能食用的香料植物情有独钟。香蔬是蔬菜与健康，时尚与情趣的有机结合。在欧美国家无论是主食面包还是饭后甜点，无论煎烤还是蒸煮，均习惯加入各种芳香味的蔬菜，以增加食品和菜肴的色香味。东西方文化的交流，促进了人们思想观念和生活习惯的改变，人们对香料植物蔬菜产生了新奇感和时尚感。

香料植物也被广泛用作饮料。中国自古以来就有用药草泡煮来治病和保健的做法，如药草茶和各式凉茶、人参茶等。但人们主要注重的是其对身体的保健功能，而较少关注它的色、香、味，因为良药苦口，很少将它作为一种日常的饮料。直至近二三百年，法国人首先开始有意识地选择一些色、香、味俱全且有一定保健功能的植物，调配成日常饮料，称为香料植物茶或花草茶（herbal tea）。这种香料植物茶逐渐发展成一种休闲情趣饮品。这股风潮很快传遍欧洲，继而传入美国和日本，近年来又在中国盛行。香料植物茶饮品有保健和祛病功效，带给身体活力、舒缓和镇静，其含有人体必需的维生素、矿质元素和一些色素成分，具有抗氧化抗衰老等作用。

食品着色剂有利于增加食欲，而且具有市场价值。中外天然香料产业发展的实践告诉我们，香料植物是理想的着色植物，其含有丰富的色彩，是天然色素中的佼佼者。香料植物既能为食品加色，又能为食品添香，可生产出色、香、味俱佳的受大众喜爱的食品。

然而目前，人们对许多天然色素的化学结构还不是十分清楚，提取的工艺也相对落后。因此研究和开发天然色素的提取和应用工艺很有必要，特别是综合利用香料植物的叶、花、果实、茎和根，以及利用提取香料植物精油后的废料提取天然色素，也很有现实意义。

八、药用功能

香料植物可以治疗多种疾病，从生理和心理层面对人体健康产生积极的作用。许多香料植物本身就是传统的中药品种，用来治疗疾病已久。在古雅典瘟疫蔓延时，素有"医学之父"之称的古希腊医师希波克拉底教导民众在街头燃烧有香味的植物，利用植物的精油成分来杀死空气中的病原物，防止了瘟疫的传播。17世纪，芳香药草可以消炎抗菌的功效已获得科学证实。中国古代名医华佗用麝香、丁香等制作成小巧玲珑的香囊，悬挂于室内，用来治疗肺结核、呕吐、腹泻等疾病。在中国民间，端午节有燃烧艾熏剂的传统，艾熏剂中的艾叶、苍术、白芷等可有效杀灭和抑制多种病原菌，对呼吸道感染、水痘、腮腺炎、猩红热等疾病具有一定的预防效果。在中国的香料宝库中，有很大一部分香料植物既是香原料又是药原料，难以甄别是香料植物还是药用植物，因而有香料植物与中药同源之说。事实上，天然香料和传统中医药是一脉相承的。植物精油用于提神醒脑、辟邪逐晦、除瘟疫和驱蚊虫，是中国人民的传统习俗。而在中药学中，精油被认为有通经活络、抗皱护肤的功效。如麝香既是珍贵的香料，又是重要的芳香开窍药物，用于治疗中风痰厥、神志昏迷。另一种天然香料龙脑（冰片），与麝香一起使用，是中医医治外伤不可缺少的重要药品。香气清雅的藿香，在中医中常用于清热、祛湿，防治感冒、胸闷、腹泻等，有显著疗效。

第三节　香料植物栽培利用历史及现状

一、香料植物栽培利用历史

香料植物的利用历史可以说与人类的发展历史同样源远流长。香料的起源，虽无明确历史记载，但其应用与民族文化发展有着密切的关系，其有据可查的历史可以追溯到5000 年前，中国、印度、埃及、希腊等文明古国都是最早应用香料植物的国家。早期香料植物的利用主要与其药用性有关，用于沐浴、治病、供奉、祭祀和调味等。在世界历史中，可以说缺少香料植物的历史是不可想象的，因为在后来，香料植物直接与战争、贸易路线、美洲的发现、医疗保健、化妆品等有关，与烹饪的关系更是密切。

（一）国外香料植物栽培利用历史

远古人类可能会意外地发现，某些他们当作食物的叶片、浆果或者树根，患病的人吃了竟觉得比较舒服，或者发现这些叶片、浆果或树根的汁液可以促进伤口的愈合，古人也可能观察到患病的动物会选取某些特殊的植物来吃。这些发现，对当时完全依赖周围环境资源生存的人类来说是非常宝贵的知识。因此一旦有了这些新发现，大家就口耳相传，慢慢地，整个部落的人都有了这种认识。有人发现燃烧某些灌木的小枝条或树干会发出烟和香气，让人们昏昏欲睡、快乐、兴奋或产生某种"神秘"的感觉。如果所有围在火堆旁的人都有同样的感觉，而且再次燃烧同种灌木的枝条又会出现相同情况，人们就会认为这种灌木具有"魔力"，会产生特殊的功用。利用"烟"来治病，可以说是最早出现的医疗方式之一。

在古埃及、古希腊和古罗马时代，人们已经发现某些具有特殊香味的植物，有助于舒缓心情、提神醒脑，还可以用来入菜、烹调料理，甚至还有防腐保存食物的作用。公元前 3000 年，埃及人就把香料植物作为药材和化妆品，甚至用来保存尸体。基于公共和个人使用目的，埃及人储存许多香料，遇到重大庆典，他们就会点燃熏香，把香料涂抹在舞女的手上，让香气随着舞女的舞蹈散布到空气中。多本埃及古籍（最早的记载约是公元前 2890 年）中有描述数种药材及其使用方法，洋茴香、蓖麻油、雪松、芫荽、小茴香、大蒜等都是常用的药材。在烹调上，埃及人对香料的利用也令人佩服，他们在大麦面包中添加如藏茴香、芫荽与洋茴香，让面包更利于消化，并常吃洋葱与大蒜。而在木乃伊的墓中，发现了作为陪葬品的洋葱球。

最早把香料植物应用于香化环境的，应该是公元前 670 年左右亚述巴尼拔王的乐园和公元前 520 年左右 Darius 王所建造的乐园，园中种植了多种香料植物。还有公元前 350 年的亚历山大国王征服波斯，建造了栽培有多种香料植物的乐园，后被传播到希腊，经过希腊文化熏陶一直流传到罗马。公元前 230 年左右，被称为植物学之父的泰奥弗拉斯托斯（Theophrastus）在其所著的《植物志》中，将包括香料植物在内的乔木、灌木和草本植物进行了分类，罗马人应用这些植物将庭院艺术化，美化别墅和庄园。英国药剂师约翰·帕金森（John Parkinson，1567—1650 年）在 1629 年所著的《太阳的乐园——地上的乐园》中记载了多种香料植物，并详细讲述了它们的栽培方法、料理方法和药用功能。此后利用香料植物香化庭院的做法在欧洲盛行起来。后来欧美人习惯用薰衣草、迷迭香、百里香、鼠尾草等香料植物来烹饪蔬菜和肉类，现今很多人在自家窗台和庭院种植各种香料植物，随时可采摘烹饪，非常便利，同时也具有绿化、美化和香化环境的效果。这种将栽培香料植物的目的与生活、饮食、保健和情趣紧密结合，就是所谓"厨房园艺"（kitchen garden）的主要精神。目前在欧美和日本，"厨房园艺"已发展成为一种很普遍的生活方式。

随着香料植物的应用，与其有密切关系的精油和香水也出现了。香水一词，从拉丁文"perfumum"衍生而来，意思是穿透烟雾。考古表明，埃及人在公元前 3500 年就已经使用蒸馏技术来提取香料植物精油，并把精油和油膏贮存在精致的容器里用于沐浴。古埃及公共场合不涂香水甚至是违法的。古罗马人喜欢把香水涂在任何地方，包括马的身上，甚至在筑墙的砂浆中。在古希腊，妇女在宗教仪式上必须喷洒香水。

埃及人不断提升利用植物精油以调节情绪、防腐与控制疾病的技术。随着对植物的药效不断有新的发现，希腊人改变了当时医学中以巫术宗教为根据的观念。希波克拉底（Hippocrates）是公认的医学之父，是第一位以翔实观察来建构医学知识与治疗原则的医师，之后的医师们全都恪守了《希波克拉底誓言》的原则。希波克拉底有一个信念"健康之道在于每日用精油泡澡和按摩"，而这也成为今日芳香疗法的核心原则。在芳香疗法的历史上，阿拉伯的伟大医师阿比西纳（980—1037 年）改良旧有的蒸馏精油技术，在原有设备上添加了冷却圈环，并于 11 世纪出版了《医学规范》（canon medicine）著作，到 16 世纪中叶，都被奉为医典。阿拉伯人也是擅长贸易的商人，是许多东方植物传入欧洲的功臣，他们最大的功劳是为欧洲人带来许多香辛料并用在烹饪和医药上。

12 世纪时，"阿拉伯香水"（即精油）闻名全欧洲。当时蒸馏萃取精油的技术传入欧洲，人们也尝试在欧洲内陆栽种一些原产于地中海沿岸的具有香味的灌木，并以这些灌木及欧洲原产的薰衣草、迷迭香和百里香作为原料生产精油。中世纪的文献记载了制作薰衣草纯露和浸泡液的多种方法，印刷术发明之后这些制作方法很快被印刷在《药草学》中。16 世纪时，很多家庭主妇都会根据书中的描述自己制作药草制剂，来治疗家人的疾病，或是将香料制成香包、薰衣草袋等用以增添家中的香气或防止害虫蛀蚀。对于更复杂的药草制剂，则需要向药剂师购买。药剂师通常有一幢大房子，内有一间蒸馏室，可以自己生产和销售珍贵的精油（当时称为"化学油"）。16—17 世纪堪称是欧洲药草史上最灿烂的黄金时代，英国皇家学院的成立带动了知识的跃进，包括林奈的植物分类、库克船长的探险以及诸如洋地黄、牛痘、奎宁与麻醉的医学发现。到 18 世纪末，医药界还在广泛应用精油，然而随着化学的蓬勃发展并成为一门独立学科，植物含有的药效的成分可以在实验室中合成，而且效果更强更快，使得芳香疗法在药学界的地位一落千丈，整个学问渐渐被视为"古怪的疗法"。19 世纪末到 20 世纪初，化学家们将几种有效的单一物质合成新的药物，不再依赖天然化合物来治病，人们使用精油的种类缩减，合成药物，尤其是煤焦油的衍生物逐渐取代天然精油，特别是在 19 世纪后期这种情况尤其严重。

直到 20 世纪初，因法国化学家盖特佛赛博士的原因，人们重新燃起对芳香疗法的兴趣。有一次盖特佛赛博士做实验时灼伤了手，他立即将手浸到身旁刚好盛着薰衣草精油的容器里，而后惊讶地发现疼痛立即消除，而且不留疤痕。他持续进行有关精油的实验，并应用于第一次世界大战时治疗军队医院的伤患者，包括使用了诸如百里香、丁香、丹菊、柠檬等的精油，取得了令人惊奇的效果。芳香疗法这个词实际上也是由他提出的，并以此撰写著作。第二次世界大战期间，医学上继续使用精油来预防瘢痕、治疗灼伤和促进伤口愈合。后来法国生化学家摩利夫人扩大此研究，将芳香疗法与美容相结合。现今欧洲的医师广泛地将芳香疗法与草药疗法相结合，在法文中以具有意义的名字综合概括为"软性医学"。因此，医药界又再度青睐天然疗法。使用精油的天然疗法可缓慢温和地发挥抗生素的作用，刺激人体免疫系统增强，在杀死细菌或病毒时不会摧毁其他功能。

如今，法国、英国、伊朗、澳大利亚、美国、南非、德国、瑞士等国早已开始了医学方面的芳香疗法临床试验，并取得了相当成效。从基础的"芳香分子导入""芳香按摩""芳香与心智、身体的互动"到"妊娠、生产妇女的呵护"和"压力处理"等，芳香疗法不再只是好闻的、单纯的芳香味道而已，借助着复方纯植物精油特性，运用香薰吸入、沐浴、按摩等方式，深入人体，激发身体全面运动，可以提升人体的自愈力，加强镇定及重生能力，以达到预防及治疗的功效。

胡椒、肉桂、丁香、生姜等这些如今随处可见的烹调香料，在几个世纪前却昭示着波澜壮阔的大航海时代先声。它们和黄金、珠宝、土特产等一起构成丰饶的东方财富，经马可·波罗渲染激起西欧人的渴望，吸引他们远航而来。哥伦布、达·伽马和麦哲伦这三位大航海时代的开拓者，在成为地理大发现者之前实际上是天然香料的搜寻者，他们到世界东方的印度和中国来搜寻天然香料。在欧洲人眼中，天然香料是与其想象中神秘而华贵的东方形象联系在一起的。天然香料和天然香料贸易意味着巨大的利益，15—16 世纪，欧洲人冒险从东南、西南、西北与东北 4 个方向前往东方，进行航海大探险、开辟新航路、地理大发现，就是为了直接获取东方的黄金、天然香料、珠宝及其他特产。

印度人对香料植物的利用主要体现在药用方面，反映出他们对自然界生生不息及持续不断变化的宗教观和哲学观。印度的阿育王（公元前 3 世纪）组织和管理药用植物的种植方法，使得人们在药用植物生长成熟过程中，必须投入相当大的精力。药材必须种植在远离人群、寺庙、墓地等地方，而且栽种的土壤需要肥沃、排水良好，对从事药草种植和采收的人也有严格要求。印度的药草因而成为亚洲著名的高贵药材，甚至在西方的药方中也可以找到印度药材的踪影。印度药材的主要种类是安息香、藏茴香、豆蔻、丁香、姜、胡椒、檀香、海狸香精油、芝麻精油、芦荟和甘蔗精油，在现代的芳香疗法中还保留着使用前 7 种植物的精油。

（二）中国香料植物栽培利用历史

中国利用香料植物的历史及其文化源远流长，上溯到距今 5000 多年的炎黄时期。"神农尝百草，华夏万里香"，百草中很多是香料植物。由"端午习俗，艾蒲苍香"可见，为驱疫避秽，人们熏艾叶，喝菖蒲酒等。据明代周嘉胄《香乘》所称"香之为用从上古亦""秦汉以前，堆称兰蕙椒桂而已""秦汉以前两广未通中国，中国无今沉脑等香也，宗庙烯萧茅献尚郁，食品贵椒，至旬卿氏方言椒兰"。陈氏香谱序中也称"诸书言香，不过黍稷萧脂，故香之为字以黍作甘，古者自黍稷之外，可烯者萧，可佩者兰，可邕者郁，名香草无几"。《孔子家书》中也有"与善人居，如入芝兰之室，久而不闻其香，与之俱化"。屈原《离骚》中曾有"滋兰九畹，树蕙百亩"（此处兰为菊科的泽兰，蕙为唇形科的罗勒），《九歌》中又有"奠桂酒兮椒浆"之说。夏商时期《诗·周颂·载芟》中就记载"有椒其馨"。《荀子·礼论》中也有"刍豢稻粱，五味调香，所以养口也；椒兰芬苾，所以养鼻也"的记载。足以证明秦汉之前早已使用香料。香料植物除了用作调味品外，秦朝时已经出现了将某种药物或香料放在口中除去口臭的做法。《神农本草经》中记载的 365 种药物中有 252 种是香料植物，1997 年收入《中华人民共和国药典》（简称中国药典）的就有 158 种。明朝李时珍《本草纲目》中已有专辑《芳香篇》，系统地叙述各种香料植物的来源、加工和应用情况，其中还有把紫苏嫩叶熬汤以强身健体的记载。

对于在沐浴水中放置香料，是秦汉上层社会中常见的情形。《楚辞·九歌·云中君》记载"浴兰汤兮沐芳"；《大戴礼记·夏小正》记载"五月……蓄兰为沐浴"。熏香在中国古代乃至现代都十分常见，熏香主要用于祭祀场合或室内空气清洁。熏香的工具主要有香炉和熏笼，用以熏香的香料主要是熏草。《广雅·释草》记载"熏草，蕙草也"。《名医·别录》记载"熏草，一名蕙草，生下湿地"。熏草即茅香，禾本科茅香属多年生草本植物。屈原在《离骚·九歌》中多次提到各种香料，并以香草美人喻指人和事，诗中还提到一种囊——佩帏。宋朝苏轼有"风来蒿艾如熏"的佳句。如今，中国很多地方的人们在端午节熏染艾蒿之类的香料植物，有的地方则将香蒲、艾蒿等插在门上辟邪。

"民以食为天，食以味为先"。自明朝开始很长一段时期，中国香料植物的发展越来越集中在具有食物配料和调料性质的品种上，产生了许多色、香、味俱佳的食品，于是就有了美食之说。清光绪年间夏曾传的《随园食单补证》总结了花椒、桂皮等在烹饪中的调味功能，调味香料在我国烹饪史上具有重要地位，中国为世界三大美食王国之一，其中香料植物功不可没。

中国对香料植物引种的历史非常悠久，早在汉代，张骞出使西域时将一些作物引入中国，其中的芫荽至今仍然是中国餐桌上重要的香蔬之一。中国通过陆路和海上（郑和下西洋）两条丝绸之路，引进世界各地大量的香料植物，如从地中海地区引进的有薰衣草、牛至、百里香、迷迭香、鼠尾草、神香草、德国甘菊、罗马甘菊、罗勒、留兰香等；从墨西哥和中南美洲引进的有茉莉、万寿菊、香荚兰、鸡蛋花等；从北美引进的有松果菊和荷花玉兰；从东南亚引进的有茉莉、广藿香等；从澳大利亚引进的有欧薄荷、柠檬桉、大叶桉等桉属植物；从非洲引进的有天竺葵等。某些香料植物的种类、品种在引种地的性状表现甚至比原产地更优，如20世纪50年代以来，新疆从地中海地区引入的百里香、薰衣草、鼠尾草等香料植物，种植效果良好，品质已经达到甚至超过原产地的标准。

二、香料植物栽培利用现状

（一）世界香料植物栽培利用现状

目前，全世界已发现的香料植物有3600余种，已被开发利用的有400余种，常用的香料更少，只有200~300种。随着香料植物及其产品利用范围的拓展，世界对香料植物的需求量较大，但其产量相对较低，不能满足市场需求，因此，香料植物是具有广阔市场前景的经济作物。

由于历史、习惯的原因，20世纪中后期，香料植物大规模的商业化栽培仍然局限于少数国家和地区。如南亚和东南亚的黑胡椒和白胡椒，斯里兰卡的肉桂，印度的小豆蔻，巴基斯坦的辣椒和姜黄，中国的肉桂、八角和茴香等，都维持着当地的特产性质。非洲坦桑尼亚、马达加斯加的丁香几乎供给世界各国，马达加斯加也是香荚兰的主要生产基地，曾经提供世界商品量的80%。印度尼西亚生产的辛香料品种较多，是多种辛香料的出口国，尤其是胡椒和肉桂。

大体上，全球商业化生产精油的芳香植物有160种左右，但其中的大部分世界需求量很小。根据世界产量，主要的精油是柑橘油、薄荷油和柠檬香型油。柑橘油作为柑橘产业的副产品，主要生产于美国、巴西和墨西哥，价格低廉。薄荷油主要包括椒样薄荷油、荷兰薄荷油和日本薄荷油。前两种的主产地是美国，由于通常需要非常特定的气候条件才能栽培，价格相对较高。日本薄荷主要产于中国、印度和南美洲，价格低廉。柠檬香型精油来源于香茅、柠檬草和山鸡椒，生产的主要区域是中国、印度和南美洲，价格较低。

印度是主要的国际精油香料市场之一，也是最大的辛香料生产国、消费国和出口国，年生产量约 400 万 t，其中胡椒、生姜、辣椒和姜黄的生产和消费世界闻名。印度尼西亚是世界上最大的香荚兰出口国，第二大的香荚兰生产国。斯里兰卡生产的肉豆蔻果超过一半用于出口。

法国是古老的香料植物和药用植物种植国，种植面积较大的品种有十几个，其中产量最大的为杂薰衣草和真薰衣草。在全部的香料植物和药用植物中，用于提炼精油的占62%，用于制作干花的占 31%，其余为鲜花形式利用。

香料植物在欧美、日本等国，不仅作为经济作物被大量种植，而且还被广泛种植在园林中，用于香料植物造景。20 世纪 90 年代以来，国外大多通过引种栽培多年生香料植物实现环境的香化以及净化空气。

自第二次世界大战以后，美国纽约成为世界香料国际贸易中心，在国际贸易中，香料品种、数量、金额每年都有较大变化，其中 9 种香料植物（胡椒、丁香、小豆蔻、斯里兰卡肉桂、肉豆蔻、肉豆蔻衣、中国肉桂、生姜和众香子）占国际香料贸易总额的90%，胡椒交易量居首位。香荚兰从 20 世纪 60—70 年代开始需求量迅速上升，至今已经成为食用香料的主要品种之一。

（二）我国香料植物栽培利用现状

进入 21 世纪，"回归自然""返璞归真""健康至上"的潮流成为全世界人们的共识和主流意识。植物性香料因其独特的食用和药用功效，在各个领域正逐渐取代人工合成香料。随着天然香料产业的迅速崛起，关注香料植物和天然香料产业的人越来越多，天然香料产品越来越丰富，天然香料产业得以快速发展。实践证明，随着人民生活水平不断提高，人们对香料植物的认识更加深入，其产品应用延伸到生活的方方面面，提升人们的生活品位和质量。

21 世纪以来，香料植物逐渐在中国兴起，正向产业化方向高速发展。据中国香草业协会介绍，2007 年以后，香草产业更加多元化，包括香草种植、香草保健蔬菜、香草茶叶、香草生态园、精油提炼、提取香料等多个领域。

云南省是我国最重要的香料生产大省，素有"香料王国"的美称，其天然香料产量占全国的 30%。香料工业也成为云南投资效益较好的产业之一。

贵州省香料加工业从 20 世纪 70 年代起步，20 世纪 80 年代后期以生产香原料产品为主，20 世纪 90 年代开始进行香料深加工产品开发。但存在种植规模小、粗加工产品占比高、科技力量薄弱等问题。野生香料植物资源虽然很丰富，但是仅对木姜子、薄荷、留兰香、野花椒等少数种类进行了开发利用。

新疆有 40 多年香料植物种植历史，对香料植物的开发利用也较早。伊犁一直是中国薰衣草的最大产地，占全国种植面积的 80%左右。

湖南是山鸡椒的最大产区，目前开发山鸡椒深加工，建成了天然香料油生产基地，年生产山鸡椒油系列产品 1000t，产值达 1 亿元。

湖北咸宁的桂花在栽培面积、品种数量、产量和质量上位居全国第一。当前桂花产业主要集中在食品加工业。从 20 世纪 80 年代相继成立了桂花食品厂、桂花酒厂、天然香料厂、桂花茶厂等，主要生产桂花精油、浸膏、桂花酒、桂花点心、桂花糖和桂花饮料等。

广东茂名电白区是全国闻名的香精香料生产基地，已初步形成生产烟用、食用、医用、日用产品品种共 300 多个的香料香精产业集群。

广西南宁横州市是全国最大的茉莉花生产基地，目前种植面积和产量均占全国总量的 60% 以上，享有"中国茉莉花之乡"的美誉。横州市茉莉花和茉莉花茶综合品牌价值达 180 亿元，是广西最具价值的农产品品牌。

甘肃省有野生和栽培的香料植物 200 余种，形成工业生产规模的主要是苦水玫瑰，产品主要为苦水玫瑰精油、苦水玫瑰纯露、富硒玫瑰花酱、食用花冠茶等。

被誉为"中国玫瑰之乡"的山东省济南市平阴县不仅是国内著名的玫瑰生产基地，而且已经发展成为新的旅游区。平阴玫瑰制品有玫瑰花茶、玫瑰酒、玫瑰酱、玫瑰精油、玫瑰花口服液、玫瑰花香枕等，深受人们喜爱。

海南重点开发的香料植物有白木香、益智、广藿香、香茅油、莪术、香荚兰。

我国台湾省在近十几年来，香料植物及其衍生产品的研发和利用迅速发展起来，生产出一系列保健、养生、美容等芳香产品，带动了日益兴旺的芳香服务产业，尤以芳香休闲旅游、芳香疗法和芳香食品最为突出。香料植物不仅给台湾民众营造了丰富多彩的芬芳生活，同时也创造了无限商机。

我国的香料植物资源丰富，品种总数多，储量大，但开发不够。目前，已经开发的香料植物只占其中一小部分，仍存在很多机会进一步开发出更多新产品以适应市场需求。

第四节　香料植物栽培开发途径、问题及发展前景

一、香料植物栽培开发途径

香料植物栽培开发利用的重要目的是充分利用香料植物含有的挥发性成分、可提取精油的特性，生产出能香化人们生活的产品，为达此目的，可从以下途径进行开发。

（一）引进和驯化更多更好的香料植物品种

地中海沿岸国家香料植物资源十分丰富，开发利用历史悠久，其次是中亚、中国、印度、南美等地。我们可以引进一些开发前景较好的香料植物种质资源。此外，中国有许多野生的香料植物资源尚未被开发，据植物学家统计，中国高等植物约有 3 万种，其中香料植物约有 800 种，自然分布于我国南北广大地区，被有效开发的仅 100 余种，大多仍处于"养在深闺人未识"的状态。目前，引种驯化优良香料植物品种尚有很多工作要做。

（二）种植香料植物美化、香化环境

"绿化、美化、香化"是园林界工作的内容和目标，香料植物是香化祖国大地的最佳资源之一，特别是用香料植物作为新型地被植物、花坛花材、路边草花等十分理想。在窗前门口、花园草坪中种植香料植物，对提高空气质量也大有好处。此外，还可以用微型香料植物及其产品香化家居环境。含有挥发性成分的香料植物，可以有效消除装修造成的有害气体，改善室内环境。科研实验已经证明，迷迭香、薰衣草对装修后的室内苯类和甲醛具有吸收能力。香料植物释放的香气物质还可以提神醒脑，提高工作效率。

（三）生产美容化妆及香体系列产品

目前国内外涌现出了一大批用于餐饮、洗浴、美容、健身等的香料植物产品，如果把这些产品整合利用，开发出内服外用的养颜香体产品，一定深受市场欢迎。关于这方面的工作，中国天然香料产业联盟正在系统地设计和组织实施。

（四）开发香料植物养生品级医药品，服务人类健康

香料植物在西方被称为西草药，实际上香料植物是中草药的一个重要分支，具有中草药的重要属性和特点，且香料植物含有挥发性成分，可以提取精油。关于开发香料植物医疗养生产品的工作，中国刚刚起步，尚有大量的科研和临床工作要做，但不可否认这是香料植物种植开发的一个重要目的。

（五）开发香料植物日用品，不断满足人们日益增长的生活需求

中外天然香料企业的实践证明，用香料植物及其精油可以生产出养生食品、养生饮料、天然香料药物性化妆品、天然色素、食品级天然染料、中药型养生香薰、牙膏、香皂、卫生纸巾等产品，这些都是人们日常生活所需要的，开发前景十分广阔。

（六）开展循环经济研究

充分利用香料植物提取精油后的下脚料生产畜禽饲料和添加剂，是发展香料植物经济必须走的循环经济之路。香料植物虽然不是牧草，但其提取精油后异味十分微弱，大量的下脚料稍经加工，就可以生产出优质的畜禽饲料和添加剂。

尽管我国拥有丰富的香料植物资源，但真正得到广泛开发利用而成为产业的香料植物种类并不多，传统的出口商品有八角、茴香、桂皮、薄荷脑及薄荷油等。我国薄荷油、桂油和茴香油的产量已居世界第一。除内蒙古、西藏和宁夏外，其余各省（区、市）均有香料厂家。全国香料企业约有 500 余家。云南是我国香料植物资源及其开发利用的大省，拥有 80 余种能提取芳香精油的植物，其中香叶、天竺葵毛油年产量约 300t，位居世界前列；湖南建成的天然香料油生产基地每年可生产山鸡椒油系列产品 1000t，产值达 1 亿元。广西壮族自治区是全国乃至世界香料资源最为丰富的地区之一。为了实

现香料植物的可持续发展，我们必须进一步加强香料植物种质资源的调查研究，切实摸清我国现有的香料植物种质资源，有选择地开发利用。同时，坚持开发与保护结合，生态效益和经济效益并举，在有效保护可再生香料植物资源的基础上，因地制宜，统筹规划，合理地进行香料植物的开发利用，切忌不顾资源再生能力的盲目无限制开发，确保开发和保护处于良性循环状态。

目前，我国从事香料植物资源开发利用的专业人才匮乏，而香料植物的开发利用对专业人员素质要求较高，不仅需要有扎实的植物知识，而且还要有全面的化学知识，从而较快地摸索出香料植物的提取方法和加工途径，并加快野生香料植物、异地品种的引种驯化和良种选育工作。因此，我国各地相关教育部门应当高度重视香料植物开发利用的科研队伍建设，壮大专业人才队伍，积极推进香料产业的快速发展。

二、香料植物栽培开发存在的问题

中国虽然是天然香料产业大国，但不是强国，天然香料产业发展长期徘徊不前，除了产业结构、消费观念、重复建设等宏观层面的问题外，产业链不紧密、没有定价权、品牌建设不强、科研投入不足等问题也比较突出的。天然香料产业发展缓慢具体表现在以下 6 个方面。

（一）香料植物品种开发面不宽

中国虽然是香料植物资源大国，但是开发的多为木本香料植物，而草本香料植物明显优于木本香料植物，例如栽培周期短、易采收、产量高、见效快、得率高、用途广，这是中国传统木本香料植物无法比拟的。近年来，在北京、上海、广东、贵州、新疆等地，特别是新疆生产建设兵团农四师，引进并开发了以薰衣草为主的欧美盛行香料植物，但规模不大，加工和影响力还有待提高。

（二）加工与营销局限在初级原料供应环节

目前，有相当一部分的香料植物种植者仅仅是将香料植物花蕾等部位干燥后出售，或简单加工成睡枕、坐垫、香囊等，以较低的价格出售。即使是销售盆花，也只是传统意义上的栽培花卉。

（三）设备和工艺落后，粗加工产品多

大部分天然香料企业处于初创阶段，规模较小、资金短缺、技术力量薄弱、设备和工艺落后，导致得油率低，产品质量达不到标准，更谈不上品牌效应。如玫瑰精油的提取，在中国大部分企业采取蒸馏法，出油率一般不超过 0.03%，而如果采用更为先进的二氧化碳超临界萃取技术，出油率可以达到 0.1%。虽然中国每年各种天然香料精油的产量较高，且很大一部分用于出口，但出口的绝大多数是毛油，国外将毛油加工成精油，经济效益提高了十几倍。天然香料只有经过深加工和精细加工，才能产生极大的经

济效益，中国目前普遍采用的粗加工方法距离最终形成高值香料产品尚有很大距离。

（四）商品化和市场化程度低

从天然香料植物中提取精油是天然香料产业的重要组成部分，具有化学合成香料无法替代的天然感及安全无毒副作用，被广泛用于食品、饮料、烟草、牙膏、香皂、化妆品、医药，以及其他加香产品等工业领域中，但精油的品牌问题一直困扰着业内人士，如有着 70 年经营历史的甘肃永登苦水玫瑰，直到 2001 年苦水玫瑰油才有了正式的商品名称——中国苦水玫瑰油。不仅如此，苦水玫瑰油由于缺乏关键的产品质量标准，而现有的国际标准又不适合苦水玫瑰的特殊香型，成品的玫瑰油质量仅靠人的嗅觉经验把握，产品质量难以让用户信任。

（五）香蔬产品推广不足

将香料植物作为一种新型蔬菜直接食用在国外已成时尚，在意大利餐馆里，罗勒和牛至向来必不可少，既可做沙拉，又可炒菜，还可以放在汤里。日本也盛行吃香料植物蔬菜，紫苏就常被用在日本料理中。而在中国，直接食用香料植物的消费者较少，如果香料植物能直接食用，并深入寻常百姓家，将会极大推动天然香料植物产业发展。

（六）园林、园艺和绿化应用少

香料植物应用于园林景观、城市和乡村绿化以及道路两旁和屋顶绿化十分有益，一些适宜做地被植物的香料植物品种，可以解决地被植物功能单一、抗性不强、无花、不能采收等问题。不但可以为人们营造一个芳香的大环境，还可以利用香料植物释放的挥发性物质对其他植物、微生物和昆虫产生直接或间接影响，维系园林环境中生物多样性与生态平衡，发挥各种生态效应。

三、香料植物栽培发展前景

（一）加强我国香料植物种质资源调查研究

我国香料植物种质资源丰富，但得到广泛利用并成为产业的种类不多。一是因为有大量的野生香料植物资源没有被开发利用，二是已开发的香料植物存在利用不合理的现象。因此，有必要摸清我国现有香料植物种质资源，制定出开发利用规划，有计划、分步骤地对香料植物进行合理开发和高效利用。

（二）发挥地区优势，实现区域集约化生产

发展香料植物应根据各地独特的气候和地理优势、资源分布和生产情况，发展各地的名优特产品，实现区域集约化生产，确保产品竞争力。对我国特有的香料植物品种，如茉莉、桂花、肉桂等，应大力支持培育新品种和开发新产品。同时，注重规模化经营

和多样化经营的有机结合，努力走"公司+农户+基地+旅游"的经营模式。

（三）加强科技和资金投入，积极推进专业技术教育

目前我国从事香料植物种植开发的专业人才匮乏，因此，各地相关教育部门应加强香料植物科研人才的培养和团队建设。同时，加强高校、科研单位与企业之间的合作，共同推进香料植物产业的快速发展，提高我国天然香料在国际上的地位。

（四）重视香料植物的综合利用，实现物尽其用

香料植物除了可供提取精油外，还有很多其他用途，如药用、食用、林用、观赏等。如柑橘果实可作为水果食用，果皮可用于提取柑橘精油、天然色素、果胶等，加工后的废渣可作为饲料和肥料。因此在推进香料植物产业发展的同时，应考虑香料植物资源综合利用。

（五）处理好野生香料植物开发与生态环境保护的关系

目前，我国野生香料植物基本处于野生采摘、无限度开发状态。因乱砍滥伐，野生天然香料植物资源正处于日益减少的态势。因此，要处理好发展经济与保护环境之间的矛盾，因地制宜、统筹规划、合理高效开发利用我国野生香料植物资源。

第五节　香料植物栽培学概述

一、香料植物栽培学的概念

香料植物是指含有挥发性成分且具有香化、药用、养生和食用等多种功能的一类植物，包括香草、香花、香果、香蔬、香树、香藤等。香料植物种类多，涉及范围广，许多中草药也是重要的香料植物。香料植物栽培学是以探究香料植物生长发育为主要研究内容，利用现代生物科学理论和先进的管理技术来协调植物、土壤、气候因子三方面的关系，以努力创造适宜香料植物生长的环境条件为主要任务，以实现产量和质量形成规模及其环境稳产、优质、高效为目的的一门应用学科，其研究对象是各种香料植物的群体。香料植物栽培学是一门综合性很强的直接服务于天然香料生产的应用学科，是园艺植物栽培学和耕作学的一个分支学科，由于生产目的、产品品质要求、栽培技术以及经营方式的特殊性，香料植物栽培学有其自身的特点。

二、香料植物栽培学的特点

（一）香料植物种类繁多，栽培技术涉及学科范围广

我国香料植物有 800 余种，其中开发利用的有 400 余种，它们的生物学特性各异，栽培方法各不相同，栽培时涉及植物学、植物生理学、植物生态学、遗传学、育种学、土壤肥料学、植物病虫害防治学、农业气象学、微生物学和香料化学等学科知识。

（二）多数香料植物栽培学的研究处于初级阶段

香料植物栽培学是以传统经验为基础，并逐步渗入现代科学理论的一门学科，是一门既古老又年轻的学科。长期的生产实践对香料植物的分类鉴定、引种驯化、选育繁殖、栽培技术及加工贮藏等积累了丰富经验，为现代香料植物栽培学奠定了良好的基础。然而，我国香料植物栽培学学科建设尚年轻，国内从事香料植物栽培和研究的专业人员非常有限，多集中于高校或科研院所，香料植物产区缺乏专业技术人员。

目前，多数香料植物栽培沿用传统种植技术，依靠农民的经验进行生产，具有特殊生物学特性或适应范围窄的种类更是如此。因此积极开展香料植物栽培研究，特别是加强对香料植物栽培管理的规范化、标准化、产地加工技术的革新、数字化技术和分子生物学技术的应用等多方面研究，具有重要意义。

虽然香料植物栽培种类多，但还有很多的香料植物主要依靠采挖野生资源，随着天然香料开发利用力度不断加大，许多野生香料植物种类已经濒临灭绝。因此，需要积极开展野生香料植物抚育、驯化的研究，这不仅是关系到今后香料植物资源可持续利用的问题，还是涉及整个生态环境的问题。

（三）香料植物栽培对产品质量要求有特殊性

天然香原料是一类特殊的商品，对质量要求很高，其价格取决于有效成分的含量。品质好的天然香原料应该具备有效成分含量高、组成稳定、无污染等特点。天然香原料的质量与香料植物栽培区域的生态条件、栽培技术、采收加工、储运方法等有直接关系。此外，香原料的有效成分往往不是一种，而是复杂的混合物，在栽培中还可能出现各种成分或组分改变。因此应在香料植物区划及产地适宜性研究的基础上，因地制宜建设天然香料生产基地，按照香料植物生产栽培技术规范及有关准则进行操作，确保香原料品质。在引种驯化过程中，除了注意植株能否正常生长发育外，还要重点关注其有效成分的变化。要重视香料植物有效成分积累动态以及栽培技术与有效成分关系等方面的研究，科学制定田间管理措施，确定适宜的采收期，为提高香原料的质量提供科学依据。

（四）天然香料市场有特殊性

市场对各类香原料的需求处于不断变化的状态，因此香料植物栽培应以市场为导向，随时调整栽培种类和面积的比例，以最大程度地满足国内外市场对天然香原料的需求，获得最大的经济效益。

三、香料植物栽培学的任务

香料植物栽培学的研究任务是根据香料植物不同种类和品种的要求，选择适宜的环境条件，采取与之相配套的栽培技术措施，充分发挥其遗传潜力，探讨并建立香料植物稳产、优质、高效栽培的基本理论和技术体系，实现天然香原料品质"安全、有效、稳定、可控"的生产目标。香料植物栽培涉及"香料植物—环境—栽培技术—管理"这一农业生态系统稳定发展的各项农艺措施，包括了解不同香料植物的形态特征、生态生理特性、生长发育规律及所需条件等，并在此基础上通过选地、整地、繁殖、播种、田间管理和病虫害防治等措施，满足香料植物生长发育和品质形成的要求，提高香料植物的产量、质量。

研究香料植物栽培学，除了必须掌握与香料植物群体（生物学特征和生态生理特性）、环境（自然条件和栽培条件）及措施（调控措施和技术）三个环节密切相关的各种知识外，还需要具备一定的管理知识，以适应香料植物栽培基地化、规模化和集约化发展。

四、香料植物栽培学的意义

（一）绿化、美化以及香化环境

当前我国城市的绿化已有了很大发展，但"香化"依然不足。大多数香料植物有鲜艳的花朵，还可以分泌多种挥发性物质，散发出各种不同的香气，不但具备一般园林植物绿化和美化环境的功能，还可以香化环境，使人心情舒畅。一些微型香料植物可作为居室内的观赏植物，具有独特的香气，能安神镇静、驱赶蚊虫、吸收装修产生的有害气体，如香叶天竺葵的驱蚊效果堪比蚊香，金橘、女贞的抗氟和吸氟能力是一般花木的几十倍到160倍，万寿菊能吸收大气中的氟化物，米兰、栀子花可以吸收室内二氧化硫，米兰、广玉兰吸收氯气。香料植物的这些特殊功能，越来越受到人们重视，在生活中的应用必将越来越广泛。

（二）满足香料工业发展的需要

在香料工业中，香料特指用来配制香精的各种中间产品。所谓香精也被叫作调和香料，是人工调配制成的香料混合物。香料是食品、日用化工、劳动保护用品等的重要添加剂。香料的生产和发展水平及其消费量已成为反映一个国家人们生活水平高低的显著标志。

香料工业经历了"天然香料—化学合成香料—天然香料"的发展阶段。但必须指出，当今的天然香料并不是简单的复古，它完全不同于古代的香料。天然香料有着独特的香气成分，有的还含药用成分，含有许多抗氧化成分、抗菌物质、天然色素、营养成分和微量元素。化学合成香料作为食品、日用化妆品等的添加剂所产生的副作用日益被人们认识到，因此，天然香料在各个领域正逐渐取代人工合成香料。

现代化妆品顺应"回归自然"的世界潮流，尽可能选择自然无毒、富有疗效和营养的物质为原料，以减少或消除人工合成化合物对皮肤的刺激。由此，人们对天然香料需求的增加和香料工业的发展成为香料原料，即香料植物发展的动力。

（三）满足出口创汇的需求

香料植物栽培不仅有广泛的社会效益和环境效益，而且有巨大的经济价值。近年来，香料植物以前所未有的速度发展，一是随着人们生活水平的提高，人们对香料植物及其产品的消费促进了香料产业发展，二是香料植物产品逐渐成为我国出口创汇的主要商品之一。

我国历来都有香料出口，传统的出口产品有八角茴香油、肉桂油、樟脑等，现在大量出口的还有松香、松节油、芳樟油、柏木油、香茅油、山鸡椒油、黄樟油等，它们已成为我国重要的出口创汇物资，有的还是国际市场上不可缺少的重要商品。

根据市场分析，国际市场目前仅对薰衣草油的需求每年就达到 3000t，而全世界的产量仅有 2000t 左右，天然香料的需求量正以每年 5% 的速度增长，香料植物的种植面积需要每年增加 21% 才能满足需要。香料植物的主要生产国，如英国、法国、意大利、西班牙等，因为土地资源配置有限，近 10 年香料植物种植面积没有明显增加，这为我国发展香料植物种植提供了很大商机。

 课程思政

我国栽培和利用香料植物的历史和文化源远流长，贯穿 5000 年文明史。古人用香极为讲究礼仪，同学们除了学习香料植物的科学知识外，还可以从中感受到中华民族作为礼仪之邦的璀璨文化，发自内心地认同和尊重我们的文化，更加坚定地传承和发扬传统文化。此外，香料植物的精油具有舒缓身心、改善情绪的功效。在竞争激烈的社会环境中，面临着学业、就业和发展压力，同学们要培养良好的学习和生活习惯，不被焦虑烦躁等负面情绪左右，保持身心健康。

？ 思考题

1. 简述香料植物的含义和特点。
2. 简述我国香料植物栽培与利用的历史与现状。
3. 试述我国香料植物栽培开发存在的问题及发展前景。
4. 简述香料植物栽培学的特点和学习意义。

第一章
香料植物种类、分布及分类方法

【学习目标】

1. 了解世界香料植物分布，掌握我国香料植物分布区域及其代表性香料植物。

2. 了解我国香料植物分类方法，掌握依据生活习性对香料植物进行分类的方法。

第一节　香料植物的种类

一、世界香料植物的种类

据不完全统计，世界范围内香料植物有 3600 余种，100 余科，世界范围内常见的香料植物种类有甜橙、苦橙、柠檬、胡椒、八角茴香、茴香、姜、薰衣草、桉树、肉桂、香茅、香荚兰、山鸡椒、依兰、香根鸢尾、岩蔷薇、香根草、玫瑰、丁香、茉莉、鼠尾草、檀香、迷迭香、广藿香等。

二、我国香料植物的种类

我国香料植物主要集中于芸香科、樟科、唇形科、蔷薇科和菊科 5 个科。目前，中国已发现有开发利用价值的香料植物种类有 60 余科 400 余种，已经进行批量生产的天然香料品种达 100 余种，代表植物有山刺柏、杜松、侧柏、白玫瑰、木香、竹叶椒、柠檬、胡椒、八角茴香、茴香、姜、薰衣草、桉树、肉桂、香茅、山鸡椒、岩香根草、玫瑰、鼠尾草、檀香、迷迭香等。

全球范围内香料植物资源极其丰富，蕴藏着许多有利用价值的香料植物资源，常见的代表植物有桉树、香荚兰、肉桂、薰衣草、香茅、玫瑰、迷迭香、香根草、山鸡椒、紫罗兰、薄荷、香根鸢尾等。因此，需要不断地发掘和培育出更有价值的香料植物，为发展香料工业打下坚实的基础。

第二节　香料植物的分布

一、世界香料植物的分布

香料植物在全球范围内分布十分广泛，热带和亚热带地区的种类最为丰富，地中海沿岸、太平洋各岛屿如印度尼西亚、马来西亚等地是香料植物的主要分布区；温带和寒带，香料植物种类较少。世界香料植物的分布如表 1-1 所示。

表 1-1　世界香料植物的分布

种类	拉丁名	分布
甜橙	*Citrus sinensis*（L.）Osbeck	巴西、美国、中国、西班牙、南非、墨西哥、印度
酸橙	*Citrus aurantium* Siebold & Zucc. ex Engl.	欧洲
柠檬	*Citrus limon*（L.）Burm. f.	美国、意大利、西班牙、希腊、巴西、以色列、印度、阿根廷等
胡椒	*Piper nigrum* L.	印度、印度尼西亚、马来西亚、巴西、中国、越南等
八角	*Illicium verum* Hook. f.	中国、越南
茴香	*Foeniculum vulgare* Mill.	欧洲南部、印度、中国
姜	*Zingiber officinale* Rosc.	印度、中国、印度尼西亚等
薰衣草	*Lavendula angustifolia* Mill.	法国
桉	*Eucalyptus robusta* Smith	澳大利亚
肉桂	*Cinnamomum cassia* Presl	斯里兰卡、中国、印度尼西亚、印度、越南
辣薄荷	*Cymbopogon jwarancusa*（Jones）Schult.	美国、法国、埃及、意大利、印度、阿根廷、中国等
香茅	*Cymbopogon citratus*（DC.）Stapf	巴西、阿根廷、中国、土耳其、斯里兰卡等
香荚兰	*Vanilla fragrans*（Salisb）Ames	马达加斯加、印度尼西亚、墨西哥、中国等

续表

种类	拉丁名	分布
山鸡椒	*Litsea Cubeba*（Lour.）Pers.	马来西亚、中国等
依兰	*Cananga odorata*（Lam.）Hook. f. et Thomson	马达加斯加、菲律宾、毛里求斯、科摩罗等
香根鸢尾	*Iris pallida* Lam.	意大利、法国、摩洛哥、印度北部等
香根草	*Vetiveria zizanioides*（L.）Roberty	留尼汪、海地、巴西、印度尼西亚、墨西哥、美国等
玫瑰	*Rosa rugose* Thunb.	法国、保加利亚、俄罗斯、摩洛哥、土耳其、意大利、印度
丁香	*Syringa oblata* Lindl.	马达加斯加、印度尼西亚、斯里兰卡、印度、坦桑尼亚等
茉莉	*Jasminum sambac*（L.）Ait.	中国、南非、西班牙、法国、摩洛哥、埃及
鼠尾草	*Salvia japonica* Thunb.	欧洲南部
檀香	*Pterocarpus santalinus* L. F.	印度尼西亚、印度、土耳其等
迷迭香	*Salvia rosmarinus* L.	法国、摩洛哥、意大利、德国、美国、印度等
广藿香	*Pogostemon cablin*（Blanco）Benth.	中国、巴西、马达加斯加、缅甸、印度尼西亚、印度、菲律宾等

二、我国香料植物的分布

我国香料植物分布在寒带、温带、亚热带和热带的各种植被类型和人工栽培的区域，它们具有以下特点：一是分布范围广，几乎遍及全国，即便在干旱的西北地区也分布着多种具有开发价值的香料植物，代表植物有山刺柏、杜松、侧柏、白玫瑰、木香、竹叶椒等；二是精油分布的科、属集中，精油含量较高的植物主要集中在菊科、芸香科、樟科、唇形科、伞形科、桃金娘科、杜鹃花科、禾本科、姜科、豆科、蔷薇科、木兰科、百合科、柏科、胡椒科等；三是精油含量较高的植物种类多，我国有许多精油含量较高的香料植物，如山鸡椒果实精油含量 4.0%~6.0%（质量分数），野花椒果实精油含量 4.0%~9.0%（质量分数）；四是分布相对集中，价值较高的香料植物资源如肉桂、八角、柠檬桉、蓝桉、山鸡椒、桂花、白玉兰、玳玳、茉莉、灵香草等多集中于我国的亚热带和热带地区；五是香型较齐全，几乎世界上所有类型的香料植物在我国均有分布，如薰衣草、紫罗兰、安息香、薄荷、留兰香、桂花、玫瑰、龙脑香等，且有些香型的品种是我国优势产品，如樟脑、黄樟油、白樟油、细毛樟油及灵香草、神农香菊等，见表1-2。

表 1-2 中国主要香料植物资源及分布区域

中文名	学名	分布
红豆杉科	**Taxaceae**	
紫杉	*Taxus cuspidata* S. et Z.	辽宁、吉林
香榧	*Torreya grandis* Fort.	安徽、江苏、浙江、湖南、江西、福建
松科	**Pinaceae**	
冷杉	*Abies fabri*（Mast.）Craib	四川
臭冷杉	*Abies nephrolepis*（Trautv.）Maxim.	黑龙江、辽宁、吉林、河北、山西
雪松	*Cedrus deodara*（Roxb.）G. Don.	辽宁、河北、山东、江苏、浙江、安徽、江西、福建、湖南、湖北、河南、陕西、四川、云南
华山松	*Pinus armandi* Franch.	山西、河南、陕西、甘肃、四川、福建、广东、台湾
赤松	*Pinus densiflora* Sieb. et Zucc.	吉林、辽宁、山东、江苏、福建、台湾
湿地松	*Pinus elliottii* Engelm.	陕西、广东
红松	*Pinus koraiensis* Sieb. et Zucc.	黑龙江、辽宁、吉林
马尾松	*Pinus massoniana* Lamb.	河南、陕西、安徽、江苏、浙江、湖南、江西、湖北、四川、贵州、福建、广东、台湾
黄山松	*Pinus taiwanensis* Hayata	浙江、福建、台湾、安徽、江西、湖南、湖北
黑松	*Pinus thunbergii* Parl.	山东、江苏、台湾
云南松	*Pinus yunnanensis* Franch.	云南、四川、贵州、广西
日本柳杉	*Cryptomeria japonica*（L. f.）D. Don	安徽、江苏、浙江、湖南、江西、四川、福建、广西、云南、台湾
杉	*Cunninghamia lanceolata*（Lamb.）Hook.	河南、安徽、江苏、浙江、湖南、江西、四川、贵州、福建、广东、广西、云南、台湾
柏科	**Cupressaceae**	
柏木	*Cupressus funebris* Endl.	陕西、甘肃、安徽、江苏、浙江、湖南、江西、湖北、四川、贵州、福建、广东、广西、云南、台湾
侧柏	*Platycladus orientalis*（L.）Franco	河北、山西、山东、河南、甘肃、安徽、江苏、浙江、湖南、江西、湖北、四川、贵州、福建、广东、广西、云南、台湾
山刺柏	*Juniperus formosana* Hayata	福建、台湾、广东、云南、陕西、甘肃、山西

续表

中文名	学名	分布
新疆圆柏	*Juniperus sabina* L.	新疆、甘肃
胡椒科	**Piperaceae**	
胡椒	*Piper nigrum* L	广东、广西、云南、台湾
杨梅科	**Myricaceae**	
杨梅	*Myrica nana* A. Chev.	安徽、江苏、浙江、江西、湖北、四川、贵州、福建、台湾、广东、广西
桦木科	**Betulaceae**	
香桦	*Betula insignis* Franch.	湖南、湖北、四川、福建
亮叶桦	*Betula luminifera* H. Winkl.	湖南、湖北、四川、福建、广东、广西
大麻科	**Cannabaceae**	
啤酒花	*Humulus lupulus* L.	新疆、黑龙江、辽宁、河北、山东、内蒙古、四川、陕西、甘肃、江苏、江西、浙江
檀香科	**Santalaceae**	
檀香	*Santalum album* Linn.	广东
马兜铃科	**Aristolochiaceae**	
山草果	*Aristolochia delavayi* Franch. var. *micrantha* W. W. Smith	云南
细辛	*Asarum sieboldii* Miq.	黑龙江、吉林、辽宁、山东、陕西、甘肃、安徽、浙江、江西、四川、贵州、福建
石竹科	**Caryophyllaceae**	
石竹	*Dianthus chinensis* L.	黑龙江、吉林、辽宁、陕西、甘肃、青海、新疆、内蒙古、重庆、四川、贵州、云南、西藏、安徽、江苏、浙江、湖南、江西、湖北、台湾
木兰科	**Magnoliaceae**	
八角	*Illicium verum* Hook. f.	广西、广东、贵州、云南、福建、浙江
盘柱南五味子	*Kadsura longipedunculata* Finet et Gagnep.	安徽、浙江、湖南、江西、四川、福建、广东、广西、云南
南五味子	*Kadsura japonica* L.	福建、台湾、广东、广西
玉兰	*Yulania denudata*（*Desrousseaux*）D. L. Fu	河北、山东、河南、浙江、湖南、江西、湖北、云南
广玉兰	*Magnolia Grandiflora* L.	山东、江苏、浙江、湖北、四川、台湾
辛夷	*Yulania liliiflora*（Desr.）D. L. Fu	陕西、安徽、浙江、湖北、四川

续表

中文名	学名	分布
厚朴	*Houpoea officinalis*（Rehder & E. H. Wilson）N. H. Xia & C. Y. Wu	陕西、甘肃、浙江、湖南、江西、湖北、四川、广西、云南
白兰花	*Michelia alba*，*Magnolia alba*	福建、台湾、广东、广西、江苏、浙江、安徽、重庆、四川、贵州、云南、西藏
黄兰	*Michelia champaca* L.	安徽、四川、贵州、福建、台湾、广东、广西、云南
含笑	*Michelia figo*（Lour.）Spreng	广东、广西、浙江、福建
香叶树	*Lindera communis* Hemsl.	浙江
香叶子	*Lindera fragrans* Oliv.	湖北、四川
山胡椒	*Lindera glauca*（Sieb. et Zucc.）Bl.	陕西、河南、山东
钓樟	*Lindera umbellata* Thunb. var. *latifolia* Gamble	河南、江苏、浙江、江西、湖北、四川
山鸡椒	*Lilsea cubeba*（Lour.）Pers.	云南、广西、广东、福建、台湾、浙江、江苏、安徽、湖南、湖北、贵州、四川、西藏
清香木姜子	*Litsea euosma* Ww. W. Smith	贵州、湖北
毛叶木姜子	*Litsea mollifolia* Chun	湖北、贵州
杨叶木姜子	*Litsea populifolia* Hemsl. Gamble	四川、云南、西藏
木姜子	*Litsea pungens* Hemsl.	江苏、浙江、湖北
紫楠	*Phoebe sheareri*（Hemsl.）Gamble	江苏、浙江、安徽、福建、江西、湖北、四川、湖南、广西、云南
虎耳草科	**Saxifragaceae**	
太平花	*Philadelphus pekinensis* Rupr.	河北、山西
金缕梅科	**Hamamelidaceae**	
枫香树	*Liquidambar formosana* Hance	台湾、福建、广东、广西、江西、江苏、浙江、湖南、湖北、云南
蔷薇科	**Rosaceae**	
杏	*Prunus armeniaca* L.	黑龙江、吉林、辽宁、北京、天津、河北、山西、内蒙古、山东、陕西、甘肃、宁夏、安徽、四川、贵州
木香	*Rosa banksiae* Ait.	河南、陕西、宁夏、安徽、湖南、河北
墨红	*Rosa chinensis* Jacq "Crimson Glory" H. T.	浙江、江苏、河北
香水玫瑰	*Rosa damascena* Mill.	山东、河北、江苏
香水月季	*Rosa odorata* Sweet	江苏、浙江、四川

续表

中文名	学名	分布
玫瑰	*Rosa rugosa* Thunb.	江苏、浙江、四川、山东、甘肃
豆科	**Leguminosae**	
台湾相思	*Acacia confusa* Merr.	福建、广东、广西、台湾
金合欢	*Vachellia farnesiana* （L.）Wight & Arn.	广东、广西、四川、云南、福建、浙江、台湾
紫穗槐	*Amorpha fruticosa* L.	吉林、辽宁、内蒙古、河北、山西、河南、山东、江苏、安徽、湖北、四川
甘草	*Glycyrrhiza uralensis* Fisch.	内蒙古、河北、山西、山东、青海、新疆
白香草木犀	*Melilotus albus* Desr.	河北、河南、陕西、山西
草木犀	*Melilotus guaveolens* Ledeb.	黑龙江、吉林、辽宁、内蒙古、河北、山东、河南、陕西、甘肃
刺槐	*Robinia pseudoacacia* L.	全国
槐	*Styphnolobium japonicum* （L.）Schott	辽宁、内蒙古、北京、天津、河北、山西、陕西、甘肃、宁夏、安徽、江苏、浙江、湖南、江西、台湾
紫藤	*Wisteria sinensis* Sweet.	辽宁、内蒙古、山西、山东、河南、陕西、甘肃、江苏、浙江、湖南、湖北、四川、广东、甘肃、青海、新疆
深山含笑花	*Michelia maudiae* Dunn.	浙江
蜡梅科	**Calycanthaceae**	
蜡梅	*Chimonanthus praecox* （L.）Link	陕西、江苏、浙江、湖北、四川
番荔枝科	**Annonaceae**	
依兰依兰	*Cananga odorata* （Lam.）Hook. f . et Thoms.	福建、云南、广东
樟科	**Lauraceae**	
樟	*Cinnamomum camphora* （L.）Presl	长江流域以南
肉桂	*Cinnamomum cassia* Presl. Bl.	云南、四川、贵州、西藏
臭樟	*Cinnamomum glanduliferum* （Wall）Nees	广东、广西、福建、江西、湖南、贵州、云南等
猴樟	*Camphora bodinieri* （H. Lév.）Y. Yang, Bing Liu & Zhi Yang	湖南、湖北、四川
油樟	*Cinnamomum inunctum* （Nees）Meissn var. *longepaniculatum* Gamble.	四川

续表

中文名	学名	分布
川桂	*Cinnamomum wilsonii* Gamble	四川、湖北、广东、云南
月桂树	*Laurus nobilis* L.	四川、福建、台湾、浙江、江苏
毛刺花椒	*Zanthoxylum acanthopodium* DC. var. *villosum* Huang	四川、云南
樗叶花椒	*Zanthoxylum ailanthoides* Sieb. et Zucc.	浙江、贵州、福建、台湾、广东
花椒	*Zanthoxylum bungeanum* Maxim.	河北、山西、山东、河南、陕西、四川、湖南、江西、广东、广西、西藏
朵椒	*Zanthoxylum molle* Rehd.	安徽、浙江、江西、湖南、贵州
竹叶椒	*Zanthoxylum armatum* DC.	山东、河南、陕西、甘肃
香椒子	*Zanthoxylum schinifolium* Sieb. et Zrcc.	辽宁、内蒙古、河北、山东、河南、安徽、江苏、浙江、湖南、四川、广东、广西
野花椒	*Zanthoxylum simulans* IIance.	河北、山东、湖南、河南、安徽、江苏、江西、湖北、广东
楝科	**Meliaceae**	
树兰	*Aglaia odorata* Lour.	四川、福建、台湾、广东、广西、贵州
香椿	*Cedrela sinensis* A. Juss.	辽宁、陕西、甘肃、宁夏、北京、天津、河北、山西、河南、湖北、湖南、广东、广西、海南、香港、澳门、上海、江苏、浙江、安徽、福建、江西、山东、台湾
漆树科	**Anacardiaceae**	
黄栌	*Cotinus cogeygria* Scop.	河北、山西、山东、河南、陕西、浙江、湖北
清香木	*Pistacia chinensis* Bge.	四川
鼠李科	**Rhamnaceae**	
枣	*Ziziphus jujuba*（L.）Lam.	河北、山东、河南、山西、浙江、陕西、安徽等
椴树科	**Tiliaceae**	
椴树	*Tilia tuan* Szyszyl.	陕西、浙江、福建、江西、湖北、湖南、四川、贵州、云南、广西、广东
锦葵科	**Malvaceae**	
黄葵	*Abelmoschus moschatus*（L.）Medic.	江西、台湾、广东、广西、云南
十字花科	**Brassicaceae**	
紫罗兰	*Matthiola incana*（L.）W. T. Aiton	江苏、浙江、四川、云南、福建

续表

中文名	学名	分布
瑞香科	**Thymelaeaceae**	
沉香	*Aquilaria agallocha* Roxb.	台湾
土沉香	*Aquilaria sinensis*（Lour.）Gilg	福建、广东、广西
瑞香	*Daphne odora* Thunb. var. *atrocaulis* Rehd.	浙江、湖南、江西、湖北、四川、台湾、广西
长梗结香	*Edgeworthia gardneri*（Wall.）Meissn.	云南
胡颓子科	**Elaeagnaceae**	
沙枣	*Elaeagnus angustifolia* L.	陕西、甘肃、宁夏、青海、新疆、黑龙江、吉林、辽宁、河南
木半夏	*Elaeagnus multiflora* Thunb.	华北、安徽、湖南、湖北、四川、福建
胡颓子	*Elaeagnus pungens* Thunb.	陕西、安徽、江苏、湖南、江西、湖北、四川、贵州、福建
桃金娘科	**Myrtaceae**	
岗松	*Baeckea frutescens* L.	江西、广东、广西
赤桉	*Eucalyptus camaldulensis* Dehnh.	广东、广西
蓝桉	*Eucalyptus globulus* Labill.	云南、四川、福建、广东、广西
柠檬桉	*Eucalyptus citriodora* Hook.	四川、福建、广东、广西
大叶桉	*Eucalyptus robusta* Sm.	湖南、四川、贵州、福建、广东、广西、云南、江西、陕西
细叶桉	*Eucalyptus tereticornis* Sm.	福建、广东、广西
毕当茄	*Eugenia uniflora* L.	
白千层	*Melaleuca leucadendra* L.	四川、福建、广东、广西、台湾
细花白千层	*Melaleuca parviflora* Mindl.	
番石榴	*Psidium guayava* L.	云南、贵州、四川、福建、广东、江西、广东、广西
蒲桃	*Syzygium jambos*（L.）Alston.	广东、广西、福建、云南
五加科	**Araliaceae**	
细叶五加	*Eleutherococcus nodiflorus*（Dunn）S. Y. Hu	河南、安徽、江苏、浙江、湖南、江西、湖北、四川、贵州、云南
伞形科	**Apiaceae**	
莳萝	*Anethum graveolens* L.	云南、贵州

续表

中文名	学名	分布
白芷	*Angelica dahurica*（Fisch.）Benth. et Hook. f.	辽宁、吉林、黑龙江、河北、河南、江苏、浙江、四川
当归	*Angelica sinensis*（Oliven）Diels	四川、陕西、河北、山东、江苏
旱芹	*Apium graveolens* L. var. *duice* DC.	陕西、甘肃、四川、云南
葛缕子	*Carum carvi* L.	全国
柴胡	*Bupleurum falcalum* L.	内蒙古、黑龙江、辽宁
蛇床	*Cnidium monnieri*（L.）Cuss.	华北、东北、西北等地
芫荽	*Coriandrum sativum* L.	全国
胡萝卜	*Daucus caroia* L.	全国
茴香	*Foeniculum vulgare* Mill.	全国
藁本	*Nothosmyrnium japonicum* Miq.	江苏、安徽、浙江、湖北、湖南、广西、广东、福建、贵州、四川、云南
蛇床子	*Cnidium monnieri*（L.）Spreng.	四川、陕西、河北、山东、江苏
杜鹃花科	**Ericaceae**	
狭叶杜香	*Ledum palustre* L. var. *anguslum* N. Busch.	辽宁、吉林、黑龙江、内蒙古
鲜黄杜鹃	*Rhododendron aureum* Franch.（R. chrysanthum Pall.）	辽宁、吉林、黑龙江、云南、西藏
臭枇杷	*Rhododendron concinnum* Hems.	陕西、湖北、四川
兴安杜鹃	*Rhododendron dauricum* L.	黑龙江、辽宁、内蒙古
密枝杜鹃	*Rhododendron fastigiatum* Franch.	陕西、甘肃、青海、四川、云南
小花杜鹃	*Rhododendron micranthum* Turcz.	吉林、辽宁、内蒙古、河北、河南、陕西、甘肃、湖北、四川
报春花科	**Primulaceae**	
灵香草	*Lysimachia foenum-graecum* Hance	湖北、四川、贵州、广东、广西、云南
木犀科	**Oleaceae**	
大花茉莉	*Jasminum grandiflorum* L.	云南、广东、福建、台湾、四川、浙江
茉莉	*Jasminum sambac*（L.）Ait.	广东、江苏、浙江、福建、台湾、云南、四川
女贞	*Ligustrum lucidum* Ait.	山西、山东、河南、陕西
桂花	*Osmanthus fragrans*（Thunb.）Lour.	广西、广东、云南、四川、台湾、福建、湖南、湖北、浙江、江苏、陕西

续表

中文名	学名	分布
丹桂	*Osmanthus fragrans* var. *aurantiacus* Mak.	浙江、湖北、福建等
银桂	*Osmanthus fragrans* var. *latifolius* Mak.	浙江、湖北、福建等
金桂	*Osmanthus fragrans* var. *thunbergii* Mak.	浙江、湖北、福建等
丁香	*Syringa oblata* Lindl.	吉林、辽宁、黑龙江、内蒙古、河北、天津、山西、山东、河南、陕西、宁夏、甘肃、青海、四川
马钱科	**Loganiaceae**	
大叶醉鱼草	*Buddleja davidii* Franch.	陕西、江西、四川、贵州、福建、西藏
夹竹桃科	**Apocynaceae**	
鸡蛋花	*Plumeria rubra*. L. var. *acutifolia*（Poir.）Bailey.	福建、广东
络石	*Trachelospermum jasminoides*（Lindl.）Lem.	内蒙古、山东、河南、安徽、江苏、湖南、江西、湖北、福建、广东、广西
香络石	*Trachelospermum lucidum*（D. Dor）K. Schum.	四川、西藏
夜来香	*Telosma cordata*（Burm. f.）Merr.	长江流域以南
马鞭草科	**Verbenaceae**	
白叶莸	*Carryopteris forrestii* Diels	云南
荆条	*Vitex negundo* L.	辽宁、吉林、黑龙江、山西、河北、江苏、安徽、浙江、福建、台湾、江西、湖北、湖南、广东、广西、云南、贵州、四川、陕西、甘肃、内蒙古
唇形科	**Lamiaceae**	
藿香	*Agastache rugosa*（Fisch. et Mey.）O. Kize	新疆、青海、内蒙古、河北
白香薷	*Elsholtzia blanda* Benth.	云南
海州香薷	*Elsholtzia splendens* Nakai ex F. Meakawa	辽宁、河北、山东、河南、江苏、江西、浙江、广东
吉龙草	*Elsholtzia communis*（Coll. Et Hemsl.）Diels	云南
野香草	*Elsholtzia cyprianii*（Pavol.）C. Y. Wu. et S. Chow	甘肃、湖北、四川、贵州、云南、陕西
野苏子	*Elsholtzia flava*（Benth.）Benth.	四川、贵州、云南
紫香薷	*Elsholtzia longidentata* Sun	湖南

续表

中文名	学名	分布
黄香薷	*Elsholtzia luteola* Diels	四川、云南
香薷	*Elsholtzia ciliata*（Thunb.）Hyl.	黑龙江、吉林、辽宁、北京、天津、河北、山西、内蒙古、陕西、台湾
野拔子	*Elsholtzia rugulosa* Hemsl.	云南、贵州、四川
薰衣草	*Lavandula angustifolia* Mill.	新疆、陕西、河南、浙江、河北
穗薰衣草	*Lavandula latifolia* Medin	河北
杂薰衣草	*Lavandula angustifolia* X L. Latifolia	福建、山东、陕西、江苏、河北
香柠檬薄荷	*Mentha citrata* Ehrh.	江苏、浙江、安徽
薄荷	*Mentha canadensis* L.	江苏、安徽、浙江、河南、江西、台湾等
胡椒薄荷	*Mentha piperita* L.	河北、江苏、安徽、浙江
伏薄荷	*Mentha pulegium* Linn.	河北
圆叶薄荷	*Mentha rotundifolia*（L.）Huds.	全国
留兰香	*Mentha spicata* L.	河北、江苏、浙江、广东、广西、四川、贵州、云南
姜味草	*Micromeria biflora* Benth.	贵州、云南
冠唇花	*Microtoena insuavis*（Hance）Prain	贵州、广东、云南
紫苏	*Perilla frutescens*（L.）Britton	河北、山西、江苏、浙江、江西、湖北、四川、贵州、云南、西藏、福建、台湾、广东、广西
罗勒	*Ocimum basilicum* L.	河北、山西、山东、河南、安徽、江苏、浙江、江西、湖北、四川、贵州、福建、台湾、广东、广西、云南
丁香罗勒	*Ocimum gratissimum* L.	江苏、浙江、福建、台湾、广东、广西
牛至	*Origanum vulgare* L.	河南、陕西、甘肃、安徽、江苏、浙江、湖南、江西、湖北、四川、广东、云南
广藿香	*Pogostemon cablin*（Blanco）Benth	广东、台湾、四川
迷迭香	*Rosmarinus officinalis* L.	江苏、河北等
多裂叶荆芥	*Schizonepeta multifida*（L.）Briq.	山西、河北、甘肃、宁夏
百里香	*Thymus serpyllum* L. var. *mongolicus* Ronn.	内蒙古、陕西、甘肃、宁夏、青海
百里草	*Thymus vulgaris* L.	北京
五肋百里香	*Thymus quinquecastatus* Celak.	山东、辽宁、河北、河南、山西

续表

中文名	学名	分布
黄芩	*Scutellaria baicalensis* Georg.	辽宁、吉林、黑龙江、北京、天津、河北、山西、山东、陕西、甘肃、宁夏、安徽、江苏、四川、云南
香紫苏	*Salvia sclarea* L.	陕西、河北、河南
药用鼠尾草	*Salvia officinalis* L.	河北
茜草科	**Rubiaceae**	
栀子	*Gardenia jasminoides* Ellis	江苏、湖南、浙江、安徽、江西、广东、海南、广西、云南、贵州、四川、湖北、福建、台湾
忍冬	*Lonicera japonica* Thunb.	辽宁、河北、山东、河南、陕西、甘肃、宁夏
败酱科	**Valerianaceae**	
甘松	*Nardostachys jatamansi* DC.	四川、云南、甘肃、青海
马蹄香	*Valeriana jatamansi* Jones.	四川、贵州、云南
缬草	*Valeriana officinalis* L.	四川、贵州、湖北、青海、甘肃、陕西、河南、山东、山西、河北、台湾
菊科	**Asteraceae**	
千叶蓍	*Achillea millefolium* L.	黑龙江、吉林、辽宁、陕西、甘肃、青海、四川、台湾
藿香蓟	*Ageratum conyzoides* L.	江苏、江西、广东、广西、云南
陵零香	*Anaphalis hancockii* Maxim.	河北、山西、陕西、甘肃、青海、江西
山荻	*Anaphalis margaritacea*（L.）Benth. et Hook. f.	浙江、福建、陕西、云南、贵州、广西
黄花蒿	*Artemisia annua* L.	全国
青蒿	*Artemisia caruifolia* Buch. –Ham. ex Roxb.	黑龙江、吉林、辽宁、内蒙古、河北、山西、河南、陕西、甘肃、江西、湖北、四川、福建
茵艾陈蒿	*Artemisia argyi* Levl et. Vant.	黑龙江、吉林、辽宁、内蒙古、河北、山西、河南、陕西、甘肃、江西、湖北、四川、福建
茵陈蒿	*Artemisia capillaris* Thunb.	全国
小野艾	*Artemisia indica* Willd.	河南、陕西、安徽、江苏、浙江、湖南、江西、湖北、四川、贵州、福建、台湾、广东、广西、云南
牡蒿	*Artemisia japonica* Thunb.	黑龙江、吉林、辽宁、内蒙古、河北、山西、河南、陕西、甘肃、宁夏、安徽、江苏、浙江、江西、湖北、四川、福建、台湾、广东、广西、云南

续表

中文名	学名	分布
蒙古蒿	*Artemisia mongolica* Fisch.	黑龙江、吉林、辽宁、内蒙古、河北、山西、山东、陕西、甘肃
黄蒿	*Artemisia scoparia* Waldst. et Kit.	黑龙江、吉林、辽宁
大籽蒿	*Artemisia sieversiana* Willd.	黑龙江、吉林、辽宁、北京、天津、河北、山西、陕西、甘肃
野艾	*Artemisia vulgaris* L.	北京、天津、河北、山西、陕西、江苏、浙江、四川、福建、台湾、广东、广西、云南
苍术	*Atractylodes lancea* （Thunb.）DC.	黑龙江、吉林、辽宁、内蒙古、河北、山西、山东、河南、陕西、甘肃、安徽、江苏、浙江、江西、湖南、湖北等
白术	*Atractylodes macrocephala* Koidz.	山西、安徽、江苏、浙江、湖南、江西、湖北、四川、贵州、福建等
艾纳香	*Blumea balsamifera* （L.）DC.	福建、台湾、广东、广西、云南
大花金挖耳	*Carpesium macrocephalum* Franch et Savat.	黑龙江、吉林、辽宁、北京、天津、河北、山西、内蒙古、陕西
野菊	*Chrysanthemum indicum* L.	辽宁、河北、山西、山东、河南、江苏、浙江、湖北、四川、贵州、台湾、广东、广西、云南
甘菊	*Chrysanthemum lavandulifolium* （Fisch.）Makino	黑龙江、吉林、辽宁、河北、山西、江苏、浙江、四川、云南
菊花	*Chrysanthemum morifolium* Ramat.	全国
飞蓬	*Erigeron acris* L.	黑龙江、吉林、辽宁、内蒙古、北京、天津、河北、山西、陕西、甘肃、江苏、江西、湖北、安徽
小飞蓬	*Erigeron canadensis* L.	黑龙江、吉林、辽宁、山西、山东、河南、陕西、浙江、湖南、湖北、四川、台湾
泽兰	*Eupatorium japonicum* Thunb.	辽宁、河北、山东、河南、江苏、浙江、湖南、江西、湖北、福建、台湾、广东、广西
飞机草	*Chromolaena odorata* （L.）R. M. King & H. Rob.	广东、云南等
土木香	*Inula helenium* L.	陕西、甘肃、青海、福建、广东、广西、云南
六棱菊	*Laggera alata* D. Donsch Bip.	云南
大马蹄香	*Ligularia kanaitzensis* Hand. Mazz.	四川、云南
母菊	*Matricaria chamomilla* L.	江苏、台湾、河北

续表

中文名	学名	分布
兴安一枝黄花	*Solidago virgaurea* L. var. *dahurica* Kitag.	辽宁、吉林、黑龙江
禾本科	**Gramineae**	
柠檬草	*Cymbopogon citratus*（DC.）Stapf	江苏、浙江、四川、福建、台湾、广东、广西、云南
芸香草	*Cymbopogon distans*（Nees）W. Wafs.	四川、陕西、甘肃、云南
扭鞘香茅	*Cymbopogon tortilis*（Presl）	湖南、湖北、四川、贵州、福建、台湾、广东、广西、云南
枫茅	*Cymbopogon flexuosus* Stapf.	广东
爪哇香茅	*Cymbopogon winterianus* Jowitt.	台湾、广东、福建、四川、广西、云南、贵州
香根草	*Chrysopogon zizanioides*（L.）Roberty	江苏、浙江、福建、台湾、广东、海南、四川
莎草科	**Cyperaceae**	
香附子	*Cyperus rotundus* L.	新疆、内蒙古、青海、宁夏
天南星科	**Araceae**	
菖蒲	*Acorus calamus* L.	黑龙江、吉林、辽宁、内蒙古、河北、山西、甘肃、宁夏、山东、河南、安徽、江苏、浙江、福建、广东、广西、江西、湖南、湖北、四川、贵州、云南
百合科	**Liliaceae**	
蒜	*Allium sativum* L.	全国
铃兰	*Convallaria majalis* L.	山东、河北、黑龙江、吉林、辽宁、陕西、河南、山西
玉簪	*Hosta plantaginea*（Lam.）Aschers.	宁夏、河北
风信子	*Hyacinthus orientalis* L. Sp. Pl.	河北、安徽、四川
百合	*Lilium brownii* F. E. Broun. var. *colchesteri*（Wall.）	山东、山西、河南、陕西
麝香百合	*Lilium longiflorum* Thunb.	河北
石蒜科	**Amaryllidaceae**	
水仙	*Narcissus tazetta* L. var. *chinensis* Roem.	福建、浙江
晚香玉	*Polianthes tuberosa* L.	江苏、浙江、四川、广东、河北

续表

中文名	学名	分布
鸢尾科	**Iridaceae**	
香雪兰	*Freesia refracta* Klalt	福建、台湾、广东
法国鸢尾	*Iris florentina* L.	河北
德国鸢尾	*Iris germanica* L.	河北、山东
香根鸢尾	*Iris pallida* Lam.	浙江、云南、河北
姜科	**Zingiberaceae**	
大高良姜	*Alpinia galanga*（L.）Willd.	云南、广东、台湾
砂仁	*Amomum villosum* Lour.	福建、广东、广西、云南
豆蔻	*Myristica fragrans* Houtt.	台湾、广东、云南等
草果	*Amomum tsaoko* Crevosl. et Lemaire	贵州、广西、台湾
姜黄	*Curcuma longa* L.	浙江、江西、四川、福建、广东、广西、云南
白姜花	*Hedychium coronarium* Koenig.	台湾、广东、云南
山奈	*Kaempferia galanga* L.	台湾、广东、云南
姜	*Zingiber officinale* Rosc.	四川、山东、浙江、福建、湖北、湖南
野姜	*Zingiber striolatum* Diels	河南、四川、福建、云南
球姜	*Ziagiber zerumbet*（L.）Smith	福建、台湾、广东
兰科	**Orchidaceae**	
香荚兰	*Vanilla planifolia* Andrews.	福建、云南、广东、陕西、甘肃、江苏、浙江、湖南、湖北、四川、广东
牻牛儿苗科	**Geraniaceae**	
香叶天竺葵	*Pelargonium graveolens* L. Herit.	四川、云南、台湾、江苏
芸香科	**Rutaceae**	
玳玳	*Citrus aurantium* Daidai	福建、江苏、浙江、广东、湖南、四川
柚	*Citrus maxima*（Burm.）Merr.	四川、云南、广西、江西、福建等
香橙	*Citrus junos* Tanaka	陕西、安徽、江苏、浙江、湖南、江西、湖北、四川、贵州
柠檬	*Citrus limon*（L.）Burm. f.	四川、福建、广东、云南、江西、湖南、安徽
佛手	*Citrus medica* L. var. *sarcodactylis*（Noot.）Swingle	广东、广西、福建、台湾、浙江、湖南、湖北、四川、云南

续表

中文名	学名	分布
枸橼	*Citrus medica* L.	长江流域以南
红橘	*Citrus reticulata* Blanco	四川、福建、湖北、湖南、浙江、云南、贵州、陕西
甜橙	*Citrus sinensis*（L.）Osbeck	福建、浙江、江西、广东、广西、湖北、湖南、四川、贵州、云南、台湾
香橼	*Citrus medica* L.	安徽、江苏、浙汇、江西、湖北
金氏九里香	*Murraya koenigii*（L.）Spreng.	广东、云南
枳	*Citrus trifoliata* L.	河北、山东、河南、陕西、甘肃、安徽、江苏、浙江、江西、湖北、四川、福建、台湾、广东、广西
黄檗	*Phellodendron amurense* Rupr.	辽宁、吉林、黑龙江、河北等

根据我国气候特点、土壤和植被类型，以及按照香料植物分布和人工栽培区域，我国香料植物可以概括划分为以下七个大区。

（一）东北区

本区包括黑龙江、吉林、辽宁和内蒙古大部分。该区特点是潮湿寒冷，年平均温度在 0℃ 以下，最低温度可达 -49℃，冰雪期从 9 月到翌年 3 月。夏季短而炎热，最高气温可达 40℃。年降雨量为 350~1000mm，相对湿度为 70%~80%。土壤主要有黑钙土、灰色森林土、腐殖质湿土及沼泽地区的泥炭质湿土。常见的天然香料植物主要分布在以下三种类型的区域。

1. 针叶林区

本区植物主要以耐寒针叶树种为主。常见植物有落叶松、红松、白桦、棘皮桦、丛桦、樟子松等。

2. 针叶和阔叶树种混交林区

本区是寒带针叶森林和温带阔叶林的过渡地带，植物生长繁茂，树种较多，多数是喜温性种类。常见的木本香料植物有紫杉、臭冷杉、桧、杜松、兴安桧、白桦、香杨、五味子、兴安杜鹃、小叶杜鹃、狭叶杜香、宽叶杜香、玫瑰、野生啤酒花等；主要草本香料植物有唇形科的香青兰、香薷、兴安薄荷、多裂叶荆芥、裂叶荆芥，伞形科的辽藁本、莳萝、蒝蒿、芫荽、茴香，菊科的黄花蒿、青蒿、茵艾陈蒿、牡蒿、蒙古蒿、北野菊、甘菊、飞蓬和泽兰，其他科的东北缬草、香附子、菖蒲和铃兰等。

3. 温带森林和草甸草原区

本区植被特点是乔灌木逐渐减少，宿根草本和一二年生草本显著增多，主要种类有臭冷杉、杜松、天女花、山刺玫、玫瑰、狭叶松香、宽叶松香、兴安松香、黄荆。草本香料植物有银线草、黄蒿、茴香、辽藁本、香青兰、香薷、薄荷、黄花蒿、茵陈蒿、牡蒿、铁杆蒿、大籽蒿、野艾、苍术、北野菊、香叶菊、甘草、山花椒和铃兰等。

（二）华北区

本区包括河北、山东、山西、陕西、内蒙古、辽宁部分地区。本区气候为夏热多雨，冬寒晴燥，春多风沙，秋季短促，年平均温度为 10～16℃，最低温度平原地区为-25℃，高原和山地地区为-30℃左右。年平均降水量为 500～800mm，个别地区高达 1000mm 左右。相对湿度沿海为 75%，且较稳定。土壤为原生和次生黄土，沿海、河谷和较干旱地区多为冲积性褐土或盐碱土，山地和丘陵地区为棕色土。

1. 辽东与山东半岛区

本区香料植物有赤松、马尾松、狭叶山胡椒、三桠乌药、山胡椒、竹叶椒、野花椒、胡颓子、牡荆等。人工栽培香料植物多在丘陵坡地和河谷冲积台地，常见种类有玫瑰、白玫瑰、啤酒花、花椒、薄荷、留兰香、罗勒。海拔 700～1200m 林缘乔灌丛中分布有铃兰、缬草和苍术等喜阴香料植物；丘陵山坡岩石分布有百里香；荒废地、路旁有蒿属香料植物 4~5 种。

2. 华北平原区

本区包括辽宁、山东和河北，本区香料植物极为贫乏，常见种类有油松、香椿、野花椒、荆条、狭叶山胡椒、芷兰、紫藤、香水月季、晚香玉等。在林缘稀疏灌丛有荆条、鸢尾、百里香、牛至、紫荆芥、华北香薷、苍术、藁本、苏子、土荆芥、芸香、大齿当归，溪流两旁有薄荷。

3. 黄土高原区

本区包括甘肃、陕西、山西和河南部分地区，本区以草本香料植物为主，乔灌种类较少，常见的香料植物有油松、侧柏、华山松、钓樟、山胡椒、五味子、花椒、竹叶椒和栽培的苦水玫瑰；地势较平坦地区有黄蔷薇、酸醋柳；草本植物有香薷、牛至、苏子、甘草、缬草、甘松、百里香及蒿属植物。

（三）华东和华中区

本区包括河南、安徽、江苏、浙江、江西、湖南、湖北、福建北部等地。气候特点是春季梅雨连绵，湿度大，夏季多雨炎热，冬季温和。日照时数长，年平均温度为 15～22℃，夏季气温在 28℃以上，最低温度可达-10℃。年降水量 1000～1800mm，平均相对湿度为 80%。土壤种类主要有冲积土、红壤、棕壤、黄褐土、黄壤和水稻土等。本区蕴藏着极其丰富的野生香料植物资源，主要是喜温暖、湿润的常绿阔叶和落叶乔木。海拔 800～1000m 的山地或丘陵山地主要种类有马尾松、赤松、日本柳杉、杉、侧柏、桧、山刺柏、蜡梅、接骨金粟兰、珠兰、亮叶桦、莽草、红茴香、盘柱南五味子、辛夷、深山含笑花、樟科的樟、狭叶山胡椒、三桠乌药、钓樟、山鸡椒、枫香、竹叶椒，芸香科的玳玳、香橙、柠檬、香圆等。林缘丘陵坡地、溪流之间的阴湿草丛和撂荒地的草本香料植物主要有山荻、大齿当归、松风草、紫香薷和香薷、紫花前胡、黄花蒿及溪流两旁的菖蒲等。

本区栽培的主要香料植物种类有原产于我国的薄荷、墨红、留兰香、白兰、桂花、茉莉、樟、晚香玉、罗勒、芸香、牛至等。此外，尚有引入我国的重要香料植物如岩蔷薇、紫罗兰、香根草和香根鸢尾等。

（四）华南区

本区包括台湾、福建、广东、广西和云南东部。气候特点为夏季炎热，雨量充沛，年降水量在 1500mm 以上的时间长达 5 个月，冬季温暖，日温差小，常年温度在 22℃ 左右。土壤以红壤为主，河流下游多冲积土。本区植被类型属于热带和亚热带季雨类型，植物种类繁多，常见的香料植物有马尾松、日本柳杉、桧、山刺柏、接骨金粟兰、珠兰、莽草、八角茴香、夜合花、黄兰、含笑。产量占据世界第一位的八角茴香产自本区。樟科和桃金娘科的植物是本区的优势物种，主要有肉桂、樟、乌药、山鸡椒、杏仁桉、赤桉、蓝桉、柠檬桉、大叶桉、细叶桉、白千层、枫香、金合欢、九里香、艾纳香、灵香草、艾蒿和松风草等。此外，本区人工栽培了白兰、茉莉、大花茉莉、米仔兰、胡椒、丁香、广藿香、檀香、依兰、丁香罗勒、芸香草、柠檬草、香根草和香荚兰等。

（五）西南区

本区包括四川、云南、贵州大部地区，境内山脉纵横，地形复杂，江河交错，除四川盆地外，海拔均在 1000m 以上。按照地形、气候变化特点和香料植物的自然分布状况，本区分为四川盆地区和高原山区两部分。

1. 四川盆地区

本区包括四川盆地、高山深谷和河流两侧农垦区，气候温和，年平均温度在 18℃ 以上，最高气温平均达 34~36℃。年降水量 1000~1500mm，多集中于 6、7、8 三个月，冬季最少。相对湿度达 80%，土壤肥沃，为紫色的冲积土、黄壤和红壤。常见的木本香料植物种类有云南松、日本柳杉、马尾松、亮叶桦、黄心夜合、含笑、蜡梅、鹰爪花、樟、油樟、川桂皮、川桂、连香树、香叶子、乌药、钓樟、山鸡椒、杨叶木姜、木姜子、紫楠、枫香木香、野花椒、柠檬桉等；草本香料植物有大齿当归、辽藁本、野香薷、野拔子、香叶菊、香茅和蒿类等。丘陵坡地和河流两岸冲积平原有人工栽培的玳玳、柚、柠檬、花椒、茉莉、玫瑰、香茅、柠檬草、香叶和姜等。

2. 高原山区

本区包括云贵高原和四川西部山区，地形复杂，气候多变，海拔均在 1000~2800m，土壤有紫色土、棕色土和高山草原土。主要香料植物有云南松、云南铁杉、肉桂、油樟、臭樟、川樟、团香果、杨木姜子、清香木姜子、木姜子、新樟、云南新木姜、金氏九里香、滇白珠、须药藤、赤桉大叶桉、姜味草、山荻、艾纳香、灵香草、飞机草、香蒿、甘松等。人工栽培的香料植物有依兰、香茅、香叶、丛生树花、檀香和香荚兰等。

(六) 青藏区

本区包括西藏、四川西部和青海。境内有高山、河谷、盆地和高原，海拔 1000～4500m。气候寒冷干燥、蒸发量小，年平均温度在 0℃以下，最低温度在-35℃，年降水量 100～700mm。谷地气候较暖和，年平均温度在 8.5～11.4℃，年降水量 600～960mm，相对湿度 70%。土壤类别有石砾土、栗钙土、高山草原土和盐泽土。本区的木本香料植物有臭樟、油樟、杨叶木姜子、野花椒和蔷薇等；草本香料植物有缬草、土木香、胡卢巴、荆芥、地椒、甘松、唐古特青兰和蒿属等。宽叶甘松是本区有生产价值的野生香料植物资源。

(七) 西北区

本区包括新疆、内蒙古和青海、宁夏的一部分。气候特点为雨量稀少，异常干旱，全年降水量在 250mm 左右。土壤类型大部分是漠钙土（腐殖质少）、盐土或盐碱土。常见的木本香料植物主要有新疆圆柏、沙索、蔷薇属；草本香科植物有甘草、胡卢巴、刺荆芥、阿魏和高山茅香等。新疆伊犁地区是我国薰衣草栽培重点区域，经过多年来的引种栽培，薰衣草已能够适应该地区的气候条件。此外，伊犁地区也有栽培的玫瑰和啤酒花等。

第三节　香料植物的分类方法

香料植物种类繁多，为了更好地了解和利用各种香料植物种质资源，通过种质资源的研究寻找共性，发现差异，为栽培和育种服务，就有必要对其进行分类，使其系统化、规律化。香料植物的分类方法很多，以下根据香料植物形态特征（即植物学分类）、生活习性、经济用途等，介绍几种常用的分类方法。

一、根据植物学分类

植物学分类是根据香料植物的花、果实等形态特征来进行分类的方法，将香料植物分属为不同的科、属，相对而言，植物学分类法更系统、更全面、更严谨，是一种经典的分类方法。常见的香料植物有裸子植物门的松柏科、罗汉松科、松科、红豆杉科，被子植物门双子叶植物纲的菊科、唇形科、樟科、木兰科、芸香科、伞形科、蔷薇科、桃金娘科、檀香科、木犀科、楝科，被子植物门单子叶植物纲的禾本科、百合科、姜科等。

二、根据生活习性分类

香料植物根据生活习性可分为草本类、灌木类、乔木类和藤本类。草本类香料植物代表有香叶天竺葵、芸香、薄荷、香茅等；灌木类香料植物代表有黄刺玫、九里香、月季、迷迭香等；乔木类香料植物代表有白兰、柠檬桉、樟树、桂花等；藤本类香料植物代表有金银花、紫藤、鹰爪花、迎春、胡椒等。

草本类香料植物可按照生活史分为一年生、两年生和多年生草本植物。一年生草本植物指的是一年内完成生活史的香料植物，如黄花蒿、红蓟、小蓬草、罗勒、紫苏等。两年生草本植物指的是两个生长季节内完成生活史的植物，有紫罗兰等。多年生草本植物指的是植物个体寿命超过两年，能多次开花结果的植物，可分为多年生草本植物、多年生木本植物和多年生藤本植物。多年生草本植物可分为多年生宿根植物、球茎植物、鳞茎植物、块茎植物。多年生宿根植物指的是植物开花结果后，冬季整株植株或地下部分能安全越冬的植物，代表植物有菊花、芍药等。多年生球茎植物指的是地下茎膨大呈球形、表面环状节明显，代表植物有香雪兰、唐菖蒲等。多年生鳞茎植物指的是地下茎极度缩短，呈扁平的鳞茎盘，在鳞茎盘上着生肉质鳞片的植物，代表植物有百合、风信子、洋葱等。多年生块茎植物指的是地下茎膨大呈块状，外形不规则，代表植物有菊芋香、黑三棱、山奈等。多年生根茎植物指的是地下根膨大呈块状，芽在根茎分界处，代表植物有大丽花等。多年生木本植物指的是茎木质化的多年生植物，多为灌木或乔木，代表植物有蜡梅、桂花、乌药、依兰等。多年生藤本植物代表植物有胡椒、木香、金银花等。

三、根据经济用途分类

根据经济用途，可将香料植物大致分为以下 7 类。

1. 药用香料植物

指具有特殊的药用价值的一类香料植物，可作为药物来使用，或植株内含有药用价值的物质，代表植物有菊花、五味子、广藿香等。

2. 辛香料植物

指可作为香辛料直接使用的一类香料植物，代表植物有茴香、八角、豆蔻等。

3. 香精香料植物

指主要用于提取芳香精油（挥发油）的一类香料植物，代表植物有薄荷、香茅、洋甘菊等。

4. 食品香料植物

指部分器官或全株可食用的一类香料植物，代表植物有百合、洋葱、葱、蒜、草莓、枇杷等。

5. 熏茶香料植物

指某些器官含有芳香物质，能用于茶叶熏制的一类香料植物，代表植物有茉莉、玫瑰、白兰花等。

6. 观赏绿化用香料植物

指可作为绿化、观赏树木或花卉利用的一类香料植物，代表植物有玫瑰、桂花、米兰、白兰等。

7. 环境保护香料植物

指能改善环境条件，可作为环境指示植物的一类香料植物，代表植物有台湾相思、樟子松等。

四、根据部位分类

香料植物根据芳香部位不同，可分为以下6类。

1. 香草植物

指全草或地上部均可利用的草本芳香植物，代表植物有香蜂草、薰衣草、薄荷、马鞭草、紫苏、香茅等。迷迭香虽为灌木，但植株矮小，全株芳香，归在香草植物中。

2. 香花植物

鲜花具有浓郁香气的一类香料植物，代表植物有依兰、矢车菊、桂花、梅花、水仙、栀子、香花槐、茉莉、米兰、兰花等。

3. 香树植物

利用两个或两个以上器官的木本香料植物，代表植物有樟树、山鸡椒、肉桂、檀香树等。

4. 香果植物

果实具有香气的木本或草本香料植物，代表植物有香荚兰、青花椒、胡椒、柑橘类植物等。

5. 香叶植物

叶具有浓郁香气的一类香料植物，代表植物有樟树、白千层、菖蒲等。

6. 香根植物

根具有香气的木本或草本香料植物，代表植物有香根草、窄裂缬草、杜松、细辛等。

五、根据用途和功能分类

根据园林用途和功能，香料植物可分为以下几类。

1. 行道树香料植物

植于道路两旁的绿荫类木本香料植物，根据道路的类别可分为街道树、公路树、甬道和墓道树。

（1）街道树（常绿树）有樟树、女贞、广玉兰等。落叶树有鹅掌楸、合欢等。

（2）公路树（常绿树）有女贞、广玉兰、雪松、桧柏等。公路树落叶树有柳树等。

（3）甬道和墓道树（常绿针叶树）有圆柏、柏木、马尾松、柳杉、龙柏、雪松等。

2. 花坛花境香料植物

用于绿化装饰花坛、绿篱、栏杆以及建筑物的香料植物，代表植物有芍药、菊花、鼠尾草等。

3. 地被香料植物

用于覆盖裸地、坡地，主要起防尘、固土、绿化作用的低矮灌木或匍匐型藤本香料植物，代表植物有铺地柏、匍地龙柏、偃松、香雪球、叉子圆柏等。

（1）庭院香料植物　指适合种植于庭院的香料植物，代表植物有玉簪花、蜡梅、桂花、迷迭香等。

（2）水体香料植物　指用于绿化装饰水体的水生香料植物，代表植物有荷花、菖蒲等。

（3）绿篱香料植物　根据观赏性和栽植用途分类，代表植物有桧柏、侧柏、女贞、桂花、月季、杜鹃、栀子、藤本蔷薇、葡萄、紫藤、栀子、瑞香、十大功劳、侧柏、龙柏、桧柏、雪松、云杉、玫瑰等。

六、根据栽培条件分类

1. 温室香料植物

喜温，原产于热带和亚热带地区，在温带地区和温带以北地区需要在温室内培养或越冬，代表植物有金莲花、香石竹等。

2. 露地香料植物

指一年四季均在露地生长发育的香料植物，代表植物有大丽花、梅花、蜡梅等。

3. 水生香料植物

指在水中或沼泽地生长的香料植物，代表植物有荷花、菖蒲等。

课程思政

中国是世界香料植物种类最丰富的国家之一，根据我国气候特点、土壤和植被类型，以及按照香料植物分布和人工栽培区域，我国香料植物划分为7个大区，很多珍稀香料植物是野生状态，对其进行开发利用应该以习近平新时代中国特色社会主义思想为指导，按照推动高质量发展的要求，统筹谋划经济社会发展和资源环境保护、节能减排工作，促进经济结构优化升级，形成绿色低碳循环发展的产业体系，坚持"绿水青山就是金山银山"的理念，加强生态文明建设，全面推进美丽中国建设。

思考题

1. 我国香料植物分布区域有哪些？有哪些代表植物？
2. 根据生活习性，我国香料植物可以分为哪些类别？

第二章
香料植物与精油

【学习目标】

　　1. 了解精油化学成分及其结构特征，了解精油的生物合成途径。

　　2. 理解精油的生产和存储器官及部位。

　　3. 掌握精油含义、性质和分类方法，掌握精油在香料植物体内分布规律及其随香料植物品种、生长发育和株龄的变化规律。

第一节　精油的含义及其化学成分

一、精油的含义

　　精油（essential oil）又称香精油，在化学和医药上称为挥发油，商业上称为芳香油。广义上说，精油是从香料植物的根、茎、叶、枝、干、花、果、籽等分泌出的树脂、树膏或者泌香动物中经蒸馏、浸提、压榨以及吸附等方法提取的具有一定气味的挥发性含香物质的总称。狭义上说，精油是指用水蒸气蒸馏法，或压榨法、冷磨法、干馏法（极少数）从香料植物中所提取得到的挥发性含香物质。在称呼某一种"精油"时，可以将"精油"中的'精'字省略、如薄荷精油、玫瑰精油、茶树精油、茉莉花精油，可简称为薄荷油、玫瑰油、茶树油和茉莉花油。精油一般为油状液体，有些精油在常温或者温度略低时，呈固体状态，又可以称为凝脂，如用水蒸气蒸馏法制取的鸢尾精油，因在常温下呈固态，也可称为鸢尾油或鸢尾凝脂等。精油含量较丰富的植物有柏科、木兰科、樟科、芸香科、伞形花科、唇形花科、姜科、菊科、龙脑香科、禾本科等。

二、精油的分类

精油有多种分类方法，按精油配方组分，可分为单方精油、复方精油和基础油。单方精油是指来源于同一种植物相同部位的精油。单方精油按植物的提取部位又可分为叶片类精油、花朵类精油、果实类精油、根茎类精油等。单方精油按照挥发性不同又可分为高挥发性精油、中挥发性精油和低挥发性精油。复方精油是指由两种以上的单方精油混合调配而成的精油，通常理想的调配方式是以 2~4 种单方精油混合调出相互协调的复方精油。复方精油经过调和的协同作用后，会比单方精油刺激性减弱，功效增强。此外，还有一类叫基础精油，又称为基础油、基底油、媒介油，是一种用来稀释单方精油的植物油，是将各种植物的种子、果实压榨后，经过萃取得到的非挥发性油脂，富含蛋白质、维生素 E 等营养成分，将它与单方精油混合制作按摩油，可以起到保养皮肤的作用，并且能在按摩中促进身体产生热能，加速精油有效成分的渗透吸收。常见的基础油有摩洛哥坚果油、荷荷巴油、维生素 E 油、甜杏仁油、牛油果（鳄梨）油、椰子油、橄榄油、小麦胚芽油等。精油按照提取植物的种类来源，可以分成八大类：柑橘类、花香类、草本类、樟脑类、木质类、辛香类、树脂类以及土质类。精油按照用途，可以分为六大类：香料精油、工业精油、食用精油、化学精油、药物精油和芳疗精油。

按不同分类方法的精油分类如表 2-1 所示。

表 2-1　　　　　　　　　　　　　　　精油分类

分类方法	分类	举例
配方组分	单方精油	玫瑰、薰衣草、薄荷、茶树、茉莉精油
	复方精油	玫瑰-人参、玫瑰-天竺葵精油
	基础油	摩洛哥坚果油、荷荷巴油、维生素 E 油、甜杏仁油、牛油果油、椰子油、橄榄油、小麦胚芽油等
提取植物的种类	柑橘类精油	香橙、佛手柑、葡萄柚、柠檬精油
	花香类精油	玫瑰、薰衣草、天竺葵、依兰精油
	草本类精油	迷迭香、尤加利、鼠尾草精油
	樟脑类精油	薄荷、茶树精油
	木质类精油	杜松、檀香、雪松精油
	辛香类精油	丁香、罗勒、茴香、百里香精油
	树脂类精油	没药、白松香精油
	土质类精油	岩兰草、广藿香精油

续表

分类方法	分类	举例
植物的提取部位	叶片类精油	牛至、薄荷、罗勒、苦橙叶、尤加利、迷迭香、百里香、广藿香、马郁兰、柠檬草、香蜂草、芫荽叶、绿薄荷精油
	花朵类精油	薰衣草、永久花、天竺葵、依兰、快乐鼠尾草、玫瑰、茉莉、罗马洋甘菊精油
	果实类精油	柠檬、野橘、柚皮、莱姆、红橘、佛手柑、杜松浆果精油
	根茎类精油	生姜、穗甘松、岩兰草、姜黄精油
精油用途	香料精油	黑胡椒、小茴香、肉桂精油
	工业精油	工业松节油、大蒜油
	食用精油	橄榄、小麦胚芽、玉米胚芽油
	化学精油	合成类精油
	药物精油	乳香、没药、薄荷精油
	芳疗精油	橙花、薰衣草、紫罗兰精油

三、精油的理化性质

精油具有特定的香气特征，其香气可显示植物原有的特征。如玫瑰油有优美浓郁的玫瑰香气；香橙油有清新强烈的干橘香味。精油具有挥发性，是挥发性芳香物质。有些精油有辛辣和特殊的气味，如月桂油具有焦香、辛香气味并带辣味，罗勒油辛香、带辣味，玉树油具有尖刺、樟脑气味。长期吸入、接触某些精油，可能会因过敏造成不良影响（如肉桂油、月桂油、杜香油、苦杏仁油、丁香油、肉桂皮油、桂皮油、牛至油、牛膝草油等），因此在生产和使用这类精油时，应适当注意。

精油是许多不同化学物质的混合物。在室温下，一般是易于流动的透明、澄清液体，无色或带有特殊颜色（黄色、绿色、棕色），有的具有荧光。某些精油在温度略低时成为固体，如玫瑰油和鸢尾油等。

精油几乎不溶于水，或者微溶于水，有少数精油成分溶于水，如玫瑰油中的苯乙醇、安息香油中的苯甲醇微溶于水。精油的密度大多小于 $1.00g/mL$，比水轻，如柠檬油的密度是 $0.85g/mL$，花梨木油的密度一般为 $0.85g/mL$。但也有密度大于水的，如香根油、丁香罗勒油、月桂油、桂皮油等。其中密度比水小的精油被称为轻油，密度比水大的精油被称为重油。精油能随水蒸气蒸出，易溶于多种挥发性有机溶剂，如苯、石油醚、乙醇、乙醚、二氯乙烷以及丙酮中，还能溶于乙二醇中。掺假或质量变化的精油在酒精中的溶解度会发生显著变化。因此测定精油的溶解度对于评定精油质量是一种简捷方法。精油本身能溶解各种蜡、树脂、石蜡油、脂肪以及树胶等物质，在精油生产过程中，不得使用或接触能在其中溶解的物质，以免严重影响精油质量，如橡胶和树脂制成的垫料和橡皮管等都不宜使用。

精油为有机混合物，是可燃液体，多数属于三级液体易燃危险品。精油的闪点一般为45~100℃，柑橘油、柠檬油为47~48℃，肉豆蔻油为38℃，香根油为130℃。精油一般具有旋光性，绝大多数合成香料没有旋光性，或者是外消旋体，可以通过测定旋光性判定精油的真伪，表2-2是部分精油的旋光度。

表 2-2　　　　　　　　　部分精油的旋光度　　　　　　单位：（°）

精油	最小旋光度	最大旋光度	精油	最小旋光度	最大旋光度
树兰花油	+11.0	-4.0	柠檬草油	-3.0	+1.0
脂檀油	-10.0	+60.0	白柠檬油	+35.0	+53.0
当归根油	0	+46.0	蒸馏白柠檬油	+34.0	+47.0
当归籽油	-4.0	+16.0	伽罗木油	-13.0	-5.0
香柠檬油	-8.0	+30.0	中国山鸡椒油	+2.0	+12.0
巴西玫瑰木油	+4.0	+5.0	圆叶当归油	-1.0	+5.0
秘鲁玫瑰木油	+2.0	+6.0	肉豆蔻衣油	+2.0	+45.0
白樟油	-16.0	+28.0	意大利柑油	+63.0	+78.0
黄樟油	-1.0	+5.0	西班牙牛至油	-2.0	+3.0
依兰油	+25.0	-67.0	西班牙甘牛至油	-5.0	+10.0
卡南加油	+30.0	-15.0	甘牛至油	+14.0	+24.0
小豆蔻油	-22.0	+44.0	亚洲薄荷素油	-35.0	-10.0
胡萝卜籽油	+30.0	-4.0	椒样薄荷油	-32.0	-18.0
香苦木油	+1.0	+8.0	白兰花油	-13.0	-9.0
柏叶油	+14.0	-10.0	白兰叶油	-16.0	-11.0
大西洋雪松木油	-55.0	+77.0	没药油	-83.0	-60.0
贵州柏木油	+35.0	-25.0	红没药油	-32.0	-9.0
得克萨斯柏木油	+50.0	-32.0	乳香油	-15.0	+35.0
芹菜籽油	-48.0	+78.0	苦橙油	+88.0	+98.0
爪哇香茅油	+6.0	0	蒸馏甜橙油	+94.0	+99.0
香紫苏油	+20.0	-6.0	欧芹草油	-9.0	+1.0
广木香根油	-10.0	+36.0	欧芹籽油	-11.0	-4.0
荜澄茄油	+43.0	-12.0	广藿香油	-66.0	-40.0

续表

精油	最小旋光度	最大旋光度	精油	最小旋光度	最大旋光度
枯茗（孜然）油	−3.0	+8.0	胡薄荷油	+15.0	+25.0
欧洲莳萝籽油	−70.0	+82.0	黑胡椒油	−23.0	+4.0
印度莳萝籽油	−40.0	+58.0	巴拉圭福叶油	−4.0	+1.0
美国莳萝籽油	−84.0	+96.0	众香子油	−5.0	0
龙蒿油	−1.3	+0.5	迷迭香油	−5.0	+10.0
加拿大冷杉油	+24.0	−19.0	西班牙鼠尾草油	−12.0	+24.0
西伯利亚冷杉油	+45.0	−33.0	东印度檀香油	−21.0	−15.0
格蓬油	+1.0	+13.3	澳大利亚檀香油	−20.0	−3.0
香叶油	−14.0	−7.0	加草大细辛油	−12.0	0
姜油	−47.0	−28.0	留兰香油	−60.0	−45.0
圆柚油	+91.0	+96.0	云杉油	−25.0	−10.0
愈创木油	−12.0	−3.0	苏合香油	0	+4.0
刺柏子油	−15.0	0	压榨红橘油	+88.0	+96.0
赖百当油	−0.15	+7.0	艾菊油	+28.0	+40.0
月桂叶油	+19.0	−10.0	茶树油	0	+10.0
薰衣草油	+12.0	−6.0	百里香油	−3.0	0
杂薰衣草油	+6.0	−2.0	缬草油	−28.0	−2.0
穗薰衣草油	+7.0	+5.0	美国土荆芥油	+5.0	−3.0
冷榨柠檬油	−67.0	+78.0	纯种芳樟叶油	−18.0	−11.0
蒸馏柠檬油	−55.0	+75.0			

注：+为右旋，−为左旋。

光、水分和空气对精油质量有不利的影响。它们能促进精油的氧化、树脂化、聚合，并使香气品质变劣。尤其有过多水分存在时，精油中的成分易于发生水解、异构化，使精油质量下降。

四、精油的化学成分

精油大多是由几十种至几百种化合物组成的复杂混合物。人们为了能充分地认识这些香成分以便充分利用，使用了各种分离、鉴定方法。通过化学家的努力，研究发现的精油成分越来越多，而且发现有些成分是精油香气的特征性香成分。研究精油成分不仅可以更加合理和有效地利用香料，而且可以进一步改善精油香气。精油微量成分的研究为合成香料品种提供了新方向。1967—1977 年的 11 年间，人们发现新精油成分 3000 多种，但在 1967 年以前，人们仅发现了 750 种。很多关键性的微量香成分，无论对合成香料和调香都起到较大的推动作用。近年来，关于精油香成分的立体化学研究，日益引起人们关注，发现很多成分的立体异构体对香气有较大的影响。如左旋香茅醇的香气比右旋的好，左旋薄荷脑的凉味比右旋的强，这是光学异构体与香气的关系。作为几何异构体与香气的关系，如叶醇和茉莉酮，其顺式体构型的香气更受人们的欢迎。因此，研究精油的化学成分和立体构型，是发展香料工业的重要一环，已经引起国内外充分重视。

（一）精油的化学成分

精油的化学成分可分为四大类：含氮含硫化合物、芳香族化合物、脂肪族化合物和萜类化合物。

1. 含氮含硫化合物

精油中的含氮化合物主要有硝基化合物（如二甲苯麝香、酮麝香等）、季铵盐和季铵碱类（如茉莉素、橙花素）、腈类化合物（如肉桂腈、柠檬腈以及存在于红茶、番茄、苦橙、铃兰花等精油中的苯乙腈，存在于可可、牛乳中的苯甲腈等）、含氮杂环化合物（吡咯、吡啶、吡嗪、吲哚、噻吩类化合物）以及邻氨基苯甲酸酯类化合物。

邻氨基苯甲酸甲酯是 1894 年瓦鲁巴姆（Walbaum）从橙花中发现的，具有橙花、柑橘果香等强烈水果香、花香。大花茉莉、蜡梅中含有的吲哚，是香料工业中重要的香原料，浓度大时具有粪臭味，极微量时具有茉莉花香。吡啶类香料近年来也越来越受到重视，茉莉、玫瑰、薰衣草等精油及马铃薯、大麦、茶叶、咖啡、烟草等食品中均发现有吡啶类香料。吡嗪类化合物是重要的食品香成分，具有香气特征突出、阈值低、香势强的特点，大多数具有咖啡、巧克力、坚果香气以及烘焙焦香香气，可可制品、咖啡、花生、豌豆、青椒以及芝麻中均有发现，如花生中含有 2-甲基吡嗪和 2,3-二甲基吡嗪，可可和咖啡中含有 2,3,5,6-四甲基吡嗪。

精油中的含硫化合物主要有硫醇、硫醚、硫酯以及含硫杂环化合物。硫醇（包括硫酚）类香料一般有萝卜香、葱蒜香、肉香香气，如甲硫醇存在于胡萝卜、牛乳、洋葱中，烯丙硫醇存在于大葱中。硫醚类包括二硫醚、三硫醚、多硫醚、环硫醚等，一般具有葱蒜香、肉香、萝卜香，如姜油中的二甲基硫醚，芥子油中的异硫氰酸烯丙酯以及大蒜油中的二丙烯硫醚等。硫酯具有海鲜香、肉香香气，噻吩类化合物存在于罐头牛肉、烹调猪肝、炸仔鸡、烧鸡肉、炒洋葱、炒花生、炒榛子、烤面包、爆米花、熟米饭、焙烤咖啡、茶叶、啤酒等许多动植物食品中。

2. 芳香族化合物

在植物精油中，芳香族化合物较多，仅次于萜类。苯环化合物之所以被称为芳香族化合物，就是由于这类化合物中许多具有芳香气味。如丁子香酚存在于丁香油、丁香罗勒油以及肉桂油等精油中。苯甲醛以扁桃苷的形式存在于苦杏仁、桃子、杏仁等李属植物的果实中，游离的苯甲醛存在于风信子、香茅、鸢尾、肉桂、黄樟、岩蔷薇和广藿香等精油中，也存在于烟草的香味组分中。在精油成分中可列举的芳香族化合物很多，有的还是该植物的特征性香成分，其中常见的有香兰素、肉桂醛、紫苏醛、大茴香脑以及丁香酚等。

3. 脂肪族化合物

精油中的成分除属于萜类、芳香族化合物之外，脂肪族化合物也不少。根据它们所具有的官能团，又分为醇类、醛类、酮类、酸类、酯类、烃类等。

（1）醇类　可以分为饱和醇和不饱和醇两类。精油中常见的饱和醇有异丙醇、正丁醇、戊醇、异戊醇、己醇等。异丙醇发现于苹果和康酿克酒的芳香成分中；正丁醇具有特别刺鼻的酒和香蕉香气息，存在于巴西薄荷油、茶以及苹果的香味成分中；戊醇具有酒精的、使人透不过来气的、类似杂醇油的气息，存在于苹果、杏、香蕉、葡萄、葡萄白兰地、覆盆子、草莓、小麦面包、威士忌、美国薄荷、甜樱桃、酸果蔓、牛至、棉籽油、苦橙油、葡萄酒等中；正己醇具有水果芬芳香气，存在于苹果、杏、黑醋栗、葡萄白兰地、烧煮鸡肉、桃、覆盆子、草莓、小麦面包、烟草、香蕉、土豆、茶叶、紫罗兰、香茅、薰衣草、苦橙等中。精油中常见的不饱和醇有叶醇、1-辛烯-3醇、薰衣草醇、香叶醇等。叶醇又名3-己烯-1-醇，具有绿叶的青香香气，稀释后具有特殊的药草香和树叶气味，是发酵茶叶的浸剂中蒸馏出来的精油的主要组分，也存在于鸡桑、刺槐、萝卜以及某些青叶和药草中。1-辛烯-3醇又名蘑菇醇，具有强烈的、甜的、泥土的、蘑菇的香气和味道，存在于石刁柏、豆类、啤酒、蓝干酪、白肋烟、烧煮羊羔肉/羊肉、鱼、磷虾、薰衣草油、胡薄荷油、蘑菇、烤芝麻籽、草莓、茶、烤烟等中。薰衣草醇是香叶醇的异构体，具有稍辛辣的香叶醇样香气，存在于薰衣草油和杂薰衣草油等精油中。香叶醇有似玫瑰香气，留香较长，稍苦，天然含有香叶醇的植物精油有160余种，如枫茅、斯里兰卡和爪哇香茅、晚香玉、鸢尾、黄兰、依兰、肉豆蔻衣、肉豆蔻、金合欢、玫瑰、薰衣草、茉莉、芫荽、胡萝卜、黄樟等。

（2）醛类　脂肪族醛类在精油中不占重要地位。低级醛类如甲醛、乙醛可能是水蒸气蒸馏时，由复杂化合物分解而生成。但乙醛在有些水果香气中起到重要的头香作用。醛类在未成熟植物中比在成熟植物中含得多。如在薄荷油和桉叶油生物合成的中间阶段，有低级醛类的生成。由于未成熟的植物中常有低级醛类存在，往往使精油带有令人不适的气息，如庚醛具有显著的令人不愉快的脂肪气息。醛类香气比较强烈，精油中含量虽少，但会影响精油香气的格调。在不饱和的脂肪醛中，有2-己烯醛，又称叶醛，是构成黄瓜青香的天然重要醛类。还有壬二烯-2,6-醛，又称紫罗兰叶醛，存在于紫罗兰叶中，香气浓烈，除用于配制紫罗兰、黄瓜香基外，还用于水仙、玉兰、金合欢等香精配方。柠檬醛化学名为（2E）-3,7-二甲基-2,6-辛二烯醛，又称为香叶醛、橙花醛，具有强烈的柠檬样香气，特有的苦甜味道，市售商品是 α-柠檬醛和 β-柠檬醛两种几何异构体的混合物，各自又分为顺式和反式两种异构体。在枫茅油、蛇蜒香茅油中含70%以上。在山鸡椒油中约含90%，在柠香乌药油中含65%。在柠檬、白柠檬及酸柠檬叶中也都有存在。

（3）酮类　低级酮可能是水蒸气蒸馏的分解产物。丙酮常存在于馏出水中。椒薄荷和广藿香油的馏出水中含有丙酮。经稀释后具有奶油香气的丁二酮存在于某些精油的头馏分及馏出水中，天然存在于牛油果、蓝干酪、面包、黄油、切达干酪、可可、咖啡、煮鸡肉、爆玉米、南瓜、覆盆子、烤花生、烤山核桃果、草莓、威士忌等中。茄酮存在于白肋油、烤烟和香料烟中，具有幽淡的胡萝卜香韵，青草气息，稍带药香。烟草中的茄酮来源于西柏烯类物质的降解，具有新鲜胡萝卜样的香味，增加烟草香，使烟气丰满又醇和细腻。

（4）酸类　许多精油因含有一定量的脂肪酸，而有一定的酸值。酸值的增加说明精油质量变劣。低级脂肪酸多半以酯类状态存在，酯类在蒸馏中分解成羧酸，以游离态存在。但有些精油含高级脂肪酸，如鸢尾油中含 85% 的肉豆蔻酸、秋葵籽油中含棕榈酸，又可分为饱和脂肪酸类和不饱和脂肪酸类。饱和脂肪酸 2-甲基戊酸存在于咖啡、酒和干酪中，可用于日化、烟草以及食用香精配方中，主要用于配制可可和巧克力等食用香精，在烟草中用来调味，增强香味浓度和水果干酪样的风味。不饱和脂肪酸 2-甲基-2-戊烯酸，又称草莓酸，存在于草莓中，有甜润浆果样的香味和酸味，其香味特征酷似草莓，具有甜而酸的水果气息。

（5）酯类　酯类化合物是精油中重要的香气成分。酯类大都具有花香、果香、酒香或蜜香香气，广泛存在于自然界中，是鲜花、水果香成分的重要组成部分。酯类香料有羧酸酯类香料、内酯类香料等。羧酸酯类香料的品种约占香料总数的 20%，内酯类香料占比将近 5%。低级羧酸酯一般具有芬芳水果香味，例如甲酸乙酯有菠萝香气，存在于齿芽波罗尼油中，在佛罗里达橙汁，各种蜂蜜、苹果和梨，以及蒸馏酒如朗姆酒等中也有检出。甲酸异丙酯具有特殊水果香气及李子、梅子样甜味，存在于咖啡、某些品种的蘑菇和白兰地中。醋酸异戊酯具有强烈的水果香气，稀释时有香蕉、梨、苹果等果香香韵，天然存在于香蕉、苹果、葡萄、桃、梨、菠萝、草莓、可可和咖啡豆等水果和浆果中。酯类在精油中分布很广，某些情况下还是它们的主要组分，例如鼠尾草油中的肉豆蔻酸异丙酯和乙酸芳樟酯约占 78%。酯类香料在香料中占有特别重要的地位，在食品、化妆品、制药、烟酒等行业有着广泛的应用。

（6）烃类　精油中的烃类香气成分较少，多为烯烃类化合物，如 α-松油烯、异松油烯、莰烯等。α-松油烯具有柠檬风味，高浓度时有苦味，最初发现于小豆蔻精油中，后来发现在柑橘、芫荽、荆芥、澳洲桉等 20 多种精油中都有存在。异松油烯有芳香的松木气息，微带甜味的柑橘风味，存在于少数香精油中，如马尼拉、檀香酯、少数松树和冷杉类以及奈克坦木精油等。莰烯有似樟脑的香气，存在于松节油等植物精油里。除了烯烃化合物外，还有少数的烷烃，如 1,4-桉叶素，具有淡的、温和的樟脑样气味，存在于荜橙茄中，也存在于多种精油中，如博路都树、多茎春黄菊精油。

4. 萜类化合物

萜类化合物是以异戊二烯为结构单元的化合物，广泛存在于各种天然植物中。广义上讲，萜类不仅包括异戊二烯为基础的一切化合物，甚至还包括化学结构上和亲缘上稍远的化合物。像檀香烯只有 9 个碳原子，也看作是萜类的一种。具有 5 个碳原子的称为半萜，在精油中并不存在。具有 10 个碳原子的称为单萜，存在于精油的低、中沸点成分中。具有 15 个碳原子的化合物，称为倍半萜，存在于高沸点部分。二萜和三萜分别具有 20 和 30 个碳原子。在蒸馏法获得的精油中，因它们沸点较高，不含有二萜和三萜类化合物。至于四萜和多萜多半不属于香料，如四萜类的胡萝卜素及多萜的橡胶等。

瓦拉赫（Wallach）在 1887 年提出的"异戊二烯定则"认为，萜类分子的构成，在绝大多数情况下，其碳骨架在理论上可由两个或更多的异戊二烯联结而成，这种联结通常是以首尾相连的形式结合的（图 2-1）。如无环单萜月桂烯和单环柠檬烯，可由两个异戊二烯以不同方式联结而成。该定则在阐明不论是简单的或复杂的萜类结构时，曾经被证明是非常有价值的假设，而且对萜类化学的发展起到了很大的推动作用。但近年来，也曾遇到萜类结构不完全符合于异戊二烯定则的例子。

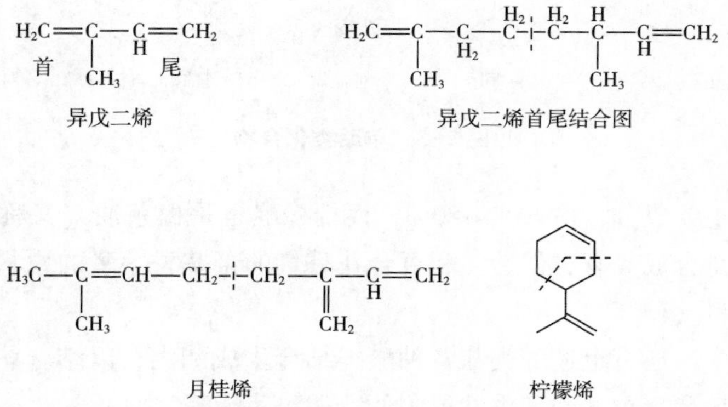

图 2-1　异戊二烯结合示例

根据异戊二烯定则，最小的萜应该是具有 10 个碳原子骨架的单萜（C_{10}），碳原子数增加到 15 个则属于倍半萜（C_{15}），增加到 20 和 30，则为二萜（C_{20}）、三萜（C_{30}）。如根据其环的多少或有无，还可分为无环萜、单环萜及双环萜等。以下介绍一些比较有挥发性并且是许多精油中的特征性香成分的萜类化合物，即单萜类及倍半萜类。

（1）单萜类　单萜常常是各种精油香气的主体香成分，分链状单萜和环状单萜两大类。另外有萜烯和含氧化合物之分，后者多半是精油的关键香成分。

①直链单萜类（图 2-2）：比较常见的有月桂烯和罗勒烯。月桂烯是啤酒花中的香成分，在黄柏中含量较高，是合成新铃兰醛的重要原料。罗勒烯不如月桂烯稳定。薰衣草油含有罗勒烯和月桂烯。

作为含氧化合物的直链单萜醇类，有香茅油中的香茅醇和香叶油中的香叶醇，还有芳叶油中的芳樟醇。这 3 种醇是重要的天然香料成分，香茅醇与香叶醇均有令人愉快的玫瑰香气，而芳樟醇则有类似百合的香气。从橙花中提取的橙花醇与香叶醇互为立体异构体，香叶醇为顺式，橙花醇为反式，但后者香气胜过前者。香叶醇与橙花醇无旋光性，而芳樟醇有旋光性。芳樟醇为叔醇，而香叶醇、香茅醇、橙花醇都是伯醇。

萜醛类中的代表有香茅油中的香茅醛和山苍子油中的柠檬醛（图 2-3）。香茅醛又

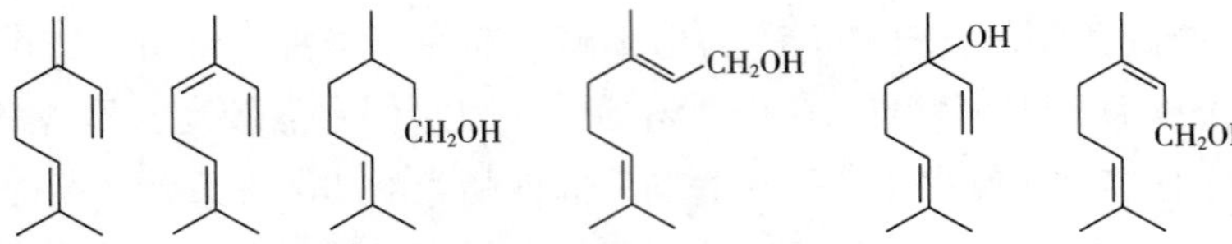

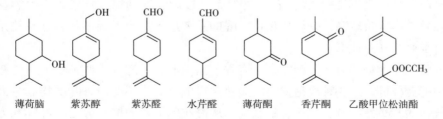

图 2-2 直链单萜类化合物

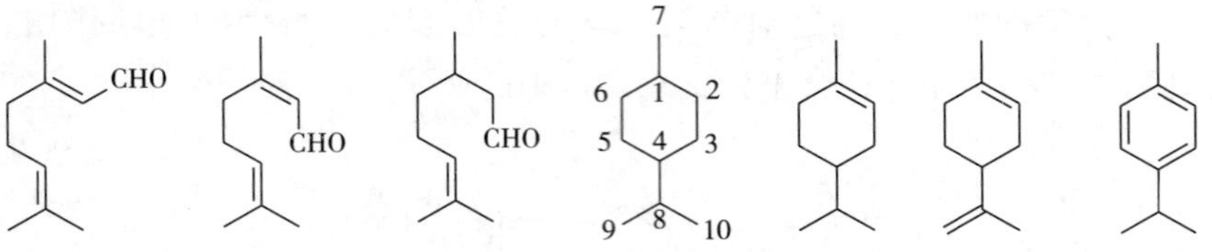

月桂烯   罗勒烯   香茅醇   香叶醇   芳樟醇   橙花醇

柠檬醛   香茅醛   对孟烷   1-对孟烯   柠檬烯   对异丙基甲苯

图 2-3 单萜类化合物

是柠檬桉叶油的主要成分，占 65%~80%，而柠檬醛也是枫茅油（又称柠檬草油）的主要成分。香茅醛是合成具有类似铃兰和百合花香气的羟基香茅醛的原料，柠檬醛则是合成紫罗兰酮的原料。

在直链单萜中，还有上述醇类与各种酸类结合生成酯类，以结合状态存在，如薰衣草油中的乙酸芳樟酯、香茅油和香叶油中的乙酸香茅酯等。

②环单萜类：环单萜类还可分为单环单萜类和双环单萜类。

a. 单环单萜类（图 2-4）：从结构上看，这类化合物可视作环己烷的衍生物。例如，1-甲基-4-异丙基环己烷，又称对-孟烷。再经过不同程度的去氢，则生成对-孟烯和对-孟二烯以及对-异丙基甲苯。很多以其本身或其衍生物存在于许多精油中，最常见的对-孟二烯有存在于橘子油中的柠檬烯，对异丙基甲苯在薰衣草油中有少量存在。作为单环单萜醛的代表，有紫苏醛和水芹醛。至于单环单萜酮的代表，有存在于薄荷油中的薄荷酮和在留兰香油中含量较高的香芹酮等。

薄荷脑   紫苏醇   紫苏醛   水芹醛   薄荷酮   香芹酮   乙酸甲位松油酯

图 2-4 单环单萜类化合物

作为单环单萜酯类的代表，有乙酸薄荷酯、乙酸松油酯等。

　　b. 双环单萜类（图2-5）：双环单萜类作为精油中的成分，也可用作合成香料的起始原料，如 α-蒎烯和 β-蒎烯。α-蒎烯存在于400多种天然精油中，含量较大的精油植物有三齿蒿（d-）、意大利迷迭香（l-）、野百里香（l-）、法国薰衣草（l-）、芫荽（d-，dl-）、岩蔷薇（l-）、山鸡椒（d-）等，α-蒎烯是合成松油醇、芳樟醇以及一些檀香型香料的重要原料。β-蒎烯存在于各种蒿属、某些柏科植物的精油中，也存在于芫荽和枯茗中，是制造柠檬醛、香茅醇、羟基香茅醛、香叶醇、香茅醛、芳樟醇、罗兰酮类、甲基紫罗兰酮类和薄荷醇等的重要中间体。作为双环单萜醇，比较重要的有龙脑、侧柏醇和桧醇。

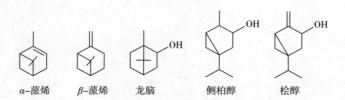

α-蒎烯　　β-蒎烯　　龙脑　　侧柏醇　　桧醇

图2-5　双环单萜类化合物

　　（2）倍半萜类（图2-6）　这类化合物在自然界分布较广，异构体较多，沸点高，很多是香气中比较重要的微量成分。如柚子中的圆柚酮、卡南加油中的金合欢醇、大花茉莉中的橙花叔醇以及香根油中的香根酮等。柏木油中的柏木烯、松节油中的长叶烯，都是合成香料的重要原料。啤酒花和丁香花蕾中的石竹烯，姜油中的姜烯以及杜松子油中的杜松烯，在各自精油中都起到一定的香气作用。

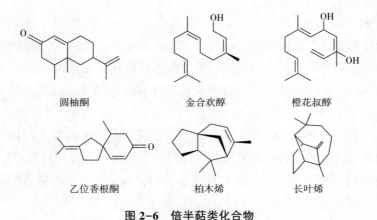

圆柚酮　　　　　　金合欢醇　　　　　　橙花叔醇

乙位香根酮　　　　柏木烯　　　　　　长叶烯

图2-6　倍半萜类化合物

　　（3）二萜和三萜类（图2-7）　大多不能随水蒸气蒸出，多为树脂成分。它们是高度黏稠的油类或固体，在水蒸气馏出油中不存在，而存在于多种浸提油中。如叶绿素的降解产物植醇、樟脑油中的樟烯和香紫苏残渣中的香紫苏醇。三萜类在植物中分布也极广，如部分皂苷和树脂、人类头发的蜡质及鱼肝油中所含的角鲨烯。含有6个双键的三萜直链化合物，是合成固醇的重要中间体。

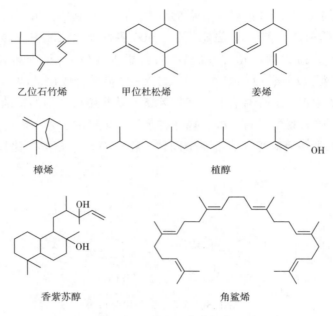

乙位石竹烯　　　　甲位杜松烯　　　　姜烯

樟烯　　　　　　　　植醇

香紫苏醇　　　　　　　　角鲨烯

图 2-7　二萜和三萜类化合物

（二）精油中香成分的立体异构现象

有相同分子式而性质和结构不相同的化合物叫作异构体。这种现象称为异构现象。异构现象可分为结构异构和立体异构两大类，在有机化学中普遍存在。精油成分中的萜类是研究立体异构化学的最好对象。

1. 结构异构

由于分子中原子相互连接不同，即分子式相同而结构式不同，由此产生的异构现象称为结构异构。结构异构可再分为碳链异构、位置异构和互变异构。

（1）碳链异构　由于碳骨架不同而产生的异构现象，例如正戊醛和异戊醛，丁香酚和异丁香酚。

（2）位置异构　又称变位异构。由于取代官能团在碳链或碳环上的位置不同而产生的异构现象。例如香叶醇和芳樟醇双键和羟基位置不同而形成异构现象。

（3）互变异构（图 2-8）　这种异构是官能团异构，如乙酰乙酸乙酯有酮式和烯醇式两种异构体，两者可互变。

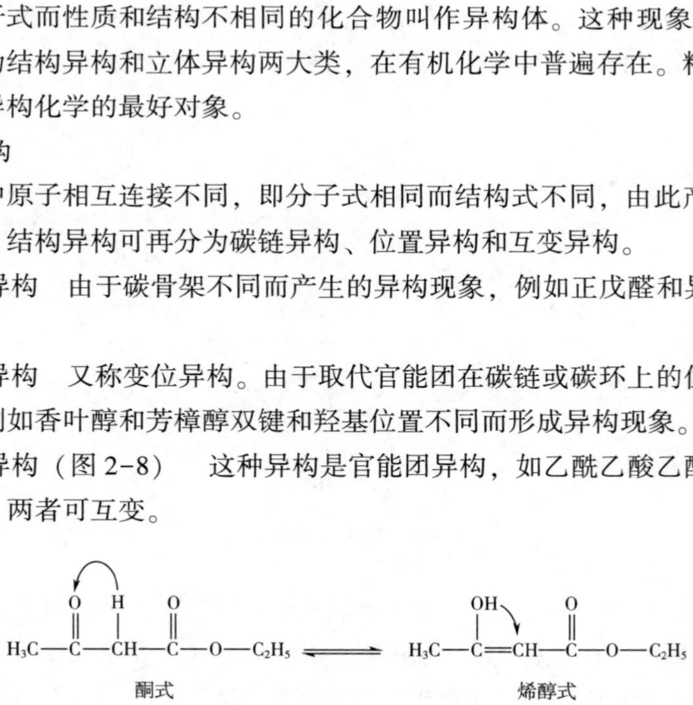

$$H_3C-C-CH_2-C-O-C_2H_5 \rightleftharpoons H_3C-C=CH-C-O-C_2H_5$$

酮式　　　　　　　　　　　　　　烯醇式

图 2-8　互变异构

2. 立体异构

分子中原子或原子团相互连接的次序相同，即结构相同，但在空间的排列却不相同，这样产生的异构现象，称为立体异构（图2-9）。因此，立体异构体的分子式和结构式都相同，只是构型不同。立体异构现象又可分为几何异构和光学异构两大类。

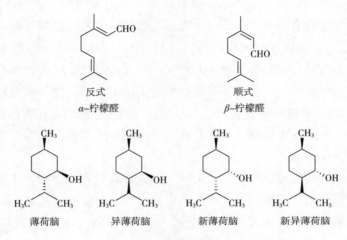

图 2-9　立体异构

（1）几何异构　又称顺反异构，是化合物分子中由于具有自由旋转的限制因素，使各个基团在空间的排列方式不同而出现的非对映异构现象。柠檬醛有顺式和反式柠檬醛，香叶醇与橙花醇也是顺反异构体，橙花醇香气较香叶醇更佳。在顺反异构体中，顺式比较活泼，反式比较稳定，天然柠檬醛大都是顺反异构体的混合物，即 α-柠檬醛和 β-柠檬醛的混合物。

（2）光学异构（图2-10）　是指具有不同光学活性的立体异构现象，不同光学活性又称不同旋光性。薄荷脑因为有 3 个不对称碳原子，4 个立体异构体，即薄荷脑、异薄荷脑、新薄荷脑以及新异薄荷脑，而每个立体异构体又有薄荷脑 3 个不同的旋光异构体，因此薄荷脑有 12 个异构体。在这些异构体中，具有清凉作用的是左旋薄荷脑和右旋薄荷脑。而其他的异构体具有异臭。同样，左旋体的香芹酮使留兰香具有独特的留兰香香气，但其右旋体却有黄蒿香气。薄荷酮有两个不对称碳原子，因此有两个异构体，一个是薄荷酮，另一个是异薄荷酮。

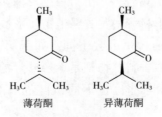

图 2-10　光学异构

（三）精油中的微量成分

在调香中应用最多的高级香料，有玫瑰和茉莉两种天然花香类型。玫瑰油经研究已鉴定出近300个香成分，含量在1%（质量分数）以上的香成分有香茅醇、玫瑰蜡、香叶醇、橙花醇、丁香酚甲醚、芳樟醇、金合欢醇以及丁香酚。但把它们按含量比例调配，不能再现玫瑰油特有的香气，后来经过研究，又发现一些微量成分［含量在1%（质量分数）以下］，如玫瑰醚（0.45%），橙花醚、玫瑰呋喃（0.16%），β-大马酮、β-突厥烯酮（0.14%），β-紫罗兰酮（0.03%）等。它们对玫瑰花香起重要作用。玫瑰醚、橙花醚具有香叶香气，玫瑰呋喃有柑橘香韵。这4个单萜微量成分能给予玫瑰油清甜的花香香调，而β-突厥烯酮具有圆熟的水果香气，对扩散力有较大的帮助。在茉莉中发现的微量成分，有顺式茉莉酮、二氢茉莉酮酸甲酯以及茉莉内酯等。它们对茉莉花的香气都起到关键性作用。

近年来，人们利用气相色谱质谱联用仪、高效液相色谱、核磁共振谱、X射线衍射以及旋光谱等分析仪器，对晚香玉、铃兰、水仙、百合等鲜花香气成分以及对黄瓜、覆盆子、苹果、柑橘、生梨等鲜果的香成分进行了深入研究，陆续发现了很多微量香成分，对日用品以及食品香精调配有重要作用。

第二节　精油在香料植物体内的分布及其产生部位

一、分布

精油在植物体内的分布不同，有的全株都含有，有的则在花、果、叶、根或根茎、种子部分器官中含量较多，且随植物品种而有差异，如菖蒲属、水杨梅属、阿魏属、旋覆花属、缬草属、鸢尾属的精油集中在根部和块茎内；樟科的一些种和松科、柏科植物以茎秆中精油含量最高；香叶天竺葵、薄荷、香茅等以叶中精油含量最高。精油在花中的分布也是不平衡的。最常见的是花冠部分，其次是花萼和花丝。如黄莉、白兰、桂花、晚香玉等的精油是在花瓣内，而薰衣草精油则大量集中在花萼内，尤以花萼向外的一面、中段的油腺分布最多，花梗和苞片上分布较少，以花冠和花丝上最少，香紫苏的精油主要分布在花的苞片内。山鸡椒、八角茴香以及许多伞形科植物如芫荽等都用果实提取精油。松柏科、樟科、伞形科等一些香料植物几乎各器官都含有精油。

位置不同的同个器官，精油含量也会不同。如上层、中层和下层叶片的含油量不同。不论主枝还是侧枝，大多数香料植物都是上层叶片的含油量最高，中层次之，下层最低。樟的樟脑含量在茎的不同部位也不同，自茎基部向上逐渐减少，以基部含量最高。

同一种植物的不同器官中，精油的成分和含量也有所不同。如薄荷花的精油则比叶的精油含酮量高。锡兰肉桂树皮中含 80% 肉桂醛和 8%~15% 丁香酚，而叶中含 70%~90% 丁香酚和 0~4% 肉桂醛，根中含 50% 的樟脑，而不含丁香酚和肉桂醛；芫荽叶的精油也与其果实的精油不同，叶的精油是由癸醛、癸烯醛和其他醛类组成，而果实中主要是芳樟醇（50%~80%）、二聚戊烯和其他烃类。

相同的植物器官因位置不同，精油成分也不同。如尼基塔植物园的杂种罗勒的下部叶片含柠檬醛，而上部叶片则没有这一成分。瑞士岩松的嫩松针其上半部和下半部松针油的成分不同，上半部松针油的旋光度为右旋，主要成分为 α-蒎烯，下半部松针油为左旋，主要成分是 l-杜松烯。但是，多数植物当器官相同但位置不同时，其精油成分差异不大，即成分相同，仅各成分的比例不同。

二、形成精油的植物细胞和组织

在植物界中，精油是由大多数植物产生的复杂挥发性混合物。大多数香料植物都具有分泌精油的细胞和组织，在香料行业中统称为油胞。植物解剖学将其细胞划归为两大类：外部的分泌结构和内部的分泌结构。

（一）外部的分泌结构

外部的分泌结构是由植物的表皮组织形成，腺毛是香料植物常见的外部分泌结构，由头细胞和柄细胞两部分组成。柄细胞可以由单细胞或多细胞，甚至几行细胞组成，头细胞也是由单细胞或多细胞组成。腺毛的头细胞起着生成精油的作用，在头细胞的外面共同披有一层膨大的角质膜，头细胞分泌的精油积聚在这层角质膜下，当轻轻碰触时，角质膜即会破裂，精油挥发到空气中，因而能嗅到香气（图 2-11）。

腺毛的柄细胞一般是由非腺细胞组成，只起同化作用，不能分泌精油，但是，薰衣草腺毛的头细胞和柄细胞中都有精油形成。

植物的腺毛具有特定形状，可作为植物分类的依据。唇形科植物腺毛的头细胞可经多次分裂形成 8 个或 16 个细胞，构成外形为盾形（鳞片状）的头细胞，因此又称此种腺毛为腺鳞，如薰衣草、薄荷。法恩认为胡椒薄荷有两种类型腺毛，一种是头状腺毛，由 3 个细胞组成，只具有 1 个头细胞。另一种是由 10 个细胞组成，具有 8 个头细胞（盾形）。然而索菲里斯托娃认为薰衣草的头状腺毛是形成盾状腺毛（或腺鳞）的早期阶段。

图 2-12 和图 2-13 所示为卵叶木薄荷盾状腺毛的扫描电镜和透射电镜图，可以看出，头细胞由 16 个分泌细胞组成。

图 2-14 所示为菊科植物豨莶分泌精油的长柄腺毛结构，发育成熟的长柄腺毛的柄部由 16~40 个细胞组成，柄细胞内含有叶绿体和淀粉粒；头部直径为（117±30）μm，由 60~120 个细胞分上下 2 层排列组成，上层由 24 个细胞组成。腺毛的头细胞执行分泌精油的功能，精油积聚在上层头细胞和其上部包被的角质层中间。紫外辐射会使腺毛受损，细胞内的叶绿素消失。

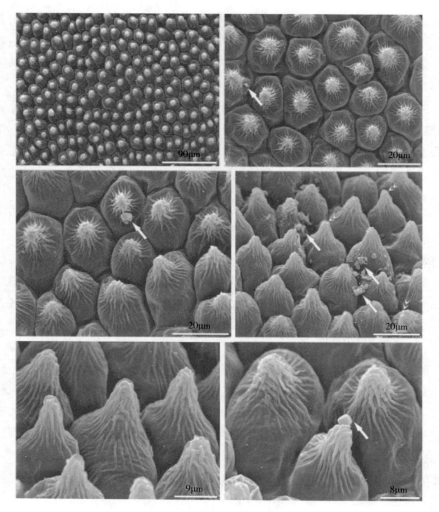

图 2-11　玫瑰上表皮细胞扫描电镜图

箭头所指为渗出的分泌物。

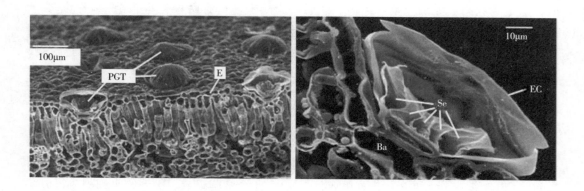

图 2-12　卵叶木薄荷盾状腺毛的扫描电镜图

PGT：盾状腺毛；E：表皮；Se：分泌细胞；Ba：基座细胞；EC：隆起的角质层。

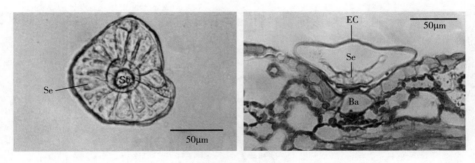

图 2-13　卵叶木薄荷盾状腺毛的透射电镜图

St：柄细胞；Se：分泌细胞；Ba：基座细胞；EC：隆起的角质层。

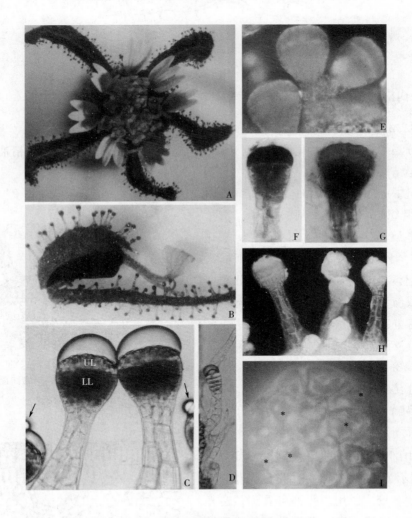

图 2-14　菊科植物豨莶的长柄腺毛结构

　　A 花序；B 花瓣；C 充满精油的长柄腺毛（UL 上层黄色细胞，LL 下层绿色细胞，箭头所指为溢出的油滴）；
D 只有一排头细胞的长柄腺毛；E 至 I 角质层受损伤的长柄腺毛；E 紫外损失，顶部不含叶绿素；F 苏丹黑染色；
G 苏丹红染色；H 黄色荧光分析，黄酮类物质显黄色；I 高倍镜下亮色部分为液泡（内含黄酮），*为质体色素。

有些植物油腺（腺毛）的头细胞只由一个细胞组成，称为单细胞油腺，如图 2-15 所示的香叶天竺葵叶面上的单细胞油腺。

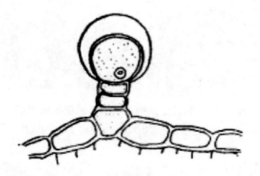

图 2-15　香叶天竺葵叶面上的单细胞油腺

（二）内部的分泌结构

1. 分泌细胞

内部分泌细胞常成为特化的细胞，分散在其他不特化的细胞中，这种精油细胞是内部精油分泌结构中最原始的一种，由一些增大的薄壁组织细胞组成，位于茎叶的维管组织和基本组织内（如蜡梅科、樟科、木兰科）。菖蒲属的精油分泌细胞呈木栓化（图 2-16），分布在块茎内，而缬草则成数层排列一起，在植物发育早期形成，分布在栅栏组织或海绵组织内，在皮层或髓部。姜的精油细胞分布在根状茎的基本组织中，而小豆蔻的分泌细胞则在种皮的最内一层。

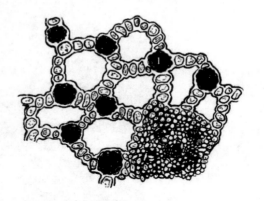

图 2-16　菖蒲地下茎横切面
1—精油分泌细胞。

2. 精油分泌腔与分泌道

精油分泌腔与分泌道和分泌细胞不同，是由细胞溶解（溶生间隙）或细胞分开（裂生间隙）后形成的间隙。裂生精油分泌腔（道），是由细胞分开和扩大细胞间隙形成，图 2-17 所示为柑橘属叶片内的裂生分泌腔。此种类型分布较广，用肉眼即可看到，迎光看时，裂生分泌腔（道）呈别针头状或管道状的透明点。在精油分泌腔形成时，最早由 1 个细胞或 1 行细胞开始横向分裂，每个细胞各自形成 4 个，4 个细胞再自中间分开，

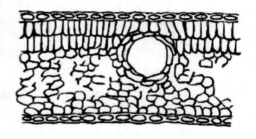

图 2-17　柑橘属叶片内的裂生分泌腔

形成细胞间隙，间隙逐渐扩大，其周围细胞径向分裂，围绕腔道的周围，不断增加细胞数量。所形成的精油分泌腔（道）由一层上皮细胞包围，这层上皮细胞向腔道内分泌精油。在裂生分泌腔（道）尚未形成时，上皮细胞中不能形成精油或其他分泌物。伞形科植物具有裂生分泌腔，在种子中的称为精油分泌腔或管，在茎和根中则呈较长的精油分泌道。松科植物具有裂生精油分泌道，通常称为树脂道，树脂道中有油树脂，是由松香与松节油组成。丁香花瓣内有裂生精油分泌腔，是丁香油的来源。

溶生精油分泌腔是由于溶解一组细胞形成的腔（道）。与裂生型一样，用肉眼即可看到。开始时在一组细胞内形成精油，油滴逐渐积累，越聚越大，最后细胞壁破裂，精油释放到细胞溶解所产生的腔内，如圆叶当归根的溶生分泌腔（图 2-18）。这类精油分泌腔没有上皮细胞。但是已成熟的溶生精油分泌腔很难依此与裂生型的分泌腔区别。纯溶生的精油分泌腔较少，通常在裂生之后，接着又以溶生形式扩大腔道，称为裂溶生分裂腔道，有的称为溶生分泌腔道。在芸香科尤以柑橘属中较为常见。

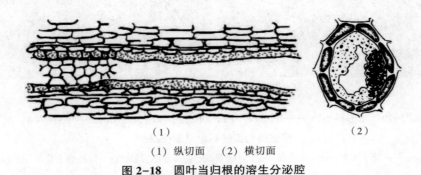

（1）   （2）

（1）纵切面   （2）横切面

图 2-18   圆叶当归根的溶生分泌腔

通常区别溶生分泌腔与裂生分泌腔的标志是，在溶生分泌腔中有部分破损的细胞位于腔道周围，而裂生分泌腔内常衬填着完整的细胞。图 2-19 所示为伞形科植物 *P. tragium* 和 *P. saxifraga* 根部的裂生精油分泌管道。可以看出，伞形科植物的分泌管道分布在韧皮部和薄壁组织 2 个部位。

三、香料植物储存精油的部位

香料植物精油存在于植物的腺毛、油室、油管、分泌道中，大多数呈油滴状存在，有些与树脂、黏液质共同存在，还有少数以苷的形式存在，如冬绿苷。冬绿苷水解后产生葡萄糖、木糖和水杨酸甲酯，后者即为冬绿油的主成分。

植物产生精油后，根据植物本身特性的不同，会把精油储存在以下 6 种不同的部位。

第一种是表皮腺毛，植物的表面（叶、茎或花）有许多细小的毛，对植物起保护作用，称为被覆毛。被覆毛的下面一层是分泌毛，又称腺毛，是专门负责分泌与储存芳香精油的。这种植物很容易萃取出精油，用手轻轻触碰到油囊，芳香分子就会释放出来，例如薄荷、百里香、罗勒、天竺葵等。

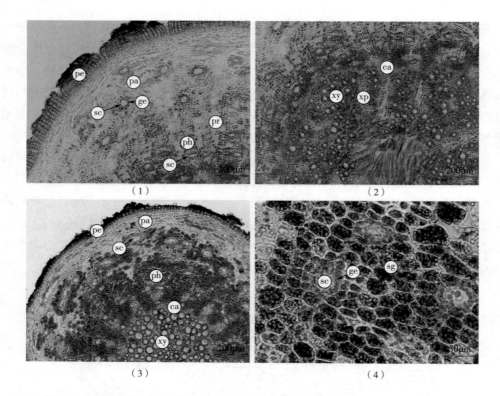

图 2-19 伞形科植物 *P. tragium* ［（1）、（2）］和 *P. saxifraga* ［（3）、（4）］
根部横切面的裂生精油分泌腔

pe：周皮；pa：薄壁组织；ph：韧皮部；pr：实质射线；sc：分泌管道；ge：分泌腺上皮细胞；sg：淀粉粒；
ca：形成层；xy：木质部；xp：木质部薄壁组织。

　　第二种是离生腺囊，所谓"离生"是指油囊与油囊之间被组织分隔。这类植物的油囊处于叶片中间部位，必须撕开叶子才能闻到精油的气味，萃取难度比表皮腺毛类的大一些，如尤加利、茶树、绿花白千层等。

　　第三种是离破生腺囊，柑橘类居多，这类植物的精油分泌越多，其油囊就会胀大到与隔壁油囊连接起来。柑橘果皮的油囊肉眼可见。稍微挤压就可以喷出精油，是最容易取得精油的植物，例如甜橙、柠檬、佛手柑等。

　　第四种是离生腺道，植物的精油是通过其体内的油管来输送。通常这类植物萃取难度高，常需要较久的时间以及高压才能将精油萃取出来，常见如檀香、花梨木、大西洋雪松等。

　　第五种是油细胞，植物的精油是储存在植物体的油细胞中，油细胞是植物的一种分泌细胞，细胞内含有油状物，如胡椒、黑胡椒、柠檬香茅等。

　　第六种是表皮细胞，是花朵类精油的主要存储部位，如玫瑰花，它的花瓣表面覆盖着一层非常细薄的油，是从表皮细胞渗透出来的，但由于太过稀薄，萃取难度极高，所以花香类精油价格都很昂贵，代表精油如大马士革玫瑰等。

第三节 精油在植物体内的形成及其作用

一、精油形成的研究及其意义

精油是香味成分的精华，是香气的根源。因此，研究植物香气成分的生物合成过程和转化机制，不仅可以为寻找和掌握芳香植物最适宜的种植和采收期、采收后的贮藏和预处理以及合理的加工方法提供科学依据，从而改善产品的香气品质，提高产量；更重要的是，通过阐明植物体内的生物合成过程和机制，可以为合成香料和新工艺的开发找到可靠的路线和途径。这对香料行业的发展和新产品的开发非常重要。近年来，国外在这方面的研究非常广泛。

虽然从醋酸开始，经过 3-甲基-3,5-二羟基戊酸、焦磷酸金合欢酯生物合成甾族化合物的研究，精油生物合成的研究已经获得具有充分说服力的结果，无论对酶系的性质，还是对代谢机制，都取得了详细的解明。但对萜类的生成缺乏有力的根据，因此有不同学说，其中比较能为人们公认的还是 3-甲基-3,5-二羟基戊酸的生物合成学说，但对其确切生物合成路径还不十分清楚，所涉及的酶系特性尚未得到充分认识。至于从焦磷酸金合欢酯生物合成倍半萜的复杂多歧的路径，虽然有一系列的假说解释，但实质性的工作刚刚开始。最近，由于生物合成研究中采用了 ^3H 和 ^{14}C 一类放射性示踪化合物、组织培养以及非细胞酶系研究法的开发和在生物合成中研究应用的成功，生物合成的研究取得了较大进步。

二、精油在植物体内的形成途径

在植物体内由于植物细胞中存在的一种有效酶系统的催化作用而进行的过程就是精油的生物合成。首先生成一定的中间产物，然后由于环境条件的不同，经过氧化、还原，或者经过环化、缩合等不同反应，从而生成不同成分，构成单萜、多萜以及酚类等复杂混合物。

通常来说，同一种属植物的精油，其成分及含量常有一定的规律性。种属之间发生成分的变异，与植物本身的亲缘关系、生长环境、气候土壤有着明显的联系。裸子植物和被子植物都可能有萜类和多萜类的生物合成，裸子植物精油组成比较简单，而且萜烯类常为主成分；但被子植物的精油则比较复杂，多含萜醛、萜醇和萜酮。与单子叶植物相比，双子叶植物的精油含量较多。因此植物香成分的种类及含量，取决于植物中有无酶系和外界环境的影响。

因为对香料植物精油中萜类生物合成的路径还未获得最后明确结论，兹将几种假说和推测概述如下。

(一) 异戊二烯聚合说

根据瓦拉赫（Wallach）和塞姆勒（Semmler）的研究成果，萜类被视作由 CH 的构成单位像砌砖似的衍化而成，所有的萜类化合物都是异戊二烯的聚合体。哈里斯（Harris）借助萜类的加热分解生成异戊二烯获得了实验证明。但对异戊二烯的聚合说给予有力支持的还是鲁齐卡（Ruzicka）。之后瓦格纳（Wagner）、焦里格（Jauregg）和伦奈滋（Lannartz）等在试验管内作了证实，他们将二个或三个异戊二烯缩合，再经过加水得到无环和环状的萜醇（图 2-20）。

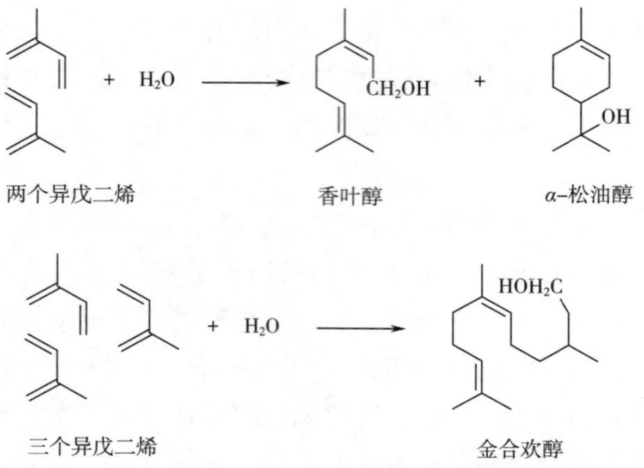

图 2-20 α-松油醇、金合欢醇的生成

（二）醇醛缩合说

优勒（Von Euler）提出了乙醛和丙酮在植物细胞中，通过醇醛缩合从而生成甲基丁烯醛的见解，并认为它是萜类生成的母体（图 2-21）。

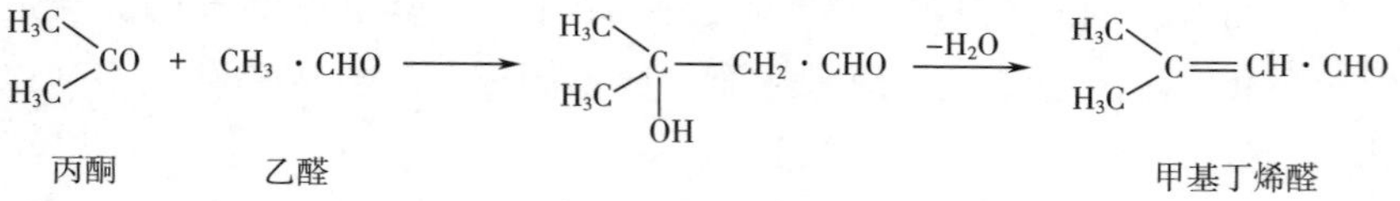

图 2-21 甲基丁烯醛的生成

（三）氨基酸生源说

弗朗斯柯尼（Francesconi）、法沃斯基（Faworsky）和累贝德娃（Lebedewa）认为，支链氨基酸的异亮氨酸可视为萜类的生源母体。

（四）来自活性醋酸的乙酰乙酸说

兰登（Langdon）和布劳许（Bloch）认为，每个异戊二烯是由 2 分子醋酸构成，但海根-斯密特（Haagen-Smitt）认为萜类生成之前，首先从活性酯酸生成中间产物的乙酰基乙酰代辅酶 A（aceto-acetyl-Co-enzymeA，CoA），是从 2 分子乙酰代辅酶 A 生成而得，它再经与其他的乙酰代辅酶 A 反应，从而生成 β-羟基-β-甲基-戊二酰-辅酶 A（β-hydroxy-β-methyl-glutararyl-CoA），再经反复反应生成 β-甲基-异戊酰-辅酶 A（β-methyl-isovaleryl-CoA）或 β-甲基-巴豆酸（β-methvl-crotonic acid），再经过半量体的头尾结合生成金合欢醇型化合物或更高的萜类。

（五）3-甲基-3,5-二羟基戊酸（mevalonic acid）说

这是萜类生源学说，认为所有的萜类都来自 3-甲基-3,5-二羟基戊酸。有报道称，在萜类生物合成中，基本碳链的形成通常由 2 个异戊间二烯（C_5）的基本构成单位的缩合延长碳链而成，但其中比较重要的过程是焦磷酸香叶酯的生物合成。由乙酰代辅酶 A 生成 3-甲基-3,5-二羟基戊酸，再经焦磷酸异戊烯酯（isopentenyl pyrophosphate，IPP）的异构化生成焦磷酸二甲基烯丙酯（dimethylally pyrophosphate，DMAPP）。然后 IPP 与 DMAPP 反式缩合，从而生成焦磷酸香叶酯（geranyl pyrophosphate），而经两者的顺式缩合，则生成焦磷酸橙花酯。焦磷酸香叶酯为单萜生物合成的前驱体，焦磷酸橙花酯是转变成环状单萜的有效前驱体。

倍半萜是通过焦磷酸金合欢酶的作用而合成的，无论反,反-还是顺,反-焦磷酸金合欢酯都认为是倍半萜类生物合成的前驱体。

三、糖苷在精油积累中的作用

在香料植物中，精油的香成分多数是以游离状态存在的，但也有不少是以糖苷的状态，即以结合形式存在。在酸和酶的作用下，经酶解将糖分离从而将香成分游离出来。这一过程通常在植物体内进行。具有羟基、羰基、氨基等基团的香成分能与糖分子化合从而生成糖苷，又称为甙。糖苷为水溶性，虽然本身没有香气，但加水分解和受热则能将香成分释放出来。例如苦杏仁油，其主成分是苯甲醛，在杏仁中不是以游离状态存在，而是与葡萄糖和氰氢酸相结合形成糖苷，直接用水蒸气蒸馏不能完全蒸馏出来。以苷结合的苦杏仁香成分又叫作扁桃苷，在酸、碱和酶的存在下，水解放出具有杏仁香气的苯甲醛（图 2-22）。同样，具有奶油香气的香兰素存在于松柏科树形成层中的松柏苷中，分解生成香兰素。芥子苷存在于黑芥子中，在芥子酶的存在下，分解成异硫氰酸烯丙酯，从而放出芥子香气。

$$C_6H_5CH \overset{CN}{\underset{O \cdot Cl_2H_{21}O_{10}}{}} + 2H_2O \;\underset{\text{酸或酶}}{\rightleftharpoons}\; C_6H_5CHO \;+\; 2C_6H_{12}O_6 \;+\; HCN$$

扁桃苷　　　　　　　　　　　　　　苯甲醛　　　葡萄糖　　　氰化氢

图 2-22　扁桃苷的转化

鲜花被从植株采摘下来之后，在一定时间内进行适当保藏仍能释放、生成芳香化合物。大花茉莉和月下香花朵就是这种类型的代表。法国格拉斯采用冷吸法提取芳香成

分，因为采摘下来的鲜花能继续生香，使芳香成分含量大幅增加，并且吲哚和邻氨苯甲酸甲酯的含量也有大幅提高。

四、精油对植物自身的作用

（一）精油是植物新陈代谢的产物

许多科学家认为，精油是精油植物新陈代谢的产物，是植物生长中的附生物，是植物自身生命中不必要的排泄物。特别是当精油在植物体内部分转化为树脂后，就无法在植物体内继续循环，对植物自身生长发育不起作用。如岩蔷薇从叶子和嫩枝表面分泌的树脂对岩蔷薇生长发育无作用，是植物代谢产生的废弃物。一些生物学家认为精油类似生物碱，把两者都当作植物生命的排泄物、生理残留物。

（二）精油对植物自身的保护作用

如前所述，将植物分泌的精油视为新陈代谢产物或废弃物是消极的，也有学者认为精油对植物本身的生长和存活是有益的，发挥着各种积极作用。虽然不能一概而论，但精油植物释放的化学信息，无论是在与竞争对手的对抗、对入侵者的抵抗，还是对病原微生物的驱逐方面，会起到躲避和驱赶某些昆虫和动物，抑制或杀死寄生微生物，从而保护植物的作用。相反，有时精油对有益的昆虫和动物有吸引力，通过吸引它们，完成授粉、受精和种子繁殖，是植物产生后代，自我保护的媒介。

另一个理论是分布在植物枝叶上的精油减少了炎热季节的水分蒸发。这对于生长在热带的植物来说，无疑是非常重要的保护作用。人们认为，这种精油可以吸收紫外线，从而减少植物的水分蒸发。还有人认为精油是植物的养分储备。

（三）精油在化学生态学中有化感作用

化学生态学是研究生物体中的化学物质在自然界各种生态现象中的作用和功能的边缘科学，以揭示生物现象的化学物质基础为目的，也是以生物现象为导向的天然产物化学研究的重要内容之一，对生态平衡、农作物病虫害和人类疾病防治等具有重要意义。科学家们曾重视萜类化学物质在生物间的作用，将生物界同种间发生的化学影响，称为种间化学效应，将在异种生物间发生的影响，称为相互化学效应，德国植物学家毛利舒（Molisch）把植物间的相互化学影响称为相互知觉效果。格鲁墨尔（Grummer）介绍了香料植物在这方面的作用，颇引人兴趣，如属于伞形科株身较高的茴香与唇形科株身较低的薄荷混种时，茴香因受薄荷释放出的化学物质影响，在生长节处停止生长，并枯萎。

第四节 不同生长发育期、株龄、品种 香料植物的精油含量和组分变化

香料植物精油的含量和组分随植物的生长发育、株龄变化而不断变化，这一变化具有一定的规律性。不同种类植物的变化规律也不同。了解并掌握这一规律，才能获得丰产和质量优良的天然香料。

一、不同生长发育期香料植物的精油含量和组分变化

植物各器官（根、茎、叶、花、果等）的含油量多数随着植物器官的生长而不断增加，以刚完成生长发育的植物器官绝对含油量最高，当植物器官停止生长发育，精油的形成速度则减慢，落后于精油的挥发和树脂化速度，因而精油量开始减少。由于植物体内生成精油的组织结构不同，精油挥发程度也不同，不同植物在不同发育阶段含油量也有不同的变化。胡椒薄荷含油量在开花前一直上升，到开花时稍有下降，或保持不变。柑橘属的植物在生长初期，其嫩枝和叶的绝对含油量大幅增加；在生长后期，由于树枝内油生成不能够满足其消耗、转移和蒸发的损失，因而含油量下降。嫩叶含油量最高，成熟叶片较低。胡椒薄荷、薄荷均以上层幼叶的含油量最高，成熟叶片的含油量最低。菊叶天竺葵也以嫩叶含油量最高（0.326%），其次为幼叶（0.243%）、中叶（0.191%）、成叶（0.109%）、老叶（0.053%），随着生长发育依次递减。

植物品种特性不同，精油积累的规律也不同。以我国 409 和 68-7 薄荷品种为例，409 品种为雄性不育品种，单独种植时不形成种子，其含油量以现蕾前旺盛生长时最低，仅 0.37%，随着植物的生长发育，含油量逐渐上升，现蕾期最高可达 0.72%，盛花期可提高至 0.86%~0.9%。过后，含油量没有明显下降，仍保持在 0.9% 左右。但是 68-7 品种盛花期过后，由于部分营养用于形成种子，因而含油量明显下降，由盛花期的 0.73% 下降至 0.61%。

花的精油含量，也因发育阶段不同而异。当精油主要在花冠（花瓣）内时，则含量随花蕾的发育逐渐增加，以刚刚开放（半开）的花瓣含油量最高，如茉莉、重瓣玫瑰、香水玫瑰、晚香玉、风信子等。茉莉以刚刚开放的花蕾含油量最高，茉莉花一般在晚 7—11 时开放，在开花的当天中午 10 时以后采摘较好。茉莉花蕾采摘以后还在进行新陈代谢，在花开时进行加工，精油得率最高，可达 0.26%~0.30%。薰衣草花含精油的部分主要是花萼，以末花期（或 30%~50% 落花期）含油量最高，约 1.81%，现蕾期、始花期和盛花期含油量分别为 1.22%、1.37% 和 1.54%。香紫苏的利用部分是花穗，但是精油主要分布在苞片上，其含油量以现蕾期最低，约 0.08%，种子开始成熟时最高，为 0.53%，到种子开始脱落时含油量明显下降，约 0.11%。叶的含油量一般嫩叶时最高，成熟时下降，老叶时最低，如椒样薄荷上层幼叶含油量最高，成熟叶的含油量最低。

种子和果实的含油量也随果实的生长发育呈现不同的变化，茴香油主要存在于小茴香籽（种子、果实）中，含量为 3%~6%。随着发育的进行，茴香籽含油量呈不断增加

的趋势。种子精油含量由 28.5mL/kg 增加至 31.5mL/kg。山鸡椒果实的含油量也随果实的生长发育逐渐提高，以果实基本长成、尚未变红时最高，然而当果实进一步成熟时，含油量反而下降。伞形科芫荽也以绿色果实含油量最高，随果实逐渐成熟，含油量也随之下降，到完全成熟时，减少到一定程度后不再下降，并能在较长时间内维持不变。这是由于芫荽果实具有两种精油分泌腔。位于果实内侧的精油腔属于内部精油分泌腔，与子房同时形成，随着果实的生长，逐渐充满精油。这种类型的精油积累较缓慢，但贮存较好，在果实干燥后精油仍能很好保存。成熟的芫荽果实所含的精油主要是这部分，含量可达 0.7%~1.4%。在果实外侧的肋间表皮组织内有外部精油分泌腔，同样在果实形成的早期形成，但是在果实成熟时，精油腔周围的细胞紧缩，致使部分或全部精油损失，是导致成熟果实精油下降的主要原因。然而葛缕子果实在成熟阶段收获即可长期保存，精油不再减少，这与果实的精油分泌结构不同有关，葛缕子没有外部精油分泌腔。

　　精油的成分也因植物个体的生长发育阶段不同而变化。薄荷的幼叶中含薄荷酮较多，含薄荷醇较少，随着叶片的生长，薄荷醇含量逐渐增加，薄荷酮含量则减少，开花后游离薄荷醇的生成减少，薄荷酯的含量随之不断增加。香水玫瑰以花刚开放时精油质量最佳，当花瓣颜色开始变淡、花药颜色变褐时，含醇量下降，质量变劣。薰衣草油乙酸芳樟酯的含量自开花到种子成熟前，逐渐上升，待种子成熟后含酯量开始下降。香紫苏精油的含酯量和含油量一样，以现蕾期最低（含酯量为 42.11%），种子开始成熟时最高［达 72.48%（质量分数）］，到种子开始脱落时含酯量下降至 63.15%（质量分数）。沙拉保氏（Charabot）对薰衣草、罗勒、防臭木、苦艾、香叶等植物叶的研究也得类似结论，即植物生长后期醇类缓慢减少，可能生成了酯类或脱水而成醚类。

　　柑橘枝叶中精油的成分也随植物的生长而发生变化，在后期柠檬烯含量增加。柑橘的绿色果皮以芳樟醇含量较多，成熟的果皮则以柠檬烯含量较多。葛缕子成熟的果实中香旱芹的含量增加，而二萜烯的含量则随果实成熟而下降。

二、不同株龄香料植物的精油含量和组分变化

　　多年生香料植物精油的含量和成分随年龄增长有不同的变化。一般幼龄的植株含油率稍低，随植株年龄的增长，含油率渐增高。当植株开始衰老时，含油量和精油质量也随之下降。柠檬桉树龄越大，枝叶的含油率越高。一年生幼树枝叶的含油率仅为 0.68%~0.81%，3~5 生的含油率为 1.33%~1.48%，而 30 年的老树枝叶含油率则达 1.61%~1.68%。樟树龄越高，含油量和含樟脑量越高。如樟树龄 11~15 年含油量仅为 0.083%，21~25 年含油量增至 0.346%，51~55 年含油量为 0.909%，111~115 年含油量为 1.430%，其含樟脑量也随树龄的增长由 0.007%（21~25 年生）增加至 0.672%（51~55 年生）和 1.135%（111~115 年生）。同样，芳樟的含油量也随树龄增长而增高，由 0.028%（11~15 年生）增至 1.156%（51~55 年生）和 2.723%（111~115 年生）。

香根草根的含油量在 6 个月时为 0.5%~1.0%，在 9 个月时为 1%~1.8%，1 年时为 2.0%~3.3%，15 个月时为 3.5%~4.8%，然而超过 3 年时，含油量则下降。薰衣草花穗含油量以第一年开花的幼龄植株较低，精油的乙酸芳樟酯含量也较低；当进入发育盛期，即开花后的约第三年，花穗含油量和乙酸芳樟酯的含量均达最高水平；当植株开始衰老时，含油量和乙酸芳樟酯含量也开始下降。香根鸢尾以两年生块茎的含油量最高，三年后块茎的含油量已开始下降，若株龄再增加，不仅含油量更低，精油质量也变差。植株的不同株龄对含油量的影响也因植物种类而不同。自岩蔷薇二年生和五年生植株枝叶提取的浸膏得率没有明显差别。

三、不同品种香料植物的精油含量和组分变化

香料植物品种间精油含量和组分的差别较大。同属中不同种植物的精油成分有很大差别。如樟属植物种类很多，不同种的精油成分也不同，樟油的主要成分是樟脑，芳樟油的主要成分为芳樟醇，而黄樟油则以黄樟素为其主要成分。桂花中以金桂和银桂的精油品质最佳，而四季桂则为观赏园艺品种，精油质量较差。

同属一种的香料植物，由于产地不同，个体间精油含量和成分也有很大差别。如生长在山东烟台的五肋百里香和泰安地区五肋百里香的精油含量与成分显著不同。烟台地区栖霞县的五肋百里香含油量为 3.4%，泰安的为 2.9%，前者精油含 60%~70% 芳樟醇，而酚类含量极微，后者精油中酚类含量可达 30%，而芳樟醇含量仅 5% 左右。同是烟台地区，同为芳樟醇型的五肋百里香，生长在不同县，其精油成分和含量也不相同，如栖霞县的百里香油含 69.49% 芳樟醇，蓬莱区的百里香油仅含 61.22% 芳樟醇，五肋百里香的花色不同，精油成分和含量也有很大变化。蒙阴县的紫花百里香含缴花烃 14.14%，白花百里香缴花烃含量达 18.08%，但是百里香酚和香荆芥酚的含量差别较小，前者为 42.8%，后者为 41.21%。

第五节　生态地理条件与栽培方式对精油含量与组分的影响

一、气候条件

生态因子中气候条件对香料植物的含油量有显著影响。在不同气候因子中，降水和温度在一定程度上影响林木的精油产量。何金明研究环境因子对香料植物精油含量的影响，发现精油产量随着光照强度的增加而逐渐增加，随着土壤含水量的升高而逐渐上升，单株精油产量与精油含量成正相关。窦宏涛等研究苏格兰型留兰香在收获期的气候因子与精油产量和品质的关系中发现，留兰香的精油产量受降水量和温度的影响显著。随着降水量的增加，出油率和精油产量逐渐降低，雨季过后出油率和精油产量下降 50% 左右，雨过天晴的 3~5d，二者可恢复至雨季来临前的水平，收获期间出油率和精油产

量随着温度的升高而逐渐增加，当平均温度在 20℃ 以上时，留兰香的出油率和精油产量最高。不同季节、不同天气条件、一天内不同时间香料植物含油量不同。在热带地区（印度），芫荽果实的含油量比在温带或在北方低。当气候温暖适度、没有旱风影响时，由于芫荽外部精油结构的损伤减少，果实的含油量增加。此外，生长在热带的芫荽果实富含不易扩散的烃类，而易扩散的芳樟醇含量较少。

二、温度条件

在适宜植物生长的温度范围内，气温高时香料植物含油量较高，气温低时香料植物含油量也较低。然而温度过高增加了精油的蒸发量，使植物含油量降低。香叶以温度较高的月份含油量较高，温度较低的月份含油量较低。日本濑户内海地区的香叶在 7—8 月高温时含油量为 0.169% ~ 0.123%，9 月底下降至 0.058%，在乌克兰敖德萨温度较高的 8 月，香叶含油量为 0.26%，当气温下降后，10 月含油量则下降至 0.136%，在我国四川省，香叶以最热的 7—8 月含油量最高，最冷的冬天含油率最低，但是在高温季节，随着干旱、炎热的加剧，含油量反而下降。

植物对气温的要求因种类不同而异。葛缕子果实以潮湿凉爽的年份含油量较高，在夏季干热的年份，精油中香芹酮的含量较高，二萜烯的含量下降。在凉爽、潮湿的天气则结果相反。薄荷含油量在高温下上升，在潮湿、凉爽的夏天下降。低温对薄荷油成分也有影响，当植株遇寒害后，油中富含薄荷脑和酯类。受冻的香柠檬薄荷油中乙酸芳樟酯含量显著增加，达 38.95%，未受冻害的香柠檬薄荷油只含 10.95% 乙酸芳樟酯，杭州茉莉的春花是在气温较低的潮湿季节（5—6 月）形成，所产的花花朵小、香味差，7—8 月高温时形成的伏花花朵大、香味浓烈、质量最佳，9—10 月开的秋花，质量稍次于伏花，但是，若遇秋季炎热时，其产量和质量与伏花相同。

三、光照条件

光照对植物体内精油的形成起重要作用。在全日光照条件下，胡椒薄荷含油量最高，遮阴不仅降低含油量也显著降低薄荷脑含量。在正常条件下，胡椒薄荷薄荷脑含量为 40.13%，遮阴可使其薄荷脑含量下降至 33.07%。在潮湿、遮阴条件下胡椒薄荷油的含酮量增高，因而精油的质量降低。在遮阴条件下种植薰衣草也能减少薰衣草的花穗数和每穗上的花轮数，并降低含油率。香叶也是喜光植物，遮阴也能降低含油量。

薰衣草以连续晴天的含油量最高，含酯量也高，雨天含油量和含酯量均较低。在一天以内则以经过长时间日光照射后的 15 时的含油量和含酯量最高，早晨 9 时的含酯量和含油量均较低。肉豆蔻在一天内的含油量以傍晚最高，下午为 0.06%，傍晚为 1.5%，含酯量以傍晚最高，夜里最低。香叶的含油量以未受日照的上午较低，受充分日照的下午最高，如温度高（最高时为 24.7℃）、湿度小（为 50%）、日照量较高时含油量为 0.195%，下午 6 时则为 0.293%；在全无日照的阴雨天，上午和下午的含油量没有差别；当气温低时，下午的含油量增加也不明显。

除日照强度外，日照时间长短对植物体内精油的形成也有很大影响。胡椒薄荷是长日照植物，短日照（9~12h）能阻止其发育，使其不形成花穗，生着叶片的茎转变为无叶的地面匍匐茎，因而降低含油量；而长日照能显著促进其精油的形成。长日照也有利于黄衣草精油的合成，有时尚能弥补年积温低和生长季节短的不足。如俄罗斯圣彼德堡的纬度较高，年积温较低，生长季节较短，但是薰衣草的含油量和含酯量有时与南方克里米亚栽培的薰衣草近似。

四、不同地理条件

不同地理条件对植物精油的影响也较大。保加利亚玫瑰以玫瑰谷种植的玫瑰油质量最佳而著名，薰衣草以生长在海拔较高的高山薰衣草精油质量最佳，乙酸芳樟酯的含量较高，生长在海拔较低地区的薰衣草含酯量较低。在我国，同一品种薰衣草，以生长在海拔 1600m 的薰衣草油含酯量最高，达 52.6%。以种在海拔约 400m 处的薰衣草油含酯量最低，为 38.1%。而种在海拔 1100m 处的薰衣草油的含酯量为 41.8%，处于两者之间。

纬度变化也对薰衣草的含油量和含酯量有影响，自南向北移，薰衣草的含油量和含酯量递减，但纬度的影响没有海拔的影响大。

五、栽培方式

栽培，实际上是人为地创造良好的光照、水分、营养、通风等条件，以及及时防治病虫害，促进植物良好生长，以提高精油的质量和产量。

栽培方式是影响植物精油产量的间接途径，不同的栽培方式不同程度地影响精油产量的高低。韩永明等研究紫苏的精油产量对不同栽培方式的响应中发现，紫苏精油含量受不同种植密度、施肥方式、移栽、直播等种植方式影响显著。适合紫苏精油高产的栽培方式是低密度混合施肥直播。

营养元素是影响植物精油产量和含量的最重要因子之一。杨红茹等研究苏格兰型留兰香精油产量对硼肥、磷肥、锌肥用量的响应发现，喷施硼肥有利于留兰香精油增产，喷施磷肥、锌肥效果不明显。丁一等研究柠檬草精油产量和含量对肥的响应发现，施氮肥对柠檬草的精油含量影响不明显，但显著增加了柠檬草的精油产量。于静波等研究芳樟叶油对不同施肥处理的响应发现，不同施肥处理对芳樟叶油产量、含量影响显著，氮对精油含量影响极显著，钾和磷对精油含量影响分别显著和不显著。氮和磷对香叶的产油量有显著影响；肥料的种类对含油量虽无明显影响，但是当缺氮、磷时能降低含油量，缺钾时，含油量则稍有增加。

薄荷的精油质量和鲜重含油量都与灌溉成负相关，即不灌溉时鲜重含油量高，精油质量也比较好，游离醇含量达 70.69%；而灌溉薄荷的游离醇含量下降为 65.29% ~ 70.09%。

课程思政

　　精油的化学成分复杂，由几十种到几百种化合物组成，很多关键性微量香气成分不断被发现，近年研究发现化学成分及其空间结构对香料植物的香气存在很大影响，引起国内外充分重视。精油化学成分在香料植物体内的生物合成过程和机制尚不十分清楚，对上述问题的研究必将极大促进香料行业发展和新产品开发。科学研究的道路从来都不是坦途，任何成就的取得都离不开大胆假设、严谨求实和日复一日的坚持。在科学研究工作中，需要有不畏艰难险阻，勇攀科学高峰的信心和决心，还要有"甘坐冷板凳"的奉献精神。

思考题

1. 什么是精油？精油有什么性质？
2. 精油有哪些分类方法？各分为哪几类？分别举两个例子。
3. 精油成分主要包括哪几类？其结构特征分别是什么？
4. 酯类化合物是精油中重要的香气成分，酯类成分具有什么香气特征？请举例说明。
5. 萜类化合物的结构单元是什么？精油中主要的萜类化合物有哪些？
6. α-蒎烯和β-蒎烯主要存在于哪些植物中？可分别用作什么香型的香料？
7. 简述精油在香料植物体内的分布。
8. 植物产生精油后，主要储存在哪些部位？
9. 精油对分泌精油植物本身有什么作用？
10. 香料植物精油的含量和成分随植物的生长发育、株龄变化有什么规律？请举例说明。

第三章
香料植物的生长发育

【学习目标】

　　1. 认识常见的不同产香器官的香料植物，了解香料植物不同器官的生长发育特征。

　　2. 掌握香料植物的生长相关性以及在生产中的应用。

　　3. 掌握香料植物生长发育与环境条件的关系。

　　在植物的一生中，有两种基本生命现象，即生长和发育。生长是植物个体、器官、组织和细胞在体积、质量和数量上的增加，是一个不可逆的量变过程。发育是指植物细胞、组织和器官的分化形成过程，植物形态、结构和功能上发生质的变化，如花芽分化、维管束发育、气孔发育等。植物的生长和发育是交织在一起进行的。没有生长便没有发育，没有发育也不会有进一步的生长。因此，植物的生长和发育是同步推进的。香料植物的生长发育一方面取决于植物本身的遗传特性，另一方面取决于外界环境条件。因此，植物的生长发育是由体内细胞在一定的外界环境条件下同化外界物质和能量，按照自身固有的遗传模式与顺序进行分生与分化来体现的。深入了解香料植物生长与发育规律有助于制定合理栽培技术措施，有效控制香料植物生长发育进程。

第一节　香料植物生长发育特性

一、根的生长发育

根系是香料植物整体赖以生存的基础。为了正常的根系生长发育，田间管理需要进行土壤耕作、灌水和施肥等措施，这些技术能够增强根系代谢活力，调节植株上下部平衡，协调生长。因此，根系生长的优劣是衡量香料植物能否发挥高产优质潜力的关键。

（一）根系的类型

根据根的发生时间和位置不同，根被分为定根和不定根。定根是由种子的胚根直接发育来的。不定根是从茎、叶或其他部位生长出来的。一个植物体所有的根称为根系，常按其形态分为直根系和须根系（图3-1）。大多数双子叶植物和裸子植物的根系，胚根发育形成一个明显纵深生长的主干根和粗度依次减弱的各级侧根，这种根系称为直根系，如毛白杨、雪松、桔梗、紫苏、薄荷、党参、金合欢等。大多数单子叶植物和蕨类植物，胚根发育形成的主干根退化或停止生长，根系主要由多条从胚轴和茎上长出的不定根组成，称为须根系。组成须根系的根均不增粗，各条根的粗细近似，丛生如须，无主次之分，如葱蒜类、龙胆、龙舌兰、麦冬等。

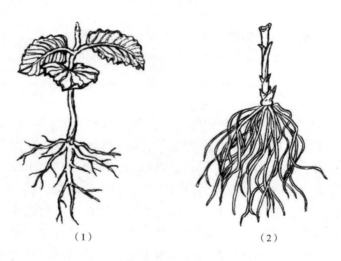

（1）直根系　（2）须根系

图3-1　直根系和须根系

（1）主根　种子萌发时，胚根最先突破种皮向下生长而形成的根称为主根，又叫初生根。主根生长很快，一般垂直插入土壤，成为早期吸收水肥和固定植物体的器官。

（2）侧根　当主根继续发育，到达一定长度后，从根内部维管柱周围的中柱鞘和内皮层细胞分化产生与主根有一定角度，沿地表方向生长的分支称为侧根。侧根与主根共同承担固定、吸收及贮藏功能，因此统称为骨干根。在主根、侧根生长过程中又会产生次级侧根，其与主根一起形成庞大的根系，此类根系称为直根系。主根和侧根联系密切，切断主根能促进侧根的产生和生长。因此，利用这个特性在生产中移苗时常切断主根，以引起更多侧根的发生，保证植株根系的旺盛生长。

（3）不定根   许多植物除产生定根外，还可以由茎、叶或胚轴上生出根，这些根发生的位置不固定，称为不定根。不定根也能不断产生侧根。一些香料植物生产过程中，常利用枝条、叶、地下茎等能产生不定根的习性进行扦插、压条等营养繁殖。

（二）根系的来源

（1）实生根系   由种子的胚根发育而来的根称为实生根系。如绝大多数直播的蔬菜植物和以种子繁殖的花卉均具有实生根系。常见的实生根系香料植物有八角茴香、香紫苏、百里香、茴香、旱芹等。实生根系主根发达，生命力强，对外界环境条件的适应能力强。有些香料植物进行嫁接栽培时，由于其砧木为实生苗，因此根系也为实生根系，如木香花以野蔷薇作为砧木进行嫁接繁殖。

（2）茎源根系   由茎上的芽、节通过扦插或压条等繁殖方式，使茎上产生不定根，由此发育成的根系称为茎源根系。茎源根系无主根，根系分布较强，但生活力较弱。如胡椒等用扦插繁殖发育而成的根系均为茎源根系。观赏植物中的月季、山茶花、雪松、龙柏、八仙花的扦插苗，其根系也为茎源根系。

（3）根蘖根系   在根段（根蘖）上形成不定芽，并发育成的根系，如果树中的枣、石榴，蔬菜中的菊花脑、香椿等，部分宿根花卉的根系通过根段扦插或由根蘖分株产生的根系，也称为根蘖根系。

（4）叶源根系   叶片扦插时从叶脉、叶柄、叶缘处产生不定根，从而形成新植物的根系称为叶源根系，如长寿花、秋海棠、非洲堇等。

（三）根系的生长和分布

根系在土壤中的分布是非常广泛的。在良好的土壤条件下，植物根系的扩展范围远大于地上部分，根系的总面积常常为茎、叶面积的 5~15 倍。根系在土壤中的分布因植物种类的不同而异。根据入土深浅，可以将根系分为浅根系和深根系。浅根系香料植物的根系绝大部分都在耕层中，如薄荷、半夏、白术、百合等。深根系香料植物根系入土较深，如黄芪，其根入土深度可超过 2m，但 80% 左右的根系也主要集中在耕层之中。然而，深根系和浅根系是相对的，往往受到外界条件的影响而改变。同一种植物，如果生长在雨水较少、地下水位较低、土壤排水和通气良好、土壤肥沃和光照充足的地区，其根系比较发达，可达较深的土层；反之，生长在地上水位较高、土壤排水和通气不良、肥力较差的阴湿地区，其根系不发达，多分布在较浅的土层。

（四）根系的功能

（1）固定和支持   香料植物在地下形成庞大的根系，将分枝繁多的香料植物固定在土壤。

（2）吸收、输导和贮藏　植物所需要的水基本上靠根系吸收；根还吸收土壤溶液中离子状态的矿质元素，少量含碳有机物，可溶性氨基酸、有机磷等有机物，以及溶于水中的 CO_2 和 O_2。根可将吸收的物质通过输导组织运往地上部分，又可接受地上部分合成的营养物，以供根的生长和多种生理活动所需。同时根也是脂类、精油等物质贮藏的场所，例如土木香、缬草、香根草等香料植物可以从根部提取精油。

（3）合成　根能合成多种有机物，如氨基酸、激素等物质，如缬草的根系可产生挥发油；当病菌等异物入侵植株时，根和其他器官一样，能合成被称为"植保素"的物质，有一定的防御或减灾作用，如香根草根系含有大量的饱和油脂，内含丰富的诺卡酮成分，能够防止白蚁、老鼠等的啃食。

（4）分泌作用　根能向土壤中分泌近百种物质，包括糖类、氨基酸、有机酸、甾醇、生物素和维生素等生长物质以及核苷酸、酶等。这些分泌物可以减少根在生长过程中与土壤的摩擦，使根形成促进吸收的表面，对他种生物是生长刺激物或毒素，可以抗病害，还能促进土壤中一些微生物的生长繁殖，这些微生物对植株的代谢、吸收、抗病性等都有作用。一些香料植物根系存在精油分泌通道，如香根草根系可以分泌挥发油。

（5）其他功能　除上述生理功能外，根还可以食用、做香料和工业原料。如香根草、杜松、甘草、缬草系等的根可以做香料。

（五）变态根的特性和功能

香料植物的根在长期的演化过程中，为适应外界环境条件，在其形态、构造和生理功能等方面产生了许多异常的变化（图3-2、图3-3），形成了变态根，具备了许多独特的功能。

（1）贮藏根　根的一部分或全部因贮藏营养物质而肉质肥大，按形态不同可以分为圆锥根、圆柱根、圆球根和块状根。如大丽花地下部分即为粗大纺锤状肉质块状根，是由茎基部原基发生的不定根肥大而成，虽肥大部分不抽生不定芽，但根茎部分可发生新芽，由此可发育成新的个体。

（2）支持根　自地上茎节处产生一些不定根深入土中，如秋海棠等。

（3）气生根　生长在空气中的根，如香子兰、石斛等。

（4）攀缘根　不定根具有攀附作用，如秋兰、凌霄花、络石等。

（5）水生根　水生植物漂浮中的根，如菖蒲、荷花等。

（6）寄生根　插入寄主体内，吸收营养物质，如檀香等。

二、茎的生长发育

随着根系的发育，种子的上胚轴和胚芽向上发展为地上部分的茎和叶。茎由胚芽发育而成，因此在系统演化上，茎是先于叶、根出现的营养器官，同时茎也是根和叶之间起输导和支持作用的重要器官。

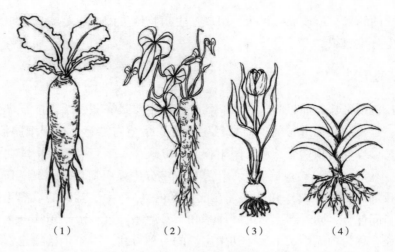

（1）圆锥根　（2）圆柱根　（3）圆球根　（4）块状根

图3-2　根的变态（地下部分）

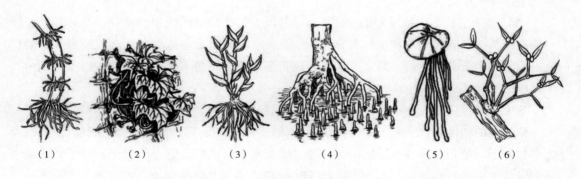

（1）支持根（玉米）　　（2）攀缘根（常青藤）　　（3）气生根（石斛）
（4）呼吸根（红树）　　（5）水生根（青萍）　　（6）寄生根（菟丝子）

图3-3　根的变态（地上部分）

（一）顶端分生组织

经过顶端分生组织的活动产生茎的有关结构，包括茎的节和节间、叶、腋芽以及以后转变成的生殖（繁殖）结构（图3-4）。叶原基的形成和侧枝的发生都与顶端分生组织有关。顶端分生组织的最尖端部分，包括原始细胞和它紧接着所形成的衍生细胞，可以看作是未分化或最小分化的部分，称为原分生组织。在原分生组织下面，随着不同分化程度的细胞出现，逐渐开始分化出原表皮、基本分生组织和原形成层，总称初生分生组织。初生分生组

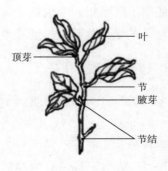

叶
顶芽
节
腋芽
节结

图3-4　茎的外部形态

织活动和分化的结果，形成成熟组织，组成初生植物体。因此，茎端分生组织包括原分生组织和初生分生组织。

（二）茎的生长

茎的生长包括延长和加粗两个方面。延长生长主要是靠茎生长点的顶端分生组织细胞不断分裂、延长和分化进行的，而加粗生长主要是茎内维管形成层细胞活动的结果。茎的初生生长可以分为顶端生长和居间生长两种方式。

（1）顶端生长　植物的顶端生长始于茎尖顶端分生组织细胞的分裂（在分生区内），经过伸长生长（在伸长区内）和分化（在成熟区内），产生了茎尖的成熟组织。结果使节数增加，节间伸长，同时产生新的叶原基和腋芽原基。这种由于顶端分生组织的活动而引起的生长，称为顶端生长，属于初生生长的一种方式。一年生植物通常只进行一次顶端生长，多年生植物每年可进行一至多次顶端生长，这通常与植物生长地区的气候有关。双子叶植物经过顶端生长后，接着即进入次生生长，产生次生结构，使茎在长高的基础上进一步增粗。

（2）居间生长　茎的居间生长始于每个节间基部居间分生组织的活动，与顶端生长一样都经历了细胞的分裂、生长和分化3个阶段。但居间分生组织的活动时间较短，经过一段时间的分裂活动后，即完全分化为成熟组织，结果使节间伸长。这种由于居间分生组织的活动而引起的生长，称为居间生长。

茎尖顶端分生组织中的初生分生组织细胞经过分裂、生长和分化而形成的各种结构，称为茎的初生结构。双子叶植物茎的初生结构由表皮、皮层和维管柱三部分组成。大多数单子叶植物茎只有初生结构，分为表皮、基本组织和维管束三部分。单子叶植物茎的维管束中没有形成层，因此多数单子叶植物的茎秆增粗很少或者并不增粗，如郁金香、水仙花等。但也有些单子叶植物可以通过初生生长增粗和异常的次生生长增粗，如禾本科植物香茅茎秆增粗主要与幼叶基部形成初生加厚分生组织（又称为初生增粗分生组织）有关；百合科植物丝兰的茎中可以产生形成层，并进行次生生长使茎秆增粗，但这种形成层在起源、形态结构及活动情况等方面与双子叶植物不同。

大多数双子叶植物和裸子植物的茎在完成初生生长的基础上，会进一步进行次生生长，使茎不断增粗。茎的次生结构也是维管形成层和木栓形成层（如马尾松、柏木树皮）活动的结果，其中，维管形成层的活动是茎增粗的主要因素。

（三）茎的类型和特点

茎的类型分为如图3-5所示的6类。

（1）直立茎　多数木本香料植物具有直立茎，如八角、花椒、檀香等。按生长年限、生长势及功能等不同又分为若干类型。一般幼芽萌发当年形成的有叶长枝叫新梢，新梢按季节发育不同又分为春梢、夏梢和秋梢。

（2）半直立茎　胡椒等香料植物等茎呈半直立或半蔓生，须借助插架或吊蔓等才能

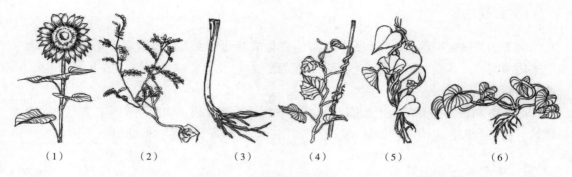

（1）　　　　　（2）　　　　（3）　　　　（4）　　　　　（5）　　　　　　（6）

（1）直立茎　（2）半直立茎　（3）短缩茎　（4）攀缘茎　（5）缠绕茎　（6）匍匐茎

图3-5　茎的类型

正常生长。

（3）短缩茎　如韭菜、大葱、洋葱、大蒜、芹菜等植物在营养生长时期，茎部短缩，至生殖生长时期，短缩茎顶端才抽生花茎。洋葱营养生长时期，茎短缩形成扁圆形的圆锥钵——茎盘。

（4）攀缘茎　此类茎多以卷须攀缘地物或以卷须的吸盘附着他物而延伸，如香荚兰具有攀缘茎。

（5）缠绕茎　缠绕茎须借助他物，以缠绕方式向上生长，如忍冬、啤酒花。

（6）匍匐茎　茎匍匐生长，大多茎节处可生不定根，以此进行无性繁殖，如薄荷、百里香等。

（四）茎的生理功能

（1）输导作用　茎是连接根和叶的轴状部分，其内有发达的维管组织，根所吸收的水分和无机盐以及合成或贮藏的营养物质通过茎向上运输到叶、花和果实中；同时，叶制造的有机物通过茎向下或向上运输至根、花、果和种子各部分。

（2）支持作用　茎内具有发达的机械组织，是植物体的骨架。主茎和各级分枝支持着叶、花和果实，使叶合理地展布在一定的空间，有利于光合作用和蒸腾作用；使花能更好地开放以利于传粉，使果实和种子更好地发育和成熟。

（3）贮藏作用　许多植物茎内的基本组织中往往贮藏了大量的营养物质。一些变态茎成为特殊的贮藏器官，如唐菖蒲、番红花、姜、水仙的茎都是营养物质集中贮藏的部位。

（4）繁殖作用　生产上，茎可以作为扦插、压条、嫁接等营养繁殖的材料。扦插枝、压条枝于合适的土壤中，长出不定根后可形成新的个体；用某种植物的枝条或芽（接穗）嫁接到另一种植物上（砧木），可改良植物的性状。迷迭香、风信子或具地下根状茎的玉簪、土木香均可进行营养繁殖。

（五）变态茎

由于功能改变引起的形态和结构都发生变化的茎称为变态茎。茎变态是一种可以稳定遗传的变异。茎变态仍保留着茎所有的特征，如有节和节间的区别，节上生叶和芽，或节上能开花结果。

（1）香料植物常见的地上变态茎如图3-6所示　茎卷须：如啤酒花等；刺状茎：如玫瑰、白簕的刺；肉质茎：如香荚兰；匍匐茎：如百里香、菖蒲；叶状茎：如昙花等。

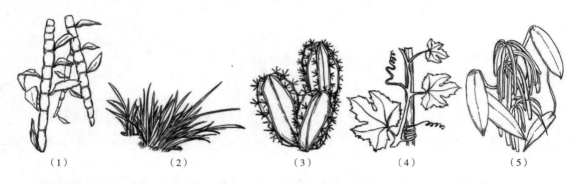

（1）叶状茎（竹叶蓼）　（2）匍匐茎（菖蒲）　（3）刺状茎（仙人掌）　（4）茎卷须　（5）肉质茎（香荚兰）

图3-6　茎的变态（地上茎）

（2）地下茎　主要具有贮藏、繁殖的功能。地下变态茎也很多，如图3-7所示，有块茎（如山柰、马蹄莲、晚香玉）、根状茎（如生姜、萱草、草豆蔻）、球茎（如唐菖蒲和仙客来）、鳞茎（如百合、风信子、石蒜等）。

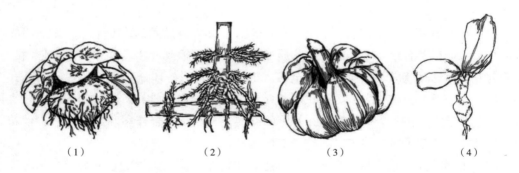

（1）球茎　（2）根状茎　（3）鳞茎　（4）块茎

图3-7　茎的变态（地下茎）

三、叶的生长发育

叶是植物重要的营养器官，其形态多种多样，是鉴别植物种类的重要依据之一。叶是植物光合作用、蒸腾作用的主要器官，因此叶的发育情况对香料植物的生长发育、品质和产量形成都有着深刻的影响。

（一）叶的类型

叶按发生先后分为子叶和真叶。子叶为原来胚中的叶，早期有贮藏养分的作用。真叶是植物真正意义上的叶子，一般由托叶、叶柄和叶片构成（图3-8），可以进行光合作用。从形态学角度，真叶可以认为是茎轴上的侧生器官，也是一种有限生长的器官。托叶是叶柄基部两侧的附属物，有保护幼叶的作用。如豌豆属中的托叶，大而明显，与叶片行使同样的功能。有的托叶有保护腋芽的功能，也有的托叶分化成刺状。

香料植物的叶还可分为单叶和复叶两种。每个叶柄上只有1个叶片称为单叶，如花椒、菊花、一串红、牵牛花等。复叶是指每个叶柄上有2个以上小叶片，如玫瑰、南天竹、含羞草、醉蝶花等。不同植物复叶类型各有不同。花椒、香茅的叶为羽状复叶；芍药、胡卢巴的叶为三出复叶；柑橘为单身复叶；芹菜为二回羽状复叶。

叶片

叶柄
托叶

图3-8 真叶的组成

根据叶片不同位置所接受阳光辐射强弱的差异，香料植物又可分为阳生叶和阴生叶。阳生叶小而厚，色浓绿，质坚韧，单位叶面积干重大，栅栏组织细胞层数多，角质层厚；阴生叶大而薄，栅栏组织细胞层数少，角质层薄。

（二）叶的形态特征

不同香料植物叶片的形状、叶尖、叶基、叶缘形态、叶脉分布和叶序等特征不同。叶形主要依据叶片的长度和宽度比例以及最宽处的位置进行分类（图3-9）。

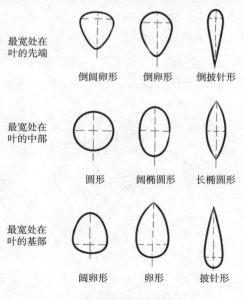

最宽处在叶的先端　倒阔卵形　倒卵形　倒披针形

最宽处在叶的中部　圆形　阔椭圆形　长椭圆形

最宽处在叶的基部　阔卵形　卵形　披针形

图3-9 叶形的基本分类

（1）叶片的形态主要有线形、披针形、椭圆形、卵圆形、倒卵形等，如韭菜、兰花、蓬草等叶为线形；玫瑰、落葵、丁香、百里香等叶为卵形或卵圆形。

（2）叶尖的形态主要有长尖、短尖、圆钝、截状、急尖等。

（3）叶缘的形态主要有全缘、锯齿，波纹、深裂等。

（4）叶基的形态主要有楔形、矢形、矛形、盾形等。

（5）叶脉分布也是香料植物叶片的特征之一。叶脉有平行脉和网状脉之分（图3-10）。前者有初生脉伸入叶片彼此平行而无明显的联合。而在网状脉中，叶脉构成复杂的网状。双子叶香料植物的叶脉主要有两种，其一为羽状网脉，侧脉从中脉分出，形似羽毛，故而得名，如桂树、龙脑香树的叶片；其二为掌状网脉，侧脉从中脉基部分出，形状如手掌，如荷花、银莲花的叶片。

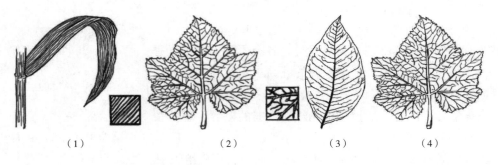

（1）平行脉　（2）网状脉　（3）羽状叶脉　（4）掌状叶脉

图 3-10　叶脉的类型

（6）叶序　是指叶在茎上的着生次序，分为互生叶序、对生叶序和轮生叶序（图3-11）。同种香料植物，叶序常是恒定的，可作为种类鉴别的指标。互生叶序每节上只长1片叶，叶在茎轴上呈螺旋排列，一个螺旋上，不同种类的香料植物叶片数目不同，因而相邻两叶间隔夹角也不同，如菊花。对生叶序每个茎节上有2个叶相互对生，相邻两节的对生叶相互垂直，互不遮光，如丁香、薄荷、石榴等。轮生叶序每个茎节上着生3片或3片以上的叶，如夹竹桃、银杏、番木瓜、栀子等。

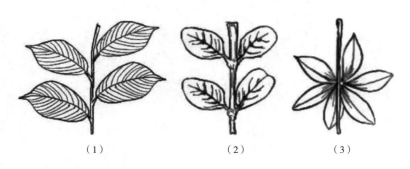

（1）互生　（2）对生　（3）轮生

图 3-11　叶序的类型

（三）叶的生长发育

1. 叶的发生

香料植物茎顶端的分生组织，按叶序在一定的部位上，形成叶原基。叶原基的先端部分继续生长发育成为叶片和叶柄，基部分生细胞分裂产生托叶。芽萌发前，芽内一些叶原基已经形成雏叶（幼叶）；芽萌发后，雏叶向叶轴两边扩展成为叶片，并从基部分化产生叶脉。

从每种香料植物单片叶的形态发生来看，有几种分生组织同时或顺序地发生作用，其中有顶生分生组织、近轴分生组织、边缘分生组织、板状分生组织和居间分生组织。不同香料植物或同一种香料植物在不同时期或不同环境条件下，叶片形状与大小变化很大，即这些组织的相对活动和持续活动的结果。

2. 叶的生长

叶在芽中已经开始形成，它的发育开始于茎尖生长锥基部的叶原基。首先是纵向生长，其次是横向扩展。幼叶顶端分生组织的细胞分裂和体积增大促使叶片长度增加。其后，幼叶的边缘分生组织细胞通过分裂分化和体积增大促使叶片厚度增加。一般叶尖和基部先成熟，生长停止得早；中部生长停止得晚，形成的表面积较大。靠近主叶脉的细胞分裂停止得早；而叶缘细胞分裂持续的时间长，不断产生新细胞，扩大叶片表面积。上表皮细胞分裂停止得最早，然后依次是海绵组织、下表皮和栅栏组织停止细胞分裂。叶细胞体积增大一直持续到叶完全展开时为止。当叶充分展开成熟后，不再扩大生长，但在相当一段时间仍维持正常生理功能。

3. 叶面积指数

香料植物叶面积总和与其所占土地面积的比值，即单位土地面积上的叶面积，称为叶面积指数。同单片叶子的生长过程类似，植物群体叶面积生长前期新生叶多，衰老叶少，生长后期则相反，从而形成单峰生长曲线。叶面积指数大小及增长动态与香料植物种类、种植密度、栽培技术等关系密切。叶面积指数过高，则叶片相互遮阴，植株下层叶片光照强度下降，光合产物积累减少；叶面积指数过低，则叶量不足，光合产物减少，产量降低。

（四）变态叶

植物的叶片为适应环境的变化，常发生变态或组织特化，如洋葱、百合形成贮存养料的肥厚肉质鳞叶（图3-12）；石刁柏的叶退化成膜质鳞片。一般每茎节有1片薄膜状的退化叶，从叶腋可抽生5~8条针状短枝，含叶绿素，能代替叶片进行光合作用，故称拟叶。此外，生态条件改变也影响植物叶形变化，如水毛茛

图3-12　鳞叶

的叶沉在水中的叶形是丝状全裂而露在水面以外的叶是深裂。

（五）叶片的衰老与脱落

一年生香料植物的子叶及营养叶往往在其生活史完成前衰老而脱落，随之整个植株也衰老、枯萎。多年生宿根草本植物及落叶果树、落叶观赏木本植物在冬季严寒到来前，大部分氮素和一部分矿质元素从叶片转移至枝条或根系，使树体或多年生宿根植物地下根、茎贮藏营养增加，以备翌春生长发育所需，而叶片则逐渐衰老脱落。落叶现象是由于离层的产生。离层常位于叶柄的基部，有时也发生于叶片的基部或在叶柄的中段。由于离层细胞的发育，其细胞团缩而互相分离，中胶层细胞间物质分解，叶即从轴上脱落，叶脱落留下的疤痕，称为叶痕。一些木本植物及多年生草本宿根植物叶片感受日照缩短、气温降低的外界信号后，叶柄基部产生离层，叶片正常衰老脱落，是植物对外界环境的一种适应性，对植物生长有利。桂树的叶片不是 1 年脱落 1 次，而是 1~3 年或更长时间脱落、更新 1 次，有的脱落、更新是逐步交叉进行的。

四、芽的生长发育

芽是植物茎上处于休眠状态的枝条，当环境适宜时便会生长。这种生长可以是营养生长也可以是生殖生长，取决于芽的类型。根芽通常产生于叶腋或茎尖处，在植物的其他部分并不常见。它们可能在很长一段时间内保持休眠状态，只有当需要生长时才会变得活跃，也可能在形成之后就立即生长。

（一）芽的类型

按照芽生长的位置、性质、芽鳞的有无和生理状态，芽可以分为下列几种类型。

1. 定芽和不定芽

根据芽在枝上生长的位置，可以将芽分为定芽和不定芽。

定芽生长在枝上一定的位置，其中生长在主茎或侧枝顶端的称为顶芽，生长在枝的侧面叶腋内的称为侧芽，也称为腋芽。顶芽发生在茎的顶端分生组织，而腋芽起源于腋芽原基。通常每一叶腋处只生有 1 个腋芽，但有些植物的叶腋内可长有若干个芽，彼此重叠，称为叠生芽。如忍冬和桂花的每个叶腋有 2~3 个上下重叠的芽，位于叠生芽最下方的一个芽称为正芽，其他后生的芽称为副芽；或在每个叶腋长有若干个芽，彼此并列，称为并列芽，如桃的每个叶腋有 3 个芽并生，中央 1 个芽称为正芽，两侧的芽称为副芽。有的芽着生在叶柄下方，并为其基部延伸的部分所覆盖，直到叶柄脱落后，才显露出来，这种芽称为柄下芽，如悬铃木和刺槐的腋芽。此外，还有些芽不是生于枝顶或叶腋，而是由老茎、根、叶、创伤部位，或细胞培养、组织培养形成的胚状体上产生的，这些在植物体上没有固定着生部位的芽称为不定芽，如榆树、刺槐、蒲公英等自根上长的芽，桑、柳等老茎被砍伐后在伤口周围产生的芽，落地生根叶缘上长出的芽。生产上常利用植物能产生不定芽的特性进行营养繁殖。

2. 枝芽、花芽和混合芽

根据芽发育后所形成器官性质的不同，可以将芽分为枝芽、花芽和混合芽。枝芽是未发育的营养枝的原始体；花芽是花或花序的原始体；混合芽将来发育为枝、花或花序。

3. 裸芽和鳞芽

根据芽鳞的有无，可以将芽分为裸芽和鳞芽。外面没有芽鳞片保护的芽称为裸芽，有芽鳞片保护的芽称为鳞芽或被芽。裸芽多见于草本植物（尤其是一年生植物），如罗勒、薄荷等植物的芽，生长在热带和亚热带潮湿环境下的木本植物也常形成裸芽，如枫杨和胡桃的雄花芽；而生长在温带的木本植物的芽大多为鳞芽，如马尾松、玉兰等。

4. 活动芽和休眠芽

根据芽的生理活动状态，可以将芽分为活动芽和休眠芽。能在当年生长季节中萌发形成新枝、花或花序的芽称为活动芽。一般一年生草本植物当年所产生的多数芽都是活动芽。在生长季节里，温带的多年生木本植物上的芽，通常是顶芽和距离顶芽较近的腋芽萌发，而大部分靠近下部的腋芽往往是不活动的，暂时保持休眠状态，这种芽称为休眠芽或潜伏芽。芽的休眠是植物对逆境的一种适应，也与遗传因素有关，或由顶端优势导致植株内生长素不均匀分布的效应所致。

在一定条件下，活动芽和休眠芽是可以相互转变的。如在生长季突遇高温、干旱等，会引起一些植物的活动芽转入休眠；休眠芽在植株受到创伤或虫害时，可以转变为活动芽。

（二）芽的特性

1. 异质性

枝条或茎上不同部位生长的芽由于形成时期、环境因子及营养状况等不同，其生长势及其他特性存在差异，称为芽的异质性。一般枝条中上部多形成饱满芽，其具有萌发早和萌发势强的特点，是良好的营养繁殖材料。而枝条基部的芽发育程度低，质量差，多为瘪芽。一年中新梢生长旺盛期形成的芽质量较好，而生长低峰期形成的芽多为质量差的芽。

2. 早熟性和晚熟性

新梢上形成的芽当年就能萌发成枝，这一特性称为芽的早熟性。这些香料植物 1 年内能多次分枝，如薄荷、孔雀草等。另一类香料植物当年新梢上形成的芽，当年不萌发，待到第 2 年春季才萌芽，这一特性称为芽的晚熟性，如广玉兰、丁香等。但是这些植物在遇到一定刺激后，有时也会形成早熟性芽。

3. 萌芽力和成枝力

茎或枝条上芽的萌发能力称为萌芽力。萌芽力高低一般用茎或枝条上萌发的芽数占总芽数的比表示，如悬铃木的萌芽力较广玉兰强。香料植物生产中，枝条扦插繁殖的方法采用比较普遍，如桂花、栀子、茉莉、薰衣草、含笑等。生产中常采用拉枝、刻伤、植物生长抑制剂处理等技术措施提高萌芽力。例如，对月季进行压枝或者刻伤，可以抑制顶端优势，根系向地上部营养输送受阻，促进茎基部芽萌发；外源喷施赤霉素能促进山鸡椒花芽分化和开花。

4. 潜伏力

潜伏力包含两层意思：其一为潜伏芽的寿命长短；其二是潜伏芽的萌芽力与成枝力强弱。一般潜伏芽寿命长的植物寿命长，植株易更新复壮；相反，萌芽力强，潜伏芽少且寿命短的植株易衰老。改善植物营养状况，调节新陈代谢水平，采取配套技术措施，能延长潜伏芽寿命，提高潜伏芽的萌芽力和成枝力。

五、花的生长发育

（一）花芽分化

植物生长到一定阶段，营养物质积累到一定水平后，叶芽在成花诱导激素和外界环境条件的作用下，顶端分生组织就朝成花的方向发展，逐步出现花原基，形成花，即为花芽分化。花芽分化是由营养生长转向生殖生长的转折点。花芽分化的结果是形成一定数量和质量的花芽。由于花芽的数量和质量决定以花为收获对象的香料植物的产量和品质，因此，了解有关花器官的形态、结构和发育过程对于协调植物营养生长和生殖生长的关系、提高香料植物产量具有重要意义。

1. 花芽分化过程

花芽分化是指叶芽的生理和组织状态向花芽的生理和组织状态转化的过程，是植物由营养生长转向生殖生长的转折点。花芽分化全过程一般从芽内生长点向花芽方向发展开始，直至雌蕊、雄蕊完全形成为止。它主要包括 3 个阶段：一是生理分化，即在植物生长点内部发生成花所必需的一系列生理的和生物化学的变化，常由外界条件作为信号触发植物细胞内发生变化，即所谓花触发或启动，这时的信号触发又称花诱导；二是形态分化，生长点的细胞组织形态转化为花芽生长点的细胞组织形态的过程，即花器官原始体出现的过程；三是性细胞形成，多年生宿根及木本花卉的性细胞成熟都需要经过冬春一定的低温过程，花器官进一步分化完善，在第 2 年较高的温度下分化完成。对于一年中可以多次开花的植物，如月季、茉莉等可以在较高的温度下完成花芽分化，我们通常提到的花芽分化是指形态分化，即狭义上的花芽分化，而广义上的花芽分化应该包括生理分化、形态分化及性细胞形成过程。

2. 花芽的形态与构造

根据花芽分化形态，香料植物花芽分化可以分为 3 种类型。一是顶芽分化为花芽，如枇杷、洋葱、大葱、大蒜、韭菜等；二是腋芽分化为花芽，如桂花、茉莉等；三是顶芽和腋芽（图 3-13）均可分化为花芽，但按两者花芽分化顺序不同，又分为两种情况。其一为腋芽首先分化为侧花茎原基，然后顶芽分化为花芽，主要有芥菜、芜菁等；其二为顶芽首先分化为花芽，其下方腋芽相继分化为侧花序原基或侧花茎原基，如芹菜、芫荽、茴香等。

根据花芽解剖结构，香料植物花芽可分为两种类型。第1类为纯花芽，芽内仅有花器官，绝大多数的蔬菜、花卉属于纯花芽，如蜡梅、丁香等；第2类为混合芽，在芽内除有花器官外，还存在枝叶或叶的原始体。一些植物的花芽均为混合芽，如丁香、牡丹、苹果、山楂等。

3. 影响花芽分化的因素

（1）遗传特性　不同香料植物以及同一种类不同品种间花芽分化早晚、花芽数量及质量均有较大差别。如牡丹、丁香、梅花、榆叶梅等。花芽分化1年1次，于6—9月高温季节进行，至秋末花器的主要部分已完成，第2年早春或春

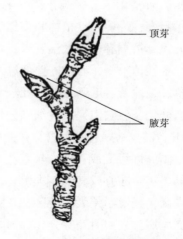

图3-13　顶芽和腋芽

天开花，属于夏秋分化类型。原产于温暖地区的某些木本花卉及一些园林树种，如柑橘类花的分化从12月—翌年3月完成，特点是分化时间短并连续进行。一些二年生花卉和春季开花的宿根花卉仅在春季温度较低时期进行，属于冬春分化类型。一些当年一次分化的开花类型，在当年枝的新梢上或花茎顶端形成花芽：如紫薇、木槿、木芙蓉等以及夏秋开花的宿根花卉，如萱草、菊花、芙蓉葵等。还有一些属于多次分化类型，一年中多次发枝，每次枝顶均能形成花芽并开花，如茉莉、月季、香石竹、四季桂等四季性开花的花木及宿根花卉。

（2）营养水平　植株营养生长状况是花芽分化的物质基础，因此缺素会对花芽分化造成不利影响。磷是能量元素，可以促进细胞分裂，为花芽分化提供能量。缺磷影响花芽分化，使花量少。花芽分化前施用氮肥，花芽分化期控制氮肥，增施磷、钾肥有利于花芽分化。钙作为细胞信号转导过程的中间信使，参与了包括植物成花等在内的诸多生理过程，因此对植物的花芽分化同样十分重要，钙素含量的变化与花芽分化呈正相关。硼促进花粉的萌发和花粉管的伸长，增加花粉数量，有利于授粉受精。缺硼，花粉管发育畸形，影响受精，导致畸形花，开花而不结实。通常情况下，植株生长健壮、营养物质充足，花芽分化数量多、质量好；相反，营养生长过旺或过弱都不利于花芽分化与形成。

（3）植物激素　在花芽诱导期，成花生长点与营养生长点在内源激素上存在差异，尤其是细胞分裂素和赤霉素的表现更为显著。通常情况下，成花生长点会维持较高水平的细胞分裂素和较低水平的赤霉素。由于细胞分裂素通常源于幼叶和根尖，而赤霉素源于种子，因此夏季保叶、保根、适当疏果均是确保花芽分化的重要措施。生产上也普遍采用曲枝、拉枝、环剥、夏剪等手法来促进花芽分化，但这些措施通常被归结于乙烯含量的改变，因此，乙烯也被认为是一种促花激素。此外，生长素处于高水平时会促进生长、抑制花芽分化。

（4）环境因子 影响花芽分化的环境因子主要有温度、光照和水分。

①温度：许多冬性植物和多年生木本植物，必须经过冬季低温的春化作用才能完成花芽分化。根据春化的低温要求，可以把植物分成 3 类：冬性植物、春性植物和半冬性植物。冬性植物中，有的需要低温才能开始花芽分化，如大葱和芹菜以及二年生花卉如月见草、毛地黄、毛蕊花等；牡丹、丁香、梅花、榆叶梅等虽然在秋季已开始生理分化和形态分化，但它们完成性细胞分化要求一定要低温。冬性植物春化要求的低温一般在 1~10℃，需要 30~70d 完成。春性植物通过春化要求的低温较高，在 5~12℃，时间也短，5~10d 即可完成，如一年生花卉（凤仙花、鸡冠花、百日草、波斯菊等）和夏秋季开花的多年生花卉或其他草本植物。半冬性植物介于冬性植物和春性植物之间。通常夏季温度高、昼夜温差大的地区，花芽容易形成且质量好。

②光照：光照对花芽分化的影响主要是光周期的作用。各种植物成花对日照长短要求不一，根据这种特性把植物分成长日照植物和短日照植物，长日照植物（如天仙子）要求日照长度 11.5h 以上；短日照植物（如菊花）要求日照长度 12h 以下；中性植物，如香石竹、大丽花、四季开花的蔬菜、大多数果树等，对日照长短不敏感。光照强度主要是通过影响光合作用来影响花芽分化。光照条件好，叶片光合能力强，同化产物积累多，花芽分化好，质量高；弱光或栽植密度较大影响光合作用，不利于花芽分化。光质可以影响植物开花，红光和蓝光是植物吸收和利用最多最重要的有效光源。蓝光处理能促进夏菊开花素基因的表达。

③水分：水分胁迫对花芽形成数量的影响主要在花诱导期起作用。一般来说，土壤水分状况较好，植物营养生长较旺盛，不利于花芽分化的诱导；而土壤适度干旱时，营养生长停止或较缓慢，有利于花芽分化。因此，在植物进入花芽分化诱导期后，通常要适当控水，保持适度干旱，以促进花芽分化。例如，在菊花移栽前期，土壤干旱有利于其根向下扎，俗称"蹲苗"。

（二）开花与传粉

1. 花的结构与花序

香料植物的花按组成可分为完全花和不完全花。花柄、花托、花萼、花冠、雄蕊群、雌蕊群等几部分俱全的花称为完全花（图 3-14），缺少任一部分者即为不完全花。花各器官的结构不同，功能各异。花柄为连接花与枝间的通道，起支撑花的作用，坐果后即为果柄。花托是花柄顶端着生萼片、花冠、雌蕊和雄蕊的部分。许多虫媒花的花托在花期能分泌糖液引诱昆虫传粉。花萼由若干萼片组成；花冠由若干花瓣组成。花萼和花冠构成了花被。大多数植物开花后萼片脱落，如桃、柑橘等，果实上看不到萼片痕迹；一些植物开花后萼片一直存留在果实上（下）方，称宿存萼，如山楂、月季、玫瑰等。而花瓣则具有保护雌蕊和雄蕊的作用，并以绚丽的色彩和分泌特殊香味的挥发油引诱昆虫传粉。雄蕊由花药和花丝组成，花药一般有 2~4 个花粉囊。

不同种类香料植物花芽内具有的花朵数量差异很大。有的 1 个花芽内只有 1 朵花，

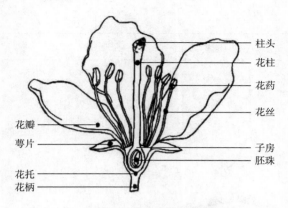

图 3-14 完全花的组成部分

如梅花；有的 1 个花芽内有数朵乃至上万朵小花，如桂花，其每个花序有 3~9 朵小花。对于含多朵小花的花芽，花在花轴上呈一定方式和顺序排列，即花序不同。这些花序可分为两大类：一类是无限花序，另一类是有限花序。两者的区别在于，无限花序从基部向顶端依次开放或从边缘向中央依次开放。而有限花序则是花序顶端或中心花先开，然后由顶向基或由内向外开放。如表 3-1 所示，无限花序主要包括总状花序、伞形花序、穗状花序、葇荑花序、头状花序、隐头花序、圆锥花序、伞房花序等；有限花序又称聚伞花序，主要包括单歧聚伞花序（紫草、唐菖蒲）、二歧聚伞花序（络石、石竹）、多歧聚伞花序（草莓、泽漆）和轮伞花序（薰衣草、紫苏）。

表 3-1　　　　　　　　　　　　　　主要香料植物花序种类及特点

花序分类	花序类型	花序示意图	花序特点	代表植物
无限花序	总状花序		具一长花轴，花轴上着生花柄长短近于相等的花	萝卜、穗醋栗、越橘、大白菜、甘蓝、豇豆、桂竹香、紫罗兰
	伞形花序		各花从侧生的花轴顶端生花，花柄大致等长，形如伞状	芫荽、梨、欧洲甜樱桃、茴香、天竺葵
	穗状花序		具一直立的花轴，花轴上着生许多无柄的两性花	香蕉、椰子、到手香、马鞭草、黄姜花

续表

花序分类	花序类型	花序示意图	花序特点	代表植物
	葇荑花序		花轴上着生多数无柄的单性花，通常开花后整个花序脱落	核桃、榛、栗等植物的雄花序
	头状花序		花轴短缩，顶端膨大，呈头状，上面密生许多无柄或近无柄的小花	莴苣、茼蒿、菊花脑、菠萝、金合欢、罗马甘菊
	隐头花序		花轴短粗肉质化，中央下陷呈囊状，许多无柄的单性花着生在囊状体的内壁上，雄花在上，雌花在下	无花果
	圆锥花序（复总状花序）		为复合花序。花轴分枝，每一分枝相当于一总状花序或穗状花序，整个花序近圆锥形	葡萄、枇杷、荔枝、橄榄、杨桃、牛至、龙脑香树、香荚蓬
	伞房花序		花轴上着生的花柄长短不一，下部的长，排列在外侧；上部的短，排在内侧，几乎所有的花排列在一个平面上	苹果、山楂、蔷薇、墨角兰、海桐花
有限花序	（聚伞花序）		为复合花序。花轴顶端或中心花先形成，依次向下或向外，花轴不能继续伸长	番茄、草莓、猕猴桃

2. 开花

当雄蕊中的花粉粒和雌蕊中的胚囊同时或其中之一成熟时，花萼和花冠展开，露出雄蕊和雌蕊，这种现象称为开花。一般一年或二年生植物生长几个月后就能开花，一生中仅开花 1 次，开花后结实产生种子，植株就枯萎死亡。多年生植物在到达开花年龄后，能每年按时开花，并能延续多年。开花时间的早晚也因植物而异，自腊月蜡梅花开，至次年菊花在冬季开花为止，一年四季均有植物开花。

同一种植物一般南方开花较早，北方开花较晚，这主要是不同地区的气候条件不同所致。晴朗和高温条件下开花早，开放整齐，花期也短；阴雨和低温条件下开花迟，花期长，花朵开放参差不齐。在生产实践中，常通过调节栽培环境的温度和光照，进行花期调控，使植物达到预期开花的目的。具有分支（蘖）习性的香料植物通常主茎先开花，然后第一、二级分枝（蘖）渐次开花，例如薄荷。

3. 授粉、受精和坐果

（1）授粉和坐果　植物开花之后还有一系列的生理过程，如授粉、受精、果实生长发育等。但通常在开花前雌、雄性细胞已迅速发育，且在开花时花药、胚囊才完全成熟。因此，花朵的开放与雄蕊和胚囊的成熟密切相关。当花粉发育成熟后，在适宜的条件下，花朵开放（闭花授粉的花朵不开放），花粉落在雌蕊花柱的柱头上，这就是授粉的开始。授粉分为自花授粉和异花授粉。同一品种内的授粉称为自花授粉，一个品种的花粉传到另一个品种的柱头上，即不同品种间授粉，称为异花授粉。授粉后能否受精结籽用授粉亲和性描述。能受精结籽的称为亲和，否则称为不亲和。自花授粉后能正常结果，并能满足生产上对产量的要求，称为自花亲和，即能自花结实；反之则为自花不亲和，又称异花亲和或异花结实。茴香、桂竹香、芸香、柑橘、烟草等多为自花结实；油橄榄的大多数品种为自花不亲和，生产上需配置一定量的授粉品种。香荚兰自然授粉成功率只有1%~3%，通常经过人工授粉才能结荚。

（2）受精和坐果　香料植物授粉后，花粉管沿花柱进入胚囊，释放精核并与胚囊中的卵细胞进行受精作用。一些香料植物子房未受精而能形成果实，这种现象称为单性结实。单性结实又分天然的单性结实和刺激性单性结实两类。无需授粉和任何其他刺激，子房能自然发育成果实的为天然的单性结实，如一些柑橘品种，它们通过珠心胚进行繁殖。刺激性单性结实是指必须给予某种刺激才能产生无籽果实，生产上常根据需要用植物生长调节剂处理。生长素、赤霉素、细胞分裂素可诱导刺激性单性结实。

六、果实和种子的生长发育

从花谢后到果实生理成熟时为止，需要经过细胞分裂、组织分化、种胚发育、细胞膨大和细胞内营养物质的积累转化等过程，这个过程称为果实的生长发育。

（一）果实的类型

香料植物的果实是花的子房或子房与花的其他部分一起发育生成的器官。香料植物种类很多，果实形态多样，依分类方法不同，有如下类型。

1. 真果和假果

真果是完全由花的子房发育形成的果实，如油菜、落葵、木兰、甜橙等；假果是指由子房和其他花器官一起发育形成的果实，如蔷薇果等（图3-15）。

2. 单果、聚合果与复果

单果是指由1朵单雌蕊花发育形成的果实，如橙、柚等；聚合果是指由1朵花的多个离生雌蕊（花中独立分散排列的雌蕊）共同发育形成的果实，或多个离生雌蕊和花托

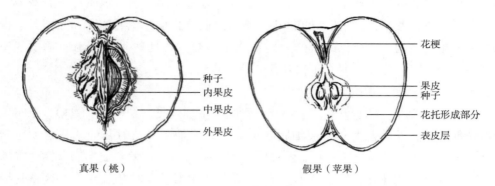

图 3-15　真果和假果

一起发育形成的果实，如花椒、八角等；复果也称为聚花果，是由 1 个花序的许多花及其他花器一起发育形成的果实，如桑椹、无花果等（图 3-16）。

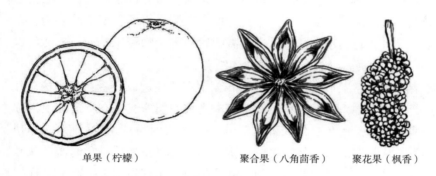

图 3-16　单果、聚合果与聚花果

（二）果实的生长、发育与成熟

1. 果实的生长

果实的生长发育起始于产生它的花器原基分化形成时，从子房发育膨大成为一个食用果实，可以分为细胞分裂和细胞膨大两个阶段。其中细胞分裂期比较短，一般在子房发育初期即开花期就已经基本停止了。

香料植物从开花以后，受精的果实在生长期间，体积、果径、质量的增加动态可分为 3 个时期（单 S 型生长曲线、双 S 型生长曲线）。第一时期为果实迅速生长期，即从受精到生理落果，此期果肉细胞和胚乳细胞迅速分裂、增加，到最后细胞停止分裂。第二时期为果实缓慢生长期，生理落果后，果肉细胞基本不再分裂，胚开始发育，种子充实，种皮硬化或内果皮木质化而硬核，细胞体积增大缓慢。第三时期为果实熟前生长期，种子发育完善后，果实细胞体积迅速增大，直到应有的大小，内含物充实、转化，果面着色，香味加浓，种子变色直到成熟。

2. 果实的发育与成熟

果实在生长过程中不断积累有机物，这些有机物大部分来自营养器官，也有一部分由果实本身制造。当果实长到一定大小时，果肉中贮存的有机养料要经过一系列的生理生化变化过程，逐渐进入成熟阶段。成熟是果实生长发育中的一个重要阶段，是果实生长后期充分发育的过程。成熟的果实有如下变化：①果实变甜，成熟后期呼吸峰出现后，原来在未成熟果实中贮存的许多淀粉转变为还原糖、蔗糖等可溶性糖，使果实变甜；②酸味减少，未成熟果实中含有许多有机酸，如柑橘中有柠檬酸而有酸味；在成熟过程中，有机酸会转变为糖，或被 K^+、Ca^{2+} 等中和，也有一些因呼吸作用氧化成 CO_2 及 H_2O，造成成熟果实酸味下降；③涩味消失，当果实成熟时，单宁被过氧化物酶氧化成无涩味的过氧化物或单宁凝结成不溶于水的胶状物质，因此涩味消失；④香味产生，果实成熟时产生一些具有香味的物质，这些物质主要是酯类和一些特殊的醛类，如橘子中的香味是柠檬醛；⑤由硬变软，果实成熟过程中果肉细胞中层的原果胶变为可溶性的果胶，使果肉细胞相互分离，所以果肉变软；⑥果皮色泽变艳，如香柚成熟色泽金黄鲜亮，散发芳香气；柑橘成熟过程中，果皮中叶绿素酶含量逐渐增多，叶绿素逐渐被破坏丧失绿色，而又由于叶绿体中原来存在的类胡萝卜素呈现黄色或由于形成花色苷而呈现红色。

不同香料植物果实成熟的特征与表现不同，采收标准也不一。但采收的依据均为果实成熟度，以果实为主要利用部位的香料植物，其精油含量随果实的发育逐渐提高，成熟后含量有所下降。如木瓜、香橼等在果实不再增大、尚是绿色或接近成熟时采收；栀子、砂仁、枸杞等在果实完全成熟时采收；山鸡椒果实以基本长成、但尚未变红时精油最多；大部分甜橙、柑橘中的晚熟品种褪绿转黄 2/3 时，就已达八成熟；花椒果实成熟后颜色由绿色变为红色，避免过度成熟或掉落。

（三）种子的类别

香料植物生产所采用的种子含义较广，泛指所有的播种材料。总括起来有 3 类。

（1）种子　仅由胚珠形成，如烟草、马尾松等。

（2）果实　由胚珠和子房构成，如菊科、伞形科、藜科等香料植物。果实的类型有瘦果，如菊花；坚果，如菱果；双悬果，如芹菜、芫荽；聚合果，如根甜菜、叶甜菜等及果树的核桃。

（3）营养器官　有鳞茎（郁金香、风信子、百合、洋葱、大蒜等）、球茎（唐菖蒲等）、根状茎（美人蕉、香蒲、紫菀、韭菜、生姜等）、块茎（香根鸢尾、大丽花、姜、仙客来等）。

（四）种子的形态与结构

种子的形态特征包括种子的外形、大小、色泽及表面的光洁度、沟、棱、毛刺、网纹、蜡质、突起物等。香料植物种子外形、大小差异很大，种子粒径一般在 3~30mm，如胡卢巴、八角、肉豆蔻等。种子大小与播种质量、苗期管理等密切相关。而种皮厚度及坚韧度与萌发条件有关，为促进种子萌发可以采用浸种催芽、刻伤种皮等方法。此外，种子表面毛、翅、沟、刺等附属物有助于种子传播。成熟的种子色泽较深，表面具蜡质；幼嫩的种子色泽浅，皱瘪。新种子色泽鲜艳光洁，具香味；陈种子色泽灰暗，具霉味。这些可作为判断种子质量的重要标准。香料植物种子的结构包括种皮和胚，一些种子还含有胚乳（图 3-17）。种皮将种子内部组织与外界隔离开来，起保护作用。根据种子类别不同，种皮的结构也不相同。真种子的种皮是由珠被形成；属于果实的种子，其所谓的种皮主要是由子房所形成的果皮，而真正的种皮有的成为薄膜，如芹菜。种皮的细胞组成和结构是鉴别香料植物种与变种的重要特征之一。胚是幼苗的雏体，处在种子中心，由子叶、上胚轴、下胚轴、幼根和夹于子叶间的初生叶或者它的原基组成。中心由子叶、上胚轴、下胚轴、幼根和夹于子叶间的初生叶或者它的原基组成。有胚乳的种子，其胚常埋藏在胚乳之中，种子发芽时，幼胚依靠子叶和胚乳提供的营养物质生长，如花椒、芍药、沙枣等。

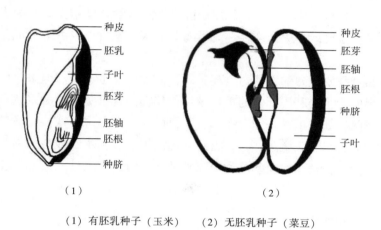

（1）有胚乳种子（玉米）　（2）无胚乳种子（菜豆）

图 3-17　有胚乳种子和无胚乳种子

（五）种子的发育

受精后的子房发育成果实，胚珠发育成种子。胚珠由珠被、珠心组成，珠心中形成胚囊，胚囊内卵细胞受精后发育成胚，极核受精后发育成胚乳，胚和胚乳构成种仁，珠被则发育成种皮，种皮和种仁构成种子。成熟的种子是指种胚发育完全，后熟（生理成熟）充足，已具有良好发芽能力的种子。一般种子成熟包括形态成熟阶段和生理成熟阶段，达到生理成熟阶段的种子在适宜条件下就能发芽长成幼苗，仅完成形态成熟而未达到生理成熟的种子尚不能发芽或者发芽能力很低。许多香料植物种子需在凉爽条件下贮藏后熟一段时间才能发芽，如香樟、桂花种子均需低温层积处理，使种子通过后熟，方能正常发芽。种子成熟所需要的时间因植物种类不同而异。营养不良、环境条件恶劣会改变种子成熟期。如干旱会使种子早熟，光照不良和低温会延迟种子成熟，而且这种提前和延迟都会降低种子质量。

第二节 香料植物的生长相关性

生长相关性是指同一植株个体中的一部分或一种发育类型与另一部分或另一种发育类型的相互关系。植物的生长发育具有整体性和连贯性，整体性主要表现在生长发育过程中各个器官的生长是密切相关、互相影响的；连贯性表现为在各种植物的生长过程中，前一个生长期为后一个生长期打基础，后一个生长期是前一个生长期的延续和发展。香料植物器官生长发育的相互关系主要包括器官之间的生长相关性、地上部与地下部的生长相关性、营养生长与生殖生长的相关性、初生代谢和次生代谢的相关性。

一、植物器官之间的生长相关性

植物各个器官的发育在一定程度上受其他器官生理活动的影响，如许多植物的营养生长明显受到开花、结果的抑制，根系的发育往往受到叶片光合作用强弱的影响，器官之间这种互相促进或互相抑制的关系，称为器官之间的生长相关性。

营养器官的生长相关性首先表现在种子萌动后的生长次序上，通常胚根首先伸长入土，继而胚轴（禾本科植物还有胚芽鞘）伸长推举胚芽出土，然后胚芽活动形成茎叶系统。这种生长次序的相关意义在于：胚轴与胚芽向上生长需要根提供固着与支持力，也需要在种子吸涨获得水分后仍有源源不断的水与无机物供应；胚芽依赖于胚轴伸长将其送至适合其生长发育的大气环境后再进行活动。

植物根系与枝叶之间生理上的密切关系，必然使二者在生长上保持一定的关系，即根条比率。作物地上部分与地下部分的生长对外界条件的要求不同，反应也不一样。根条比率除受环境条件影响外，还受植物遗传性的控制，因而生产中还应根据需要，选择具备相关特点的良种。植物生长相关性的一个典型事例就是顶端优势，即顶芽对腋芽、主根对侧根的抑制作用。植物的顶芽和腋芽由于发育迟早的不同以及所处位置的不同，在生长上有着相互制约的关系。主茎顶端在生长上占有优势地位，影响腋芽的生长。植物主茎的顶芽抑制腋芽或侧枝生长的现象叫作顶端优势（或先端优势）。顶端优势的存在决定了腋芽是否萌发生长、腋芽萌发生长的快慢及侧枝生长的角度。不同植物顶端优势强弱不同，有的顶端优势明显，有的不明显。很多植物的根也有顶端优势。主根与侧根的关系也和茎相似，主根生长旺盛，使侧根生长受到抑制。一般侧根在距主根根尖一定距离处斜向生长，当主根生长受到抑制时，侧根数量增多。去掉主根，侧根生长速度则加快。育苗移栽时，主根受伤或被截断，可使侧根生长加快、根冠比增大，肥水吸收更多，有利于地上部生长，对培育壮苗是很重要的。

顶芽抑制腋芽生长与内源激素水平及营养有关。植株顶端形成生长素，通过极性传导向基部运输，腋芽对生长素敏感，而使其生长受抑制，离顶芽越近，生长素浓度越高，抑制作用也越明显。同时，顶端优势强弱与不同内源激素的相互作用有关。试验表明，如果用激动素处理侧芽，可促进腋芽萌发、生长；并且经激动素处理后的腋芽，再用生长素处理枝条顶端，则生长素不再抑制腋芽生长。如果用赤霉素处理枝条顶端，可加强生长素的作用，从而加强顶端优势；但在去除顶芽的植株上，赤霉素不能代替生长素抑制腋芽萌发生长。一般认为，顶芽形成的生长素能保持植株的顶端优势，而根部形成的细胞分裂素则促进腋芽萌发，从而消除顶端优势。因此，一种植物是否存在顶端优势，取决于这两种激素的互相竞争，即生长素/细胞分裂素含量的比值。也有人认为，腋芽不萌发是由于腋芽中抑制剂含量较多的缘故。所以顶端优势受植物体内多种激素的平衡调节。在不同植物中，影响顶端优势的激素种类可能不同。

从形态解剖来看，腋芽与主茎之间没有维管束连接，腋芽处于有机物运输的主流之外，得不到充分的养料供应；相反，顶芽内产生生长素，代谢旺盛，输导组织发达，使顶芽成为生长中心，是竞争能力很强的代谢库，它比腋芽得到更多的营养物质，从而加强了顶端优势。在营养缺乏的情况下，这种表现更为明显。在生产上，有时需要利用和保持顶端优势。例如，为了把桂花培育成独干、高大的树形，必须把根基旁的侧枝剪掉，让主枝保持顶端优势，长到一定高度再进行造型与修剪。但有时需要消除顶端优势，以促进分枝生长。例如，在薰衣草苗期摘心，将顶芽剪掉，这样就可以限制植株的高度，并且促进侧枝生长，使植株变得更加茂盛。

二、地上部与地下部的生长相关性

植株主要由地上部和地下部组成，因此维持植株地上部与地下部的生长平衡是香料植物优质丰产的关键。地上部包括茎、叶、花、果实和种子，地下部主要是指根，也包括块茎、鳞茎等，两者之间有维管束的联络，存在着营养物质与信息物质的大量交换。地上部和地下部的相关性通常用根冠比（即地下部重量与地上部质量的比值）来表示。

地上部与地下部的生长之间有相互促进的关系。地下部的根是吸收水分和矿质元素的器官，水分与矿质元素被不断输送到地上部；地上部是作物有机营养物质的主要来源，碳水化合物在叶片中被制造出来，通过韧皮部不断输送至根系，供应根系生理活动所需。此外，在地上部（叶或茎）合成的生长素是根所需要的，根又是细胞分裂素、赤霉素、脱落酸合成的部位，这些激素沿木质部导管运到地上部器官，对地上部的生长发育发生影响。通常所说的"根深叶茂""本固枝荣"就是指地上部与地下部的协调关系。一般情况下，植物的根系生长良好，其地上部的枝叶也较茂盛；同样，地上部生长良好，也会促进根系的生长。

地上部与地下部的生长之间又存在着相互抑制的关系。如地上部开花坐果太多，根系生长就会停止或非常缓慢；摘除部分花果，就可以增加根的生长量，因为本来运输到花果中的一部分营养就可以转运到根中；而如果摘除一部分叶片，则会减少根的生长量，因为减少了制造养分的器官，相应地供给根的养分也会减少。

在香料植物生产上，常通过肥水来调控根冠比。对以收获地下部为主的香料植物

（如姜），在生长前期应注意氮肥和水分的供应，以增加光合面积，多制造光合产物；中后期则要施用磷、钾肥，并适当控制氮素和水分的供应，以促进光合产物向地下部的运输和积累；在生姜生长到一定阶段要及时搭架打顶，控制茎蔓生长高度，减少不必要的养分消耗，使养分向根茎处转移，促进根茎生长。此外，整枝、摘心打杈、摘叶等栽培措施能有效调整各器官的比例，提高单位叶面积的光合效率，促进生育平衡，在香料植物优质高效生产中发挥着重要作用，例如啤酒花、大丽花等。

三、营养生长与生殖生长的相关性

营养器官（植物营养物质吸收、合成、运输和储藏的器官，如根、茎和叶）的生长是生殖器官（与植物产生后代有直接关系的器官，如花、果实和种子）发育的基础，其为生殖器宫的生长发育提供必要的碳水化合物、矿质营养和水分等，在此前提下生殖器官才能正常生长发育。这是两者相互协调、互为连贯的一面。另一方面，营养生长与生殖生长又存在着互相制约、互相影响的问题。如果营养生长差，没有一定的同化面积，花和果实的生长也不会好。对于收获器官为果实的香料植物，特别是坐果后，由于果实与种子对养分强有力的竞争，营养需求中心由原来的以茎叶生长为主转向以果实和种子发育为中心，从而制约了营养生长。因此，香料植物的营养生长与生殖生长始终存在着既相关又竞争的关系。

（一）营养生长对生殖生长的影响

一般来说，营养生长期的生长必须适度，生殖生长才较好，产量也较高，如养分不足会导致桂花不开花。营养器官生长过旺，会影响生殖器官的形成和发育；反过来营养器官生长不充分，制造的同化物质较少，也会影响开花结果和果实的正常发育，降低产量，如茉莉施肥过多，营养生长过旺，枝叶茂密，但花芽不易分化，只有在不徒长的前提下，营养生长旺盛，叶面积大，花或果实才能发育好、产量高。在营养器官中，叶是主要的同化器官，对生殖生长具有重要作用。因此，在植物栽培管理中常以叶面积来衡量营养生长的好坏。在一定范围内，叶面积的增加会促进花和果实的增加，但并不是说叶面积越大越好，叶面积过大就意味着茎叶生长过于旺盛，花和果实并不因此而增加，甚至会减少。

（二）生殖生长对营养生长的影响

生殖生长对营养生长的影响表现在两个方面。第一，由于植株开花结果，同化作用的产物和无机营养同时要输入营养体和生殖器官，从而使营养生长受到一定程度的抑制。因此，过早进入生殖生长，就会抑制营养生长；受抑制的营养生长，反过来又制约生殖生长。如根菜类、葱蒜类等二年生香料植物，栽培前期应促进营养生长，以免过早进入生殖生长，致使其与根、茎、叶等营养器官竞争养分，影响叶球、肉质根鳞茎等产品器官的形成。在生产上，系统地摘除花蕾、花、幼果，可促进植株营养生长，对平衡营养生长与生殖生长关系具有重要作用，如以叶片为收获对象的烟草生产中普遍采用打顶技术。第二，蕾、花及幼果等生殖器官由于处于不同的发育阶段，对营养生长的反应也不同。生殖生长的受精过程不仅对子房的膨大有促进作用，而且对植株的营养生长也有一定的刺激作用。香料植物营养生长与生殖生长这两种既相适应又相矛盾的过程主要是养分运转分配所致。因此，调控香料植物营养生长、生殖生长协调进行，是获得高产优质产品的关键。

四、初生代谢与次生代谢的相关性

新陈代谢是指生物体内新旧物质的交换，是生物所共有的生命活动。生物的生长和发育都是通过新陈代谢来实现的，因此，新陈代谢是生命的源泉。植物的新陈代谢可以分为初生代谢和次生代谢。初生代谢与植物的生长发育和繁殖直接相关，是植物获得能量的代谢，是为生物体生存、生长、发育、繁殖提供能源和中间产物的代谢。初生代谢包括分解代谢（降解作用）和合成代谢（合成作用）。糖、蛋白质、核酸等对植物体生命活动来说不可缺少的物质被称为初生代谢物。在特定的条件下，一些重要的次生代谢物，如乙酰辅酶A、丙二酸单酰辅酶A、莽草酸及一些氨基酸等，作为原料或前体又进一步经历不同的代谢过程。这一过程产生一些通常对生物生长发育无明显用途的化合物，即"天然产物"，如黄酮、生物碱、萜类等化合物。合成这些天然产物的过程就是次生代谢，因而这些天然产物也被称为次生代谢物。

初生代谢通过光合作用、三羧酸循环（TCA）等途径，为次生代谢提供能量和一些小分子化合物原料。次生代谢也会对初生代谢产生影响。但是初生代谢与次生代谢也有区别，前者在植物生命过程中始终都在发生，而后者往往发生在生命过程中的某一阶段。

初生代谢与植物的生长发育和繁衍直接相关，为植物的生存、生长、发育、繁殖提供能源和中间产物。植物通过光合作用将二氧化碳和水合成糖类，进一步通过不同的途径，产生三磷酸腺苷、辅酶、丙酮酸、磷酸烯醇式丙酮酸、4-磷酸-赤藓糖、核糖等维持生命活动不可缺少的物质。植物次生代谢物的种类繁多，化学结构多种多样，但从生物合成途径看，次生代谢是从几个主要分叉点与初生代谢相连接，初生代谢的一些关键产物是次生代谢的起始物。如乙酰辅酶A是初生代谢的一个重要"代谢纽"，在柠檬酸循环、脂肪代谢和能量代谢上具有重要地位，它又是次生代谢产物黄酮类化合物、萜类化合物和生物碱等的起始物。乙酰辅酶A会在一定程度上相互独立地调节次生代谢和初生代谢，同时又将整合了的糖代谢和三羧酸循环途径结合起来。

香料植物的次生代谢物一般分为酚类、萜类和含氮有机物三大类。香料植物的挥发性成分是由基本组成物质（如脂肪酸氨基酸、糖类等）作为前体物质经过一系列酶促反应，首先生成一定的中间产物，然后由于环境条件的不同，有的经过氧化、还原，或者经过环化、缩合等不同反应，生成不同成分，构成单萜、多萜以及酚类等复杂混合物。精油是香料植物体内具有一定生物活性和挥发性的油状液体。同一种属植物的精油，其成分的种类及含量常有一定的规律性。种属之间发生成分的变异，与植物本身的亲缘关系、生长环境、气候和土壤有明显的关系。裸子植物和被子植物都含有萜类和多萜类的生物合成，裸子植物精油组成比较简单，并且萜烯类为主要成分；被子植物的精油则比较复杂，多含萜醛、萜醇和萜酮。与单子叶植物相比，双子叶植物的精油含量较多。

第三节　香料植物生长发育与环境的关系

环境因子对香料植物的生长发育起着至关重要的作用。影响香料植物生长发育的环境因子主要包括光照、温度、土壤、水分、空气等。这些环境因子不是孤立存在的，而是不断变化、相互联系、相互影响和作用的。它们对香料植物生长发育的影响往往是综合作用的结果。因此，只有掌握环境条件对香料植物生长发育的影响，才能做到有的放矢。

一、光照

（一）光照强度

光照强度指单位面积接受可见光的光通量。光照强度随地势高低、云量及雨量等的不同而呈规律性变化，即随纬度的增加而减弱，随海拔的升高而增强。一年中以夏季光照最强，冬季光照最弱；一天中以中午光照最强，早晚光照最弱。不同香料植物对光照强度反应不一，据此可将其分为以下几类。

（1）阳生香料植物　此类植物在较强的光照下生长良好，原产于热带及温带平原上，高原南坡以及高山阳面岩石上，如香茅、牡荆、结香等。

（2）阴生香料植物　此类植物不能忍受强烈的直射光线，需在适度荫蔽下才能生长良好，多原产于热带雨林下或分布于林下及阴坡，如铃兰、郁金香、灵香草等。

（3）中生香料植物　此类植物对光照强度的要求介于上述两者之间，或对日照长短不甚敏感，通常喜欢日光充足，但在微荫下也能正常生长，如九里香、香冠柏、杜鹃、桔梗、茉莉、葱蒜类等。

（二）光质

光质又称光的组成，是指具有不同波长的太阳光谱成分，其中 380~760nm（即红、橙、黄、绿、蓝、紫）是太阳辐射光谱中具有生理活性的波段，该波段的光称为光合有效辐射。而在此范围内的光对植物生长发育的作用也不尽相同。植物光合作用吸收最多的是红光，其次为黄光，蓝紫光的同化效率仅为红光的 14%。红光不仅有利于植物碳水化合物的合成，还能加速长日照植物的发育；相反蓝紫光则加速短日照植物的发育，并促进蛋白质和有机酸的合成；而短波的蓝紫光和紫外线能抑制茎节间伸长，促进多发侧枝和芽的分化，且有助于花色素和维生素的合成。高山及高海拔地区因短波光和紫外线较多，所以植株矮小、节间较短、花色更加浓艳，果色更加艳丽，品质更佳。根据不同光质对香料植物生长的不同影响，在生产上常用人工改变光质的方法来改善植物生长的环境条件。在室内可以人工模拟自然光的发光二极管（LED）植物生长灯，补光照射过程中不伴随热辐射，能避免植物灼伤。

（三）日照长度

植物对日照长度发生反应的现象，称为光周期现象。昼夜周期中能诱导植物开花所需的最低或最高极限日照长度称为临界日长。日照长度首先影响植物花芽分化、开花结实；其次还影响分枝习性、叶片发育，甚至地下贮藏器官如块茎、块根、球茎、鳞茎等的形成以及花青素等的合成。按对日照长短反应不同，可将香料植物分为3类。

（1）长日照植物 在较长的光照条件下（一般为14h以上）促进开花，而在较短的日照下不开花或延迟开花。如唐菖蒲、芥菜、芹菜、大葱、大蒜等一二年生香料植物，在露地自然栽培条件下多在春季长日照下抽薹开花。一般香料植物多为长日照植物，充足的阳光有助于香料植物生长发育和芳香油的形成，植物的香腺才会散发出芳香；而光照不足，香气会减少。如胡椒、薄荷是长日照物，在短日照下（9~12h）培育，生长发育会受阻，不能形成花穗，从而使产量和精油含量降低，但长日照能显著促进其精油的形成。

（2）短日照植物 在较短的光照条件下（一般在12h以下）促进开花结实；而在较长的日照下不开花或延迟开花。如菊花、一串红、绣球花、茼蒿等，它们大多在秋季短日照下开花结实。

（3）中日照植物 一些香料植物对每天日照时数要求不严，在长短不同的日照环境中均能正常孕蕾开花。如月季、天竺葵等只要温度适宜，一年四季均可开花结实。此外，一些花卉植物，如香石竹、大丽花等虽然也对日照时数不严格，但在昼夜长短较接近时适应性最好。

二、温度

温度是影响植物生长发育最重要的环境因子之一。不同种类的香料植物在其生长发育过程中对温度的要求是不同的，香料植物的生命活动必须在一定的最低温度和最高温度之间进行，最低、最高温度即极限温度，超过这个温度范围香料植物的生长发育就会受影响，生命活动就会停止，甚至全株死亡。每种植物都有其生长最低温度、最适温度和最高温度，即温度的三基点。在适宜的温度范围内，温度越高，香料植物生长越快；温度越低，生长越慢。

（一）香料植物对温度的要求

香料植物根据生长发育中对温度的要求不同，可分为4类。

（1）耐寒香料植物　一般能耐-2~-1℃低温，短期内能耐-10~-5℃低温，最适同化作用（合成代谢）温度为15~20℃。这类香料植物大多数原产于寒带和温带以北，如薄荷、鼠尾草、金鱼草、迷迭香、牛至、百里香、海索草、地榆、细香葱、薰衣草、蛇目菊、百合、大葱、大蒜等。这类植物在我国除高寒地区以外的地带可以露地越冬。

（2）半耐寒香料植物　通常能耐短时间-2~-1℃的低温，最适同化作用温度为17~23℃。这类香料植物原产于温带较暖地区，如芍药、风信子、紫罗兰、桂竹香等，耐寒能力一般，能耐0℃左右的低温，在北方冬季需采用防寒保温措施才可以安全越冬。

（3）喜温香料植物　生长发育最适温度为20~30℃，超过40℃，生长几乎停止，低于10℃，生长不良。热带睡莲、变叶木、香茅、金银花等均属此类。

（4）耐热香料植物　生长发育要求较高温度，温度低于10℃时会生长不良，最适同化作用温度在30℃左右，一些植物在40℃的高温下仍能正常生长，如槟榔、砂仁、罗汉果、罗勒属植物等。

香料植物不同器官的生长对温度有不同要求，地下部的根系对温度的要求比地上部低3~5℃，因此，在春季大多数植物的根系要比地上部先开始进入生长。香料植物光合作用的最适宜温度比呼吸作用要低一些，一般香料植物的光合作用在温度高于30℃时，酶的活性受阻，光合作用受到抑制，而呼吸作用在温度处于10~30℃时，每升高10℃，呼吸强度增加1倍。因此，高温条件不利于植物营养积累。这对收获花、果的香料植物特别不利，此时遇高温应采取降温措施。

香料植物的生长发育还需要一定的热量积累，这种热量积累常用有效积温来表示。一般香料植物在各个生育阶段所要求的积温是比较稳定的。如月季从现蕾到开花所需积温为300~500℃，杜鹃则为600~750℃。了解各种香料植物对温度及有效积温的具体要求，对于引种推广和生产栽培都有重要意义。此外温度与种子种球的贮藏、切花的贮藏等都有密切关系。

（二）温周期

温度并不是一成不变的，而是呈周期性变化的，称为温周期。温周期变化包括年周期变化和日周期变化两种。

温度的年周期变化，对于原产于低纬度地区的热带香料植物的生长发育影响不明显。原产于温带高纬度地区的香料植物，一般均为春季萌芽，夏季旺盛生长，秋季生长缓慢，冬季进入休眠。但郁金香、仙客来、香雪兰等香料植物是夏季转入休眠，这样的休眠是香料植物为度过不良环境而形成的一种适应能力。由于温度的年周期变化，有些香料植物在一年中有多次生长的现象，如玳玳花、桂花等。香料植物的生长发育随一年中温度的周期性变化而出现与之相适应的发育规律，称为物候。

温度的日周期变化对香料植物也有较大影响。一天中白昼温度较高，光合作用旺盛，同化物积累较多；夜间温度较低，呼吸消耗减少。昼夜温差较大有利于香料植物的营养生长和生殖生长，适当的温差能延长开花时间，使果实着色鲜艳。但不同植物适宜的昼夜温差范围不同。通常热带植物昼夜温差应在 $3 \sim 6℃$，温带植物应在 $5 \sim 7℃$，而沙漠植物昼夜温差要在 $10℃$ 以上。此外，果实生长后期昼夜温差是影响果实品质的一个重要因素。如新疆地区由于昼夜温差较大，玫瑰、野蔷薇、孜然等香料植物品质优良。

（三）春化作用

春化作用是低温诱导和促进植物发育的现象，一般是指植物必须经历一段时间的持续低温才能由营养生长阶段转入生殖生长阶段的现象。例如来自温带地区的耐寒花卉，较长的冬季和适度严寒能更好地满足其春化阶段对低温的要求。

根据香料植物春化时感受低温的部位不同，将其分为以下两种类型。

（1）种子春化　即以萌动的种子感受适宜低温通过春化的现象，如天仙子、风信子等。

（2）绿体春化　植物必须长到一定大小后，即需要以营养体状态才能感受低温通过春化的现象，如洋葱、大蒜、大葱、芹菜、紫罗兰等。所谓"一定大小"的标准可以用生长天数表示，也可以用植株茎粗、叶片数等表示。一般来说，春化作用只能发生在能够分裂的细胞中。对大多数生长发育期间要求低温的植物来说，$1 \sim 2℃$ 是最有效的春化温度。但只要有足够的时间，温度在 $-1 \sim 9℃$ 也同样有效。此外，各类植物通过春化的时间也有所不同，在一定时间内，春化效应随着低温处理时间的延长而增强。如洋葱必须在 $0 \sim 10℃$ 且经过 $20 \sim 30d$ 或更长时间才能通过春化。在春化过程结束之前，把植物放到较高温度下，低温的效果会被消除，这种现象称为解除春化。一般解除春化的温度为 $25 \sim 40℃$。

（四）高温与低温障碍

当香料植物所处的环境温度超过其正常生长发育所需温度的上限时，蒸腾作用会加强，水分平衡失调，发生萎蔫或永久萎蔫，同时，植物光合作用下降而呼吸作用增强，同化物积累减少。气温过高常导致天竺葵发生"日伤"现象，也会使百香果、八角等落花不结果。高温首先影响根系生长，进而影响整株的正常生长发育。一般土壤高温造成根系木栓化速度加快，根系有效吸收面积大幅降低，根系正常代谢活动减缓，甚至停止。此外，由于高温妨碍了花粉的发芽与花粉管的伸长，常导致落花落果。

与高温障碍不同，低温对香料植物的影响有低温冷害与低温冻害之分。低温冷害是指植物在零度以上的低温下受到伤害。起源于热带的喜温植物，如香石竹、天竺葵类等在 $10℃$ 以下时，就会受到冷害。而低温冻害则是温度下降到 $0℃$ 以下，植物体内水分结冰产生的冻害。不同香料植物，甚至同种香料植物在不同的生长季节及栽培条件下，对低温的适应性都不同，因而抗寒性也不同。一般处于休眠期的植物抗寒性增强。百合、郁金香等宿根越冬植物的地下根可忍受 $-10℃$ 低温，但若在正常生长季节遇到 $0 \sim 5℃$ 低温，也会发生低温冷害。此外，利用自然低温或人工方法进行抗寒锻炼可有效提高植物的抗寒性。例如生产上将喜温香料植物刚萌动露白的种子置于稍高于 0℃ 的低温下处理，可极大提高其抗寒性。香石竹、仙客来等育苗定植前，逐渐降低苗床温度，使其适应定植后的环境，即育苗期间加强抗寒锻炼，提高幼苗抗寒性，促进定植后缓苗，是生产上常用的方法，也是最经济有效的技术措施。

香料植物栽培应根据香料植物不同生长发育时期对温度的要求，采取适当的措施，控制香料作物生长环境的温度，使其能正常生长发育。目前生产中常用的降温措施有加强通风、适当遮阴和喷水等，对冬季需要在 5℃ 以下越冬休眠且生长在温室或大棚内的香料植物，当温室、大棚等设施内温度升高至 15℃ 时，必须设法通风，以防芽的萌发，对原产热带、夏季也要求高温的香料植物，冬季应放在温暖处。增温措施有多层覆盖、人工加温等。

三、土壤

土壤是香料植物栽培的基础，是香料植物生长发育所必需的水、肥、气、热的供给者。除了少数寄生和漂浮的水生香料植物外，绝大多数香料植物都生长在土壤里。因此，创造良好的土壤结构，改良土壤性状，不断提高土壤肥力，提供适合香料植物生长发育的土壤条件，是搞好香料植物栽培的基础。

四、水分

（一）香料植物的需水特性

不同的香料植物对干旱的忍受能力和适应性有差异，进而表现出对干旱、水涝的不同抵抗能力。香料植物的需水特性主要受遗传性决定，由吸收水分的能力和对水分消耗量的多少两方面来支配。根据需水特性通常可将香料植物分为以下 3 类。

1. 旱生香料植物

这类植物耐旱性强，能忍受较低的空气湿度和干燥的土壤。其耐旱性表现在：一方面是具有旱生形态结构，如叶片小或叶片退化变成刺毛状、针状，表皮层、角质层加厚，气孔下陷，气孔少，叶片具厚茸毛等，以减少植物体水分蒸腾，如仙人掌、沙枣、大葱、洋葱、大蒜等；另一方面是具有强大的根系，吸水能力强，耐旱力强，如香根草、沙棘等。

2. 湿生香料植物

该类植物耐旱性弱，需要较高的空气湿度和土壤含水量，才能正常生长发育。其形态特征为：叶面积较大，组织柔嫩，水分消耗较多，而根系入土不深，吸水能力不强。如芹菜、水菖蒲、杨梅、荷花、水仙、睡莲等。

3. 中生香料植物

这类植物对水分的需求量介于耐旱和湿生植物之间，生长期间要求适宜的土壤湿度，且不同品种间耐旱能力差异较大。根系发达、入土深而广的一类香料植物耐旱能力强，如茉莉、丁香、桂花、红叶李、月季、大丽花、虞美人、金丝桃等；根系分布浅、不发达的植物耐旱力较弱，如一些一二年生草花、宿根草花和球根草花以及一些具有肉质根系的花卉，如君子兰、一串红、万寿菊等。中生香料植物在水分管理上应掌握"间干间湿"的原则，即一段时间内土壤完全干旱，一段时间内又完全湿润的状态。

（二）香料植物不同生长发育期对水分的要求

植物在生长发育期间所消耗的水分主要是植物的蒸腾耗水，蒸腾耗水量称为植物的生理需水量，用蒸腾系数来表示。蒸腾系数是指每形成 1g 干物质所消耗的水分克数。植物种类不同，需水量也不一样，同一种香料植物的蒸腾系数也因品种和环境条件的变化而变化。

同种香料植物不同生长发育期对水分需要量也不同。种子萌发时，需要充足的水分，有利于胚根伸出。幼苗期因根系弱小，在土壤中分布较浅，抗旱力较弱，须经常保持土壤湿润，但水分过多，幼苗长势过旺，易形成徒长苗。生产上，香料植物育苗常适当蹲苗，以控制土壤水分，促进根系下扎，增强幼苗抗逆能力。但若蹲苗过度，控水过严，易形成"小老苗"，即使定植后其他条件正常，也很难恢复正常生长。大多数香料植物旺盛生长期均需要充足的水分，此时若水分不足，叶片及叶柄皱缩下垂，植株呈萎蔫现象，暂时萎蔫可通过栽培措施补救；相反，若水分过多，由于根系生理代谢活动受阻，吸水能力降低，会导致叶片发黄、植株徒长等类似干旱症状。通常开花结果期要求较低的空气湿度和较高的土壤含水量，一方面满足开花与传粉所需空气湿度，另一方面充足的水分又有利于果实发育。

植物需水量的大小还常受气象条件和栽培措施的影响。低温、多雨、空气湿度大，植物蒸腾作用减弱，则需水量减少；反之，高温、干旱、空气湿度低、风速大，植物蒸腾作用增强，则需水量增大。密植程度与施肥状况也使需水量发生变化。密植后，单位土地面积上个体总数增多，叶面积大，蒸腾量大，需水量随之增加，但地面蒸发量相应减少。

（三）旱涝对香料植物的危害

1. 干旱

缺水是常见的自然现象，严重缺水叫干旱。干旱分为大气干旱和土壤干旱，通常土壤干旱伴随大气干旱而来。气温高，光照强，大气相对湿度低（10%～20%），致使植物蒸腾消耗的水分多于根系吸收的水分，破坏植物体内水分动态平衡，这种特征的干旱称为大气干旱。若由于土壤中缺乏植物能吸收利用的有效水分，致使植物生长受阻或完全停止，则称为土壤干旱。大气干旱如果持续的时间长，也将并发土壤干旱。干旱对植物造成的危害主要表现在：干旱影响原生质的胶体性质，降低原生质的水合程度，增大原生质透性，造成细胞内电解质和可溶性物质大量外渗，原生质结构遭受破坏；干旱使细胞缺水，膨压消失，植物呈萎蔫现象；干旱可以改变各种生理过程，使植物气孔关闭，蒸腾作用减弱，气体交换和矿质营养的吸收与运输缓慢；同时由于淀粉水解成糖，增加呼吸基质，使光合作用受阻而呼吸强度反而加强，干物质消耗多于积累；干旱使植物生长发育受到抑制，水分亏缺影响细胞的分生、分化，并加速叶子衰老，植物叶面积缩小，茎和根系生长差，开花结实少；干旱造成细胞严重失水超过原生质所能忍受的限度时，会导致细胞死亡，植株干枯。植物对干旱有一定的适应能力，这种适应能力称为抗旱性。例如甘草、红花等抗旱的香料植物在一定的干旱条件下，仍有一定产量，如果在雨量充沛的年份或灌溉条件下，其产量可以大幅增长。

2. 涝害

涝害指长期持续阴雨，致使地表水泛滥淹没农田，或田间积水、水分过多使土层中缺乏氧气，植物根系呼吸减弱，最终窒息死亡。根及根茎类香料植物对田间积水或土壤水分过多非常敏感。土壤水分过多对植物造成的危害，不在于水分的直接作用，而在于间接的影响。由于土壤空隙充满水分，氧气缺乏，植物根部正常呼吸受阻，影响水分和矿质元素的吸收，同时，由于无氧呼吸而积累乙醇等有害物质，引起植物中毒。此外，氧气缺乏，好气性细菌如硝化细菌、氨化细菌等活动受阻，影响植物对氮素等物质的利用。另一方面，嫌气性细菌活动大为活跃，在土壤中积累有机酸和无机酸，增大土壤溶液的酸性，同时产生有毒的还原性产物如硫化氢、氧化亚铁等，使根部细胞色素多酚氧化酶遭受破坏，呼吸窒息。香料植物栽培常采取排涝措施，如起高畦、开凿排水沟等以避免水涝对香料植物的危害。

五、空气

（一）空气与香料植物的生长发育

空气成分中对香料植物生长影响最大的是氧气、二氧化碳和水蒸气。氧气为一切需氧生物生长所必需，大气含氧量相当稳定（21%），所以植物的地上部通常无缺氧之虑，但土壤在过分板结或含水过多时，常因土壤中氧气流通不顺畅，而使根部生长不良，甚至坏死。

不同香料植物的种子发芽对氧气的反应通常不一样。如矮牵牛能在含氧量很低的水中正常发芽；大波斯菊、翠菊的种子如浸泡于水中，会因缺氧而不能发芽；而石竹在低含氧量环境中只有部分能发芽。大多数香料植物的种子需要在空气含氧量在10%以上的潮湿土壤中发芽，土壤中空气含氧量在5%以下时，很多种子不能发芽。因此，在密闭缺氧和低温条件下贮藏的种子能较长时间保持发芽率。

空气中二氧化碳的浓度对光合强度有直接影响。一般二氧化碳浓度增加，光合强度也随之加强，如浓度过大，超过正常空气浓度的10~20倍，会迫使植物气孔关闭，光合强度下降。白天阳光充足，植物的光合作用十分旺盛，若此时空气流通不畅、环境闭塞，则叶幕层附近二氧化碳的浓度急剧下降。二氧化碳的浓度低于正常空气浓度的 80% 常影响光合作用顺利进行，使香料植物的营养状况恶化。因此，田间栽植或盆花布置不可太密，应留有一定的株行距或风道，温室栽培更应注意通风换气，以调节空气中二氧化碳的浓度，农业上应用二氧化碳作根外追肥，增产效果显著。风是由空气的流动引起的，轻微的 3~4 级的风，对气体交换、植物生理活动、开花授粉等都有益。但过强的风，特别是 8 级以上的风，往往有害，造成落花落果，蒸腾过速，使新植花木的枝干摇曳而出现伤根现象。空气中适当增加某些气体，能对植物产生特殊的作用。如对于正在休眠的杜鹃，在每 $1000m^3$ 空气中加入 $10mL$ 40%（体积分数）的 2-氯乙醇，经过 $24h$ 就可以打破休眠，提早发芽开花。

（二）空气中的有害物质与香料植物的抗性

目前，在工业集中的城市区域大气中的有害物质可能有数百种，其中影响较大的污染物质有粉尘、二氧化硫、氟化氢、氯、氯化氢、硫化氢、一氧化碳、沥青、光化学烟雾、氮的氧化物、甲醛、氨、乙烯以及汞、铅等重金属及其氧化物粉末等。这些物质中以二氧化硫、氟化氢、氯、光化学烟雾以及氮的氧化物等对香料植物危害最为严重。受二氧化硫危害的植物症状主要表现在叶片、叶脉间呈现大小不等的、无一定分布规律的点、块状伤斑，与正常组织之间界线明显。幼叶不易受害。针叶树受害部位常从叶尖开始向基部扩展。花的抗性较弱。对二氧化硫比较敏感的香料植物有玫瑰、梅花、月见草等；抗性中等的有万寿菊、鸢尾、杜鹃、叶子花等；抗性较强的有丁香、桂花、广玉兰等。氟化氢对植物的危害首先表现在叶尖和叶缘，呈油渍状态，由黄变褐，逐渐向叶身发展，严重时叶干枯脱落。氟化氢破坏酶和叶绿素，叶内细胞组织机能被破坏。一般幼芽、幼叶受害最重，新叶次之。受害后，出现植株矮化、早期落叶、落花及不结果等症状。对氟化氢敏感的香料植物有玉簪、梅、杏、杜鹃、扁柏等；抗性中等的有桂花、水仙、月季、栀子等；抗性较强的有金银花、万寿菊、玫瑰等。

六、其他环境因子

其他环境因子包括机械刺激、重力作用、生物因素的影响等。如风、机械、动物及植物的摩擦、降雨、冰雹对茎叶的冲击、土壤颗粒对根的阻力以及摇晃、振动等。植物的生长发育受到机械刺激的调节，例如，玫瑰压枝能抑制顶端的生长，促进底芽萌发，进而提高产量。香料植物的生长发育还受到生物因素的影响，如受到细菌、真菌和病毒等生物性病原侵害。此外，香料植物和其他动物、微生物之间还存在相互依存、相互促进的关系。如在葡萄园种植紫罗兰，能够相互促进生长，所结的葡萄还带有芳香气味。一些植物需要寄生在其他植物体上才能生长发育，如檀香树就属于寄生性的植物。

课程思政

　　香料植物的生长发育有其内在规律性，外在的环境条件，如土壤、温度、水分等因素是通过调节香料植物基因表达水平来影响其质量。优良的香料植物品种不仅体现在优质高产上，更要具备较强的环境适应能力，能够抗病虫害和非生物胁迫。大学生作为社会高素质人才群体，在成长和成才的道路上，应该以马克思主义理论为指导，在努力学习专业知识的同时，还要从认知能力、独立生活能力、学习能力、人际交往能力、应对挫折能力和实践能力等方面全面提升对社会的适应能力。

 思考题

　　1. 试述植物地下部和地上部的相关性。在生产中如何调控香料植物的根冠比？
　　2. 影响香料植物产量与品质的因素有哪些？
　　3. 举例常见的根香类、茎叶类香料植物。
　　4. 试述影响香料作物生长发育的主要环境因子。

第四章
香料植物产量与品质

【学习目标】

    1. 掌握香料植物生物产量、经济产量的定义、构成要素及主要影响因素。

    2. 掌握香料植物"源、库、流"的含义及其影响因素。

    3. 能够运用"源、库、流"协调香料植物产量和品质形成关系，生产优质高产香原料。

    香料植物不仅在香料工业和食品工业中有重要作用，在医药、皮革、塑料等日用工业中也有广泛用途。在一定单产条件下，产量和品质可以平衡发展，同时提高。但是当单产超过一定限度，则品质呈显著下降的趋势，激化了产量和品质的矛盾。在当今香料植物的栽培过程中，由于肥料的施用，产量不再是突出的问题，香料植物栽培的目的，已经不单是追求高产量，更重要的是使香料植物具有良好的经济品质。所以应树立品质第一的思想，为香料植物提供可形成优秀品质的生长环境，获得满足工业生产需求的优质香料。

第一节　香料植物产量概述

一、产量的概念

    香料植物的产量（yield）与其他植物一样，包括生物产量（biology output）和经济产量（economy output）两个方面。由于人们对植物各器官利用的目的不同，收获的主产品也不同，所以植物产量的概念和表达方式也不同。

（一）生物产量

生物产量是指香料植物在整个生长季节中各器官所形成积累的干物质量总和，即生产和积累有机物的总量或整个香料植物的干物质量，包括地上部与地下部（根系）的干物质量。有些香料植物开花后很快脱落，前期生长的叶片也随生长脱落，测定生物产量时不包含它们，所以生物产量一般是指收获时整个植株地上部总干重。由于香料植物的收获器官不同，以果实、叶片等地上部组织为收获器官的香料植物，由于根系在土壤中生长难以测定，因此一般不包含在生物产量中，而一些以地下部根茎为收获器官的香料植物，根系则计算在生物产量中。在生物产量中，有机物质占比 95% 以上，其余为矿物质。因此，基于光合作用的有机物质生产和积累是香料植物产量形成的物质基础。通过光合作用，尽可能地吸收转化利用光能，形成更多的光合产物，是香料植物高产、优产的保障。

（二）经济产量

经济产量是指人们栽培目标所需产品的收获量，即香料植物在单位土地面积上所收获的有经济价值的主要产品的质量（可用干物质的质量），生产中一般所指的产量即经济产量。由于香料植物的种类不同，其提供的产品器官各不相同，叶片、籽粒、块根或块茎、肉质根、韧皮纤维均可作为产品器官，用于计算经济产量；同一香料植物因利用目的不同，经济产量也随之变化。

经济产量与生物产量的比值，称为经济系数（economy coefficient，EC），或称为收获指数（harvest index，HI），即生物产量向经济产量转化的效率。经济产量与生物产量的关系为：经济产量＝生物产量×经济系数。

一般情况下，香料植物的经济产量仅是生物产量的一部分，即香料植物一生中形成的有机物，只有一部分能转化为收获器官。在一定的生物产量中，能获得多高的经济产量，要看生物产量转化为经济产量的效率。在正常情况下，经济产量的高低与生物产量成正比，尤其是以收获茎叶为目的的香料植物。但当栽培措施运用不当时，可能导致生物产量很高，但经济产量却不高，如花椒过多施肥后，植株生长过旺，经济产量会显著下降，其主要原因是收获指数下降。因此，收获指数是综合反映香料植物品种特性和栽培技术水平的一个通用指标。不同类型香料植物的经济系数差异较大，这与香料植物所收获的产品器官及其化学成分有关。一般以营养器官为主产品的香料植物（如烟草等），因形成主产品的过程比较简单，经济系数较高。以生殖器官为主产品的香料植物（如花椒等），由于其经济产量的形成，要经历生殖器官的分化发育直至结实成熟，同化产物要经过复杂的转化过程，因而经济系数较低。同样是以收获种子或果实为主的香料植物，其经济产量的化学成分不同，其经济系数也不一样。香料植物的经济产量以碳水化合物为主的，在形成过程中消耗的能量较少，经济系数较高。而经济产量以蛋白质和脂肪为主的，在形成过程中必须由碳水化合物转化形成，消耗的能量较多，经济系数较低。经过人类长期的选择与培育，有些香料植物经济系数或收获指数已达到较高的水平。

（三）生物产量、经济产量与经济系数之间的关系

植物香料的生物产量、经济产量和经济系数三者密切相关。在植物正常生长的情况下，各个植物的经济系数是相对稳定的，因而生物产量高，经济产量一般也高，即提高生物产量是获得高产的基础。香料植物所形成的生物产量主要来自植物绿色器官生产的光合产物。然而，取得较高的生物产量并不一定就能取得较高的经济产量。从植物经济产量形成的顺序来看，以生殖器官为主要收获物的香料植物，在营养生长阶段，光合作用产物大部分用于营养体的形成，为以后形成高质量生殖器官奠定基础；转入生殖生长后，光合作用产物越来越多地用于形成生殖器官（或储藏器官），即形成产量。因此，在香料植物生产过程中，只有当生物产量超过一定值之后，才能形成经济产量，这个值称为"临界株重"。此外，同一植物开始形成产品器官所需要的株重基数并不是一成不变的，受品种特性、栽培条件或株型等因素的影响，香料植物经济系数也会存在一定差异。

经济系数的高低表明光合作用的有机物质转运到有主要经济价值的器官中的能力，单用经济系数并不能说明产量的高低，要提高经济产量，只有在提高生物产量的基础上提高经济系数，才能达到提高经济产量的目的。

二、产量的构成要素

植物产量（经济产量）构成要素是指构成主产品（经济产量）的各个组成部分。香料植物种类不同，它们产量构成要素也不同。植物产量通常可分为单位面积株数、单株产品器官数量、产品器官质量；也可认为产量是由单株平均产量与单位面积上株数（或果实数）两个要素构成的。在这些构成要素中，改变其中任何一个要素都会使产量发生变化，研究这些产量构成要素的相互关系以及影响因素，有助于采取相应的栽培技术措施，满足香料植物高产的需求。此外，还可以灵活运用各产量构成要素，以便更好地分析产量形成过程。

在香料植物的一生中，各产量构成要素形成和决定的时间不同，并且具有一定的顺序性。在植物生长发育的不同阶段，可以有针对性地对不同产量构成要素加以调节。一般情况下，越早决定的要素变异越大，受环境因素的影响越大，在栽培上人为促控的效果也越好；而越晚决定的要素越稳定，更多地受遗传特性所控制，在栽培上人为促控的效果往往较小。不同香料植物由于收获的经济器官不同，具有不同的产量构成要素，可以归纳为以下几个类型（表4-1）。

表 4-1 不同收获对象的香料植物产量构成要素

收获对象	产量构成要素
根	株高、单株根数、单根鲜重、干鲜比
全草	株数、单株鲜重、干鲜比
果实	株数、单株果实数、单株鲜重、干鲜比
种子	株数、单株果实数、每果种子数、种子鲜重、干鲜比
叶	株数、单株叶片数、单叶鲜重、干鲜比
花	株数、单株花数、单花鲜重、干鲜比
皮	株数、单株皮鲜重、干鲜比

（一）以营养器官为收获对象的香料植物

香料植物如丁香、茴香、荆芥、烟草、香茅、莴苣等，收获产品是茎、叶，主要在营养生长期收获，因此，在生育前、中期，采用合理密植、水肥管理等各项栽培措施以使营养器官迅速而均匀地生长，有利于争取到最大生物产量，同时必须考虑品质的形成。

还有一类以地下部块根、块茎为主要收获对象的香料植物，如葛根、山药、百合等，其形成与膨大主要依靠茎的髓部和根的中柱部分形成层活动产生大量薄壁细胞，随着薄壁细胞体积增大和细胞中贮存营养物质增加，根、茎体积随之膨大增粗。块根或块茎形成的迟早、数量多少、形成后膨大持续期长短与膨大速度等，直接决定着块根或块茎产量的形成过程及最终产量。这类香料植物产品器官形成期长，有的植物块根膨大期可达 4~5 个月，在产量形成过程中需要经过比较明显的光合器官形成、储藏器官分化和膨大等时期，而且要求生育前期有较大的光合同化系统，才能有适宜的储存器官分化及有利储存器官的膨大，最终获得理想的产量。

（二）以生殖器官为收获对象的香料植物

决明子、火麻仁、枸杞子、刀豆等以收获种子或果实这些生殖器官为目的的香料植物，产量构成要素的形成需要经历完整的生育过程直至成熟，各产量构成要素在生育前期、中期和后期的几个阶段依次重叠完成。产量构成要素一般按穗数、每穗粒数、粒重的顺序完成，而穗数形成和粒数的形成又是重叠进行的。穗数的形成从播种开始，分蘖期是决定阶段，拔节、孕穗期是巩固阶段。每穗粒数的多少取决于分化小花数、退化小花数、可孕小花数及结实率等。每穗粒数的形成开始于幼穗分化期，取决于抽穗开花、受精结实过程。粒重取决于籽粒容积以及充实度，主要决定阶段是受精结实、果实发育成熟时期。

还有一些香料植物如山楂、白果、橄榄、罗汉果等，产量构成要素中单位面积的果数取决于密度和单株成果数。因此，产量构成要素自播种出苗（或育苗移栽）就开始形成，中、后期开花受精过程是决定阶段，果实发育期是巩固阶段。每果种子数开始于花芽分化，取决于果实发育。粒重（衣分、油分）取决于果实种子发育时期。这类植物在产量要素的形成过程中常常是分化的花芽数多、结果少，或分化的胚珠数多、结籽少，或籽粒充实度不够、饱粒较少、千粒重低。有些植物的花果在植株上、下各部都有分布，边开花结果、边进行营养器官生长，营养生长与生殖生长的矛盾比较突出，容易发生蕾、花、果的脱落，结果数是影响产量的主要因素。另一类香料植物果实着生在植株顶部或上部，在营养生长基本结束或结束之后才开花结实，先开的花较易结实，后开的花常因环境不适或植株衰老而不能结实。

三、产量形成的物质基础

植物的干物质中，有机物占 90%~95%，矿物质只占 5%~10%。这些有机物是光合作用的产物。供给矿质养料也是为了促进香料植物光合作用的正常进行和有机物的积累。最后，这些矿物质也大部分结合到有机物中并运转至收获器官中，因此，植物的光合生产与运转能力、产品器官的接受能力影响着香料植物产量的高低。

香料植物产量形成的实质是植物整个生育期内利用光合器官将太阳能转化为化学能，将无机物转化为有机物，最后转化为具有经济价值，即收获产品的过程。因此，光合作用是产量形成的生理基础。光合作用与生物产量、经济产量的关系式如下：

生物产量=光合面积×光合能力×光合时间−呼吸消耗

经济产量=生物产量×经济系数

=（光合面积×光合能力×光合时间−呼吸消耗）×经济系数

因此，确保较大的光合面积、较高的光合能力、较长的光合时间、较少的光合产物消耗，再加上合理的光合产物分配利用（较高的经济系数），有利于获得高产。

（一）光合面积

光合面积是指香料植物进行光合作用的绿色器官面积，包括能够进行光合作用的各个部位（幼嫩的茎和叶等）。对大多数植物来说，对产量贡献最大的是叶，因此叶面积与大多数香料植物产量关系十分密切。

在适宜的条件下，叶面积较大，制造的同化产物也较多。但单叶面积不能反映整体的光合面积，特别是在大群体中，单叶面积过大还会导致群体内叶片相互遮阴，不仅下层叶片因受光不足而光合能力下降，还会产生过多的呼吸消耗。因此，一般用群体叶面积指数（leaf area index，LAI）作为衡量群体光合面积的适宜指标。LAI 是指单位土地面积上植物叶片总面积占土壤面积的倍数。在一定范围内，随着叶面积指数的增加，植物的光合作用产物和产量也相应增加。但是超过最适程度后，由于下层叶片被遮阴，光合作用效率降低，群体光合生产率不能进一步增长而处于停滞状态。所以不同植物均有其最适的或临界的最大叶面积指数，其最适点处于干物质增重速率开始停滞或下降的时候。同时，在取得适宜最大叶面积指数的基础上，还要在植物香料植物生长发育过程中形成较好的叶面积指数变化动态，这样才能获得适宜的植物产量。除了叶面积指数直接影响香料植物群体的同化效率和产量以外，叶层的结构对群体的同化效率和产量也有重要影响。在叶面积指数很大时，叶片较直立的叶层比叶片下垂的叶层具有更大的受光表面，特别是上层较直立的叶片还有利于更多的光进入群体内部，提高下部叶片的光合能力，所以较直立的叶片植物具有较高的光合效率。

（二）光合能力

光合能力的强弱一般以光合作用强度或光合生产率为指标。光合作用强度也称光合速率，是指单位时间内单位叶面积吸收同化二氧化碳的毫克数。光合生产率又称为净同化率，通常以每平方米叶面积在较长时间内（一昼夜或一周）增加的干物质质量表示。植物的光合生产率，在物种之间有很大差异，这是由于不同生态条件下形成的不同物种，其光合作用的进行具有不同的生理途径。具有 C4 途径❶的香料植物（多为原产于热带的香料植物），在强光照、高温和低二氧化碳浓度（大气中的二氧化碳浓度）条件下，光合作用的强度很高，且不具有明显的光呼吸作用，所以干物质产量较高；大多数香料植物具有 C3 途径❷，光合作用强度较低，光合生产率也较低。一般来说，前一类香料植物的产量较高而后一类香料植物的产量较低。但是，C3 植物也具有能利用较弱光照和在较低温度条件下正常进行光合作用的优点，在其叶面积充分扩大的情况下，足以弥补其光合效率低的缺点，以致其单位土地面积上的干物质生产效率并不一定低于 C4 植物。此外，即使是同一种植物，不同品种之间的光合生产率也存在明显差异，所以产量也有高低之分。

（三）光合时间

香料植物的有效光合时间与其生育期长短、光照时数、太阳辐射强度及光合器官有效功能期长短有密切关系。植物光合器官持续时间的长短可以用群体叶面积与其持续时间相乘的积（单位 $m^2 \cdot d$）来表示，称为"光合势"。大量研究证明，生育期较长的品种，其产量较生育期短的品种高。如果能为香料植物创造适宜的外界环境条件，尽可能地维持叶片或其他光合器官的光合功能和根系活力，延迟衰亡期的到来，便可以促进其产量的增加和品质的提高。

四、产量的影响因素

香料植物产量的直接影响因素包括：遗传特性、土壤特性、水肥条件、光温条件、种植密度等方面。

---

❶ C4 途径：CO_2 最初固定于叶肉细胞，在磷酸烯醇式丙酮酸羧化酶的催化下将 CO_2 连接到磷酸烯醇式丙酮酸上生成四碳化合物——草酰乙酸，经胞间连丝运向维管束鞘细胞，参与卡尔文循环，合成同化产物的途径。

❷ C3 途径：在卡尔文循环中，将 CO_2 固定后直接形成三碳分子的途径。

（一）遗传特性

香料植物的生长发育按其固有的遗传信息所编排的程序进行，每一类香料植物都有其独特的生物发育节律，不同植物遗传差异是造成其品质变化的内因。基因类型不变，香料植物化学成分则相对保持不变。反之，基因类型改变，香料植物化学成分也发生改变。并且品种的遗传特性在一定程度上会显著影响香料植物产量的形成，其中抗病性、生态适应性等因素对产量形成影响较为显著。

（二）土壤特性

土壤是香料植物栽培的基础，提供香料植物生长发育所必需的水、肥、气、热等。除了少数寄生或水生香料植物外，绝大多数香料植物都生长在土壤里。因此，创造良好的土壤结构，改良土壤性状，不断提高土壤肥力，提供适合香料植物生长发育的土壤条件，是提高香料植物产量品质的基础。

（三）水肥条件

香料植物通过对水的吸收、输导和蒸腾过程，把土壤、植物和大气联系在一起。栽培中的许多措施都是为了良好地保持香料植物对水的收支平衡，这是提高产量的前提条件之一。香料植物根据对水的适应能力和适应方式不同，可以分为旱生、湿生、中生、水生等，绝大多数香料植物是中生植物。适宜的水肥条件有利于促进植株的生长发育，进而提高香料植物的产量。为了提高产量而增加水肥供应量，虽然可以使香料植物生长旺盛，但容易造成品质降低；若水肥供应不足，则会影响香料植物的正常生长，导致植株发育不良，致使产量降低，品质下降。

（四）光温条件

阳光是植物进行光合作用的能量来源，光照强度、日照长短和光谱成分（光质）都与香料植物的生长发育密切相关，并对香料植物的产量和品质产生影响。阳生香料植物需要有充足的直射阳光，光饱和点在全光照的40%甚至50%以上，光补偿点为全光照的3%~5%，阳光不足会导致生育不良或死亡；阴生香料植物适宜生长在全光照的50%以下，一般为全光照的10%~30%，光补偿点为全光照的1%左右，这类香料植物在全光照下会被晒伤或晒死；中间型香料植物在全光照或遮阴的环境下均能正常生长发育，且在阳光充足条件下生长健壮，产量品质高。

每一种香料植物的生长发育都需要在一定的温度范围内进行，具有"三基点"，即最低温度、最适温度、最高温度。如果超过这个温度范围（即低于最低温度或高于最高温度），植物的生理活动就会停止，甚至全株死亡。在此温度范围内，香料植物处在最适温度条件下的时间越长，对其生长发育和代谢越有益，其产量和品质也较高。

（五）种植密度

合理的群体结构是保证香料植物品质和获得适宜产量的重要条件。群体密度对植物产量影响很大，加大种植密度后，单位土地面积上株数增加，产量一般会提高，但是密度过大容易导致香料植物的品质严重下降。扩大行株距有利于改善植物的光合条件和养分供应能力，但超过一定范围后，土地利用率降低，香料植物的可用性可能会显著下降。

第二节　香料植物"源、库、流"理论及其应用

一、"源、库、流"的概念

"源、库、流"是决定植物产量的 3 个不可分割的重要因素，"源、库、流"的形成和功能的发挥是相互联系，相互促进的，只有当植物群体以及个体的生长满足"源强""库大""流畅"的要求时，才能实现高产和优质。

（一）源

1. 源（source）的概念

源即代谢源，是产生或输出同化物的器官或组织，是产量形成的基础。香料植物的源器官包括绿色的茎、鞘、叶、果皮等，其中功能叶及叶鞘是主要的源；根也属于源的一部分，因为地上部器官所需的矿质营养都需要通过根系来吸收；此外，其他的非叶器官（如绿色的果皮、种皮、穗轴等）在开花后也能提供部分同化产物。

香料植物产量的形成实质主要是通过叶片的光合作用，因此，叶片的光合作用强弱决定源的供应量。就香料植物群体而言，源供应量取决于群体的叶面积、光合能力及光合持续时间。植物的叶面积大小取决于植物种类、生长持续时间、环境因素及养分和水分供应状况等。不同香料植物的光合速率差异较大，光合持续时间长短与品种是否容易早衰有关，同时受环境条件及栽培管理的影响较大，生产上可以通过合理密植、合理配置水分和养分、加强病虫害防治等措施延长光合持续时间。除叶片外，非叶器官如果皮、颖壳、叶鞘和茎的绿色部分也能进行光合作用，但一般情况下非叶器官对干物质生成的贡献比叶片要少得多，不仅其光合面积较小，净光合速率较低，而且茎鞘贮藏物质同样来自叶片的同化作用，根系吸收的水和矿质元素等参与产量形成的内含物的合成也是以叶片光合作用为基础。经济器官积累的内含物除直接来自光合器官的光合作用外，也有部分来自茎鞘贮藏物质的再调运。例如，收获籽粒的香料植物开花前光合作用的营养物质除供给穗或小花等器官形成的需要，还在茎、叶、叶鞘中有一定量的储藏。不同香料植物开花前储藏物质的再调运对籽粒产量的贡献率不同，通过剪叶、遮光、环割等

处理减少叶面积或降低光合速率，造成源亏缺，都会引起产品器官的减少，如花器官退化、不育或充实不良，导致秕粒增多、粒重下降等。因此，光合效率高才能使源充足，为产量库的形成和充实奠定基础。

2. 源强（source strength）的度量

源强是指源器官同化物形成和输出的能力。源强度是指光合产物的供应能力，用源的大小与源活力的乘积表示。如果主要考虑叶源，则源强度可以表述为叶源的数量值与叶源的质量值的乘积，即叶源总量值。

叶源数量（叶面积持续期）= 光合面积×光合时间

叶源质量值（净同化率）= 光合速率−呼吸速率

叶源总量值=叶源数量值×叶源质量值

叶面积指数与光合势也是表征源强的一个重要指标。香料植物高产栽培需要塑造达到或接近最适叶面积指数（LAI）的群体。当植物群体达到最适 LAI 时，群体能保持良好的通风透光条件，保持基部叶片有高于光补偿点的受光量，同时保持群体最大限度地截获太阳光能。不同香料植物的最适 LAI 不同。植物光合势是指单位面积土地上绿叶面积及其持续日数的乘积，单位为 $m^2 \cdot d$，即香料植物群体绿叶面积以 m^2 为单位工作的天数，是表征叶源数量值的重要指标。叶面积小的群体光合势也小，群体叶面积过大时，中下部叶片早衰使得叶面积持续的天数缩短，光合势也下降。因此，只有在最适 LAI 时，群体的光合势最大。一般情况下，光合势越大，干物质生产量越多。

此外，光合速率与净同化率也可以直观反映源强的大小。光合速率（photosynthetic rate, Pn）又称为光合强度，通常是指单位时间、单位叶面积的 CO_2 吸收量或 O_2 的释放量，也可用单位时间、单位叶面积上的干物质积累量来表示。光合速率的高低是度量源强度最直观的一个指标。在 LAI 接近的情况下，光合速率高则植物群体合成与输出同化物能力就强。然而，研究中发现植物单位叶面积的光合速率与植物产量的关系相当复杂，分别呈正相关、不相关、负相关。由于光合速率与香料植物产量的相关关系难以取得一致的结论，因此，单一地应用光合速率指标作为源强的度量指标存在着一些不足之处。由于光合作用是植物同化物质生产的基础，较高的光合速率是植物高产的基本特征之一，尤其是在籽粒形成过程中，光合速率与香料植物产量之间显示出正相关关系。

净同化率（net assimilation rate, NAR）是指一定时间内在单位叶面积上所积累的干物质量。实际上是单位叶面积上白天的净光合生产量与夜间呼吸消耗量的差值，也称为光合生产率。就源数量的重要性而言，植物的生长与叶面积有关，而与净同化率无关。在生产条件较好、产量水平高且具有良好冠层的群体中，产量的增加有赖于光合速率的进一步提高。

（二）库

1. 库（sink）的概念

香料植物的库是消耗和储藏同化物的组织、器官或部位，库的容量和接纳营养物质的活力直接影响和制约着植物的经济产量。在生产实践中，培育和构建较大的库容并提高库的活力是获得植物高产的关键措施。

库可分为初生库和次生库，如果实、籽粒等属于初生库，而先于生殖生长充实的块根、块茎等属于次生库。库器官也可以分为代谢库和储藏库或经济库 2 类。代谢库是指大部分输入的同化物被用于生长组织细胞结构的构建和呼吸消耗，如生长中的根尖和幼叶等。储藏库或经济库是指大部分输入的同化物用于储藏的组织或器官，如植物的种子或果实、块茎、块根等，在这些组织或器官中，同化物以不同的形式进行储藏。

库吸收利用同化物的过程对同化物分配有很大的影响。同化物在各个库中的分配很大程度上取决于各库的竞争能力，竞争能力较强的，能分配到较多的同化物。竞争力有 2 方面含义，即强度和优先级。强度是指库对同化物的潜在需求或潜在容纳量；优先级是指同化物供应不充足时，同化物分配满足各库需求的先后次序。根据以往研究，植株各器官的优先级从强到弱依次为：种子、果实（茎尖和叶子）、形成层、根和贮藏组织。

2. 库强（sink strength）的度量

库强是指库器官接纳和转化同化物的能力。库强对光合产物向库器官的分配具有极其重要的作用。由于进入库器官的同化物中有相当一部分是用于库器官本身的呼吸消耗，因此，库器官的绝对生长速率或净干物质积累速率并不能真正反映库强的本质，而只是表观库强（apparent sink strength）的一种量度。干物质净积累速率加上呼吸消耗速率才能真正代表库的强度（actual sink strength）。库强是指库的大小（库容量）和库活力的乘积。库容量是指能积累光合同化物的最大空间，是同化物输入的"物理约束"。库容量的大小是决定植物产量的关键要素。

由于库强会受到同化物供应能力以及环境因素等的影响，因此只有当同化物供应充足以及环境条件适宜时，库器官才能表现出最强的接受和转化同化物的能力，这种库强特指潜在库强（potential sink strength），改善群体冠层内的光照条件，加强水分、养分管理，可以促进库潜力的发挥。

库活力是指库的代谢活性，吸引同化物的能力。库活力的定量测定相对比较复杂。最简单的库活力定量方法是测定库器官的相对生长速率，即测定单位库在单位时间内光合同化物的积累量或干重的增加量。相对生长速率受库组织的代谢活性调节，这些代谢活性涉及韧皮部卸出、细胞壁内的代谢活动、同化物的重新吸收、器官的生长潜势和储藏功能等许多因素。催化库器官中蔗糖和淀粉代谢的酶活性，尤其是蔗糖合成酶和腺苷二磷酸焦磷酸化酶的活性与库器官同化物的积累速率密切相关，并据此提出用酶活性的高低来度量库活力或库强。

（三）流

1. 流（flow）的概念

香料植物的流是指源器官产生和形成的同化物向库器官转移的过程，流的状况影响植物源器官中同化物的运输和分配，进而影响植物的产量和经济系数。

　　同化物的转运包括短距离运输和长距离运输两种情况。短距离运输是指胞内与胞间运输，主要靠扩散和原生质的吸收与分泌来完成；长距离运输指器官之间的运输，主要是韧皮部的筛管和伴胞，需要特化的组织筛管——伴胞复合体的参与。植物的同化物运输分配有时间与空间上的分工，在不同部位、不同生育时期有特定的源－库单位（source-sink unit）。通常把在同化物供求上有对应关系的源与库合称为源－库单位，即同化物从源器官向库器官的输出存在一定的区域化，某一源分工供应某一特定库的同化物。一般情况下，源器官合成的同化物优先向其邻近的库器官输送。"源－库单位"的概念是相对的，其组成不是固定不变的，而是会随生长条件而变化，或被人为改变。例如，生产实践中整枝、摘心、疏花疏果等栽培措施就是调控植物源－库单位的组成，有利于同化物向收获器官输送而提高产量。

　　2. 流强的度量及其影响因素

　　光合同化物（蔗糖）从源器官通过韧皮部向库器官的运输是由源库间的膨压差所驱动的，蔗糖的通量（J_s）与其浓度（C）等参数间的关系可用泊肃叶（Hagen Poisseuille）方程表示，如式（4-1）。

$$J_s = C \cdot \Delta P \cdot A \cdot r/(8\eta \cdot l) \tag{4-1}$$

式中　J_s——mm³/s；

　　　C——蔗糖浓度，%；

　　　ΔP——源库间彭压差，Pa；

　　　A——韧皮部横截面积，m²；

　　　r——筛孔的半径，mm；

　　　η——筛管中溶质的黏度，Pa·s；

　　　l——韧皮部的长度，m。

　　若其他参数相同，源库间的膨压差越大，库得到的蔗糖就越多。源和库间的膨压差是源库两端的蔗糖浓度差造成的。因此，源与库间的相互作用实际上是韧皮部运输途径中蔗糖通量改变的结果。例如，降低库端蔗糖输入库细胞的速率会增加库端韧皮部内的膨压，从而导致蔗糖的通量变小，最终引起源端筛管分子－伴胞复合体和光合细胞中蔗糖浓度的增加及光合速率的下降。

　　源和库内蔗糖浓度的高低直接调节同化物的运输和分配。源叶内高的蔗糖浓度短期内可促进同化物从源叶的输出速率。例如，短时期增加光强或提高二氧化碳浓度可提高源叶内蔗糖的浓度，从而加速同化物从这些叶片内的输出速率。但从长期看，源叶内高的蔗糖浓度会抑制光合作用和蔗糖的合成。此外韧皮部内高浓度的蔗糖也对韧皮部装载有抑制效应。因此，只有在库器官不断吸收与消耗蔗糖，即库强高时，才能长期维持高的源强。库细胞中糖浓度的高低也是调节韧皮部卸出的主要因素。短期内高蔗糖浓度会降低同化物进入库细胞的速度，但可提高库细胞利用蔗糖的速率。

　　流的度量通常用光合同化产物的运输速度衡量，可用放射性核素示踪法直接测定。不同植物同化物运输速度不同，一般来说，C4植物比C3植物的运输速度快。对于源器官向收获器官同化物转运强度的度量，还可以用比集运量（specific mass transfer rate, SMTR）。比集运量是指有机物在单位时间内通过单位韧皮部横截面积的质量，单位为 $g/(cm^2 \cdot h)$。韧皮部同化物的比集运量一般为 $3 \sim 5g/(cm^2 \cdot h)$，最高可达 $200g/(cm^2 \cdot h)$，不同植物之间差异较大，对于同一植物，韧皮部的截面积是限制运输强度的重要因素。

二、"源、库、流"的相互关系

植物"源-库-流"的形成和功能受品种、生态气候条件和栽培措施的影响而不断发生变化。要想保障香料植物获得高产，需要了解不同类型香料植物的源库特征，在此基础上，确立高产优质栽培管理的主攻目标，创建与植物源库特征协调的高产群体，在植物生长发育过程中对群体的"源、库、流"关系进行平衡，从而实现高产优质目标。

（一）源库类型

根据植物源、库在产量形成中所表现出的重要性，植物的源库关系可以分为以下 3 种类型。

（1）源限制型 这一类型植物的特点是源小而库大，结实率低，空壳率高。一般在产量水平较低时，源不足是限制产量的主导因素，这类植物增源即可增产。对源限制型植物增产的主要途径是增源，尤其是增加后期植物高效叶面积。但是，当叶面积增加到一定水平时，继续增加叶面积会超出适宜范围，此时，增源的重点应及时转向提高光合速率或适当延长光合时间两方面。

（2）库限制型 这一类型植物的特点是库小而源的供应相对充足，单位叶面积颖花数较少或颖壳总容量小，结实率低，籽粒同步灌浆，产量不高。

（3）源库互作型 源库互作型植物产量既受到源的影响，也受到库的制约，受源库的双重调节。源库互作型可以进一步分为 2 类：第 1 类是库大源强协调型；第 2 类是库小源小协调型。现代高产品种的源库互作型主要是指库大源强协调型。这一源库类型只有栽培措施得当，协同提高源的供应量和库容量，容易获得较高的产量和品质。

对于源库协调型植物，源、库都是限制产量的主要因素，但库容量大小对产量的作用更为重要。植物产量的提高可以通过扩大源的供应能力（增加生物产量）来实现，但当生物产量提高到一定水平后，继续增加生物产量将导致群体恶化，引起收获指数降低而减产。如果扩大库容量并增加生物产量，尤其是开花后的生物产量，将有利于提高植物的经济产量。人为减源、疏库的试验也证明，减源处理后，植物可以在一定程度上通过补偿来消除减源带来的产量损失，但疏库处理后带来的产量损失难以通过补偿效应消除。

（二）源库流的协调

植物的源库关系是相对的、动态的，可因其所起作用或随着植物的生育期而变动。

例如，幼叶在展开时，必须从成熟叶片取得养料，只有输入没有输出，是一个消耗养料的代谢库。当叶生长达到最终叶面积的 1/3 时，由于叶尖部分较叶基部分长得快，同化能力发育较早，叶脉内筛管与导管已成熟，能够承担输出的功能。于是叶尖部分同化物除了能自给自足外，开始向外输出，而叶基部分还需要从其他成熟叶片输入同化物，这时，同一叶片的叶尖部分成了源，而叶基部分仍是库。只有当叶片生长达到最终叶面积的 1/2 时，叶尖、叶基部分都能输出有机物，整个叶片才变成了源器官。例如，香料植物烟草，收获器官烟叶既是养分的源，又是产量、质量的库。有些器官或部位同时具有源与库的双重特点，如绿色的茎、鞘、果穗等，这些器官或部位既需要从其他器官输入养料，同时本身又可制造或加工养料而后再输入到需要的部位。尽管器官的源库地位随着生育期的不同而变化，但就植株整体而言，在一个生育期内总有一些器官是以输出养料为主，而另一些器官则是以接纳养料为主，具有较强接纳同化物能力的库器官即为当时的生长中心。

1. 源对库的影响

香料植物的源和库是植物体内营养物质运输偏向一个极端或另一个极端的问题。源和库的大小是植物产量大小的基础，源同化物的转运数量、方向、速度等因库的状态变化而变化。源是库的有机养料供应者，是产量形成的重要物质基础。人为地通过剪叶（减源）、遮光（减源限流）、环割（截流）等措施，会减少叶面积或降低叶片的光合速率，造成源的亏缺，还会引起生殖器官的减少（如花器官退化或脱落等），或使生殖器官发育不良（如籽粒增多，粒重下降等）。植物新形成的嫩叶，其光合速率低，呼吸速率却很强，以致其光合产物不能满足自身的需要，而从成长的叶片或贮藏的营养中获取养分。随着叶片的生长，光合速率逐渐提高，当叶片长至一定大小（定长）时，其净光合速率达到最大值。以后随着叶片的衰老，光合速率下降。在正常情况下，光合速率受"库端"调节，当"库端"对光合产物需要量较大时，叶的光合速率增大。实验证明去除植株部分的叶片能够促进光合速率的提升。

2. 库对源的反馈作用

当源和库的大小与强度相互协调时，才能保证香料植物的正常生长。若光合作用产生较多的同化物而无较大的库储存，或者有较大的库储存而没有积累较多的同化物，植物均不能获得高产。因此，要从强化库的容纳能力入手，使得在单位土地面积上的群体具有较大的库容。

植物贮藏器官贮存同化产物的需求，能对光合强度产生明显反馈作用，结果出现光合能力的剩余，这种现象只有在贮藏能力增加时才明显表现出来。但也存在这样的情况，即限制植物产量的因子，既不是"源"，也不是"库"，而是同化物从一处向另一处的运输能力，如水分或养分的吸收或运转。植物在生长发育过程中，如果物质运转没有问题，实际产量必然受产量容量或同化物供应的制约。香料植物种类繁多、品种不同，影响产量的主要因素也不同。收获果实或种子的香料植物在库容有限的情况下，一般果实的综合性状好，种子饱润；如果同化物供应有限，则果实、种子产量降低，品质差。

以收获有限花序为目的的香料植物比起收获营养体的植物，其库的贮藏能力对产量有更大的限制作用。贮藏期的长短是决定产量的一个强有力的因素。不同香料植物在贮藏速度方面存在差异，但最终产量非常显著地与贮积持续期差异密切相关。在正常情况下，大多数香料植物的贮藏速度在贮积期的大部分时间内相当恒定，但对于贮藏速度对温度反应敏感的植物，温度对贮藏速度有较大的影响。在高产栽培中，适当增大库源比对提高源的活性、促进干物质积累具有重要意义。

3. 源库大小对流的影响

流既受源库调节，也通过与源库的互作影响香料植物的产量与品质形成。在实际生产中，库和源大小对流的方向、速率、数量都有明显影响，对叶片进行剪叶、疏茎等处理能使香料植株光合产物分配有明显改变。粒/叶值越高，即相对于源的库容量越大，叶片光合产物向穗部输送的越多，留在叶和茎中的越少。一般来说，除发生茎秆倒伏或遭受病虫危害等特殊情况，流不会成为限制产量的主导因素。但是，流是否畅通直接影响同化物的转运速度和转运量，同时影响光合速率，最终影响经济产量。因此，培育健壮的茎秆，使疏导组织发达，可以促进库的形成。

（三）"源、库、流"的应用

1. 影响产量的源库限制因素分析

要采取合理的栽培措施协调"源、库、流"关系，首先要探明影响植物产量的源和库限制因子。通常产量水平较低时，源不足和库容量小是限制产量的主导因素。当养分和水分供应不足时，产量往往受源的供应量影响较大，增源即可增产；库容量大小更多受品种基因型控制，同时与栽培管理措施和环境条件密切相关。因此，增产的途径是增源与扩库同步进行。在高产水平下，植物群体源的供应量相对比较充足，进一步扩大库容、适度增加库/源值是进一步高产的技术策略。从源库理论探讨香料植物高产管理，关键不仅在于促进源和库的充分发展，还必须根据品种特性、生态及环境条件，采取相应的促控措施，使源库协调，建立适宜的库/源值。

2. 因地制宜选择合适的源库类型品种

香料植物栽培根据各地的生态气候条件、土壤肥力水平和生产条件选择适宜源库类型的品种。如果在土壤肥力水平较高、生产条件较好、植物生长季气候条件较好的高产地区，选择源库互作型的品种更有利于产量潜力的发挥。而在水资源短缺、土壤肥力较低、植物生产条件较差的地区可选择源小、库小、协调型的品种，这类品种生育期较短，抗逆性较强，能获得稳定的收成。

3. 建立合理的源库目标参数

源库目标参数主要是植物的形态指标，或者借助快速诊断设备的速测指标，这样在生产中才具有实际意义。与源库关系相关的形态指标包括：植物的株高、茎粗、分枝数、叶片数、叶片厚度、叶片结构与配置、叶色［如叶色卡（LCC）和叶绿素测定仪（SPAD）测定值］、LAI、根数、根长、根量、群体生物量、块根块茎数、单穗籽粒（颖花）数、籽粒（块根块茎）容积或质量、实粒重等。此外，还可以辅之生理指标，如光合速率、呼吸速率、含氮量、关键酶活性、激素浓度和比例，以及其他活性物质的浓度等，用来分析和描述植物源库特征及其协调情况。

香料植物全生育期内生物产量代表总体源的供应状况，源的大小取决于生物产量（光合面积×光合强度×光合时间−呼吸消耗）；潜在最大库容代表植物库容大小，即经济产量；流即为经济系数，收获指数代表植物源库协调状况，收获指数过低说明源向库转运受到抑制，过高可能源供应能力不能满足库的需求，只有生物量足够大和收获指数较高时说明源库关系协调，这样才能获得高产（图4-1）。

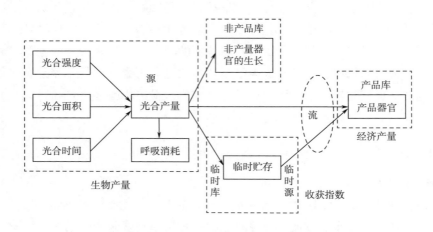

图 4-1　香料植物光合性能与源库流的关系

第三节　香料植物产量与品质的关系

一、产量与品质并重

在特定的需求条件下，香料植物栽培最终的价值和经济效益是由产量和品质共同决定的；如何协调植物、环境、栽培措施三者的有效结合，实现高产、优质的生产目的，是香料植物栽培的根本。产量是价值的基础，但只追求产量而品质不佳，则影响香料植物的经济价值。在保证品质的基础上，需要采用不同的调控措施进一步提高产量。

香料植物的产量形成是植株不同发育阶段依次进行的，各阶段间界限并非严格分开，而是有交叉重叠。例如以果实种子为收获器官的香料植物，生长前期为营养生长阶段，光合产物主要用于根、分蘖或分枝、叶的生长；生育中期为生殖器官分化形成和营养器官旺盛生长并进期，生育后期则为结实成熟阶段，光合产物大量运往果实或种子，营养器官停止生长且质量减轻。前一生长时期是后一生长时期生长的基础，营养器官为生殖器官提供所需的养分，因此，只有营养器官生长良好，才能保证生殖器官的正常形成和发育，从而促进产量形成。以根或根茎为产品器官的香料植物，生长前期主要以茎叶的生长为主，根冠比较低，生长中期则是地上部茎叶的快速生长期，地下部根茎开始膨大、伸长，地上、地下并进生长，根冠比逐渐变大，生长后期以地下部收获器官的增大为主，根冠比进一步增大，当二者的绝对质量差达到最大值时收获。

香料植物中有效成分的形成、积累和转化是评价其品质高低的关键指标，受季节变换及环境条件的影响，香料植物的有效成分含量也会随之变化。一般以收获植株地上部分为主的香料植物，在生长旺盛的花期采收，其有效成分积累量较高，而以地下部根茎为收获器官的香料植物，休眠期时积累量较高。此外，香料植物合理的加工方法（如洗、切、蒸、煮、烫和去壳等）以及适当的采收时间与其品质优劣关系极为密切。例如薄荷应在晴天中午收割，并立即摊开晾干或阴干，不能堆放、以免发酵。这样采收、加工才能使其香气浓郁、味道清凉、不霉变，有效成分高，品质优良。

二、协调产量与品质的主要途径

（一）香料植物适生区的选择

香料植物的生长需要有良好的生态环境，对气候、土壤的要求非常严格，表现出明显的地域性，使香料植物在生长季处于适宜的气候和土壤生态条件下，是达到优质适产的前提。不同种类的香料植物可生长的地域很广，因此，合理调整布局，实行香料植物的区域化种植，选择最佳移栽期并合理轮作，有利于其产量及品质的提高。例如，种植在内蒙古地区的甘草有光泽、皮细、体重、质坚实、粉性足、断面光滑而味甜、品质较好、产量较高；而种植在新疆地区的胀果甘草质量次之，几乎无光泽、皮粗糙、木质纤维多，质地坚硬、粉性差，味先甜后苦。因此可以选择适生区进行区域化种植。很多香料植物经过人工驯化栽培后，由于生长环境条件的改善，植株生长发育良好，为其产量提高及有效成分的形成和积累提供了良好基础。水热资源充沛的环境有利于糖类和脂肪的合成，不利于生物碱和蛋白质的合成；空气干燥、环境温度过高促进蛋白质的合成，但不利于糖类和脂肪的合成，因此可根据香料植物的有效成分组成选择不同的种植区域。

（二）香料植物优良品种的选择

不同品种有不同的遗传特性，即使为香料植物生产提供了良好的自然条件，但没有一个优良品种，不可能使其品质、产量提到一个较高的水平。品种也有地区适应性，因此，良好的生态区还要选择适宜的优良品种，才能生产出使用价值高的香料植物。一般根据提取有效成分的部位以及用途等，选择不同的品种。

（三）香料植物的定向栽培管理

香料植物有效成分的形成和积累还受到栽培措施（移栽时间、水肥管理、病害防治等）的影响。可通过调节水分、加强光照、通风等措施协调控制植株体内碳氮代谢平衡，使代谢活动及物质转化向着有利于香气成分形成和积累的方向，最终达到产量和质量的提高。例如，广藿香苗期喜阳，成龄株则可在全光照下生长，茎叶粗壮，味道香浓，比遮阴条件下生长的藿香含油率、产品质量高。

 课程思政

　　在当今香料植物的栽培过程中，由于肥料的施用，产量不再是突出的问题，香料植物栽培的目的，已经不单是追求高产量，更重要的是具有良好的经济品质，所以应树立品质第一的思想。我国经济已经进入高质量发展阶段，必须坚持质量第一，效益优先。作为香料产品从业者或经营者，更要关注产品质量提升，诚信经营，以服务和质量求发展。

？ 思考题

1. 香料植物产量构成要素有哪些？
2. 如何提高香料植物的产量？
3. 如何协调"源、库、流"关系使香料植物获得高产？
4. 影响香料植物品质的因素有哪些？
5. 提高香料植物品质的栽培措施有哪些？

第五章
香料植物引种与繁殖

【学习目标】

1. 了解香料植物引种驯化的意义以及引种的工作环节。
2. 理解香料植物种质资源搜集的意义。
3. 掌握香料植物引种的影响因素和香料植物种质创新的途径。
4. 掌握香料植物繁殖方法、扦插注意事项。

第一节　香料植物引种

一、香料植物引种的概念与意义

　　广义的香料植物引种指从外地或外国引入新香料植物、新品种或新类型，或者将野生香料植物变为栽培种，以供生产推广栽培或作为育种的原始材料。狭义的香料植物引种指作为解决某一地区生产上所需品种途径之一的引种。即从引入材料得到能供生产上推广栽培的品种，而不包括育种原始材料（种质资源）的引种，又可称为生产性引种或直接利用引种。这样的引种是解决在生产发展上迫切需要新品种迅速有效的途径。

　　香料植物在热带和亚热带分布最多，我国地跨热带、亚热带和温带，有高山、丘陵、平原和盆地，有变化复杂的地形、地貌、土壤和小气候条件，因此香料植物资源非常丰富。有许多香料植物原产于我国，如樟树、山鸡椒、八角茴香、中国重瓣玫瑰、花椒等都是我国特有的香料植物。我国具有悠久的香料植物栽培历史和丰富的加工利用经验，具有发展香料植物的优越条件。我国不仅发掘利用已有的野生香料植物资源，还积极引进我国没有的香料植物用于生产。

引种是解决生产应用品种少的一条重要途径。即使在品种较丰富的地区，引种也是必不可少的措施。因为一个地区往往受自然条件的限制，栽培的品种有限。中国是一个北温带季风气候大国，高温高湿季节几乎同步，南北冬季温差较大而夏季温差较小，因此要充分利用自然气候优势。

引种是实现香料植物良种化的一个重要手段。引种不仅能丰富品种资源，而且能直接应用于生产，并能提高产量和品质。目前国内所栽培的许多优良香料植物品种是从国外引进的，包括薰衣草、迷迭香、鼠尾草、罗勒等种类。但引种需要全面分析植物原产地和引种地区的自然历史条件，才能预见引入的植物品种在新地区栽培条件下实现人工栽培的可能性。

二、香料植物引种的影响因素

(一) 生态因素

1. 温度

温度因子最显著的作用是支配香料植物生长发育，限制香料植物分布。在香料植物引种时，必须考虑自然的地理分布及其温度条件。低温是影响香料植物正常生长的最主要因素，冬季的低温使许多喜温的多年生香料植物引种区域受到限制，不能向北移动。如一些原产于热带、亚热带的香料植物要求较高的温度，如果引种区域满足不了温度条件，引种大多不能成功。柑橘属香料植物一般要求年平均温度在16℃以上，虽因种类不同稍有区别，但最耐寒的种类也要求年平均温度在15℃以上。有些原产于国外的香料植物，如原产于塞舌尔和科摩罗群岛的丁香罗勒，种子发芽要求的温度较高，播种温度一般不低于30℃，在35~38℃温度下发芽最快，如果在我国广东地区引种较容易成功，如果在北京地区引种，由于春季满足不了种子发芽的温度要求，就不能露地苗床播种。虽然温床或阳畦育苗可以使其在北京地区作为一年生植物栽培，但由于生长季节短，温度不够高，不仅产量低，而且大部分种子不能成熟。因此引种不仅要了解年平均温度，还要了解欲引种地区冬季最冷月份的平均温度和绝对最低温度。

2. 光照

光照对香料植物生长发育的影响主要是光周期现象，即白天和黑夜的相对长度。植物根据对光周期的反应可分为长日照植物、短日照植物和日中性植物3种基本类型。长日照植物和短日照植物对日照时间有特定的要求，如不能满足其对光照的特定要求，植物就不能正常地进行生殖生长。光照对香料植物精油的形成也起着重要作用，因此，光照的长短和强弱与香料植物的引种关系极大，有时还是影响香料植物经济利用部位发育的主要因素。

对于长日照植物，白天越长，夜间越短，开花越早，相应地缩短了发育期。当所需要的长日照时长得不到满足时，长日照植物就不能开花结实。而短日照植物一般要求日照时长低于 12h，才能正常生长发育。还有一种中间性植物，即对日照长短要求不严格，在两种情况下均能良好地生长发育。胡椒薄荷（*Mentha piperita*）、高加索薄荷（*Mentha caucasica*）和奥地利薄荷（*Mentha austriaca*）都是长日照植物，在 9h 短日照条件下不能开花，叶片变小，地上茎渐转变为只具鳞片状叶片的地面匍匐茎。如将这些植物预先放在长日照条件下，形成花的原始体后，移到 9h 的短日照条件下，已形成的花原始体也会停止生长，逐渐干萎。然而薄荷（*Mentha haplocalyx* Briq.）和东北薄荷（*Mentha sachalinensis*）属中间性植物，无论在长日照还是 9h 以下的短日照条件下均能开花结实，生长发育良好。

多数香料植物是喜光植物，需要有充足的阳光才能良好地生长发育，如不能满足这些条件，则生长发育不良，从而降低产量和精油质量，甚至没有产量。例如，薰衣草是喜光植物，其经济利用部位是花穗，当长期处于遮阴条件下，则生长不良，很难形成花穗或形成的花穗细弱，花梗长、花朵少，不但影响精油的产量，而且影响质量。在全光条件下，胡椒薄荷的得油率最高，遮阴不仅会降低得油率，还显著降低薄荷脑含量。

3. 降水和湿度

降水对植物生长发育的影响因素，包括年降水量、降水在四季的分布、空气湿度。降水量和湿度与引种的关系较大的是植物生长季节的降水量和空气湿度。然而对于多年生香料植物，冬、春季节的降水量和湿度也非常重要。如北京春季的干旱、多风，有时成为多年生香料植物能否安全越冬的决定因素。

我国地处东亚季风区域，雨量较多，又多分布在夏季温度较高的时期，因而形成了不论南北，夏季均高温高湿的气候特点，年降水量的差别较大，以高纬度的北方较少，为 500~600mm，以 6 月、7 月、8 月三个月较多；低纬度较多，在 1000mm 以上，一般为 1500mm 左右，降水时间从 4 月到 9 月。这与地中海区域气候条件有明显的差别，其气候特点是雨量比较充沛。我国北方地区冬季严寒，早春干旱，夏季雨量又过分集中，温度也高，南方的夏季更是高温多雨，因此引种原产地中海地区的一些香料植物常不易成功。如薰衣草原产于地中海区域，虽在我国许多地区已经引种栽培，但在多数地区常受到夏季高温多雨或冬季严寒与干旱的影响。

4. 土壤

土壤的理化性质、含盐量、pH 及地下水位的高低，都会影响植物的生长发育，其中含盐量和 pH 常是影响某些香料植物引种的限制因子。多数香料植物都适宜生长在接近中性的土壤上（包括微酸性和微碱性土壤）。因此在这种土壤上引种大多数香料植物都易成功。但因植物种类不同，适应范围也不同。有的香料植物对土壤的酸碱度适应范围较广，有的则较窄。如芫荽对酸性土壤比较敏感，当土壤的 pH 为 6 时，就会降低产量，pH 为 5.5 时必须施用石灰以改善 pH。而薄荷、茴香、香紫苏的适应性则较大，可生长在微碱性土壤上，也可以生长在 pH 5.8 的酸性土壤中，但是土壤中施用石灰时效果也较好。罗勒在酸性土壤上能够很好地生长。而薰衣草则喜欢含钙质的微碱性土壤，对酸性土壤比较敏感，当土壤 pH 为 6 时就会产量降低。

5. 纬度和海拔

纬度和海拔的变化和气候因素的变化有很大关系，因此与引种的关系也很大。一般认为纬度相近的东西地区引种成功的可能性较大，而经度相近、纬度不同的南北地区引种成功的可能性则不如前者。这主要是夏季南北温差较小、冬季温差较大的缘故。

我国不同纬度地区年降水量也差别较大，以低纬度地区较多，高纬度地区较少。海拔每升高100m，温度下降0.5~0.6℃，据估计相当于纬度增加1°。因此有时在同纬度的高海拔地区和平原地区之间相互引种，由于温度条件相差较大，反而不易成功，而纬度偏低的高海拔地区与纬度高的平原地区有的温度条件相近，相互引种，成功的可能性反而较大。纬度与海拔只能大体上反映某一区域的温度、光照和水分等主要的气候因素，而不能全面反映多种因素所形成的生态环境，但是根据纬度、海拔可以对香料植物的引种做初步预测。

6. 生物因子

植物在长期生长、演化过程中，不仅适应了所在地的光、温、水、气、土壤等非生物的环境，同时，也与周围的生物建立了协调或共生关系。生物之间的寄生、共生，以及与其花粉携带者之间的关系也会影响香料植物引种的成败。

（二）生长发育特性

根据植物对温度、光照的要求不同，可以把一二年生植物分为两大类，即低温长日照植物和高温短日照植物。植物个体发育过程中总是表现为需要低温和需要长日照、需要高温和需要短日照相联系的现象。这是由各种植物的系统发育历史所决定的。植物对气候、土壤等生态因素的反应具有一般的规律性，但是不同植物个体的生长发育特性不同，反应也不同。

一般情况下地区间气候差别较大时，引种较困难，但因不同植物种类的潜在适应力不同，也有很大差别。有些植物种类能在较大的环境变异范围内正常生长发育，而有些植物当环境条件差异稍大时就生长发育不良，失去原有的优良性状。这与香料植物种类起源及其生态历史形成过程的不同有关。因此在引种时必须对所引种植物的生态历史形成过程有所了解。

植物个体不同，其生长节奏也不同，在引种时必须予以重视。植物的生长节奏是在其自然分布区内不同生态条件下形成的。有的耐寒植物虽然耐冬季的严寒，但由于生长节奏不同，在冬季温暖的地区，由于过早返青，嫩枝条反而遭霜冻，因此生长不良。

不同植物具有不同的阶段发育特性。如香紫苏的不同品种春化阶段长短也不同。有的品种将湿润的种子放在0~5℃条件下，15~30d即可通过春化阶段，播种的当年就能开花。而多数冬性或二年生的香紫苏品种春化阶段较长，在播种的当年来不及通过春化阶段，要待第2年才能开花。

三、香料植物引种的工作环节

（一）确定引种目标

香料植物引种必须有明确而具体的引种目标。引种目标的确定要考虑的因素较多，最重要的是市场需求及其经济效益。一般来说，只有引入的品种或类型在产量、质量及经济效益上具有一定优势，才能开展引种工作。

（二）检疫工作

引种是病虫害和杂草传播的一个重要途径。在引入育种材料时，很有可能同时带入本国或本地区所没有的病虫和杂草，以致后患无穷。因此，从外地，特别是从外国引进的材料必须先通过严格的检疫，对有检疫对象的材料，应及时加以消毒处理。必要时在特设的检疫圃内进行隔离种植，在鉴定中如发现有新的危险性病虫和杂草，就要采取根除措施。

（三）搜集选择引种材料

搜集引种材料时，首先要根据引种理论及对本地生态条件的分析，掌握国内外有关品种资源的信息。了解原产地的自然条件、耕作栽培制度及引进品种的选育历史、生态类型、温光反应特性和当地生产过程中所表现的适应性能，并和本地的具体条件进行比较，分析其对引入地区能否适应，以及适应程度的大小。如果为了直接利用，尤其应该注意与当地的生产条件和耕作栽培制度相适应。在同一地区、同一生态类型中要搜集尽可能多的基因型不同的品种。来自同一地区、属于同一生态类型的不同品种，其适应性大小和其他遗传性状是有差异的，这样的差异往往是决定引种成败的关键。

对引进的品种进行观察、比较的过程中，以及应用到生产以后的繁育过程中，都必须注意不断地选择。品种引进新地区后，生长发育过程中所处的环境与其原产地相比是一种新的条件，因此容易发生变异，必须进行选择，以保持其种性，或培育新的品种。

（四）引种试验

有关引种的基本理论和规律，只能起一般性的指导作用，以避免或减小引种工作的盲目性，对于引进品种能否在引入地区应用，还必须通过试验才能解决。试验的程序一般是：①观察试验，对初引进的品种，特别是从生态环境差异大的地区和国外引进的品种，必须先小面积试种观察，初步鉴定其对当地生态条件的适应性；②品种比较试验和区域试验，通过初步引种试验，表现良好的引种品种要进一步参与试验面积较大、有重复性的品种比较试验，进一步更精确地比较鉴定；试验进入这一阶段后，引种的品种和用其他方法选育的新品种相同，以优异品种参加区域试验，测定适应的区域范围，以及进行生产示范和繁殖推广；③栽培试验，经过品种比较试验和区域试验，其中表现适应性好而经济性状优异的引入品种，还需根据其遗传特性进行栽培试验。在进一步了解其种植技术的基础上做出综合评价，探索关键性的栽培技术措施，以充分发挥其在引入地区的生产性能，使引入品种的优异性状得以充分表现，并尽可能控制其在引入地区一般栽培条件下所可能表现的不利性状，使其得到合理利用，做到良种结合良法进行推广。

四、香料植物驯化

人类把野生香料植物培育成栽培香料植物的过程称为驯化。在香料植物育种中，"引种"往往与"驯化"连在一起而称为引种驯化，是指通过搜集、引进种质资源，在人类的选择培育下，使野生植物成为栽培植物，使外地植物和品种成为本地植物和品种的措施和过程。不同物种或品种引种到不同地区时，其驯化过程难易不一。有些香料植物或品种当被引种到新地区以后，能很好地适应新环境，正常开花结实；有些香料植物或品种在引种驯化时要求严格，适用范围较窄，对环境需要适应过程，才能开花结实，达到驯化目的。由外地引入种苗或种子后，虽然已用于生产栽培，但不能达到或产品收获时还未达到开花、结实阶段，那只能算是"引种栽培"，不能视为"引种驯化"。

驯化的机制在多年生香料植物上可能认为是生理上的适应，在一二年生的含有多种基因型的香料植物群体中，可以认为是选择了适应的基因型。引种驯化后，会使香料植物产生性状的变化，如精油品质的变化等。此外，生物学性状也会发生相应的变化。通过不断地选择培育，使植物的性状向逐渐适应栽培环境、符合人类需要的方向发展，成为适应不同地区、不同要求的各具特色的栽培新品种。驯化主要有根据香料植物的系统发育特性进行引种驯化和根据香料植物个体发育特性进行引种驯化。引种驯化工作中，要注意采用逐步迁移的方法，在香料植物驯化过程中还要结合适当的培育和选择。

第二节 种质创新

种质资源是指用于培育新品种的原材料，又称遗传资源、基因资源。种质是指生物体亲代传递给子代的遗传物质，它往往存在于特定品种中。如古老的地方品种、新培育的推广品种、重要的遗传材料以及野生近缘植物，都属于种质资源的范围。

香料植物种质资源是保障香料产业发展和生态文明建设的关键性战略资源。对现有种质资源相关性状聚优去劣才能不断创造出更多优异新品种。

香料植物种质创新是在研究和掌握香料植物性状遗传变异规律的基础上，根据各地区的育种目标和原有品种的基础，发掘、研究和利用各种香料植物种质资源、采用适当的育种途径和方法，选育适于该地区生态、生产条件，符合生产发展需要的高产、稳产、优质、抗逆、采收期适当和适应性广的优良品种，并通过行之有效的繁育措施，在繁殖、推广过程中，保持并提高种性，提供优质足量、成本低的生产用种，实现生产用种良种化，种子质量标准化，促进高产、优质、高效香料产业的发展。

一、种质资源的分类

香料植物种质资源可以按植物种类的自然属性、来源和育种利用等不同特点进行分类，在实际工作中，往往按其来源分类，一般可分为以下 4 种。

（一）本地种质资源

本地种质资源是育种工作者最基本的原始材料，包括地方品种、过时品种和当前推广的主栽品种。地方品种是指没有经过现代育种手段改进的，在局部地区内栽培的品种。虽然这些种质在某些方面可能有明显的缺点，但也可能具有某些特性，如适应特定的地方生态环境，特别是抗某些病虫害等。地方品种的收集和保存是种质资源征集的重要内容之一。本地主栽品种是指经过现代育种手段育成，在当地大面积栽培的优良品种，可以是本地育成的，也可以是从外地（国）引种成功的。它们具有良好的经济性状和适应性，是育种的基本材料。过时品种曾经是生产上的主栽品种，由于生产条件的改善、种植制度的变化、病虫害流行以及人们对产量和品质要求的日益提高，而逐渐被其他品种所代替。这些品种的综合性状不如当前推广的主栽品种，但它们仍是选择改良的好材料。

（二）外地种质资源

外地种质资源是指从其他国家或地区引进的品种或类型。这些种质反映了各自原产地的自然和栽培特点，具有不同的生物学、经济学和遗传性状，其中某些性状是本地种质资源所不具有的。特别是来自起源中心的材料，集中反映了遗传的多样性，是改良本地品种的重要材料。外地种质资源引入本地后，由于生态条件的改变，种质的遗传性也可能发生变异，因而是选择育种的基础材料。应用外地种质作为杂交亲本，丰富本地品种的遗传基础，是常用的育种方法。

（三）野生种质资源

野生种质资源主要指香料植物的近缘野生种和有价值的野生香料植物。它们是在特定的自然条件下，经过长期的自然选择而形成的，往往具有一般栽培种所缺少的某些重要性状，如顽强的抗逆性、对不良条件的高度适应性、独特的品质等，是培育新品种的宝贵材料。野生香料植物通过栽培驯化，可发展成新的栽培香料植物，具有极大的开发价值。对野生香料种质资源的考察、鉴定、筛选和利用是香料种质资源工作的重要内容之一。

（四）人工创造的种质资源

现代香料植物育种，不仅充分发掘、搜集、利用各种自然种质资源，还通过各种途径（如杂交、理化诱变、基因工程等）产生各种突变体或中间材料，以不断丰富种质资源。这些种质虽不一定能直接应用于生产，但却是培育新品种或进行有关理论研究的珍贵资源材料。

二、种质资源的搜集

很好地保存和利用香料植物资源，丰富和充实香料植物育种工作的物质基础，必须广泛发掘和搜集香料种质资源。丰富的种质资源是新育种目标的基础，也是拓宽现代品种的遗传基础。香料植物种质资源搜集主要有野外考察搜集、种质资源机构或育种单位间引进交换和群众性征集等方法。无论采用哪种方法，首先要有一个明确的计划，包括目的、要求、步骤，如搜集的种类、数量和有关质量，拟搜集的地区和单位等。搜集到的种质资源，还要及时进行整理。

三、种质资源的保存

种质保存是指利用天然或人工创造的适宜环境保存种质资源。主要作用在于维持样本数量，保持各样本的生活力和原有的遗传变异性，便于研究和利用。保存的方式主要有种植保存、贮藏保存、离体试管保存、基因文库保存和利用保存。

四、种质资源的创新

选择育种、杂交育种、诱变育种、倍性育种、分子育种等是实现香料植物种质创新的途径。

（1）选择育种　是为生产提供新优良品种的育种途径之一。香料植物选种在整个香料植物育种中占有极为重要的地位。选种是以栽培植物现有品种自然产生的变异作为选择的原始材料，创造新品种。

（2）杂交育种　是利用具有不同遗传性的亲本进行杂交，然后在杂种后代中进行选择以培育新品种的过程。杂交可分为有性杂交和无性杂交2种。育种上采用较为普遍的是有性杂交。有性杂交是指2个以上亲本的雌、雄性细胞，通过受精作用，产生杂种后代的过程。有性杂交育种可分为品种间杂交育种和远缘杂交育种（即种间、属间和科间的杂交育种）。而品种间杂交育种是国内外香料植物育种上应用最广泛、成效最显著的育种方法。

（3）诱变育种　是指人为地利用物理、化学等因素诱导植物发生遗传变异，然后根据育种目标进行选择，以培育新品种。在物理因素中常用的是具有辐射能的一些物质，用这些物质进行诱变育种也称为辐射育种。在诱变育种中利用化学物质又称为化学诱变育种。

（4）倍性育种　是指利用改变香料植物染色体倍数的方法提高香料植物产量、改进品质和增强抗性，以培育新品种。多倍体育种是在植物生长的某一阶段（包括有性和无性世代），用物理和化学方法作用于正在进行分裂的植物细胞，使染色体倍数增加以达到培育新品种的目的。单倍体育种是在植物有性世代的某一阶段，主要利用植物花粉育成优良的单倍体植株，再通过染色体加倍，育成遗传组成上纯度高，并能保持相对稳定的品种。倍性育种在香料植物育种中的应用尚不够普遍，但多倍体育种方法用于薄荷属植物育种的研究较多；香料植物育种中应用单倍体方法的也不多，但我国在柑橘的单倍体育种方面的研究已有成效。

（5）分子育种　是指运用分子生物学技术，根据育种目标，将不同生物的 DNA 在体外经酶切和连接，构成重组 DNA 分子，然后通过载体或直接导入受体细胞，使外源基因在受体细胞中得到复制和表达，最后从转化细胞中选择有价值的类型并培育出工程植株，从而创造新品种的定向育种新技术。利用分子标记技术，能够准确鉴定种质资源中优异农艺性状基因的多样性，特别是能够从农艺性状不良的野生种，鉴定出其中蕴藏着的优良农艺性状基因，这将发掘出大量未被利用的优良农艺性状的基因，极大拓宽育种的物质基础。进行种质资源中重要农艺性状基因的分子作图与标记，在育种中可以不受环境条件的干涉与影响，做到准确地对育种目标进行选择，大幅缩短育种周期，提高育种效率。野生近缘香料植物是香料植物的基因宝库。通过远缘杂交进行种质创新，是育种工作取得突破的途径之一。在远缘杂交中，分子标记不仅可以精确检测外源染色体，而且可以广泛地揭示外源染色体与栽培物种染色体的部分同源关系，这对有效转移外源基因十分重要。分子标记可以揭示杂种优势的遗传基础，鉴定种质资源（亲本）的遗传多样性，对其进行分类，从而有效地选配亲本。

日益成熟的基因工程技术，使人们能够从香料植物的基因组中克隆有重要经济价值及科学研究价值的目的基因，进而用遗传工程的手段将其转移到另一个物种或品种中，并对其结构与功能进行研究。生物信息学发展也为分析基因组 DNA 序列的结构和功能提供了保障，运用生物信息学的原理与方法，对基因组序列的巨大数据进行分析，将会成倍地加快基因克隆的速度，并将最终明确香料植物基因组的全部基因。

应用新的生物技术与常规鉴定相结合，在香料种质资源中发掘新的优良基因，克隆新的优良基因，建立基因文库，在此基础上研究各种优良基因的多样性和遗传特点，为新基因在育种中利用提供科学依据，将使香料植物种质资源在香料产业中发挥应有的作用。

第三节　香料植物的繁殖

香料植物种类繁多，有草本和木本，有一年生植物，也有寿命较长的树，繁殖方法通常可以分为有性繁殖和无性繁殖。

一、香料植物的有性繁殖

有性繁殖是香料植物繁殖的基本方式，是由雌、雄配子体结合，经过受精过程，最后形成种子繁衍后代的繁殖类型。用种子进行繁殖的过程称为有性繁殖，又叫播种繁殖、种子繁殖。由种子萌发生长而成的植株称为实生苗。有性繁殖具有简便、经济、繁殖系数大、有利于引种驯化和培育新品种等特点，是一二年生香料植物最常用的繁殖方法，部分宿根和灌木香料植物也适宜采用此法。但以无性繁殖为主的异花授粉植物，尤其是多年生的木本香料植物，由实生苗长成的植株容易发生遗传变异，精油品质变劣，并且开采时间迟，不宜采用种子繁殖。

（一）种子的采收

香料植物种子的成熟期随植物种类、生长环境不同而差异较大。掌握适宜的采种时间非常重要。种子成熟包括形态成熟和生理成熟。生理成熟是指种子发育到一定大小，种子内部干物质积累到一定量，种胚已具有发芽能力。形态成熟是指种子中营养物质停止了积累，含水量减少，种皮坚硬致密，种仁饱满，具有成熟时的颜色。一般情况下，种子的成熟过程是经过生理成熟再到形态成熟，但也有些种子形态成熟在先而生理成熟在后。当果实达到形态成熟时，种胚发育没有完成，种子采收后，经过贮藏和处理，种胚再继续发育成熟。也有一些种子，它们的形态成熟与生理成熟几乎是一致的。真正的种子成熟包括生理成熟和形态成熟两个方面。

在香料植物生产中，种子成熟程度的确定一般根据种子成熟时的形态特征判断。种子成熟后，种子中的干物质停止积累，含水量降低，硬度和透明度提高，种皮的颜色由浅变深，呈现品种固有的色泽。实际采种时，还要考虑果皮颜色的变化。一些果实成熟时其形态特征也不同，浆果、核果类（多汁果）果皮软化，变色。干果类（蒴果、荚果、翅果、坚果等）果皮由绿色变为褐色，由软变硬。其中蒴果和荚果果皮自然裂开。球果类果皮一般都是由青绿色变成黄褐色，大多数种类的球果鳞片微微裂开。果实成熟类型及采收要点如下。

（1）干果类　如荚果、蒴果、长角果等，果实成熟变干自然裂开、落地或成熟而开裂散播出单个干燥的种子。一般为了防止种子丢失，这类果实的种子必须在果实熟透之前收获，并在取出种子之前晾晒干燥。在大量采收时，通常的做法是等最早成熟的果实尚未开裂之前把整株花茎或植株割下，头朝下装在纸袋内挂起来，或者放在帆布或浅盘上，在通风干燥处放 1~3 周。这样的收获会存在一个问题，因为同一植株上的种子发育可能是有先有后，所以收获时部分种子可能尚未完全成熟。解决方法是通过筛选，淘汰那些品质差和质量轻的种子。

（2）闭果类　如瘦果、坚果等，果实不开裂，脱落也不因成熟而种子立刻散落。这类果实的种子可等果实成熟时再在植株上收集，但对于易倒伏和花穗下垂的植株须先行割下，再晾晒干燥。

（3）肉质果类　收集这类果实的种子必须等果实变得足够软，以便于去掉肉质部分。收获后的果实，可通过人工清洗、发酵等方法去掉果肉，再进行干燥。这类果实如果等落到地面再收集，果实可能因为受热或受到微生物侵染而损伤种子。如果让果实变干燥后再收集，会使种子周围形成很硬的一层皮，从而加深种子休眠。

无论哪类种子，在收获后贮藏前一般都应立即进行干燥处理。如果把种子大堆存放几小时，只要湿度超过 20%，种子就会发热而削弱生活力。种子除了可放在室外自然干燥（通风条件下阴干或晒干，但须避免阳光暴晒）外，也可以用热烘或其他设备使之干燥。烘干温度不能超过43℃，如果种子相当湿，则用32℃烘干较好。烘干过快可能引起种子皱缩和破裂，并形成硬种皮。

（二）种子品质检验

香料植物种子质量检验又称为种子品质检验。香料植物种子品质包括品种品质和播种品质。品种品质是指与遗传特性有关的品质，包括品种的真实性和品种纯度，可用"真、纯"二字概括；播种品质是指种子播种后与田间出苗有关的品质，可用"净、壮、饱、健、干"五字概括。种子的品质优劣，最终应表现在播种后的出苗数、出苗速度、出苗整齐度以及苗的纯度和健壮程度。种子品质检验就是应用科学方法对生产上的种子品质进行细致检验、分析、鉴定以判断其优劣的一种方法。种子品质检验包括田间检验和室内检验两部分。田间检验是在香料植物生长期内，到良种繁育田内进行取样检验，检验项目以纯度为主，其次为异作物、杂草、病虫害等；室内检验是种子收获脱粒后到晒场、收购现场或仓库进行抽样检验，检验项目包括净度、发芽率、发芽势、生活力、千粒重、水分、病虫害等。其中，净度、饱满度、发芽能力（发芽率、发芽势）和生活力是种子品质检验中的主要指标。

（1）种子净度 又称为种子清洁度，是纯净种子的质量占供检种子质量的比。净度是检验种子品质的重要指标之一，是计算播种量的必需条件。净度高，表明品质好，使用价值高；净度低，表明种子夹杂物多。种子净度＝（纯净种子质量/供检种子质量）×100%。

（2）种子饱满度 种子饱满度是用1000粒种子的质量表示，称为种子的"千粒重"，是指风干状态的1000粒种子的绝对质量，以克为单位。同一种香料植物千粒重大的种子，饱满充实，贮藏的营养物质多，结构致密，能长出粗壮的苗株，千粒重是反映种子品质的重要指标之一，也是计算播种量的依据。

（3）种子发芽能力 包括发芽率和发芽势。发芽率是指发芽终期的全部正常发芽种子粒数占供检种子粒数的比。发芽势是指在规定日期内正常发芽种子的粒数占供检种子粒数的比。种子发芽率%＝（发芽终期全部正常发芽粒数/供检种子粒数）×100%；种子发芽势%＝（规定日期内正常发芽粒数/供检种子粒数）×100%。

（4）种子生活力 是指种子发芽的潜在能力或种胚具有的生命力。香料植物种子的寿命长短各异，为了在短时期内了解种子的品质，必须用快速方法来测定种子的生活力。通常采用红四氮唑（TTC）染色法、靛红染色法等来快速检验种子生活力。

（三）种子的寿命与贮藏

1. 种子的寿命

种子从发育成熟到丧失生活力所经历的时间称为种子的寿命。种子的寿命因香料植物的种类不同而有很大差异。一些香料植物的种子，如热带肉桂等的种子，既不耐脱水干燥，也不耐零上低温，寿命往往很短，这类种子称为顽拗性种子。而大多数香料植物的种子，能耐脱水和低温（包括零上低温和零下低温），寿命较长，被称为正常性种子。

影响香料植物种子寿命的因素有内因和外因。内因有种皮（或果皮）结构、种子储藏物、种子含水量及种子成熟度等。外因主要有温度、湿度和通风条件。温度较高时，酶的活性增强，加速贮藏物质转化，不利于延长种子的寿命，同时还会使蛋白质凝结。温度过低会使种子遭受冻害，引起种子死亡。通常含水量在10%以下的种子能耐低温，而含水量高的种子，则只能在0℃以上条件下才不受冻害。贮藏环境的空气相对湿度也很重要。因种子具有吸湿性能，如空气相对湿度大，则种子难干燥，也会因吸收水分增加了含水量，因此贮藏环境要干燥。贮藏气体也影响种子的寿命。此外，化学药品如杀虫剂、杀菌剂等都可以减少种子寿命。

2. 种子的贮藏

种子由于各种原因如不能立即播种或销售，就需要贮藏。种子的贮藏方法通常有以下3种。①不控制温湿度的自然贮藏：种子贮藏在袋子、仓库或其他不封闭的容器中。在这样的情况下，种子的贮藏寿命由贮藏地点的空气相对湿度和温度，以及种子的种类和它们开始贮藏时的状态而定；最差的贮藏环境条件是高温与高湿，最好的贮藏地区是在寒冷及干燥的地区，为防止病虫害的侵扰，最好对种子进行消毒和杀虫处理，多数香料植物种子可以无须控制任何条件而贮藏至少1年；②控湿暖藏：为延长贮藏时间，可对上一方法改进，就是把干燥的种子贮藏在可控湿度的条件下，种子可以贮藏在密封、不透水汽的容器内，如玻璃瓶、铝盒等，纸袋和布袋则因其无法防止空气湿度变化，所以不可使用；③冷藏：不论上述哪一种贮藏方法，如果能够降低贮藏温度至10℃或更低，贮藏时间都可以大幅延长。

（四）种子的休眠

种子休眠是由于内在因素或外界条件的限制，种子一时不能发芽的现象。休眠是一种正常现象，是植物抵抗和适应不良环境的一种保护性生物学特性。种子呈休眠状态，通常有两种情形：一种是由于环境条件不适宜而引起的休眠，称为强迫休眠；另一种是种子本身的原因引起的休眠，称为生理休眠或真正休眠。

种子成熟后，即使给予适宜的外界环境条件仍不能萌发，此时的种子称为休眠状态种子。种子休眠的原因主要有以下几个方面。

（1）种皮限制　有些种子因为种皮的存在而引起休眠，种皮包括种壳、果壳及胚乳。有些种子的种皮具蜡质、革质，不宜透水、透气，或产生机械的约束作用，阻碍种胚向外生长。

（2）胚未成熟　有些种子的胚在形态上已经发育完全，但在生理上还未成熟，必须通过后熟才能萌发。后熟是指种子采收后需经过一系列的生理生化达到真正的成熟，才能萌发的过程。有的胚后熟需要由高温至低温顺序变化，其胚的形态发育在较高温度下完成，其后需要一定时期低温完成其生理上的转变才能萌发；有的胚后熟要求低温湿润条件；有些上胚轴休眠的种子大多数在收获时胚未分化，其后发育需要较高的温度，接着又要求低温解除上胚轴休眠，胚茎才得以伸长，幼芽露出土面。

（3）萌发抑制物质的存在 有些种子不能萌发是由于果实或种子内有抑制种子萌发的物质，如挥发油、生物碱、有机酸、酚类、醛类等。它们存在于种子的子叶、胚、胚乳、种皮或果汁中，阻碍种子萌发。

此外，还有些种子存在次生休眠现象。也有一些种子休眠的原因不止一种。

（五）种子播前准备

1. 确定播种量

田间播种时，播种量直接影响株距密度，尤其对直播影响更大，因此，播种前首先要确定播种量。播种量的计算公式为：

$$播种量 = \frac{单位面积植株数 \times 种子发芽百分率}{每克种子数 \times 种子纯度百分率}$$

上述公式算出的是最低限度的播种量，在实际生产中，还应把苗床预期的损失计算在内，根据土壤质地、气候、降水量、病虫害、种子大小、播种方式、耕作水平、种子价格等情况，适当提高实际播种量。

2. 种子处理

种子萌发需要一定的水分、温度和良好的通气条件。具有休眠特性的种子，打破休眠后才能萌发。播种前对香料植物种子进行处理，有助于打破种子休眠，促进种子萌发，提高幼苗整齐度。播种前种子处理主要有种子精选、消毒、催芽等。

种子精选后可以提高种子的纯度，还可以进一步进行分级，有利于种子种苗的标准化。常用的精选方法有风选、筛选等。种子消毒可有效预防通过种子传播的病虫害。主要有药剂消毒处理、温汤浸种处理和热水烫种等。

播种前对种子进行适当的催芽处理，可以促进种子发芽并提高发芽整齐度。例如，鼠尾草种子可先用水浸泡一个晚上。香料植物种子发芽后容易发生猝倒病，猝倒病主要是由某些真菌感染引起。为了预防幼苗发生此病，播种前可先将种子用杀菌剂进行保护，即把浸湿或浸种后的种子与杀菌剂（为种子质量的 0.3%）拌匀，再进行播种。常用的杀菌剂通常为一些含锌或铜的杀菌剂等。

3. 播种的基质选择与处理

香料植物常用的固体基质可分为无机基质和有机基质。无机基质有岩棉、砂石砾、蛭石、珍珠岩、膨胀陶粒、炉渣、片岩、火山熔岩等；有机基质有泥炭、锯木屑、树皮、稻壳、腐叶等。采用任何一种基质，使用前均需进行处理，如筛选去杂、水洗除泥、粉碎浸泡等，有机基质一般还需进行蒸汽或药剂消毒后使用。

（六）种子播种

1. 播期的选择

播期主要根据香料植物的生物特性和气候条件，以及应用的目的和时间来决定。如对于非耐寒性一年生香料植物，必须在春天播种，因其喜高温，接下来的夏天旺盛生长开花；而对于耐寒性一年生香料植物，多不耐高温，喜冷凉的气温，所以适宜的播种期是在秋季。宿根香料植物的播种期主要依其耐寒力的强弱而异。对于耐寒性宿根香料植物，春秋皆适宜播种，夏季也可，尤以种子成熟后即播为佳；不耐寒的常绿宿根香料植物，宜春播或夏播或种子成熟后即播。温带原产的木本香料植物，虽然种子多在夏天成熟，但由于种子具有休眠性，需要经过冬天贮藏后于第 2 年春天再播。热带原产的木本香料植物，则宜在春夏间播种，以便在冬天时具有更大的植株（抗寒力更强）来度过冬季。如果迟至秋天播种，则冬天幼苗应注意保护。上述是对自然条件下的播种而言。如果在有控温的设施内，一年四季都可以进行播种。

2. 播种方法

播种方法可分为田间直播、容器播种、穴盘播种、室内播种。室内播种又可分为室内苗床播种和室内容器播种。

（1）田间直播　是将种子直接播于畦上，通常大粒种子或乔灌木种子均可用此方法。播种方式有点播、撒播和条播 3 种。点播是将种子按一定距离播在土壤中，适用于大粒种子；撒播是将种子均匀撒播到土壤上，适用于小粒种子；条播是先用工具在土壤上做浅沟，然后将种子播于小沟内，再覆土将小沟填平。条播适用于大部分香料植物种子。种子的间距为种子直径的 2~3 倍，如果播种后幼苗生长时间长，则要加大距离。对于种子的播种深度，通常大粒种子为种子大小的 3~4 倍，小粒种子以不见种子为宜，极小粒种子播在表面即可。如果播得太深，会延迟幼苗出土，种子本身贮藏的养料耗尽又不能及时进行光合作用，幼苗质量就会变差甚至死亡。当然一些种子需要光线，这也是一个影响因素。播种后为了防止大雨冲刷及保湿，可在畦上覆盖一层稻草或遮光网。

种子质量轻（千粒重一般在 5g 以下）的香料植物，萌发后顶土能力很弱，常规播种出苗率很低。整理好的育苗田或大田土壤较为疏松，常规播种后多数种子顺着土壤颗粒间隙进入土层较深处，种子覆盖的土层厚度超越了它的顶土能力，导致出不来苗；还有一部分种子虽然处于合适的位置，播种后土壤不踏实，种子与土壤颗粒没有充分接触，加之这些种子适合的覆土厚度很薄，发芽后很容易因土壤下沉吊死或因不能吸水导致萎蔫死亡，干旱高温季节尤为严重。

采用两压法播种可有效提高小粒径香料植物种子的出苗率和幼苗整齐度。方法为：香料植物种子播种前，在整理后的平整地块上，先用圆木或碾磙人工或机械将地块碾压 1 遍，然后播种香料植物种子，随即再进行第 2 次碾压。第 1 次碾压的目的主要是确保播种的小粒香料植物种子处于同一平面上，使出苗一致；第 2 次碾压稍重一些，便于种子进入土壤中并与土壤紧密结合，利于保墒保湿，提高种子发芽率和出苗率。

（2）容器播种　是将种子播于花盆、浅木箱等容器中。在生产中对于数量较少的小粒种子多采用这种播种方法进行育苗。由于此播种方法具有容器的摆放位置可以随意挪动、容器上方便进行覆盖保湿等特点，所以可获得更高的发芽率和成苗率，减少种子损耗。

（3）穴盘播种 是采用草炭、蛭石等轻基质无土材料做育苗基质，机械化精量播种，一穴一粒，一次性成苗的现代化育苗技术。生产上由于移植往往会损伤根苗或根系，会使栽植后的幼苗产生时间长短不一的缓苗期，待新根毛重新长出后幼苗才恢复正常生长。此外，有些直根系种类不耐移植。所以为了保证移植时不伤根或少伤根，避免或缩短缓苗期，现代播种育苗技术已广泛采用穴盘播种等来保护根系。

（4）室内播种 是指在设施内进行的播种。在设施内，特别是在现代化温室内进行播种，与没有设施的播种相比，能够避免不良环境造成的危害、节省种子、控制种子发芽快速均匀整齐、幼苗生长健壮、减少病虫的发生、使供应特殊季节和特殊用途的生产计划得以实现等。

二、香料植物的无性繁殖

无性繁殖又叫营养繁殖，是指利用植物的营养器官进行的繁殖。无性繁殖通常还分为扦插、分株、压条和嫁接4种。前3种方法繁殖出来的苗称为自根苗，用嫁接法繁殖出来的苗称为嫁接苗。

无性繁殖在香料植物繁殖上应用较为普遍。其优点主要是到达开花的时间短（无性繁殖苗的个体发育阶段是建立在所有植物器官或供繁殖部分发育阶段的基础上，所以不需要经历实生苗所必须经历的初期阶段），能够保持母本的性状（很多香料植物的遗传组，即基因型是高度杂合的，如果用种子繁殖，一些性状会消失）。其主要缺点是短期内往往难以获得大量的幼苗；自根苗没有主根，对环境的适应能力较差，且寿命也较短。

（一）扦插繁殖

扦插繁殖是指利用植物营养器官能产生不定芽或不定根的能力，将茎、根或叶的一部分或全部从母体上剪切下来，在适宜的环境条件下让其形成根和新梢，从而成为一个完整独立的新植株的繁殖方法。剪切下来的部分为插条或插穗。根据所取营养器官部位的不同，扦插繁殖又可分为枝插（或茎插）、叶插、叶芽插和根插4种。多年生香料植物主要使用枝插，并且应用相当普遍。

有些种类的茎上存在着潜伏根源，剪下后扦插在适合的环境下，就会发育，最后形成不定根。此外有些种类扦插后，往往先看到基部伤口形成愈伤组织，然后再有不定根长出来。

为促进插条生根，可以采用植物生长调节剂处理插条或插穗，如在生产上常用人工合成的生长调节剂来处理插条基部，不仅生根率、生根数以及根的粗度和长度都有显著提高，而且生根期缩短、生根整齐。常用的几种生长调节剂是吲哚丁酸（BA）、萘乙酸（NAA）、吲哚乙酸（IAA）和2,4-二氯苯氧乙酸（2,4-D）。还可以采用杀菌剂处理，扦插过程中插条基部（特别是刚切的伤口）会遭受多种真菌的侵袭，导致基部腐烂，插条死亡。用杀菌剂处理可以使插条得到保护，还能提高生根的质量。

枝插使用较为普遍，枝插按照所取插穗的性质不同，又可分为 4 种：硬枝插、半硬枝（半木质化）插、绿枝（嫩枝或软枝）插和草质茎插。不同性质的枝插及枝插生根过程中的管理要点如下。

1. 硬枝插

在休眠季节（晚秋、冬季或早春），选择阳光充足、生长健康而长势中等的母株，从上剪下一年生的枝条，再剪取枝条的中间和基部作为插条，上部往往贮藏营养很少而应弃去。不同种类的插条长度变化较大，长 10~75cm，但至少都应包括 2 个节。基部的切口常常是恰好在节下面，顶部切口在节上 1.3~2.5cm 处。对于节间短的插条，基部切口位置可以不考虑。插条的直径为 0.6~2.5cm.，甚至到 5cm，因种类而异。在苗圃内已生根的硬枝插条，大多于落叶休眠后起苗移栽。生长快的插条 1 年即能达到移植的标准，生长慢的可能需要 2~3 年才能达到移植的标准。起苗最好选无风、冷凉而有云的天气进行。土壤（特别是黏质土）湿重时不能起苗。苗挖出后根上的土都应去掉，并迅速假植起来，或进行冷藏，或立即定植。苗圃或田间挖进来的裸根苗，在准备定植前都必须进行修根。修根是把长根剪短，长的或卷曲的根应从根茎算起留 10cm 左右。修根可以促进初次栽到地里的苗木产生密集的须根。如果以后还要进行挖苗或移植，第 2 年最好再用利铲进行修根，这一措施有助于将苗木根系固定在土块内，便于以后挖苗。

2. 半硬枝插

这种类型大多用于常绿木本香料植物，夏季之前从落叶木本植物上采取半木质化的带叶枝条扦插，也称半硬枝插。多种灌木香料植物普遍采用半硬枝插。常绿阔叶木本常在夏天迅速生长之后，采取当年的半木质化枝条作插穗，插穗长 7.5~15cm，上端叶片保留，如果叶片较大应去掉一部分，以免过多损失水分，且节省插床面积。常用枝梢作为插穗，从枝条的基部采条也能生根。基部切口常在节的下方。最好在凉爽的早晨枝条细胞充满水时采插穗，扦插的深度为插穗长度的一半。带叶插条应减少叶片蒸腾作用才有利于成活。喷水、喷雾、放在阴处，用塑料薄膜或玻璃覆盖等都是常用方法，间歇喷雾效果较好。插床底部加温和生长调节剂处理插条能促进生根。珍珠岩和泥炭各半混合或者单独用珍珠岩、蛭石等作生根基质，都可以得到很好的效果。

3. 绿枝插

以落叶或常绿木本香料植物春季刚长出的柔嫩多汁新梢作插穗的扦插，称为绿枝插。绿枝插通常比其他扦插法容易而且生长迅速，但要求较多的设备和培育。因其带叶扦插，防止干燥较为重要，尽量置于高湿度的条件下，如喷雾或间歇喷雾。大多数种类生根期插床底部温度最好在 23~27℃，叶面温度在 21℃。大多数情况下绿枝插穗 2~5 周后生根。如果使用生长调节剂处理效果更好。

绿枝插时，尽管由于香料植物种类不同插穗类型各不相同，但一般不采用生长极迅速的柔嫩新梢，因其在生根前易腐烂；较老的木质茎生根较慢或很快落叶而不生根，也不宜采用。最好的插穗材料，是完全成熟并且有些许弹性、急弯时会折断的枝条。瘦弱的内膛枝和过旺过粗的枝条都不适用。在充分光照下生长中庸的枝条或侧生枝最好。将母株主枝短剪可促进发生许多侧生新枝，其新生枝梢可用作插穗。插穗长 7～13cm，具有 2 个或多个节。基部切口常在节的下方。上部叶保留，下部叶剪去。大叶片要剪去部分，以减少失水和节省插床面积。插穗上有花的要把花和花芽除去。插穗的一半长度插入基质中。最好上午采穗，采后保湿和放在冷凉处，可包在洁净的湿麻布内或大塑料袋中，不宜把插穗放入水中保鲜，也不宜暴露在太阳下。

4. 草质茎插

多年生草本香料植物采用草质茎插。插穗长 7～13cm，顶端一般带有叶片。这种扦插与绿枝插要求同样的采穗处理和条件，特别是高湿度。基质加温也有效。条件适合时生根较快，生根率也较高。虽然不需要生长调节剂处理也易生根，但使用生长调节剂处理不仅可使生根迅速一致，还会发育较多的根。草质茎容易发生基部腐烂，基质宜沥水透气。

为提高扦插苗质量，半硬枝插、绿枝插及草质茎插除基质干净外，刀剪等工具、插穗本身、操作台、苗床、容器等也须干净或经过消毒。

5. 枝插生根过程中的管理要点

苗圃或田间露地硬枝插仅要求与种植一般香料植物相同的管理方法，如适宜的土壤水分、无杂草、防治病虫害等。苗床最好建立在有全光照的地点。各种带叶扦插在高湿度下才易生根，整个生根过程需要密切注意。温度也要小心控制。插条在任何时候都不能出现萎蔫。带叶扦插时尽可能使空气湿度达到最高，使叶片失水最少。如果没有自动控制喷雾装备，必须进行人工喷雾（喷滴要细），尤其在炎热天气更应如此。如果湿度稍有下降就会使插穗萎蔫，萎蔫时间稍长，可能会出现随后即使湿度恢复也不生根的情况。

插床或扦插容器内要保持清洁，落下的叶和死去的插条均应立即清除。高湿密闭且光线弱的环境易于微生物繁殖，应注意防控。如果插条上发生螨类、蚜虫、介壳虫等，也应采取相应的防控措施。

绿枝插、半硬枝插和草质茎插插穗生根后的移植方法为：带叶插条在高湿下生根，移出基质后需要细心照料。生根开始后要降低湿度并使床面通风。当根系多并有次级根形成时可以移出，插条生根较快的，可晚些掘苗，等初生根上长出浓密的侧根，侧根与基质成为一团时再进行移植。

起苗时，应小心地将苗从基质中取出，不要伤根，最好根上带有基质。大部分根长到 2.5～5cm 时可以起苗种植，如果是在喷雾条件下生根的香料植物，可逐渐移至空气干燥或较干燥的栽培场所。扦插苗移入露地以前的过程为幼苗锻炼过程，时间为 1～2 周。

从喷雾条件下移出生根植株前的锻炼方法有：移植前在插床中减少喷雾时间，延长不喷雾时间，或喷雾时间不变而每天喷雾次数减少；有些在室外喷雾扦插的，应将生了根的植株留在插床上，并使植株的根穿过插床底部向地下生长，之后再进行移植；有些在容器内扦插的，生根后将容器移至另一喷雾处进行减少喷雾锻炼；生根后将植株移入新容器，将容器放在有遮阴和潮润的地方一段时间。

（二）压条繁殖

压条繁殖是使植物的茎还在母株上时形成不定根，然后再将茎枝与根一起切离母体而成为独立植株的繁殖方法。压条繁殖时茎枝还留在母株，木质部没有被切断，所以水分和矿质营养仍然可由母株供应，因而成活与否不像扦插繁殖时的插条那样取决于生根前枝梢能维持时间的长短，这是许多植物压条繁殖比打扦插繁殖更容易成功的一个重要因素。压条繁殖适合于扦插难生根的种类。

压条繁殖时要先对茎进行处理，如把韧皮部切断部分或全部，这样使得茎上叶片制造的糖类和茎尖产生的生长素往下运输受阻，这些物质积累在处理点的附近，在遮光条件下，处理点孕育并形成了根。如同插条一样，用人工生长调节剂如吲哚丁酸处理压条的伤口，可促进生根。所用的刀切等工具必须干净无菌。压条的方法通常有以下两种。

1. 普通压条法

此法是将枝条压埋入土中，让枝条顶端暴露在地面上。实际操作是把枝条离顶端 15~30cm 处急弯成垂直状态，保持这种状态把弯曲部分埋入土中，埋土深度 7.5~15cm。为防止弯曲枝条反弹翻出，可用重物或器具固定压条，并在垂直露出土面部分的枝梢旁设立支柱，使之保持垂直状态。过段时间在急弯的地方可完全生根，但在实际繁殖时常先把急弯处进行切割或刻伤茎的下部或进行环剥，以促进生根。压条的时间常在早春，常用休眠的一年生枝条进行压条。春季的压条，经常在夏末即可生根，能在秋季进行移植或在第二年春季开始时移植。在夏季用成熟枝条进行压条的，要经过冬季于第二年春生长开始前进行移植，或者留至第二年生长季末期再移植。当生根的压条和母株分离后，主要管理措施与同种植物的生根插条相同。

2. 空中压条法（中国压条法、高压法）

空中压条法是将空中枝条欲生根部位进行环状剥皮，伤口用基质包裹并保湿让其生根，再将生根枝条剪离母体的繁殖方法。压条可在春季于上一年生长的枝条上进行，或在夏末部分木质化的枝条上进行。有些香料植物可以用一年以上的老枝，但生根效果较差，而且比较粗的压条生根后，操作上也比较困难。在压条上有许多生长的叶片可加速根的形成。在进行空中压条时，首先在茎上进行环状剥皮，依种类而定，在离茎尖 15~30cm 的地方进行，环剥的宽度为 1.2~2.5cm，从茎的周围移去表皮，用刀刮移去掉表皮后的暴露面，以完全除去环剥口的韧皮部和形成层部分，防止上下再次愈合，暴露的伤口部位应用刺激生根物质，如吲哚丁酸处理，有利于生根。然后用稍微湿润的基质放在茎的周围包裹在环剥口上，基质可用苔藓、泥炭或者壤土，前两种基质如果湿度过大可能引起茎组织的腐烂。为防止基质过干导致生根困难，可用一块 $20~25cm^2$ 的聚乙烯薄膜小心将基质完全包住，上下两端用绳或胶布等扎紧，使基质保湿。生根基质需要一直保持湿润，如果绑扎不紧则基质易干，需及时补充水分。包扎完后，压条可缚在邻近的枝条上以其作为支柱，以防被风折断。剪离母体移植空中压条的时间根据根的形成情况而定，可以通过透明的薄膜观察到根的生长情况。一些香料植物种类 2~3 个月内或更短时间即能生根，春季或初夏做的空中压条可到植株生长缓慢或休眠时再进行移植。压条的枝叶如果较多较大会引起移植困难，移植前需要先修剪去除部分枝叶，如果管理得当也可以不进行修剪。

（三）分株繁殖

分株繁殖是将已具备茎叶（或芽）和根的个体，自母株中分出成为独立植株的繁殖方法。分株时植株都带有根，所以成活率比其他无性繁殖要高，但繁殖系数较低。

分株是多年生草本香料植物的繁殖方式之一，也适用于多年生灌木香料植物。由于分出的植株都带有根和茎，因此操作简单易行，成苗快，成活率高，不过其繁殖系数低。在一般露地2~3年分株一次，以防止植株过分拥挤，盆栽的植株长满盆时即应进行分株，不同种类分株的时期不同，分株时间是影响分株最重要的因素。多年生草本香料植物，在夏季至秋季间开花的种类，宜在春季进行分株；在春季至初夏开花的香料植物，一般在秋季进行分株。对一般温室栽培，宜于春季生长即将旺盛时进行分株。

多年生草本香料植物分株时，可把植株整株挖起，散去盆土，用利刀把带根的植株从根茎处切下。有的可单株切下，有的需利用老根茎的一部分，连带几株一起切下。如果培育较大的植株丛，可数株一起切下。

灌木型香料植物进行分株时，应将全株连根挖起，脱去根部泥土，用利刀、剪刀、竹刀或小斧分割根茎，也可不挖出植株而用锋利的铲直接在土中分株，然后挖起带土植株移植。分株时通常2株或3株连在一起，栽植后更容易成活。如果单株分割，通常每株带有2~3个枝条，分割栽植后的管理也需特别注意，以提高成活率。此外，灌木香料植物分株后还要注意对地上部分的枝叶进行适当修剪，如果根太多也要对根进行适当修剪。

（四）嫁接繁殖

嫁接是将两个植物部分结合起来使之成为一个整体继续生长下去的一种技术。在嫁接组合中，上面的部位称为接穗，下面承接接穗的部位称为砧木。不能用扦插、压条与分株繁殖的木本香料植物，可用嫁接方法繁殖。有些种类虽然也能够用扦插、压条或分株来繁殖，但是这种自根苗根系生长较差，抗逆性也差。利用好的砧木嫁接而成的植株，则生长更好，抗逆性增强。当然，嫁接繁殖的操作相对比较烦琐，对技术要求较高，一般其他方法可行时不用此法。

三、香料植物的离体繁殖

香料植物的离体繁殖又称为香料植物的快繁或微繁，是指利用香料植物组织培养技术对外植体进行离体培养，使其短期内获得遗传性一致的大量再生植株的方法，属于无性繁殖。组织培养简称组培，是指利用植物体的器官组织或细胞，通过无菌操作接种于人工配制的培养基上，在一定的光照和温度条件下培养，使之生长发育的技术。利用组织培养技术来繁殖苗木的方法，称为组织培养繁殖，又称为微繁殖，繁殖出来的苗称为组培苗或试管苗。目前应用组织培养技术进行离体繁殖主要有两个目的：一是快速繁殖，二是获得脱毒苗。

1. 快速繁殖

利用组培技术可达到快速繁殖的目的。例如，对于多年生草本与木本香料植物，用一般的无性繁殖方法进行繁殖时，每年仅增殖几倍到几十倍。而利用组织培养繁殖时，有的品种一个材料一年就可以繁殖几万、几十万株苗，而且幼苗的遗传性相对稳定，不易出现变异。

2. 获得脱毒苗

病毒是无性繁殖中普遍存在的问题，用茎尖分生组织进行培养可得到无病毒幼苗，称为脱毒苗。这是因为病毒在植株体内的传播主要是通过输导组织扩散的，病毒也能够通过细胞壁进行渗透，但速度比较慢，而茎尖分生组织的细胞分裂很快，同时还没有分化出输导组织，在茎尖分生区可以不受病毒感染。因此用组织培养切取的茎尖越短小，培养出的幼苗无病毒可能性就越大。如果取材母株先进行热处理，脱毒效果更好。

🌐 **课程思政**

在香料植物引种栽培领域，有一位著名的科学家叫王庆煌。他于1984年加入香草兰的研究课题组，为了解决香草兰人工授粉的难题，在1986—1988年的每个开花季，他都住在基地，不分白天黑夜，每隔1h观察一次香草兰的开花情况。经过一次又一次实验，他终于掌握了香草兰的最佳授粉时间，发明了人工授粉"指压签拨法"，还首创高温发酵生香法，为我国香草兰产业化提供了技术基础和示范经验。老一辈科学家求真务实、报国为民、无私奉献的爱国情怀和高尚品格，是新时代广大科技工作者攻坚克难、勇攀高峰的强大动力源和精神营养剂。

❓ **思考题**

1. 简述香料植物引种驯化的意义。
2. 香料植物引种的影响因素有哪些？
3. 香料植物繁殖方法主要有哪些？
4. 香料植物扦插繁殖注意事项有哪些？
5. 香料植物种质创新的途径主要有哪些？

第六章
香料植物栽培技术

【学习目标】

1. 掌握土壤的概念，理解土壤结构、理化性质以及香料植物栽培对土壤的要求。
2. 理解香料植物栽培制度的概念及功能作用。
3. 掌握土壤耕作的概念、作用及意义以及香料植物对土壤耕作的要求。
4. 掌握香料植物栽培的主要病虫害及防治措施。

第一节　土壤与肥料

一、土壤

土壤是农业生产的基础。了解土壤的特性和结构，因地制宜选用适合的土壤、进行合理的土地耕作和改良是香料植物栽培的重要环节。

（一）土壤的含义

土壤是指地球陆地上能够产生绿色植物收获物的疏松表层，它是由原生火成岩崩解或分解衍生而来的一些粗细不同的颗粒所组成，颗粒内含有矿物质、有机物、空气、水和微生物等，其具有肥力，能不断供给植物生长发育需要的水分和养分。

（二）土壤的基本组成

土壤的组成是复杂的，但基本上是由固体（如有机物、矿物质、土壤微生物等）、液体（土壤水分）和气体（空气）组成的三相系统，固体土壤颗粒（主要矿物质颗粒）是组成土壤的物质基础，约占土壤总质量的85%以上。根据固体颗粒的大小，可以把土粒分为不同等级：粗砂（直径0.2~2.0mm）、细砂（直径0.02~0.2mm）、粉砂（直径0.002~0.02mm）和黏粒（直径0.002mm以下）。土壤颗粒大小组成的不同决定着土壤的物理、化学和生物特性，是影响土壤肥力和水分的主要因素。

　　我国根据土壤颗粒组成，将土壤划分为：砂土、壤土和黏土以及砾质土壤等。现将我国土壤颗粒分级标准及土壤质地分类列于表6-1、表6-2，供栽培香料植物时选择土壤参考。

表6-1　　　　　　　　　　　　我国土壤颗粒分级标准

颗粒名称	类型	粒径/mm
石砾	石块	>10
	粗砾	3~10
	细砾	1~3
砂粒	粗砂粒	0.25~1
	细砂粒	0.05~0.25
粉粒	粗粉粒	0.01~0.05
	细粉粒	0.005~0.01
黏粒	粗黏粒	0.001~0.005
	细黏粒	<0.001

表6-2　　　　　　　我国土壤质地分类（根据土壤颗粒组成划分）　　　　　　单位:%

质地组	质地名称	颗粒组成		
		砂粒0.05~1mm	粗粉粒0.01~0.05mm	黏粒<0.001nn
砂土	粗砂土	>70		
	细砂土	60~70	—	—
	面砂土	50~60		
壤土	砂粉土	>20	>40	—
	粉土	<20		
	粉壤土	>20	<40	<30
	黏壤土	<20		
	砂黏土	>50	—	>30
黏土	粉黏土			30~35
	壤黏土	—	—	35~40
	黏土			>40

　　从表6-2中可以看出，砂土组中黏粒较少，砂粒含量均在50%以上，颗粒组成较粗，孔隙大、透气性强，但易漏水漏肥，土壤温度变化较大，晴天温度上升较快。壤土组的主要特点是粗粉粒含量多，物理化学性能良好，既通气透水又能保水保肥，土层深厚，适种作物范围较广，是我国香料植物的主要种植土壤。黏土组含黏粒数量较多，孔隙小，肥水渗透慢，因此保水保肥能力强，但是雨天易积水，透气性差，由于质地黏重，耕作阻力大而困难，适耕期也短。砾质土壤含石砾颗粒较多（少砾质土壤石砾含量为1%~10%，多砾质土壤石砾含量在10%以上），土层薄，保水保肥能力弱。

（三）土壤的物理性质

1. 土壤质地和结构

　　土壤质地是指土壤中不同大小直径的固体颗粒的组合状况。土壤质地与土壤通气、保肥、保水状况及耕作的难易有密切关系。土壤质地可分为砂土、壤土和黏土三大类。砂土类土壤以粗砂和细砂为主、粉砂和黏粒比重小，土壤黏性小、孔隙多，通气透水性强，蓄水和保肥性能差，易干旱。黏土类土壤以粉砂和黏粒为主，质地黏重，结构致密，保水保肥能力强，但孔隙小，通气透水性能差，湿时黏、干时硬。壤土类土壤质地比较均匀，其中砂粒、粉砂和黏粒占比大致相等，既不松又不黏，通气透水性能好，并具有一定的保水保肥能力，是比较理想的农作土壤。

　　土壤结构是指固体颗粒的排列方式、孔隙和团聚体的数量、大小及其稳定度。它可分为微团粒结构（直径<0.25mm）、团粒结构（直径0.25~10mm）和比团粒结构更大的各种结构。团粒结构是土壤中的腐殖质把矿质土粒黏结成0.25~10mm直径的小团块，具有泡水不散的水稳性特点。具有团粒结构的土壤是结构良好的土壤，它能协调土壤中水分、空气和营养物质之间的关系，统一保肥和供肥的矛盾，有利于根系活动及吸取水分和养分，为植物的生长发育提供良好的条件。无结构或结构不良的土壤环境，土体坚实，通气、透水性差，土壤中微生物和动物的活动受抑制，土壤肥力差，不利于植物根系扎根和生长。土壤质地和结构与土壤的水分、空气和温度状况有密切关系。

　　我国地形复杂，土壤类型繁多，质地和肥力水平各不相同。创造适合植物生长的土壤条件，除了要选择适合的土壤外，还要进行合理的耕作、施肥、灌溉、排水和轮作等田间管理工作。对于砂土、黏土等不良土壤必须因地制宜地进行改良，并结合香料植物的特性加以合理利用，如沙枣种于砂土，鸢尾种于砾质土壤，细叶桉、赤桉种于黏土，薄荷、留兰香等对盐碱地有较强的忍耐力，可种于轻质盐碱土上。桂花、紫罗兰、白兰、树兰、大花茉莉等多数香料植物仅适宜种在壤土上。

2. 土壤水分

　　土壤水分能直接被植物根系吸收。土壤水分的适量增加有利于各种营养物质溶解和移动，有利于磷酸盐的水解和有机态磷的矿化，这些均可改善植物的营养状况。土壤水分还能调节土壤温度，水分过多或过少都会影响植物的生长发育。水分过多会阻碍土壤中空气流通，增加营养物质流失，从而降低土壤肥力，或使有机质分解不完全而产生一些对植物有害的还原物质。水分过少时，植物会受干旱的威胁及阻碍营养物质的吸收。

3. 土壤空气

土壤中空气成分不同于大气成分，且不如大气稳定。土壤空气中的含氧量一般只有 $10\% \sim 12\%$，在土壤板结、积水或透气性不良的情况下，可降到 10% 以下，此时会抑制植物根系的呼吸作用，从而影响植物的生理功能。土壤空气中二氧化碳含量比大气高几十至几百倍，排水良好的土壤约含二氧化碳 0.10% 左右，其中一部分可直接被根系吸收，一部分扩散到近地面的大气中，被植物光合作用时吸收。但在通气不良的土壤中，二氧化碳的浓度常可达 $10\% \sim 15\%$，不利于植物种子萌发和根系的发育，二氧化碳的进一步增加会对植物产生毒害作用，破坏根系的呼吸功能，甚至导致植物死亡。土壤通气不良会抑制好氧微生物，减缓有机物的分解，使植物可利用的营养物质减少，但若过分通气又会使有机物的分解速率太快，使土壤中腐殖质数量减少，不利于养分的长期供应。

4. 土壤温度

土壤温度具有季节变化、日变化和垂直变化的特点。一般夏季、白天的温度随深度的增加而下降，冬季、夜间相反。但土壤温度在 $35 \sim 100cm$ 深度处无昼夜变化，$30m$ 深度以下无季节变化。土壤温度能直接影响植物种子萌发及植株生长发育，还影响植物根系的生长、呼吸和吸收能力。大多数植物在 $10 \sim 35℃$ 生长速度随温度的升高而加快。温带植物的根系在冬季因土壤温度太低而停止生长。土温太高也不利于根系或地下贮藏器官的生长。土温太高或太低都能减弱根系的呼吸能力。此外，土温对土壤微生物的活动、土壤气体的交换、水分的蒸发、各种盐类的溶解度以及腐殖质的分解都有显著影响，而这些理化性质与植物的生长有密切关系。

（四）土壤的化学性质

1. 土壤酸碱度（pH）

土壤酸碱度是土壤最重要的化学性质，是多种化学性质的综合反映，它对土壤中微生物活动、有机物合成和分解、氮磷等各种营养元素的转化与释放、微量元素的有效性、土壤保持养分的能力等有密切的关系。土壤酸碱度常用 pH 表示。我国土壤酸碱度可分为 5 级：$pH < 5.0$ 为强酸性，$pH\ 5.0 \sim 6.5$ 为酸性，$pH\ 6.5 \sim 7.5$ 为中性，$pH\ 7.5 \sim 8.5$ 为碱性，$pH > 8.5$ 为强碱性。土壤酸碱度对土壤养分有效性有重要影响，在 $pH\ 6 \sim 7$ 的微酸条件下，土壤养分有效性最高，最有利于植物生长。酸性土壤易引起硼、钾、钙、镁等的短缺，强碱性土壤易引起铁、硼、铜、锰、锌等的短缺。土壤酸碱度还能通过影响微生物的活动而影响养分的有效性和植物的生长。酸性土壤一般不利于细菌的活动，真菌则较耐酸碱。$pH\ 3.5 \sim 8.5$ 是大多数维管束植物的生长范围，但其最适生长范围要比此范围窄得多。$pH > 3$ 或 < 9 时，大多数维管束植物不能生存。各种植物都有其适应的酸碱度范围，超过时，生长就会受到阻碍。一般的香料植物也与其他多数植物一样，适合生长在微酸性到微碱性的土壤上。有些香料植物对 pH 的适应范围虽广，但真

正生长良好的土壤 pH 仍为微酸性到微碱性，如薄荷对土壤 pH 的适应范围为 pH 5.3～8.3，但是以 pH 6.5～7.5 时生长较好。表6-3 列出了部分香料植物适宜的土壤 pH 范围，供参考。

表 6-3　　　　　　　　　　　部分香料植物适宜的土壤 pH 范围

植物名称	pH	植物名称	pH	植物名称	pH
麝香秋葵	6.0~7.8	香荚兰	4.3~8.0	丁香罗勒	6.5~7.5
金合欢	4.3~8.0	香根草	4.0~7.3	茴芹	6.3~7.3
菖蒲	5.8~7.3	薰衣草	5.8~8.3	广藿香	6.3~6.8
莳萝	5.3~7.8	穗薰衣草	5.8~7.3	迷迭香	4.5~8.3
葛缕子	5.8~7.5	甘牛至	5.8~7.8	芸香	5.8~8.3
樟	4.3~8.0	薄荷	5.3~8.3	紫苏	5.3~8.3
芫荽	6.3~8.3	椒薄荷	5.3~8.0	香紫苏	4.8~7.3
小豆蔻	4.8~5.8	留兰香	4.5~7.4	百里香	4.5~7.3
茴香	6.3~8.3	肉豆蔻	4.3~6.8	胡卢巴	5.3~8.2
月桂	4.5~8.5	没药	4.5~7.3	香叶天竺葵	7.0~7.5
茉莉	5.5~7.0	罗勒	4.3~7.3		

土壤酸碱性受到成土母质、生物气候以及农业措施等条件的影响。我国土壤 pH 的变化是由北向南渐低，由南方的强酸性到北方的强碱性，即南方多酸性到中性土壤，北方多碱性到中性土壤。因此南方许多香料植物喜欢微酸性土壤，如马尾松、肉桂、岩桂、八角茴香、白兰、栀子、蓝桉、柠檬桉、大叶桉等，而樟、佛手、岩蔷薇、树兰等适宜生长在中性到偏酸性土壤，鸢尾则南北方均有种植，以生长在 pH 中性到微碱性土壤上较好。北方种植较多的玫瑰、墨红，可在微酸到微碱性土壤上生长良好，而薰衣草则以中性到含钙质微碱性土壤生长较好。

土壤的酸碱性极易受耕作、施肥等人为措施以及自然植被覆盖下有机质积累与分解的影响而改变。例如，北方针叶、阔叶混交林的表土 pH 为 5.5～6.5，为微酸性，我国南方用石灰可将不适于植物生长的强酸性土壤短期改变为适宜植物生长的中性土壤，碱性土壤由于土壤中有机物含量高，植物根系和微生物活动旺盛，pH 稍有下降。土壤中增施有机肥料对改良土壤性能有重要作用。

2. 土壤有机质

土壤有机质是土壤的重要组成部分，它包括腐殖质和非腐殖质两大类。前者是土壤微生物在分解有机质时重新合成的多聚体化合物，占土壤有机质的 85%～90%，对植物的营养有重要作用。土壤有机质能改善土壤的物理和化学性质，有利于土壤团粒结构的形成，从而促进植物的生长和养分的吸收。

3. 土壤中的无机元素

植物在生长发育过程中，必须吸收一定量并且比例协调的各种营养元素。植物从土壤中摄取的无机元素有 13 种是正常生长发育不可缺少的营养元素，包括氮、磷、钾、钙、镁、硫、铁、锰、钼、铜、硼、锌、氯。植物所需的无机元素主要来自土壤中矿物质和有机质的分解。腐殖质是无机元素的储备源，通过矿化作用缓慢释放可供植物利用的元素。土壤中必须含有植物所必需的各种元素并且这些元素呈适当比例，才能使植物生长发育良好，因此通过合理施肥改善土壤营养状况是提高植物产量的重要措施。

二、肥料

肥料是植物赖以生存和生长发育的营养物质，营养物质除部分含于土壤中外，主要依靠肥料来补充。为适应香料植物生长发育和获得较高的产量和精油质量，必须进行施肥以保证植物生长发育期间为其源源不断地提供所需要的营养。

（一）香料植物需要的营养元素

通过植物分析和栽培试验已确知，与其他植物一样，香料植物也需要碳、氢、氧、氮、磷、钾、钙、镁、硫等大中量元素和铁、硼、铜、锌、钼、锰等微量元素。在这些元素中，碳、氢、氧来自二氧化碳和水分，其他元素主要从土壤中吸收。一般说来，植物在生长过程中对氮、磷、钾的需要量最大，因此氮、磷、钾三元素被称为肥料三要素。

1. 氮

是蛋白质、叶绿素、核酸、酶及维生素等重要物质的主要成分。施用氮肥可使植物体内的生理活性加强，促进新陈代谢和光合作用的顺利进行，有利于各器官的发育。若氮肥不足，则叶片发黄，植株细弱，开花期提早，造成减产，但也并不是说，氮肥用量越多越好。应注意施用量和施用时期，如施用量过多，其结果可能适得其反，如高的氮素营养水平一直保持到生长后期，会发生贪青晚熟的现象，甚至造成倒伏，影响产量。一般在植株生长前期应以氮肥为主，后期应适当控制。

2. 磷

磷在植物体内的含量虽比氮、钾低，但对生长发育也十分重要。磷是细胞核的原料，对细胞分裂、有机物的合成、转化、运输和呼吸作用都有重要作用。施用磷肥可促进幼苗生长、开花结实和防止蕾、花、果的自然脱落。缺磷时，根部生长不良，须根少，成熟迟，花、果易脱落，果实不饱满，而增施磷肥可促进植物的发育进程。因此，增施磷肥有利于提高香料植物的品质和产量。一般磷肥以作基肥为宜，也可作根外追肥。

3. 钾

钾能增强植物的光合作用，促进碳水化合物的形成、转化，施用钾肥可使某些草本香料植物的茎秆生长健壮，增强抗倒伏和抗病虫害的能力，促进块根、块茎的发育。但单施钾肥难以获得高产，必须在增施氮、磷的基础上，才能达到应有的效果。

总之，香料植物的产量与质量与施用的肥料（种类、数量等）密切相关。例如，土壤中钾元素的存在会增加薰衣草油中的樟脑含量，而氮、磷的存在却能降低其含量。由此可见，土壤中游离态钾的存在对薰衣草油的质量是不利的。

（二）肥料的种类、性质及其使用

肥料一般分为有机肥料和无机肥料（化学肥料）两大类。

1. 有机肥料

有机肥料含有氮、磷、钾三要素以及其他元素和微量元素。人粪尿、厩肥、堆肥、绿肥、饼肥和其他土杂肥等均属有机肥料，是我国香料植物栽培中的主要肥源。

（1）人粪尿　包括人粪、人尿及其混合物，含有较多的氮、磷、钾，平均每100kg人粪含有氮0.85kg、磷0.26kg、钾0.21kg。人粪尿必须经过腐熟和适当稀释才能施用，否则会引起植株死亡。

（2）厩肥　厩肥是猪、牛、羊、马等家畜粪尿以及垫料、饲料残渣等混合物堆积而成的。腐熟的厩肥一般含氮0.5%、磷0.3%、钾0.6%、腐殖质0.3%~28%（质量分数）。厩肥必须经过堆积发酵，使有机物腐烂和分解后才可使用，但堆积时间不宜过长，堆积时最好盖上一层泥土，否则会失去肥效。表6-4列出了新鲜畜粪尿中养分含量。

表6-4　　　　　　　　　　　　新鲜畜粪尿中养分含量　　　　　　单位:%（质量分数）

牲畜	粪尿	水分	有机质	氮	磷	钾
猪	粪	82	15.0	0.56	0.40	0.44
	尿	96	2.5	0.30	0.12	0.95
牛	粪	83	14.5	0.32	0.25	0.15
	尿	94	3.0	0.52	0.03	1.30
羊	粪	65	28.0	0.65	0.50	0.25
	尿	83	7.2	1.30	0.03	2.10

（3）堆肥　堆肥是利用作物秸秆、杂草、落叶、垃圾、农副产品的废物，并适当掺些人畜粪尿堆积而成的，其性质与厩肥相近，含有大量有机物和氮、磷、钾。

（4）绿肥　凡是利用绿色植物的幼嫩茎叶直接或间接施到土壤中作肥料的都叫绿肥。绿肥一般是豆科植物，也有少量其他科植物。豆科植物除茎叶可作肥料外，还可借助其根部根瘤菌的固氮作用，将空气中的游离氮吸收固定，从而提高土壤中的含氮量。因此，种植绿肥植物对提高土壤肥力、改良土壤均有显著效果，如果在种植过程中适当施些磷肥，效果更佳。表6-5列出了各种绿肥植物的养分含量。

表6-5　　　　　　　　　各种绿肥植物的养分含量（干草）　　　单位:%（质量分数）

名称	氮	磷	钾
紫云英	0.48	0.09	0.37
苕子	0.56	0.13	0.43
紫花苜蓿	0.56	0.18	0.31
黄花苜蓿	0.78	0.11	0.40
蚕豆	0.55	0.12	0.45
豌豆	0.51	0.15	0.52
大豆	0.58	0.08	0.73
田菁	0.52	0.07	0.15
草木犀	0.48	0.73	0.44
紫穗槐	1.32	0.30	0.79
绿萍	0.30	0.04	0.12
水花生	2.15	0.21	0.39
水浮莲	0.22	0.06	0.10
水葫芦	0.24	0.07	0.11
柽麻	0.78	0.15	0.30

（5）饼肥　饼肥是油料植物种子经榨油后剩下的残渣，如大豆饼、菜籽饼、花生饼、芝麻饼、棉籽饼、茶籽饼等，一般含氮4.6%~7%、磷1.17%~3.0%、钾0.97%~2.13%、有机质75%左右（质量分数）。饼肥在土壤中分解慢，必须经过发酵后才能施用，每亩地施用量按实际情况而定，一般为20~50kg。表6-6列出了各种饼肥的养分含量。

表6-6　　　　　　　　　各种饼肥的养分含量　　　单位:%（质量分数）

名称	氮	磷	钾
大豆饼	7.00	1.32	2.13
花生饼	6.32	1.17	1.34
棉仁饼	5.32	2.50	1.77
棉籽饼	3.41	1.63	0.97
芝麻饼	5.80	3.00	1.30
蓖麻饼	5.00	2.00	1.90
菜籽饼	4.60	2.48	1.40

2. 无机肥料

无机肥料是用化学方法制造的不含有机质的速效肥料。香料植物栽培常用的无机肥料的种类、性质和使用方法如表 6-7 和表 6-8 所示。

表 6-7　　　　　　　　　常用无机肥料的性质和使用方法（氮肥）

名称	含氮量/%	性质	使用方法
硫酸铵 $[(NH_4)_2SO_4]$	20~21	白色结晶，含有杂质时呈灰白黄棕浅绿色，易溶于水，速效	可作基肥、种肥、追肥使用。最好与腐熟有机肥按 1：5 比例配合施用，不能与碱性肥混合施用。每亩施 15~20kg
氯化铵（NH_4Cl）	24~25	白色或浅黄色结晶，易溶于水、速效、吸水性小，容易贮存。属生理酸性肥料	可作追肥，不宜作种肥。香料植物不宜施用，因为香料作为食品，化妆品香精原料，不宜存在较多的氯离子
尿素 $[CO(NH_2)_2]$	45~46	纯品为白色针状结晶，作肥料用的尿素略带黄色，颗粒状，易溶于水，中性	可作基肥、追肥，也可作根外追肥，适用于各种香料植物，对土壤无不良影响
硝酸铵（NH_4NO_3）	33~35	白色或浅黄色的粒状结晶或粉状，中性，易溶于水、吸水性强，具有助燃性和爆炸性	宜作追肥。不能与碱性肥料混合施用。较适于旱地香料植物的追肥

表 6-8　　　　　　　　　常用无机肥料的性质和使用方法（磷肥）

名称	含磷量/%	性质	使用方法
过磷酸钙 $[Ca(H_2PO_4)_2+2CaSO_4]$	16~20	主要成分是磷酸钙和硫酸钙的灰白色或灰褐色混合物粉末，具有吸湿性和腐蚀性，不宜久贮	可作基肥、追肥、种肥和根外追肥，最好与有机肥混合施用。每亩 15~30kg
钙镁磷肥	16~18	灰绿色或褐黄色粉末，呈碱性	可作基肥，适合施于酸性土壤

第二节　香料植物的种植制度

种植制度是指一个地区或生产单位的作物组成（构成）、配置、熟制与种植方式的总称，主要包括作物的布局、熟制、种植方式、轮作与连作。香料植物种植制度是香料植物生产的全局性措施。它受当地自然条件、社会经济条件和科学技术水平的制约。香料植物栽培制度既体现香料植物生长发育与产品形成规律及其与环境条件的相互关系，也表现为可使香料植物持续高产、优质高效的栽培技术措施。合理的栽培制度既能充分利用自然资源和社会资源，又能保护资源，保持农业生态系统平衡。

种植制度的功能主要有：①强调系统性、整体性与地区性，着眼宏观布局；②可以妥善处理各类矛盾、减少片面性；③可以协调利用各种资源、调整各方关系，促使农业与国民经济协调发展。

一、作物布局

作物布局是指一个地区或生产单位的作物组成、比例及其在农田上的分布。就香料植物而言，作物布局包括种植香料植物的类型、品种、面积比例等，香料植物在区域或田地上的分布，即解决种什么类型的香料、种什么品种、种多少面积与种在哪里的问题。严格地讲，作物布局或作物结构，属于生产结构的一个重要组成部分。其作用和意义主要表现在以下几个方面。

（1）作物布局的主导性　作物布局是研究香料植物种植制度的主要内容与基础。要正确制定当地的种植制度，必须研究合理科学的作物布局。只有确定了种植香料植物的类型、品种结构及相应的种植面积，才可以进一步安排适宜的种植方式。

（2）作物布局的全局性　作物布局是组织和领导农业生产具有全局意义的战略措施。它关系并影响农业生产各个方面，例如是否充分利用和保护当地的自然资源和社会资源，是否保持农田生态系统乃至整个生态系统的平衡等。作物布局不合理，不但影响全年各季作物的均衡增产，也关系到轮作周期整个农业生产的发展。

（3）作物布局的基础性　作物布局是建立合理耕作制度的基础。它制约着香料植物轮作、连作的安排，复种指数的高低以及复种、间（套）作的方式方法。合理的作物布局可以解决香料植物与粮、菜等作物争地、争肥、争水、争季节、争劳力的矛盾，达成优质、丰产、多种、多收、抗灾、稳产、增效的目的。

（4）作物布局的结构性　所谓作物布局，就是组织好农田生态系统中作物的结构，这个结构是否科学合理，不仅影响香料植物产量和品质，而且影响农、林、牧、副等其他部门的生产力，这些部门的生产力反过来又影响香料的生产力，最后影响整个农业生态系统的生产力和农业的全面发展。因此合理的作物布局，应根据生产单位的具体条件，合理搭配不同类型作物，实现香料与其他作物的稳产增收，做到用地与养地结合，保持生态平衡，达到优质、适产、高效，促进香料及其他产业可持续发展的目的。

二、熟制

熟制主要确定作物在一年内种一茬还是多茬。包括一熟制、二熟制和多熟制，如北方的农作物多是一年一熟，华北一带是一年一熟或两年三熟，南方是一年两熟甚至更多。熟制由热量决定，例如青藏高原，虽然纬度较低，但是海拔高，气温低，一年只有一熟。

三、种植方式

种植方式即种植形式，主要研究种植一种或几种作物，采用什么样的方式种植，是单作还是间作、混作、套作或立体种养（组成作物复合群体，安排农业动物与植物同田共生）。

（一）复种

1. 复种定义

复种是指在同一年内同一耕地上连续种植两季或两季以上作物的种植方式。复种主要应用于生长季节较长、降水较多的暖温带、亚热带或热带地区。复种能提高土地和光能的利用率、作物的单位面积及年总产量，减少土壤的水蚀和风蚀，充分利用人力和自然资源。复种的方法有多种：一是在上茬作物收获后，直接播下茬作物；二是在上茬作物收获前，将下茬作物套种在上茬作物的植株行间；三是用移栽的方式进行复种。前两种复种方法较为常见。

复种的类型因分法不同而异。按年和收获次数分为：一年二熟（一年种植两季植物）、一年三熟（一年种植三季植物）、一年四熟（一年种植四季植物）、二年三熟、二年五熟或五年四熟等。按植物类型和水旱方式分有：水田复种、旱地复种、粮食复种、粮肥复种、粮药复种、菜料复种等。按复种方式分为：间作复种、套作复种、间套作复种等。

通常采用复种指数衡量大面积复种程度高低。复种指数是指某一地区，全年种植总面积与耕地总面积的百分比。它是衡量耕地利用程度的重要指标，用百分数表示。它的数值可以大于 100%，例如，全国平均复种指数理论上可达到 195%；某农场有耕地 500 亩（1 亩 ≈ 667m²），全年作物的种植总面积为 1000 亩，则该农场的复种指数为 200%。套作是复种的一种方式，以复种指数计入，但间作、混作则不能以复种指数计。复种指数 = 播种总面积/耕地总面积 × 100%。

播种面积是指播种季节结束时实际播种或移植农作物的面积，是反映农作物生产规模的重要指标。

耕地面积是指主要用作种植农作物并经常耕翻的土地面积，是最主要的农业生产用地。耕地面积是用年末耕地面积反映的。它包括熟地、当年新开荒地、连续撂荒未满 3 年的耕地、当年休闲地、轮歇地和以种植农作物为主间有零星茶树、桑树、果树和其他林木的土地，以及沿海、沿湖已围垦利用 3 年以上的"海涂""湖田"等。但不包括专业性的茶园、桑园、果园、苗圃、林地、芦苇地和天然草场等。耕地是农业最重要的生产资料。

2. 复种的条件

一个地区能否复种和复种程度的大小，受当地的热量、降水量、土壤、肥料、劳力和科技发展水平等条件的制约。热量条件好、水分充足、无霜期长、总积温高有利于提高复种指数。

（1）热量条件　热量资源是确定能否复种和复种程度大小的基本条件之一。热量是作物生长发育过程中不可缺少的环境因子，作物的生长发育需要一定的温度条件，只有当热量累积到一定程度，作物才能完成其整个生育期。热量资源一般以积温表示。积温为大于某一临界温度值的日平均气温的总和，又称活动积温。积温有 0℃ 以上的积温及 10℃ 以上的积温。安排复种时，既要掌握当地气温变化和全年 0℃ 以上、10℃ 以上的积温状况，又要了解各种植物对平均温度和积温的要求。各种植物所要求的积温有很大差别。一般 10℃ 以上积温达 2500～3600℃ 时只能复种或套种早熟植物，达 4000～5000℃ 时可一年两熟，达 5000～6500℃ 时可一年三熟。

（2）水分条件　在热量允许的前提下，水分资源状况也是影响复种的因素之一。水分条件包括降水量、灌溉和地下水。降水量不仅要看年降水总量，还要看月分布量是否合理，如过分集中，必然出现季节性干旱，复种就会受到限制。即使热量积累足够，若水分受到限制，同样不能实现复种。

（3）地力与肥料条件　地力与肥料是限制复种指数和复种方式的条件之一。随着复种指数的增加，作物从土壤中带走了大量养分，地力消耗较大。为保持地力平衡，保证复种有良好收成，必须做到用地与养地相结合。除安排必要的养地作物外，还需要合理耕作，扩大肥源，增施肥料，以保持土壤肥力，使地力经久不衰。地力与肥料条件主要影响产量，在热量、水分充足但地力不足时，有时会出现两季不如一季的情况。

（4）劳动力和机械化条件　发展多熟复种，还必须与当地生产条件、社会经济条件相适应。在一年二熟至三熟的地区，由于要求前茬作物收获和后茬作物播种能在较短时间内完成，劳动力和机械化条件能否满足复种实施所需，也是影响复种能否顺利进行的重要因素。

（5）技术条件　除了上述自然、经济条件外，还必须有一套相适应的耕作栽培技术，主要是作物品种组合、前后茬搭配、种植方式、促进早熟措施等，以克服季节与劳力的矛盾，平衡各作物间热能、水分、肥料等的关系，提高复种成效。

3. 复种的主要方式

香料植物复种的主要方式包括间作和轮作。

（1）间作可充分利用地力和光能，提高单位面积产量。例如，在印度尼西亚的爪哇地区，人们会在咖啡园中种植罗勒、豆蔻、肉桂等香料植物，咖啡树可以为罗勒和豆蔻提供遮阴，这些香料植物能为咖啡增添香味。在法国的普罗旺斯地区，人们会在薰衣草田中种植迷迭香、鼠尾草等香料植物，这些植物的香味与薰衣草的芳香相结合，使普罗旺斯地区成为著名的香料产地。在中国南方，人们会在茶园中种植桂花、茉莉花等香料植物，这些植物不仅能够为茶叶提供遮阴，还能为茶叶增添香味。

（2）轮作是一种将同一块地上有计划地按预定顺序轮换种植不同作物的复种方式。例如，可以将一些香料植物与粮食作物、香料植物与蔬菜轮作或者将不同的香料植物轮作。例如罗勒、迷迭香可以与番茄、茄子等蔬菜轮作，罗勒、迷迭香、薰衣草、百里香、鼠尾草等可以轮作。这些复种方式能够充分利用土地资源，减轻土壤的负担，防止病虫害的滋生，提高土壤肥力，同时也可以使作物之间相互促进，提高整体的产量和品质。

（二）单作、间作、混作与套作

1. 单作

即在一块土地上一个生育期间只种一种植物，也称净种或清种。其优点是便于种植和管理，便于田间作业的机械化。人参、西洋参、牛膝、当归、郁金、云木香等单作居多。

2. 间作

间作是在同一块地上，按预定的计划，于生长期间分次种植不同种类作物的复种方式，即在一块土地上同时种植两种以上香料植物，一般是两种或两种以上生长期相近的作物，在同一块田地上，隔株、隔行或隔畦同时栽培。间作可提高土地利用率，减少光能的浪费，通常把多行呈带状间隔种植的称为带状间作。带状间作利于田间作业，提高劳动生产率，同时也便于发挥不同植物各自的增产效能。山东菊花与蒜间作，十字花科植物与蒜、葱间作能可以有效减轻蚜虫的危害。

3. 混作

混作是指在同一块田地上，同时或同季节将两种或两种以上生育季节相近的植物，按一定比例混合撒播或同行混播种植的方式。混作通过不同作物的合理组合，可提高光能和土地的利用率，达到增产保收的目的。如选用耐旱涝、耐瘠薄、抗性强的作物组合时，能减轻旱涝等自然灾害及病虫害的影响。

混作与间作都是由两种或两种以上生育季节相近的植物在田间构成复合群体，可以增加田间种植密度，充分利用空间提高光能利用率，两者只是配置形式不同，间作利用行间，混作利用株间。在生产上有时把间作和混作结合起来。

4. 套作

套作是指在同一块田地上的前茬植物生育后期，在其株、行或畦间种植后茬植物的复种方式。主要是利用香料植物之间或香料植物与其他植物之间生长期不同的特性，在同一块土地上先后种植两种作物的方法。套作多应用于一年可种两季或三季作物的地区。它把两种生育季节不同的植物一前一后搭配起来，充分争取了时间，缓和了农忙期间用工矛盾，同时充分利用了空间，使田间在全部生长季节内，始终保持一定的叶面积指数，提高了土地利用率。如桂花、栀子、玳玳、芳樟等成片栽种时，在定植初期的空隙地，可以套种豆科植物，对于提高土壤肥力、促进香料植物的生长发育有积极意义；柑橘属香料植物的植株间套种紫罗兰，有利于紫罗兰度过炎热的夏天；鸢尾套种在周围有树木的空旷山脊地带，可以提高土地开发利用率，且对其产量和质量有一定促进作用；浙江杭菊与桑树套种，可以提高土地利用率，增加收入；迷迭香和葡萄、罗勒与番茄、薄荷与薰衣草也可套作。

5. 间作、混作、套作的运用原则

间作、混作、套作是在人为调节下，充分利用不同植物间的关系，组成合理的复合群体结构。它使复合群体可充分利用光能和地力，保证稳产增收。但在实施过程中应把

握如下原则。

（1）作物种类和品种搭配必须适宜　香料植物和蔬菜具有不同形态特征、生理生态特性，将它们间作、混作、套作在一起构成复合群体时，可互利互惠，减少竞争，可选择适宜的植物种类或品种搭配。在品种搭配时，可选择高秆与矮秆的搭配，深根与浅根的搭配；从适应性方面考虑，要选择喜光与耐阴，耗氮与固氮等植物搭配；从品种熟期上考虑，间作、套作中的主作物生育期可长些，副作物生育期要短些，在混作中的主副作物生育期要求要一致。

（2）密度和田间结构必须合理　密度和田间结构是解决间作、混作、套作中植物间对水、肥、气等一系列竞争的关键措施。间作、混作、套作时，其植物要有主副之分，既要处理好同一植物个体间的矛盾，又要处理好各间混套作植物间的矛盾，以减少植物间、个体间的竞争。

（3）栽培管理措施必须与作物需求相适应　在间作、混作、套作情况下，虽然合理安排了田间结构，但不同作物在不同生育期对土壤肥力、光照、水分等均有不同要求，依然可能存在争光、争肥、争水的矛盾，必须加以认真考虑，做好前期准备工作。

合理的间作和套作可以提高土地利用率，间作和套作可以充分利用土地资源，通过在不同的空间和时间上种植不同的作物，提高土地的利用效率，提高单位面积的产量；改善土壤性状结构，间作和套作可以增加土壤中的微生物种类，改善土壤中的养分结构，调节土壤盐碱酸碱度平衡，从而达到改善土壤性状结构、提高土壤肥力的目的；增加作物多样性，防止杂草滋生，减少病虫害，提高香料植物的长势和品质。合理利用土地，是香料植物栽培耕作的可行方法。

四、轮作与连作

轮作与连作主要是制定作物一年内或一定年限内的种植排序计划。

（一）概念

轮作是指在同一块田地上轮换种植不同种类植物的栽培方式，又分为植物轮作和复种轮作，前者指不同植物之间的轮作方式，后者指不同复种方式之间的轮作。合理轮作不仅可提高土壤肥力和单位面积产量，而且还可以减少病虫与杂草，如川芎连作易发生根腐病，若与禾本科作物轮作则可预防根腐病的发生。轮作中前作植物（前茬）与后作植物（后茬）的轮换称为换茬。茬口是指一块地上栽种的前后季作物及其替换次序，是植物轮作换茬的基本依据。它是在一定气候、土壤条件下栽培植物本身及栽培措施对土壤共同作用的结果，代表栽培某一植物后土壤的生产性能。

要确保植物种类和种植面积的稳定，就需要有计划地合理进行轮作，即在时间上和空间上安排好各种植物的轮换。复种轮作时，要按复种的植物种类和轮作周期的年数划分好地块。通常轮作区数（各区面积大小相近）与轮作周期年数相等，这样才能逐年换地，循环更替，周而复始地正常轮作。

连作是指在同一块田地上重复种植同种（或近缘）植物或同一复种方式连年种植的栽培方式，前者又称为单一连作，后者又称为复种连作。复种连作与单一连作也有不同。复种连作在一年之内的不同季节仍有不同植物进行轮换，只是不同年份同一季节栽培植物年年相同，而且它的前后作植物及栽培耕作等也相同。

（二）连作障碍及其原因

连作障碍是指连续在同一区域或生产单位土壤上栽培同种或近缘作物后引起的作物生长发育不良、产量和品质下降的现象。长期连作同一种香料植物会使土壤缺乏某种营养元素，并容易引起土壤传染病虫害和杂草蔓延危害。由于长期连作，有些香料植物残体和根系分泌物中的有毒物质可能在土壤中积累，而使自身中毒。因而长期连作会导致植物生长发育不良，降低产量。

连作障碍主要危害有以下几点。

（1）土壤养分失衡，导致植物生长发育全过程或某个生育时期所需的养分难以得到满足。

（2）土壤微生物群落结构改变，病原、害虫侵染源增多，导致发病率、受害率加重。

（3）土壤中植物自身代谢的自毒物质增加。

（4）土壤理化性质的改变。

（三）合理轮作的作用

合理轮作可明显提高香料植物的产量和质量。其作用主要表现在以下几点。

1. 轮作能够均衡地利用土壤中的养分

各种作物从土壤中吸收各种养分的数量和比例各不相同。同时各种植物根系不同，有深根和浅根植物，不同根系的香料植物可以利用不同深度的土壤养分。深根作物可以利用由浅根作物溶脱而向下层移动的养分，并把深层土壤的养分吸收转移上来，残留在根系密集的耕作层，深根作物和浅根作物的轮作，可以调节土壤肥力。因此作物轮作，有利于土壤养分均衡利用，避免其片面消耗。合理轮作，容易维持土壤肥力均衡，做到用养结合，充分发挥土壤潜力。

2. 轮作有利于防治病虫害

植物的许多病害是通过土壤感染，而病菌在土壤中生活的时间有一定年限，且对寄主都有一定的选择性，通过非寄主植物香料植物或其他作物的轮作，经过一定年限，可消灭或减少病虫的危害，有利于植物的正常生长。此外，不同作物栽培过程中所运用的农业措施不同，对田间杂草有不同的抑制和防除作用。

3. 改善土壤理化性状，减少有毒物质

具有庞大根系的禾谷类作物可疏松土壤、改善土壤结构。绿肥作物可直接增加土壤有机质来源。水旱轮作有利于土壤通气和有机质分解，消除土壤中的有毒物质。

多数草本和部分灌木香料植物不适宜连作，必须进行合理的轮作，才能保证产品质量和获得高产。如紫罗兰连作 1~2 年，平均亩产 1200~1400kg，连作 3 年以上的，平均亩产为 800~1000kg，产量降低 28.5%~33.3%。岩蔷薇为多年生灌木，在生产上一般 5 年左右更新一次，换地重种，如果长期连作，植株生长受阻，叶子发黄，产量明显下降；第 1 次种植的鲜枝叶年平均亩产 500~700kg，第 2 次重茬种植时亩产鲜枝叶为 300~500kg，第 3 次重茬时亩产则为 300kg 左右。云木香、茉莉、大花茉莉、菊花等均不宜连作。鸢尾、香根草等连作 3 年后也必须改种其他作物 3 年，才能再种。而薄荷一般只种 1 年就要轮换，万不得已时，连作时期最多不得超过 2 年，否则将严重影响产品质量和降低产量。因此，香料植物进行合理的连作十分重要。

4. 轮作可以防除或减轻田间杂草的危害

例如，薰衣草根部易感染线虫病，多年种植在同一块土地上茅草危害也较严重，在没有进行化学防治前，轮作对消灭茅草的效果明显，而在轮作时，应注意选择不感染线虫病的植物，也可同时达到消灭线虫病的目的。

江浙一带盆栽茉莉、白兰、珠兰等，每年都需要换土，这也是轮作的一种形式。多年生的木本香料植物如芳樟、桂花、山鸡椒、白兰、树兰等，因长期在同一块地上生长，应在株间与行间的空隙地种植绿肥，以改良土壤状况。

第三节　土壤耕作

土壤是重要的自然资源，是农业发展的物质基础，也是香料植物赖以生长发育的基质。植物对土壤的要求是：具有适宜的土壤肥力，能满足香料植物在不同生长发育阶段对土壤中水、肥、气、热的要求。栽培香料植物理想的土壤是：①有一个深厚的土层和耕层，整个土层最好深达 1m 以上，耕层至少 25cm，有利于保蓄水分、贮存养分以及根系发展；②耕层土壤松紧适宜，并相对稳定，能协调水、肥、气三者之间的关系；③土壤质地沙黏适中，含有较多的有机质，具有良好的团粒结构或团聚体；④土壤 pH 适度，地下水位适宜，土壤中不含过多的重金属和其他有毒物质。在实际生产中，土壤很难达到理想状态，这就需要通过土壤耕作及管理，使土壤尽量满足生产需要。

一、土壤耕作的含义

土壤耕作是通过农机具的机械力量作用于土壤，调整耕作层和地面状况，以调节土壤水分、空气、温度和养分的关系，为作物播种、出苗和生长发育提供适宜土壤环境的农业技术措施。土壤耕作是农业生产基本的和重要的技术活动，包括翻地、耙碎、镇压、平整和起垄、开沟、作畦（厢）等作业。土壤耕作通过机械作用疏松土壤耕作层，破碎土块以增加土壤蓄水、保墒和保肥、供肥的能力、改善耕层的物理化学特性和生物状况以促进有机质的分解和积累以熟化土壤，翻埋肥料、残茬、杂草和病虫，平整土地以提高播种质量，为植物出苗和生长创造良好条件。

二、土壤耕作的目的

土壤耕作是在生产过程中，通过农机具的物理机械作用改善土壤耕层构造和表面状况的技术措施。土壤耕作的主要目的有以下几点。

（1）改良土壤耕层的物理状况和构造，协调土壤中水、肥、气、热等因素间的关系。耕地经过一季或一年生产活动后，耕层土壤总是由松变紧，孔隙度变小，土壤肥力下降，影响后作植物的生长。耕作的目的之一就是疏松耕层，增加土壤总孔隙和毛管孔隙，增加土壤的透水性、通气性和蓄水量，提高土壤温度，促进微生物活动，加速有机质分解，增加土壤中有效养分含量，为药用植物种子萌发、幼苗移植和植株生长创造良好的耕层状态。

（2）保持耕层的团粒结构。在香料植物生产过程中，由于自然降水、灌溉水、人、畜、机械力等因素的影响，以及有机质的分解，耕层上层（0~10cm）的土壤结构易受到破坏，逐渐变为紧实状态；土壤下层由于根系活动和微生物作用，结构性能逐渐恢复，受破坏轻，结构性能较好。通过耕翻，调换上下层位置，可使受到破坏的土壤结构恢复。

（3）创造肥土相融的耕层。土壤耕作可使施于土壤表面的肥料通过正确的耕作措施翻压、混拌于耕层之中，促进其分解，减少损失，使土肥相融，增进肥效。

（4）清除杂草，控制病虫害。田间杂草往往是病虫害滋生的主要场所，通过土壤耕作清除杂草有利于病虫害的防治。

（5）创造适合于药用植物生长发育的地表状态。土壤耕作可有效控制土壤水分的保蓄和蒸发。

三、土壤耕作的方法

香料植物耕作的方法要依据各地的气候和栽培植物的特性来确定。

（一）选地

必须根据各香料植物的生长习性和对栽培条件的适应范围选择适宜种植的地块。选地时特别要注意所种香料植物对阳光、水分和土壤条件的要求。如耐瘠薄、不耐湿的香料植物宜选择排水良好的山坡地种植，喜光植物宜种在通风透光良好的向阳地段，喜阴植物则宜选择林荫下种植。在较冷地区种植耐寒力差的香料植物时，应选择背风向阳、较暖和的小气候条件种植。鸢尾、薰衣草不耐湿，种在低洼的地段上，会因土壤中短时间的积水造成烂根和大片死亡，而种在排水良好、多石砾而土质瘠薄的山地时，产量虽然可能不高，却不会大面积死亡。因此选地一定要适应栽培的香料植物生长习性。

（二）翻地

翻地，又称深耕、翻耕，就是把田地深层的土壤翻上来，把浅层的土壤翻入深层。

深耕具有翻土、松土、混土、碎土的作用，促使深层的生土熟化，增加土壤中的团粒结构，熟化土壤，加厚耕层，改善土壤的水、气、热状况，提高土壤的有效肥力，同时还能消除杂草，防治病虫害等。合理深耕具有显著的增产效应。

翻地的时间与深度因地区、植物种类以及前茬作物种类而不同。全田翻地一般在秋冬季节前茬作物收获后，土壤冻结前进行，此时距春季播种或种前时间较长。土壤有较长时间熟化。既可增加土壤吸水力，消灭越冬病、虫源，又能提高春季土壤湿度。如果秋冬季没条件翻地，第2年春天就必须尽早进行。我国北方由于春季较干旱，多进行伏翻和秋翻，以积蓄雨水，减少地面径流和充分熟化耕层土壤，并有效消灭杂草。但是，由于前作和所种香料植物种类不同，有的则需要春翻土地。如秋收迟或因土壤水分过多秋耕不能保证质量时，则需要春翻，一般在春季返青期进行，翻后要及时耙压。我国南方地区，由于适宜植物生长季节较长，冬季较暖，土地不封冻，且春天雨水较多，对耕翻的早晚要求不严，主要在土壤的宜耕期进行，长江以南各地多在秋、冬两季，也可随收随耕。有条件的地方要结合施基肥，将肥料翻入土中。

翻地时要注意：①翻地深度，要根据香料植物种类、气候特点和土壤特性确定翻地深度；深根性香料植物（如甘草等）耕翻深度要大，浅根性香料植物（如鸢尾、花椒、姜黄等）耕翻深度可稍浅；黏土质地细而紧密，通透性不好，应深耕，而砂土质地疏松，通透性好，根系易于下扎，可浅耕；少雨干旱地区为保持土壤水分，不宜深耕，若深会形成上实下虚的土层结构，致使旱情出现，影响种子萌发和幼苗生长；雨水充足地区可深耕，以利贮水，改善土壤透气性，有利于植物的生长；②分层深翻，不要一次把大量生土翻上来，因底层土有机质少，物理性状差，部分还含有亚氧化物，翻上来对植物生长不利；如需深翻，则应逐年增加深度；③翻地与施肥结合，在翻地之前，最好施用腐熟农家肥作基肥，然后翻地，有利于土肥相融，提高土壤肥力；④保墒与排水，干旱地区翻地要适合墒情、冬翻保墒或雨后排水，不要在雨天或土壤湿度过大时翻地，以免土壤板结；⑤保持水土，特别是在山坡地种植的香料植物，应横坡耕作，减缓水土流失。

（三）播种（移植）前的整地

翻耕过的土壤在播种前还要进行整地，又称为表土耕作。表土耕作是用农机具改善0~10cm耕层土壤状况的措施，主要包括耙地、耢地、平整、镇压、畦作、起垄、中耕等作业，多数在耕地后进行。其任务是破碎土块、平整土地、保蓄水分、覆盖肥料、消灭杂草，为播种、种子发芽和保证移植幼苗成活等创造良好条件。为保证整地的质量，应在土壤宜耕期进行。在宜耕期一般土壤含水量为田间持水量的60%~80%，但由于土壤不同，宜耕期长短也不同，黏重土壤的宜耕期较短，因此，要抓紧在宜耕期整地。如果在土壤水分过多或过少时耕作，不仅不宜操作，而且不能保证耕作质量。

1. 耙地

翻地后利用各种耙，如圆盘耙、钉齿耙、弹簧耙平整土地。耙深一般为4~10cm。

耙地可以破碎土垡、疏松表土、保蓄水分、增高地温，同时具有平整地面、混拌肥料、耙碎根茬杂草等作用，还可减少蒸发，抗旱保墒。

2. 耢地

耢地又称耱地，是我国北方旱区在耙地之后或与耙地结合进行的一项作业。传统方法多用柳条、荆条、木框等制成的耢（耱）拖擦地面，使其形成 2cm 左右的疏松覆盖层，下面形成较紧实的耕层，以减少土壤表面蒸发；同时也有平地、碎土和轻度镇压的作用。这是北方干旱地区或轻质土壤常用的保墒措施。

3. 镇压

镇压指耕翻、耙地之后利用镇压器的重力作用适当压实土壤表层的作业。镇压是常用的表土耕作措施，它可使过松的耕层适当紧实，减少水分损失；还可使播后的种子与土壤密接，有利于种子吸收水分，促进发芽和扎根；镇压可以消除耕层的大土块和土壤悬浮，保证播种质量，使其出苗整齐健壮。

4. 畦作

畦作是我国多雨地区或地下水位高的地区精耕细作的一种耕作栽培方式。作畦的目的主要是控制土壤中的含水量，便于灌溉和排水，同时又可以减少土壤水分蒸发，改善土壤温度和通气条件。畦的宽度可根据土壤质地、植物种类、操作习惯而定，凡是透水性好的砂性土壤，畦面可宽些，一般为 1.5~2m，凡是黏性大的土壤，畦面不宜太宽，以 1~1.5m 为宜。作畦要有利于排水和阳光照射，一般作畦的方向以南北向为宜。坡地作畦的方向一般与斜坡呈垂直方向较好，有利于水土保持。北方 100~150cm，南方 130~200cm。常见的有平畦、低畦、高畦 3 种，畦高多为 15~22cm，高畦的高度为 30~40cm。

5. 垄作

垄作是我国东北和内蒙古地区主要的耕作形式。垄作栽培在田间耕层筑成高于地面的狭窄土垄的作业，一般垄高 20~30cm，垄距 30~70cm。垄作有加厚耕层、提高地温、改善通气和光照状况、便于排灌等作用。

6. 中耕

在香料植物的生长过程中，在其行株间进行的表土耕作，以达到疏松表土、破除板结、增加土壤通气性、提高土温、促进土壤中好气微生物活动和土壤养分有效化、去除杂草、促使植株根系伸展的目的，还可以调节土壤水分，当土壤干旱时中耕可切断表土毛细管，减少水分蒸发，在土壤过湿时中耕则因表土疏松而有利于蒸发过多的水分。浅根性植物，中耕宜浅；深根系植物，中耕宜深。根据香料植物种类不同，一般每年中耕 3~4 次。

7. 培土

培土是将植株行间的土壤培向植株基部，逐步培高成垄的作业。多用于根与根茎以及高茎秆香料植物。培土常与中耕结合进行，主要有固定植株、防止倒伏、增厚土层、提高土温、改善土壤通气性、覆盖肥料和压埋杂草等作用。

四、土壤改良

近年来，随着化肥施用量的增加，我国土壤复种指数居高不下，加之缺乏良好的培肥地力措施，土壤环境恶劣，生物活性降低，营养供应不均衡，制约了香料植物生长发育和品质形成。土壤改良包括土壤质地改良、土壤结构改良和土壤酸碱度改良。

（一）土壤质地改良

土壤质地是土壤比较稳定的物理性质，与土壤肥力关系极为密切。但在特定的自然或人为干扰条件下，土壤质地也是可以改变的。例如不合理的耕种利用和乱砍滥伐森林，往往引起土壤质地变差，而对过黏或过砂的不良土壤，各地群众也有改良和治理调节利用的经验。土壤质地改良的基本技术有以下几种。

1. 客土

客土是一种通过调整土壤的颗粒组成来改良土壤质地的方法。这是一种直接改良不良土壤质地的方法，具体可表现为"泥掺砂"即黏土里掺入砂土，"砂掺泥"即砂土里掺入黏土。农谚说"黄泥巴（黏土）见了砂，好像孩子见了妈"，表明了客土改善土壤泥砂组成比例的效果。客土要因地制宜，有的客砂改黏，有的客黏改砂。

在客土技术上可以实行客土点施、沟施，结合耕翻撒施等，持之以恒，逐年改良可以收到较好的效果。客土可在整块田中进行，也可在播种行或树行中客土，还可在播种穴或树墩周围客土。对改砂掺泥，可施用大量塘泥、湖泥，既改变质地，又增加养分，增厚耕层。有条件的地方，还可引浊流淤灌，增加黏质淤泥。对于表层为砂土，下为壤土或黏土，或上黏下砂的质地层次，则可用深耕的方法，使上下层混合，以改善不良质地。针对不良质地的土壤，施用土粪、塘泥、陈墙土等，也可以改善土壤质地状况。用石灰性砂土掺和到酸性的黄壤或者红壤中可改良它们的 pH 和团粒结构等。

2. 因土种植

因土种植是扬长避短，充分发挥不同质地土壤生产潜力的有效途径。农谚有"砂地花生，泥地麦""砂土棉花，胶土瓜（南瓜），石子地里种芝麻"等，说明根据植物对土壤的适宜特性安排种植作物种类就能得到增产的效果。

一般认为薯类、花生、西瓜、棉花、豆类、杏等较适宜砂质土壤，小麦、玉米、水稻、高粱、苹果等较适宜黏质土壤。

3. 生物改良

生物改良是指采用增加土壤有机质含量的办法来消除不良质地带来的缺点。生物改良对山丘侵蚀地区土壤质地有明显改良效果，是干旱和半干旱地区改良风砂土最有效的措施。

种草植树可增加植被覆盖率和土壤有机质，改善风砂土区的生态环境，防止土壤风蚀沙化，为进一步开发利用风砂土创造条件。

在贵州山区，植树种草防治土壤石质、粗骨化和保护土壤资源更有普遍意义。在农区，长期通过增施有机肥、种植绿肥、选种先锋作物和推广秸秆粉碎还田等措施，逐渐增加有机质，改善不良土壤质地条件。

（二）土壤结构改良

土壤结构的功能是调节土壤的肥力状况，良好的土壤结构具有协调供应土壤肥力的能力。对不良土壤结构的改良目的在于促使土壤团粒结构的形成。

1. 客土改良和施用有机肥

过砂过黏、有机质含量低的土壤，结构性往往很差，特别是在不合理的耕作情况下表现更明显。在这些土壤上，客土或加砂以改良土质和施用有机肥，可以起到培育良好结构性的作用。有机肥通过微生物作用，可以产生有机胶体及黏质的微生物代谢产物，以及发挥其他多方面的作用，而对砂粒或黏粒起团粒化效应。如果把有机肥料如堆肥、作物茎秆、枯枝落叶等作为覆盖物，还可以使表土结构免受雨滴打击而保护其结构。

2. 合理的土壤耕作

合理的土壤耕作可以在一定时期内改善土壤的结构状况，以满足作物生长的要求。例如，犁耕可以破碎土块；深耕可以破坏土层深处的硬盘；生长季节期间耕作的主要作用是破碎因急雨造成的结壳，保证土壤的通气性及消灭杂草。耕作必须掌握在适当的土壤水分含量下进行，这样不仅耕作阻力小，而且碎土效果好，有利于良好结构的形成。但是，耕作次数过多，会加速有机质的氧化，同时表土在人、畜的践踏、挤压等作用下会引起机械粉碎而使原有的良好结构遭到破坏。因此，耕作次数并不是越多越好。试验表明，在使用除草剂的情况下，犁地播种后的耕作可减少到最低限度。此外，对黏质结构性差的土壤可以采取犁冬晒白或冻堡的方法（即冬季将耕地犁翻，炕冬）加以改良。

3. 合理轮作与间套种

不同的作物种类对土壤结构的影响不同，主要与根系的特征、作物的残体数量与质量、作物对地面被覆的程度等有关。例如，多年生禾本科牧草（如黑麦草），其庞大的须根系对形成良好的土壤结构有利；豆科作物如紫花苜蓿则以其质量优良，有利于微生物活性而见优；谷类作物在土壤中遗留的根残物质较根实类作物遗留的多。因此，要正确地制定作物的轮种、间种、套种制度，重视豆科作物的安排，实行水旱轮作、禾本科与豆科轮作和作物与豆科绿肥的轮作、间作、套作等。

在水稻与冬作物（紫云英、蚕豆、豌豆、油菜、小麦）的轮作中，冬季种植一年生豆科绿肥能增加土壤有机质含量，其中以紫云英最好，能使直径为 $1 \sim 5mm$ 的团粒含量显著增加，上述其他豆科绿肥也有不同程度的效果。而冬季轮作禾谷类的作物（如小麦、大麦），对土壤中直径为 $1 \sim 5mm$ 的团粒含量有破坏作用。贵州省的旱地分带轮作，麦、肥、苞、苕等耕作制度是创造和维护土壤良好结构行之有效的措施。

4. 改良土壤的化学性质

对过酸、过碱引起土壤结构恶化的土壤，可施用一定量的石灰或石膏，不仅能调节土壤的酸碱度，还能促进土壤的凝聚作用，改善土壤结构，防止表土结壳。

5. 施用土壤结构改良剂

世界各国的研究已经证实应用土壤结构改良剂是创造团粒、提高肥力的新途径。土壤结构改良剂分为两大类：一类是根据土壤中团粒形态的客观规律，利用植物遗体，泥炭、褐煤等为原料，从中提取腐植酸、纤维素、木质素、多糖醛类等物质作为团粒的胶结剂，称为天然土壤结构改良剂；另一类是模拟天然胶结剂的分子结构、性质，利用现代有机合成技术，人工合成高分子聚合物，称为合成土壤结构改良剂。施用方法是在适宜的土壤水分条件下进行液施或干施，然后耕耙土壤，使之与土壤混匀而形成团粒。

（三）土壤酸碱度改良

土壤过酸、过碱对土壤肥力和植物生长均有不利影响，此时可采取适当措施加以调节，以适应植物的生长要求。

1. 土壤酸碱度的调节

土壤酸碱度的调节通常可采取施用石灰、石膏的办法。对酸性土壤可用石灰来改良；对碱性土可用石膏、硫黄或明矾来改良。

通常没有必要将土壤酸碱度调至中性。一般认为土壤 pH 为 6 左右时不必施用石灰，pH 为 4.5~5.5 时需要适量施用石灰，pH<4.5 时需要大量施用石灰。在确定石灰的施用量时除了考虑土壤 pH 外，还需考虑土壤质地和有机质水平，土壤质地越黏重，有机质含量越多，石灰用量也需要更多，才能使土壤的 pH 发生改变。

2. 石灰用量的确定

对酸性土壤可以施用石灰来调节 pH，但是不合理地施用石灰对土壤也会造成严重不良影响。有些地区因为长期施用石灰，且用量很大，结果将土壤变成了"石灰板结田"，原因是过多的石灰淀积于心土层，变成了妨碍土壤透水排水的障碍层次。南方丘陵黄、红壤旱地上，农民有连年施用石灰的习惯以中和红壤中的酸碱度，1 亩地施 50kg 以上的石灰，结果导致土壤 pH 升高，诱发土壤微量元素缺乏。因此酸性土壤施用石灰应科学合理。

对某一酸性土壤究竟该施用多少石灰，在理论上可以根据土壤的阳离子交换量等参数来计算：石灰的需要量=每亩耕层土重×阳离子交换量×（1-盐基饱和度）≈150t×阳离子交换量×（1-盐基不饱和度）。

计算理论用量需要测定土壤阳离子交换量和盐基饱和度化学指标。根据贵州的土壤情况，石灰用量的计算结果在每亩施用 500kg 左右。具体施用量要根据土壤性质、海拔等因素确定。土壤 pH<5.5 的黏土，有机质含量高，适当增加施用量；砂土、有机质含量低的黏土，适当减少施用量。高海拔地区适当多施，低海拔地区少施。通常不宜连年施用，应间隔 3~5 年施用。

3. 合理施用化肥

合理施用化肥也可调节土壤 pH。化肥有生理酸、碱之分，在酸性土壤上不应该施用生理酸性化肥，否则会导致土壤酸性增加等。根据土壤 pH 选用肥料既能调节土壤

pH，又能提高作物产量。例如钙镁磷肥用于酸性土壤则有增加土壤钙、镁离子和中和酸度的作用。过磷酸钙施用于碱性土壤效果较好。磷矿粉是一种难溶性的磷肥品种，用于强酸性土壤作底肥施用，肥效非常好。

用石灰或石膏作间接肥料，在强酸性土壤上施用石灰和在强碱性土壤上施用石膏可调节土壤酸碱性，有利于作物生长，但应根据具体条件来决定，要考虑施用的经济效益。

第四节　田间管理

从播种或扦插繁殖小苗到收获的整个生长期间在田间需要进行的一系列管理措施称为田间管理。目的是为香料植物的正常生长发育创造良好条件。俗话说"三分种加七分管，十分收成才保险"，充分说明田间管理的重要性。不同的香料植物，虽习性不同，但在管理上有共同之处。田间管理包括施肥、灌水、排水、中耕除草、间苗、培土、覆盖、遮阴、立支架、修枝、抹芽等栽培技术措施。

一、施肥

不同植物种类和同种植物不同生育时期所需肥料的种类和数量不同。如营养生长期需氮肥量多，开花结果期需磷肥量多。因此，必须对各种香料植物的需肥种类和需肥量、耐肥程度、施用时间以及各种肥料的性能、效果、施用方法等有所了解，才能做到合理施肥。为了高产优质，应根据所种香料植物的需求和利用部位不同，施用不同比例的氮、磷、钾。利用茎叶或全草来提取精油的香料植物，氮肥用量应大些；利用种子的香料植物，磷肥需要量较大；利用块根、块茎、鳞茎的香料植物，可适当增加钾肥用量。一般情况下，氮肥的总需要量要比磷钾肥多。为保证植物生长，除在整地时以基肥形式施入土中外，还要在生长期间施追肥。大多数有机肥料，如厩肥、堆肥、绿肥，以及磷矿粉、骨粉等均为迟效性肥料，肥效慢、肥力长，有的后效可达3年，多作基肥施用。饼肥既可作基肥，也可作追肥施用。

施用追肥时，可在行间开沟施或穴施，人粪尿、化肥也可以结合灌溉施入。散施化肥时切忌直接与叶面或幼嫩部位接触，以免烧伤叶片与幼嫩枝芽。有条件时也可采用根外追肥，即将化肥（尿素、过磷酸钙）或微量元素加水稀释［尿素为0.2%~2%（质量分数），过磷酸钙为1%~2%（质量分数）］喷施在植物上，植物通过叶面吸收养分。香料植物施追肥的时间和次数因植物种类和利用的部位不同而异。薄荷香叶等利用绿色茎叶提取精油，整个生长期间需肥量较大，至少要施追肥3~4次。但在收割前要控制施肥，用速效化肥时，最迟要在收割前25~30d进行，用长效肥时，应在收割前40~45d施用，不宜过迟或过早。过早则后期肥力不足，过迟则由于后期徒长影响产量和质量。

二、灌溉与排水

水分是植物生活不可缺少的，没有水植物便没有了生命。植物所需要的水分主要从土壤中吸收。土壤水分来源主要是靠自然降水（雨、雪、雹等）。但是由于自然降水在全年分布不平衡，特别在我国北方的春、秋、冬三季干旱少水，必须靠人工灌溉来补充。南方雨水虽多，在植物生长时期也有季节性干旱，必须依靠灌溉以调节土壤水分不足，才能获得高产。

香料植物常用的灌溉方法有沟灌、畦灌，有条件的地方可采用喷灌、滴滩。喷灌、滴灌对于节约用水、克服地面灌水破坏土壤结构的缺点和发展山区灌溉具有重要意义。灌溉的时间、次数等要根据植物不同发育阶段需水情况，不同种香料植物的需水特性、土壤质地、气候条件而定。如一般植物在春天开始生长初期（或返青期）、抽穗现蕾期间、开花期间需水量较大，必须满足其需要。干旱少雨地区必须进行灌溉，以保证各发育阶段所需的水分。北方一般在土地封冻前灌水 1 次。砂土的保水力差，则要勤灌水。多雨地区灌水次数相对减少。一般地区 1 年内灌水次数 5~7 次。一般香料植物在收获前 20~30d 停止灌水，防止收割前贪青生长影响产量和品质。

缺水时香料植物会生长不良，降低产量和品质，但是水分过多时，由于土壤中有积水也会影响植物生长，严重时会造成大量死亡。如薰衣草幼苗在夏季土壤积水一昼夜即可导致大片死亡。因此必须注意及时排除地面与土壤内的积水。特别在南方河网平原地区，地下水位高，当降水过分集中时会使地下水位或临时滞水位接近或达到地表，造成"渍害"，因此必须迅速改善土壤的通气状况。田间排水有明沟排水和暗沟排水两种。明沟排水各地较为普遍，用于排除地面积水。但是暗沟因埋设较深，对降低水位效果较好。

三、中耕除草

（一）中耕

在香料植物生长期间，一般中耕与除草同时进行，中耕的目的是：①消灭杂草；②疏松土壤，改善土壤的通气状况；③切断土壤毛细管作用防止土壤水分蒸发；④增加土壤吸热面积，提高土温。

中耕的时间和次数要根据具体情况而定。①土壤质黏重易板结时宜多中耕；②遇到天气干旱要进行中耕保墒；③灌水或大雨后要在适宜耕耘时进行中耕；④杂草多时结合除草进行中耕。木本香料植物 1 年内中耕 2~4 次，草本香料植物因地区、土质不同，1 年一般中耕 4~6 次。

中耕可分为浅中耕与深中耕 2 类。根系浅的香料植物如留兰香、菊花、灵香草等根系多分布在土壤表层，为避免伤根，应当进行浅中耕，以除草为主。香根草等利用部分为根系，应进行深中耕以疏松土壤，促进根系生长，提高根的产量。

（二）除草

通常除草与中耕结合进行，借助松土除草机械或工具除掉杂草。化学除草是借助化学除草的药剂杀死杂草，同时无损于栽培的植物，常用的化学除草剂种类很多，我国生产的化学除草剂主要有草枯醚、五氯酚钠、扑草净、扑灭津、敌草隆、非草隆、灭草隆、二甲四氯、百草烯、毒草安、敌草安、灭草灵、杀草快、敌草腈、新燕灵、氯酸钠等。我国常用的除草剂列于表6-9。

表 6-9　　　　　　　　　　　　　　　我国常用的除草剂

名称	化学名称	杀效期/d	性质	主要防除对象
扑草净	2-甲硫基-4,6-双（异丙氨基）均三氮苯	40~60	分子式 $C_{10}H_{19}N_5S$，50%可湿性粉剂，淡红色，不易溶于水，无腐蚀性	马唐、狗尾草、稗草、鸭舌草、灰菜、牛毛草、水苋等
草枯醚	2,4,6-三氯苯基-4-硝基苯基醚	20~30	分子式 $C_{12}H_6Cl_3NO_3$，原药为淡黄褐色结晶状粉末，不溶于水，对人、畜低毒	稗草、狗尾草、蓼、野苋菜等多种单子叶和双子叶杂草
扑灭津	2-氯-4,6-双（异丙氨基）均三氮苯	30~50	分子式 $C_9H_{10}Cl_2N_2O$，不溶于水，稳定，无腐蚀性，对人、畜低毒，50%、80%可湿性粉剂	马唐、狗尾草、稗草、牛毛草、春麦娘、马齿苋、藜、荠等杂草
敌草隆	N-（3,4-二氯苯基）-N,N-二甲基脲	50~70	分子式 $C_9H_{10}Cl_2N_2O$，25%可湿性粉剂，粉红色，难溶于水，无腐蚀性	马唐、狗尾草、稗草、莎草、苋、藜、蓼等
氯酸钠	氯酸钠		分子式 $NaClO_3$，纯品是无色立方晶体，高温易分解，易溶于水，吸湿性，有毒	对菊科、禾本科植物有根绝效果，不宜用于香料植物
新燕灵	N-苯甲酰基-N-（3,4-二氯苯基）-2-氯基丙酸乙酯		分子式 $C_{18}H_{17}Cl_2NO_3$，纯品是白色固体	野燕麦、马唐、狗尾草等
毒草安	N-异丙基-2-氯代己酰苯胺	30	分子式 $C_{11}H_{14}ClNO$，工业品是褐色固体，微溶于水，对人、畜低毒	稗草、狗尾草、藜、马齿苋、野苋菜等

四、修剪与更新

修剪与更新的目的在于调节植物体内的营养，减少无益的营养生长，平衡生长与开花结果的关系，更新老枝、疏掉病弱枝，保证植株内部通风透光，以利生长，增加产量和推迟衰老期。修剪对多年生木本香料植物尤为重要，如墨红、玫瑰、茉莉、桂花、柑橘属等香料植物都需要进行合理修剪以保证年年稳产和高产。一般修剪均在停止生长后进行，但因植物种类不同而异。墨红1年内多次开花，每次花期后要进行1次修剪，停止生长后还要进行1次总修剪以调节生长和促进形成较多的花枝，增加花量。玫瑰、墨红的开花枝经过一定年限后，由于衰老，产花量显著下降，必须进行更新修剪，即自基部或近基部剪掉，代之以新的健壮的开花枝。桂花枝条的萌发力较强，需要及时进行修枝抹芽，控制营养生长，积累养分，促进花芽的形成，才能提高桂花的产花量。

薰衣草为亚灌木香料植物，为得到较高的产花量和推迟衰老时间，每年也要进行1次修剪。修剪的时间应因地制宜，一般在晚秋停止生长后进行，有的地区则宜在早春开始生长前进行。南方有的地区认为在开花后进行适度整形修剪有利于薰衣草越夏。薰衣草开花5~6年后枝条开始衰老，产量下降，因此要进行重剪更新。杭白菊为多年生草本植物，在栽培过程中要进行多次摘心（打顶），促进分枝，保证枝条生长健壮和防止倒伏，提高产花量。这也是修剪的一种形式。

第五节　香料植物的病虫害防治

香料植物在栽培过程中，由于病虫危害常严重影响精油的产量和质量。因为有些精油的经济价值较高，同时对其质量的要求也比较严格，因此香料植物病虫害防治的工作就显得更为重要。危害香料植物的病虫种类繁多，应以预防为主，开展相应防治措施。

一、香料植物病虫害的症状

（一）病害

引起病害的原因称为病源。病源有2种：一种是不适宜的环境因子（非生物因子），由这种因子引起的病害称为"生理性病害"，不具有传染性；另一种是致病寄生物（病原物），由生物因子引起的称为"寄生性病害"，具有传染性。

引起生理性病害的因子很多，如营养失调（过多或缺少）、水分失调、光照、温度、中毒等，而引起寄生性病害的因子是细菌、真菌、病毒、线虫等，会侵害植物组织。

寄生性病害可分为以下几类。

（1）细菌引起的病害　常见症状有腐烂、斑点、枯焦、萎蔫、溃疡等，在潮湿情况下，往往在病部溢出脓状或黏液状物质（菌脓），有时可嗅出特殊的臭气。细菌主要是通过伤口和自然孔道（气孔、水孔、蜜腺等）侵入植物体内，可借雨水、昆虫、带病种子（或种菌）调运和田间操作等传播。

（2）真菌引起的病害　一般在一定时间内病组织的表面长出孢囊梗、分生孢子器、分子孢子盘、分生孢子座等，在外表上表现出各种颜色的霉状物、绒毛状物和小黑点等症状。

（3）病毒引起的病害　症状有花叶、黄化、卷叶、萎缩、矮化、畸形、坏死斑等。传染途径主要是通过刺吸式口器的昆虫（蚜虫、叶蝉、飞虱、蓟马等），还有接触、嫁接、机械损伤也是传染途径。

（4）由线虫引起的病害　症状是植株矮小、生长缓慢、茎叶卷曲、根部有肿瘤。

（二）虫害

危害香料植物的害虫种类是很复杂的。有的危害地上部分（枝、叶、花、果），有的危害地下部分（根、块茎、鳞茎）。香料植物遭受虫害时，常常可以看到蛀孔、虫粪、咬食过的痕迹，从痕迹中有时可以分析出是哪种昆虫危害。

二、病虫害防治的基本原则

香料植物病虫害防治应贯彻"预防为主，综合防治"的原则，并选择适合香料植物生长发育的生态环境进行种植。在防治方法上可分为以下几个方面。

（一）植物检疫

在引种香料植物时，要严格遵守检疫和检验制度，防止病虫害随种苗带入新的栽培区域，严格上讲，引入后应在隔离区内观察1~3年，再进行推广生产。

（二）农业防治

主要是选育抗病虫的品种，合理轮作、套作、间作，冬耕晒土，深耕细作，加强田间管理，合理施肥，清除杂草和病株枯叶并及时烧掉，合理密植等。农业防治病虫害的核心是控制害虫的种群数量。

1. 农业防治的基本途径

（1）控制田间的生物群落，减少害虫的种类和数量，增加有益生物的种类和数量。

（2）控制主要害虫种群的数量使其被抑制在危害生产的水平之下，包括消灭或减少虫源、破坏害虫生活条件等预防措施，或在大量发生危害之前及时消灭害虫。

（3）控制香料植物易受虫害的危险期，避开害虫盛发期。

2. 农业防治的优越性

（1）控制田间的生物群落、控制主要害虫群落数量、消灭虫源这3种防治途径均起作用，是贯彻"预防为主，综合防治"的植物保护方针。

（2）结合耕作栽培管理，消灭害虫，因此易于推广。

（3）结合生产过程中的不同环节防治虫害，措施多样化，经常保持抑制害虫的作用，环环衔接，可以收到积累防治效果。

（4）没有有害的副作用，且因较少用农药，从而减轻了对环境的污染，保护了天敌昆虫。

（5）成本低，实现增产增收。但农业防治也有一定局限性，如效果较慢，主要起预防作用。

（三）生物防治

生物防治主要利用某些生物或生物的代谢产物去控制害虫的发生和危害。自然界里，每种害虫都伴随着多种天敌生物，天敌经常抑制着某些害虫，达到消灭害虫的目的。例如，四川省试用畸螯螨防治柑橘叶螨，取得初步成果。畸螯螨在柑橘园中主要取食柑橘红蜘蛛及黄蜘蛛。这两种叶螨普遍危害柑橘，并对化学农药有抗性。畸螯螨普遍存在于柑橘园中，它一生要捕食两种叶螨的若虫和卵 200~500 只，因此保护和散放畸螯螨，对于抑制红蜘蛛和黄蜘蛛生长是有效果的。当柑橘园中畸螯螨与两种叶螨的比例是 1:20 左右时，红蜘蛛和黄蜘蛛的数量会迅速下降，而不成害。

1. 生物防治途径

生物防治现在通常采用 3 种途径，分别是：①保护和招引自然界原有的天敌生物；②补充自然界天敌生物数量——赤眼蜂；③增加天敌生物种类。

2. 生物防治优点

生物防治具有以下优点。

（1）大多数天敌都对人、畜、植物安全，无毒，选择性强，不会污染空气、土壤、水域。

（2）害虫对天敌不会产生抗性。

（3）被驯化而建立了优势群落的天敌或某病毒等微生物具有长期控制害虫的作用。

（4）天敌资源丰富，可以就地取材。

（四）物理机械防治

包括捕杀、诱杀（灯光和毒饵等）、隔离保护（套装、刷白、填塞、涂胶等）、清选种子（去除虫瘿、菌核等）、温水浸种及热水烫种、太阳光消毒，以及应用放射性元素等。

（五）化学防治

化学防治即药剂防治，是防治病虫害的重要措施之一。一般说来，杀虫剂不能杀菌，杀菌剂不能杀虫，只有在个别情况下（如石硫合剂）才具有双重作用。

1. 杀虫剂

杀虫剂可分为毒剂、触杀剂、熏蒸剂、内吸剂等。咀嚼式口器的害虫用胃毒剂、触杀剂、熏蒸剂，刺吸式口器的害虫用内吸剂。使用方法有：①喷粉；②喷雾；③拌种；④浸种；⑤熏蒸（大多用在仓库内等）；⑥毒饵（诱杀地下害虫）；⑦毒土（防治地下害虫）；⑧土壤处理；⑨涂抹；⑩浇灌。

2. 杀菌剂

杀菌剂可分为保护剂和治疗剂 2 种。如石灰硫黄合剂、敌锈钠、敌克松、波尔多液、多菌灵、甲基托布津、井冈霉素等。

合理使用农药，要做到对症施药，收到效果，使用时必须做到以下几点：①根据病虫种类选用适当的农药；②在病虫发生初期适时用药；③严格掌握用药浓度、用药量、用药时期，避免发生药害；④注意人、畜安全；⑤严格控制用药种类和用药时间。因为从香料植物提取的精油是用于与人们生活有关的产品（食品、日用品）中，因此，有些对人体有积聚性中毒影响的农药，严禁在香料植物上使用；有些可以使用的农药应根据其分解时间在植物采收前若干天（因农药种类而异）停止使用，使残留量降低到最低限度。

（六）综合防治

影响病虫害发生的因素是多方面的，现行防治方法均有一定的优点和局限性。为了全面有效地防治病虫害，必须综合利用各种相应的防治方法，以发挥更好的防治作用。如针对某种病虫害或某种香料植物上的多种病虫害，选择相应的综合防治措施，可取得较好的效果。综合防治手段要求因地制宜，具体是：①以化学防治为主，辅以其他措施，主要是合理使用农药；②以生物防治为主，化学防治为辅或辅以其他措施；③以农业防治为主，化学防治为辅或辅以其他措施；④多种措施的综合防治方法。综合防治法是当前采用较普遍的一种类型，其优点是可以根据害虫的虫情、寄主状态和当地环境条件，因地制宜通过几种措施控制害虫发生、危害，在措施安排上能灵活机动，做到有主有辅。但防治的对象较多，措施多，需要更多考虑协调各措施之间的关系，才能发挥相辅相成的作用，收获明显效果。综合防治尚可减少化学农药的用量，对于食品卫生、环境保护均有益处，特别在香料植物病虫害防治上有较大优越性。例如，柑橘的红蜘蛛、松树的松毛虫综合防治已取得显著成效。

三、香料植物常见病虫害

香料植物病虫害是多种多样的，而且因植物种类差异，病虫害也有不同。危害香料植物的主要病虫害如下。

（一）病害

1. 白粉病

白粉病由病菌引起，病原菌因玫瑰、柑橘而异。

（1）症状　浸染叶、茎、花柄，早期症状为幼叶扭曲，淡灰色，长出一层白色粉末状物，即其分生孢子，严重时花少而小，甚至开不出花，叶片枯萎，危害玫瑰、蔷薇、柑橘等。

（2）生态特征　病菌以菌丝体在寄主的休眠芽内越冬，以分生孢子进行多次再浸染，若氮肥过多，遮阴时间过长，发病也较为严重。

（3）防治方法　喷 0.3~0.5°Bé 石硫合剂或 50%苯菌灵可湿性粉剂 2000 倍液。

2. 黄龙病

主要危害柑橘，病源是病毒。

（1）症状　发病初期在正常绿色的树冠上，有部分新梢叶子黄化，形成黄梢，一般春梢叶片在转绿后，夏、秋梢叶片在转绿过程中表现黄化。特征性病状是从叶片主脉和侧脉附近、叶片基部和边缘开始黄化，逐步蔓延到全部叶片，病叶厚、革质，易脱落。

（2）防治方法　采用综合防治措施，选择无病母株或无病苗木，严格防治木虱和蚜虫等可能传病的昆虫，加强田间管理，及时拔除病株。

3. 溃疡病

主要危害柑橘、紫罗兰等，病源是细菌。

（1）症状　开始在叶背现黄色，斑点逐渐扩大，并隆起破裂，叶正面的病斑部位也隆起，最后，病斑木栓化，呈灰褐色，近圆形，周围有黄色或黄绿色的晕环。

（2）防治方法　采用综合防治措施，采用 0.5∶1∶100 的波尔多液或 0.5∶2∶100 的波尔多液喷射防治。

（二）虫害

1. 红蜘蛛

红蜘蛛属于蜱螨目、叶螨科，主要危害柑橘、香叶天竺葵、墨红、玫瑰、香水月季等，被害叶片失去光泽。

（1）形态特征　雌成虫，近梨形，足四对，体长 0.4mm，最宽处 0.24mm，体色暗红，背部具有白色刚毛 12 对。雄成虫近楔形，足四对。体长 0.33mm，最宽处 0.15mm，体红色。背部具有白色刚毛 10 对。卵球形，略扁平，红色有光泽直径 0.13mm，卵上有梗。幼虫，近圆球形，体长 0.2mm，红色，足 3 对。

（2）生活习性　华南一年约发生 18 代。在日平均温度 19.26~29℃，卵期为 4~10d。幼、若虫平均 4~12d。在日平均温度 19.83~29.51℃ 时，雌成虫寿命平均为 10~20d。每雌虫产卵 31~62 粒。平均一代周期 20~41d。

（3）防治方法　春梢萌发前，喷 1~2°Bé 石硫合剂一次。春梢萌发后，可喷：①0.3~0.5°Bé 石硫合剂；②20%乐果 1000 倍液；③20%保棉磷 1000~1500 倍液；④50%敌螨丹 1000~2000 倍液；⑤75%鱼藤精 800~1200 倍液；⑥25%杀虫脒 500~1000 倍液；⑦释放天敌（畸鳌螨）。

2. 刺蛾

刺蛾属于鳞翅目、刺蛾科。是杂食性食叶害虫之一，能蚕食叶片，严重时致使某些香料植物枝条干枯，导致整枝死亡。严重危害柑橘、玳玳、芳樟、山鸡椒、玉兰、枫香、桂花、金合欢、栀子、细叶香桂等香料植物的生长。刺蛾有黄刺蛾、褐刺蛾和樟刺蛾等 20 余种。

（1）生活习性　一般情况，一年发生两代。越冬幼虫于 5 月上旬开始化蛹，5 月下旬开始出现第一代成虫，6 月中旬开始出现幼虫，7 月下旬下树入土结茧化蛹，经 7 ~ 10d 开始羽化产生第二代成虫，8 月下旬即可见第二代幼虫发生。产卵时间一般集中在 19—21 时（占总产卵数的 97%）。幼虫平均寿命 35 ~ 45d，成虫平均寿命 4.5 ~ 6.9d，并具有趋光性。以幼虫期危害香料植物的叶片，造成植物生长不良或死亡。

（2）防治方法　刺蛾越冬期较长，采用消灭冬茧或利用较强趋光性，采用灯光诱杀成虫，也可利用天敌赤眼蜂、杀螟杆菌 [一种细菌性杀虫剂，又名蜡样芽孢杆菌（*Bacillus cereus*）] 消灭。多种化学农药均可消灭，对于香料植物最好使用高效低毒农药——敌百虫喷杀。

3. 松毛虫

松毛虫属于枯叶蛾科。是我国松科和柏科香料植物的害虫，种类多，分布广，繁殖力强，成虫一般呈枯黄色，幼虫和茧有毒毛。到目前为止，我国已发现落叶松毛虫、赤松毛虫、云南松毛虫等 19 种松毛虫，分布 24 个省区。猖獗时，松树的针叶全部被其吃光，似火烧一般，松林枯死，故有"不冒烟森林火害"之称。

（1）生活习性　一般是一年发生一代。越冬松毛虫，在春季日平均温度 10℃ 左右时开始取食。寒流（0℃ 以下）、7—8 月高温干燥（地表温度 40℃ 以上）、冬天寒冷都会造成其大批死亡。相对湿度大，对生存极有利，长期相对湿度达不到 75% 对其生长和发育不利。马尾松毛虫在充分光照或长日照条件下，不但生长快，发育良好，而且分化产生多一代的比例增高。强台风和暴雨可使松毛虫大量死亡。松毛虫产卵因世代、种类和环境条件有差异，云南松毛虫产卵量为 353 ~ 674 粒。

（2）防治方法　宜采用综合防治，具体是放养和保护天敌，如松毛虫赤眼蜂、松毛虫红头茧蜂、双针蚁等，合理造林，加强经营管理，用物理和化学方法综合防治。

4. 蝼蛄

蝼蛄属于昆虫纲、直翅目、蟋蟀总科，独立为蝼蛄科，为地下昆虫。我国蝼蛄主要有华北蝼蛄、非洲蝼蛄、普通蝼蛄、台湾蝼蛄 4 种。华北蝼蛄分布于北方，非洲蝼蛄全国均有分布，普通蝼蛄分布于新疆，台湾蝼蛄分布于台湾、广东、广西等地。蝼蛄是杂食性地下害虫，严重危害玫瑰、墨红、香水月季、鸢尾、桂花以及其他香料植物的幼苗。

（1）生活习性　发生与环境条件有密切关系，一般多发生于轻盐碱地。沿河湖淀等地区，砂质壤土或粉砂质壤土、质地松软、多腐殖质、地下水位高或土壤湿度大等地块，最适宜繁殖。华北蝼蛄的生活史较长，需三年左右成一代；非洲蝼蛄，在黄淮地区需两年完成一代，长江以南一年一代。6—7 月是成虫产卵盛期，成虫一生产卵 3 ~ 6 次，平均产卵 300 粒，最多 800 粒，一般产于 15 ~ 25cm 土层。四种蝼蛄均以成虫、若虫在土壤中越冬，越冬深度为 40~60cm，土温在 10℃左右时，开始活动，春秋两季为活动盛期，一般是夜间活动，气温低于 15℃以下白天活动，具有趋光性。表土层含水量 10%~20%最宜蝼蛄生活。

（2）防治方法　采用综合防治：①深耕细作，深耕多耙，清除杂草，实行轮作；②施用堆肥厩肥时要充分腐熟，合理施肥；③用狼毒、百部等土农药各一份混合磨成粉，撒施地里，进行毒杀；④用 50kg 菜籽饼打碎，炒香后，加 0.75kg 90%敌百虫做毒饵，每亩（667m^2）撒 5kg；用辛硫磷，除虫精（二氯苯醚菊酯）等拌种。

5. 蛴螬

蛴螬是金龟子的幼虫，土名叫"白地蚕"，属于鞘翅目、金龟甲科，是严重危害香料植物幼苗的地下害虫，可以咬断嫩茎，在干旱时危害较严重，主要有东北大黑金龟子，体长 16~21mm，黑褐色有光泽；华北大黑金龟子；铜绿金龟子，体长 18~21mm，呈铜绿光泽。

（1）生活习性　基本上是一年发生一代。土温 13~18℃最适宜活动，危害植物最严重时期是 6—7 月，土温 5℃开始向地面活动，土温超过 23℃开始向土中深处移动，土温低于 10℃时则向深处土层蛰伏，5℃以下全部越冬，基本以成虫或幼虫入土越冬，越冬深度 10~30cm。蛴螬成虫寿命不长，平均 30d。每雌虫产卵量为 50~60 粒，产卵期为 10d 左右。夏季多雨，土壤温度高，生荒地，堆肥、厩肥施用较多的种植地，蛴螬发生较严重。

（2）防治方法　采用综合防治：①冬耕深翻，深耕多耙，清除杂草，实行轮作；施用腐熟的堆肥、厩肥，施后盖土，并合理施肥，施氨水作基肥，可杀死蛴螬；②下种前，每亩用石灰氮 25~30kg 拌土，撒于地面，并翻入土中，杀死幼虫；③为害时用 90%敌百虫 1000~1500 倍液或马拉松乳剂 800~1000 倍液浇注；④利用和保护天敌，主要是茶色食虫虻、金龟子黑土蜂等。

6. 蓑蛾

蓑蛾属于鳞翅目、蓑蛾科。蓑蛾除大蓑蛾外，还有茶蓑蛾、白茧蓑蛾等。在江浙沪地区危害严重的是大蓑蛾，又名袋蛾、避债蛾、皮虫等。食性极杂，危害多种香料植物，主要是墨红、香水月季、玫瑰、桂花、栀子、蜡梅、辛夷、丁子香等。雌成虫体翅呈暗褐色，前翅近外缘有 4~5 个透明斑，幼虫呈暗褐色，头呈红褐色，胸部背板呈黄褐色，有红褐色斑纹。虫囊呈纺锤形，雌性比雄性的大。

（1）生活习性　一般一年发生一代，少数发生两代，以老熟幼虫在枝条上的虫囊中越冬。雌成虫无翅，经交配后即产卵在虫囊内。繁殖率高，平均每头产卵 3000 余粒。6 月中下旬"幼蚁"即从虫囊内蜂拥而出，吐丝随风扩散，取食叶肉，危害植株，高温干旱时，危害更为严重。

（2）防治方法　①冬季摘除越冬虫囊；②悬挂黑光诱杀雄蛾；③喷施 90%敌百虫 2000~3000 倍液；④保护和利用天敌，主要有蓑蛾瘤姬蜂、伞裙追寄蝇等。

7. 潜叶蛾

潜叶蛾属于鳞翅目、潜叶蛾科，主要危害柑橘和其他香料植物的新梢嫩叶，潜入嫩叶表皮下蛀食，形成弯曲隧道，被害叶严重卷曲。成虫，小型蛾类，体长约2mm，翅展约5mm。体及前、后翅均银白色。前翅梭形，翅基部有两条褐色纵纹，靠近翅尖有一明显的黑点。后翅锥形，自基部至顶端均具较长的绿毛。卵椭圆形，长0.3mm左右，乳白色，透明，底平，呈半圆形突起，卵壳光滑。老熟幼虫淡黄色，体长4mm。蛹体长2.8mm，菱形，黄色至黄褐色，腹部可见7节。

（1）生活习性　一年发生10代左右，世代重叠，各世代经过日期数因气候而异。当平均温度在27~29℃时，由卵至成虫平均经过13.5~15.6d，平均温度16℃时，完成一世代需42d。成虫具有趋光性，清晨羽化交尾，夜间产卵。幼虫孵化后，即潜入叶表皮不蛀食。夏、秋危害最严重。

（2）防治方法　在潜叶蛾发生时喷射25%乐果500倍液、50%磷胺1000倍液、氯氟·噻虫嗪2000倍液、氯氟·噻虫胺2000倍液、1%甲维盐阿维1500倍+25%噻虫嗪2000倍液中的一种，每隔5d喷一次，连续3~4次即灭。

🌐 课程思政

　　土壤耕作和栽培是我国传统农业的重要组成部分，中华文明是在农耕文化的根基上产生和发展而来的。随着生产力的革新，生产关系的改变，作物布局和耕作制度经过不断发展和演变，逐渐在我国形成了各具特色的三大农耕文化，即以华中华南地区为主的水稻农业；以华北、东北、西北东部地区为主的旱地粟作物农业；在内蒙古草原和青藏高原一带则形成了以狩猎、畜牧兼营的农业特色。

　　随着农业文明的不断发展，耕读文化在中国传统的农业经济基础上得以建立，形成了以"耕"为手段，以"读"为价值核心，为生存而耕，为济世而读的微观教育形态。耕读文化丰富的价值观念，是中华民族宝贵的文化遗产，更是根植于百姓生活的时代精神和文化特色。耕读文化并不是要大家回归"鸡犬之声相闻，民至老死不相往来"的小国寡民社会，而是让大家能在喧嚣、浮躁的日常生活之外，有所淡然，有所超越，能够亲近山水林泉，能够沐浴阳光雨露，与天地万物和谐共处，进而达到身心两安。

❓ 思考题

1. 土壤的含义是什么？
2. 简述土壤的基本组成。我国土壤颗粒分为哪些类别？
3. 土壤质地和土壤结构的概念是什么？
4. 土壤的物理性质主要包括哪些方面？
5. 土壤的化学性质主要包括哪些方面？

6. 香料植物栽培对肥料有哪些要求?

7. 什么是栽培制度? 栽培制度的功能主要是什么?

8. 香料植物栽培主要有哪几种方式?

9. 简述土壤耕作的概念、作用及意义。

10. 香料植物栽培中的病虫害主要包括哪些? 分别举例说明。

第七章

香料植物芳香成分的生物合成

┌─【学习目标】────────────────────────────────
│   1. 掌握香料植物中芳香成分的生物合成途径和相关酶的作用。
│   2. 了解生物合成和化学合成的优缺点,理解生物合成技术有助于提高香料
│ 植物产量和质量的机制,从而支持可持续农业和生产。
└──

第一节　芳香成分的生物合成

　　香料植物是一类新兴的经济作物,可以作为蔬菜、水果、中药、调味剂、观赏植物、茶等直接被利用,也可以加工成精油或油树脂等用于食品工业、日化工业、化妆品和医药等。我国芳香产业正处于发展阶段,只有明确其化学成分,了解其生物合成途径,才能更加合理开发和综合利用香料植物资源,使我国的香料产业位于世界前列。

一、香料植物的芳香成分

　　香料植物的芳香成分是给予它们独特香味和风味的化合物。这些成分通常存在于植物的各个部分,如叶、花、果实、根、树皮等,而它们的香味和风味往往是由各种化合物组合而成(图7-1)。以下是一些常见的香料植物和它们的芳香成分概述。

　　(1)香草　主要成分是香兰素(coumarin)、香草醛和香草酮,它们赋予了香草甜香味。

（2）肉桂　肉桂的主要成分是肉桂醛（cinnamaldehyde），它赋予了肉桂独特辛辣香味。

（3）丁香　丁香花蕾的主要成分是丁香酚（eugenol），它有浓郁的丁香香味。

（4）香茅　香茅中的主要成分是香茅醛（citral），它赋予了香茅柠檬草香味。

（5）胡椒　黑胡椒的主要成分是胡椒碱（piperine），它具有辛辣味道。

（6）豆蔻　豆蔻的主要成分是月桂烯（myrcene）、龙脑（borneol）等，它们赋予了豆蔻独特香味。

（7）生姜　生姜的主要成分是姜醛（gingerol），它赋予了生姜辛辣和热味。

（8）薄荷　薄荷的主要成分是薄荷醇（menthol），它赋予了薄荷清凉感。

这只是一小部分香料植物和它们的主要芳香成分。不同的植物包含各种不同的化合物，这些化合物赋予了它们特定的香味和风味特性。这些香料被广泛用于食品、香水、药物和调味品等领域，为各种产品增添了美味和香气。图7-1所示为部分代表性芳香族香料香精或中间体。

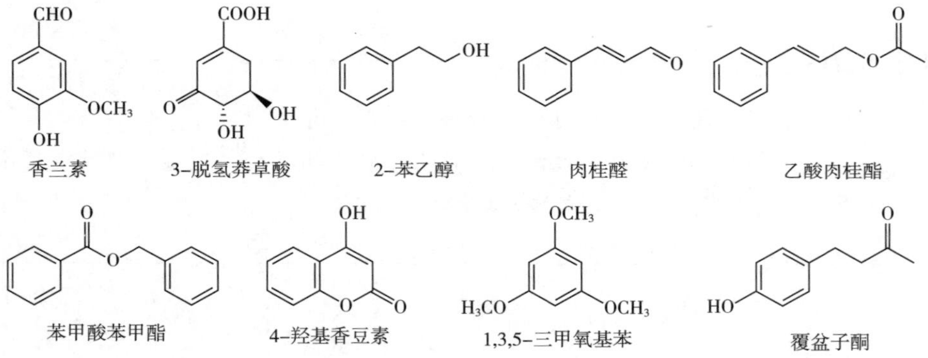

图7-1　部分代表性芳香族香料香精或中间体

二、芳香族香料化合物的生物合成途径

近年来，随着代谢工程和合成生物学技术的发展，微生物合成芳香族香料化合物取得了较大进展。大肠杆菌和酵母菌等微生物具有遗传改造简单、生长快、可规模化生产、可利用廉价的生物基原料合成等特点，成为生产芳香族化合物的常用宿主。这些芳香族化合物大多来源于莽草酸途径的中间体或芳香族氨基酸。莽草酸途径始于来自碳中心代谢途径的 D-赤藓糖-4-磷酸（Erythrose-4-phosphate，E4P）和磷酸烯醇式丙酮酸（Phosphoenolpyruvate，PEP）缩合，经 3-脱氧-δ-阿拉伯糖庚酮糖-7-磷酸（3-deoxy-D-arabino-heptulosonate-7-phosphate，DAHP）合酶（DAHP synthase）催化，羟醛缩合生成 DAHP，接着经 6 步酶催化反应合成分支酸（chorismic acid）。分支酸是合成芳香族氨基酸、叶酸、辅酶 Q 等芳香族化合物的前体。通过莽草酸途径，创建人工合成途径或利用天然的合成途径，经过还原、裂解或酯化等方式可形成结构多样的芳香族化

合物。此外，芳香族化合物如覆盆子酮（Raspberry ketone）等也可以起源于聚酮合成途径，经Ⅲ型聚酮合酶（Type Ⅲ polyketide synthase，Type Ⅲ PKS）催化合成。

三、芳香成分生物合成的术语和意义

芳香成分是一类具有浓郁气味和味道的化合物，通常用于香水、食品调味和药物等领域。这些化合物包括酚类、醛类、酮类、醇类、酯类等，它们赋予了不同物质独特的芳香和风味特性。芳香成分的生物合成是指利用生物学方法来生产这些化合物，通常通过微生物、植物或其他生物体的生物合成途径进行。

针对芳香成分的生物合成，主要包括以下术语。

（1）生物合成途径　芳香成分的生物合成通常涉及复杂的生物合成途径，这些途径涉及多个酶和中间代谢产物。例如，香豆素是许多香料和香料成分的前体，其生物合成途径通常涉及多个步骤的催化反应。

（2）宿主　芳香成分的生物合成可以使用各种宿主生物体，包括细菌、酵母、真菌和植物。

（3）代谢工程改造　合成生物学方法通常用于工程改良宿主生物体，以增加目标芳香成分的产量，包括调整酶的活性、增加底物供应和优化代谢通路。

（4）底物供应　芳香成分的生物合成通常需要提供适当的底物供应，以确保生产的高效性。

综合来说，芳香成分的生物合成涉及复杂的生物合成途径和代谢工程改造。生物合成为香料植物芳香成分的生产提供了一条新路径，从而生产更多、更高质量的芳香成分，满足香水、食品、医药等行业的需求。

四、香料植物关键成分的生物合成途径研究前景和意义

随着消费观念的改变和环保意识的增强，人们对于香料中香气质量与纯净度的要求不断提高，对天然香料的需求不断增加。近年来，系统生物学、代谢工程及合成生物学技术快速发展，从途径解析、人工合成途径创建到代谢调控等方面已取得很多重要的研究成果，有的已经进入产业化实施阶段，但是总体来讲，实现微生物异源合成的香料化合物数量还较少，菌种发酵的滴度及转化率低。为解决上述问题，可以从以下几方面开展研究，以进一步推动微生物合成法应用于香料化合物生产：①应用基因组学、蛋白质组学和代谢组学分析手段，加快香料化合物生物合成途径的解析，尤其是后修饰新酶的发现，将极大促进合成香料化合物的细胞工厂种类增多；②结合计算生物学、定向进化等技术，提高生物合酶如Ⅲ型聚酮合酶的活性及底物宽泛性，进一步提升目标化合物产量，并拓展合成化合物的种类；③香料化合物对细胞往往具有毒性，抑制细胞生长，目前主要通过原位萃取减少发酵液中的产物含量，减少对细胞生长的影响，可通过适应进化，提高宿主细胞对香料化合物的耐受性；④构建对宿主细胞毒性低的前体化合物细胞工厂，实现前体的高效合成，进一步结合静息全细胞转化或者化学合成

工艺，达到降低目标产品生产成本的目的；⑤拓展底盘的种类，提升合成目标化合物的效率及滴度。

第二节　香兰素的生物合成

一、香兰素的结构及生物学性质

香兰素化学名为 4-羟基-3-甲氧基苯甲醛，又名甲基原儿茶醛、香草醛，是一种重要的广谱型高档香料，是截至 2019 年全球产量最高的香料之一，具有清甜的豆香、粉香气息，可用作定香剂、协调剂及调味剂，广泛应用于食品、饮料、化妆品、日用化学品及医药等行业。在下游行业中的使用比例分别为食品添加剂的约 50%、医药中间体的约 20%、饲料添加剂的约 20%，其他用途的约 10%。

香兰素天然主要存在于植物香荚兰中，具有香荚兰香气及浓郁的奶香，是世界上最重要的香料之一。香兰素大部分应用于食品工业，是目前全球使用最多的食品赋香剂之一，有"食品香料之王"的美誉，在食品行业中主要作为一种增味剂，应用于蛋糕、冰激凌、软饮料、巧克力、烤糖果和酒类中，在糕点、饼干中的添加量为 0.01%~0.04%（质量分数），糖果中为 0.02%~0.08%（质量分数），在焙烤食品中的最高使用量为 220mg/kg，在巧克力中的最高使用量为 970mg/kg，也可作为一种食品防腐添加剂应用于各类食品和调味料中；在化妆品行业，可作为调香剂调配于香水和面霜中；在日用化学品行业，可以用在日化用品中修饰香气；在化学工业上，作为消泡剂、硫化剂和化学前体；还可应用于分析检测，如用来检验氨基化合物和某些酸质；在制药行业，作为屏蔽气味的药剂。由于香兰素本身具有抑菌作用，可作为医药中间体应用于制药工业，包括应用于皮肤病的治疗药物中。香兰素具有一定抗氧化性和预防癌症的作用，且能参与细菌细胞间的信号传递。截至 2019 年，香兰素全球市场年消费量在 2 万 t 左右，未来这些潜在的应用领域将促进香兰素市场需求的快速增长。

二、香兰素生物合成途径

植物中香兰素的生物合成途径一直是研究的热点，但还没有完全解析。推测植物中香兰素通过苯丙氨酸途径由反式肉桂酸（*trans*-cinnamic acid）合成（图 7-2）：一种可能途径是经羟化、甲基化，形成阿魏酸（ferulic acid），侧链直接裂解或形成阿魏酰-CoA 再裂解形成香兰素；另一种可能途径是先羟化形成对香豆酸（4-coumalic acid），然后侧链裂解形成对羟基苯甲醛（4-hydroxybenzaldehyde），进而发生羟化或甲基化等反应形成 3,4-二羟基苯甲醛（3,4-dihydroxybenzadehyde）、香兰素。

三、微生物合成香兰素

目前，香兰素生物法生产是以阿魏酸、木质素单体、丁香酚、异香酚和香草酸等为

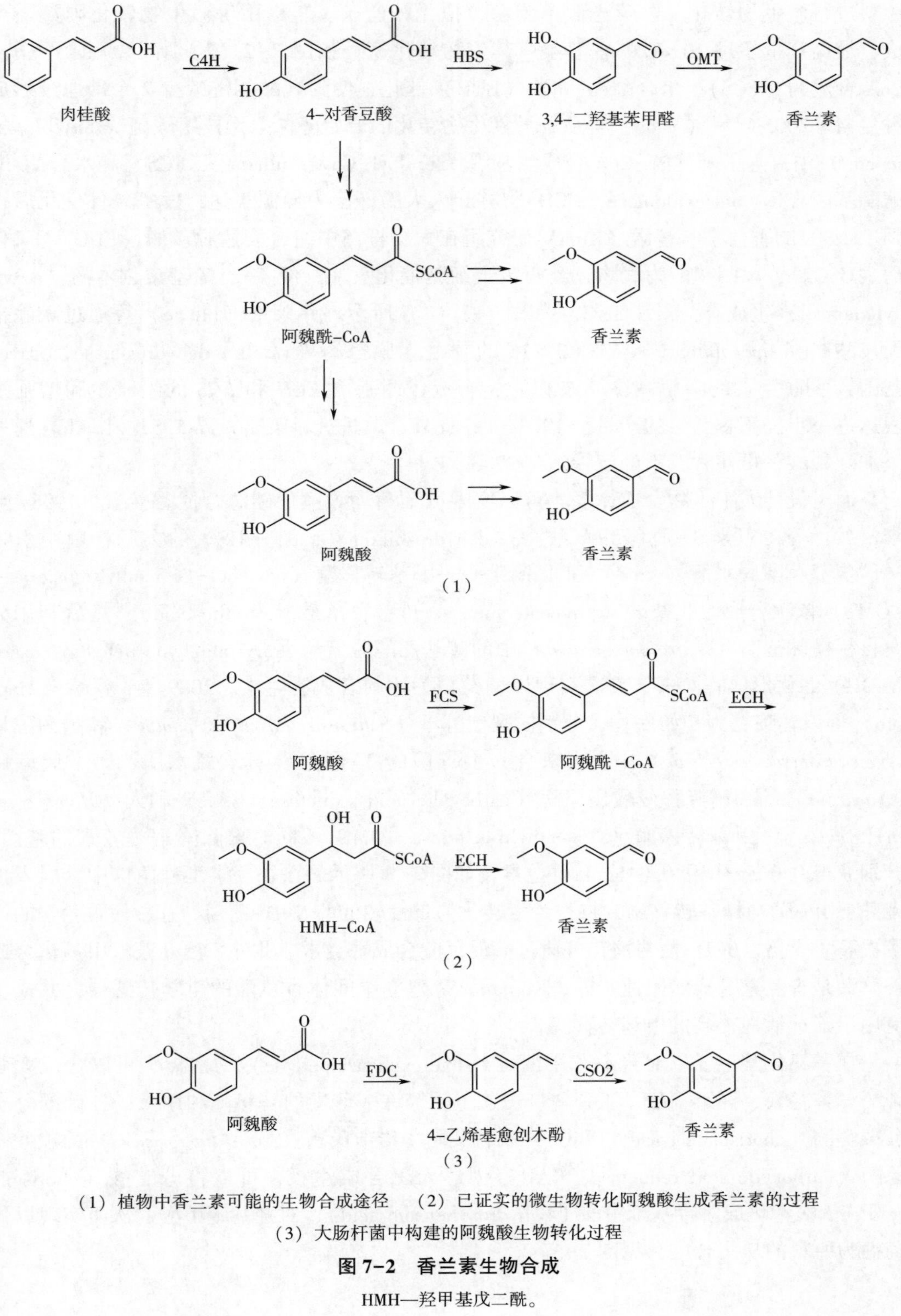

（1）

（2）

（3）

（1）植物中香兰素可能的生物合成途径　（2）已证实的微生物转化阿魏酸生成香兰素的过程
（3）大肠杆菌中构建的阿魏酸生物转化过程

图 7-2　香兰素生物合成

HMH—羟甲基戊二酰。

原料进行微生物转化。以荧光假单胞菌、拟无枝酸菌、链霉菌等微生物转化阿魏酸合成，最高产量超过 10g/L 的香兰素，其生物转化途径如图 7-2（2）所示，由阿魏酰-CoA 合成酶（FCS）、水合酶/醛缩酶（ECH）催化，使阿魏酸侧链减少 2 个碳原子形成香兰素。2005 年尹（Yoon）等从香兰素生物转化的原始菌株拟无枝菌酸菌（Amycolatopsis sp.）中克隆了阿魏酰-CoA 合成酶基因（feruloyl-CoA synthetase，FCS）和水合酶/醛缩酶基因（hydratase/aldolase，ECH），并导入大肠杆菌中异源表达，发酵条件优化后得到 1.1g/L 的香兰素。基诺（Kino）研究组在大肠杆菌中组合表达脱羧酶（FDC）、氧化酶（CSO2），以阿魏酸为底物，经两步全细胞催化反应，经 4-乙烯基愈创木酚（4-vinylguaiacol）生成香兰素 7.8g/L，如图 7-2（3）所示。弗莱格（Fleige）等通过敲除拟无枝酸属（Amycolatopsis）ATCC39116 的香兰素脱氢酶（vanillin dehydrogenase，VDH）基因，使香兰素的降解减少 90% 以上，合成代谢基因 ECH 和 FCS 的组成型和增强型表达进一步提高香兰素的产量至 19.3g/L；此外，改进进料策略，以 5.5g/（L·h）速率添加阿魏酸，可使香兰素的产量达到 22.3g/L。

通过设计人工生物合成途径，可以实现以葡萄糖等廉价碳源合成香兰素。1998 年，李（Li）等在积累 3-脱氢莽草酸（3-dehydroshikimic acid，DHS）的大肠杆菌中引入 3-脱氢莽草酸脱水酶（AroZ）和儿茶酚-氧-甲基转移酶（catechol-O-methyltransferase，COMT）依次合成原儿茶酸（protocatechuic acid）、香草酸（vanillic acid），然后利用分离自粗糙脉孢菌（Neurospora crassa）中的芳基乙醛脱氢酶（aryl aldehyde dehydrogenase，ALDH）催化形成香兰素，首次实现以葡萄糖为原料合成香兰素。2009 年，汉森（Hansen）等以葡萄糖为初始底物，分别向裂殖酵母（Schizosaccharomyces pombe）和酿酒酵母（Saccharomyces cerevisiae）中引入来自粪生霉菌的 3-脱氢莽草酸脱水酶、诺卡氏菌属（Nocardia）的细菌芳香羧酸还原酶（carboxylic acid reductase，CAR）和人（Homo sapiens）源 2-氧-甲基转移酶（O-methyltransferase，OMT），同时敲除降解香兰素的基因，分别获得 0.065g/L 和 0.045g/L 香兰素，如图 7-3 所示。在香兰素工程菌株中，引入拟南芥 UDP-葡萄糖基转移酶，将香兰素转化为毒性较低的 β-D-葡萄糖苷，使香兰素的产量提高了 5 倍，β-D-葡萄糖苷可通过酶促反应合成香兰素。此外，原儿茶酸甲基化合成香草酸是香兰素合成的限速步骤，Kunjapur 等建立中间体香草酸的生物传感器，并成功应用于筛选活性提高的甲基转移酶。

在香料化学上，以对羟基苯甲醛（4-hydroxybenzaldehyde）为前体，可以合成大茴香醛、香兰素、洋茉莉醛、丁香醛、覆盆子酮等许多珍贵的香料。利用大肠杆菌的分支酸裂解酶（chorismate lyase，UbiC）、来自艾阿华诺卡氏菌（Nocardia iowensis）的羧酸还原酶（carboxylic acid reductase，CAR）创建人工合成途径，可以将分支酸（chorismic acid）依次转化成对羟基苯甲酸（4-hydroxybenzoic acid）、对羟基苯甲醛，从而实现以葡萄糖为原料的从头合成，见图 7-3。

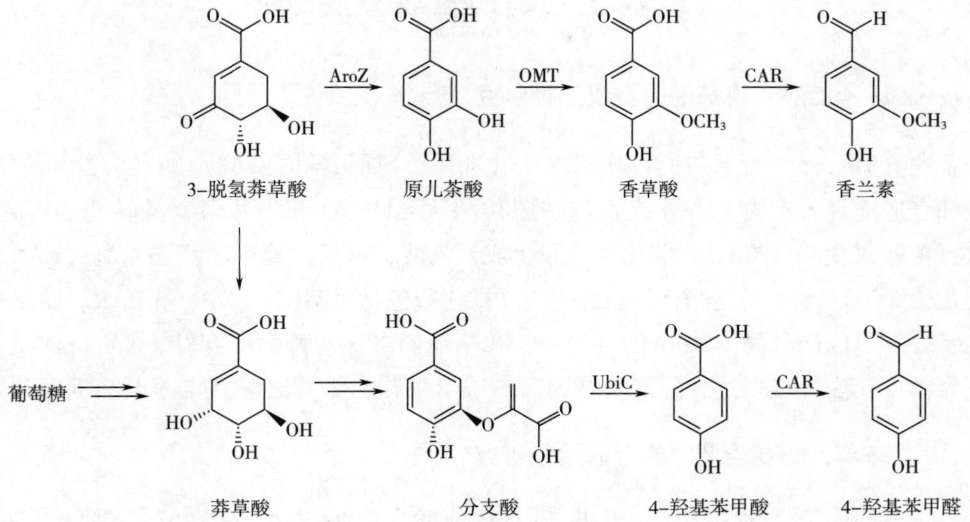

图7-3　微生物从头合成对羟基苯甲醛和香兰素

第三节　2-苯乙醇的生物合成

一、2-苯乙醇的结构及生物学性质

2-苯乙醇（2-phenylethanol）具有清甜的玫瑰样花香，被广泛应用于发酵食品、化妆品、洗涤产品中。全世界2-苯乙醇的年产量约1万t，目前市场上2-苯乙醇主要以苯、甲苯和苯乙烯（Styrene）作为原料化学合成，而食用级别高纯度2-苯乙醇难以获得。化学合成2-苯乙醇价格每千克22美元，从植物的叶、花及精油中萃取获得的天然2-苯乙醇每千克1000美元，人们致力于2-苯乙醇的天然生物合成。

2-苯乙醇是一种具有玫瑰花香味的芳香醇，因其具有温和的、淡雅的玫瑰花般的气味，被认为是食品和化妆品工业中的重要香料成分。此外，它还可被用作合成其他香料或药物化合物的底物，如苯乙酸、苯乙醛和乙酸苯乙酯等。在自然界中，2-苯乙醇主要从玫瑰、茉莉、番茄和荞麦等花卉和植物组织的精油中提取。然而，由于这些植物中的2-苯乙醇浓度非常低，因此萃取过程非常复杂，并且花卉的收获也会受到天气、植物病害和贸易限制等因素影响。从玫瑰或其他植物的精油中提取天然2-苯乙醇的成本非常高，如提取天然2-苯乙醇的原料玫瑰精油国际市场的价格就已高达3500~6000美元/kg。所有这些因素都是导致天然2-苯乙醇供应不足和成本过高的主要原因。

二、2-苯乙醇的生物合成途径

（一）2-苯乙醇在番茄中的合成途径研究

蒂曼（Tieman）等通过同位素示踪法（即用 ^{13}C 标记苯丙氨酸）确定了番茄中 2-苯乙醇的合成途径：首先，芳香族氨基酸脱羧酶（AADC）催化苯丙氨酸转化为苯乙胺；其次，单胺氧化酶（MAO）催化苯乙胺生成苯乙醛；最后，经苯乙醛还原酶（PAR）催化转化为 2-苯乙醇。在整个反应过程中，关键酶包括 AADC、MAO 和 PAR。蒂曼等又确定了番茄里的两种酶：LePAR1 和 LePAR2。他们将这两种酶的互补 DNA（cDNA）分别在矮牵牛花中构建表达，发现转基因后的矮牵牛花中 2-苯乙醇的含量均有明显提高。

（二）2-苯乙醇在玫瑰中的合成途径研究

界（Sakai）等发现在玫瑰花中由 L-苯丙氨酸合成 2-苯乙醇有 2 个关键酶，即依赖 5-磷酸吡哆醛的 AADC 和 PAR。AADC 催化 L-苯丙氨酸合成苯乙醛是催化 D-苯丙氨酸的 9 倍，PAR 对多种挥发性醛类物质有专一性。在有氧的情况下，AADC 在水解 L-苯丙氨酸后，经过脱羧和氧化，生成了苯乙醛和 NH_3，而后苯乙醛由 PAR 催化转化生成 2-苯乙醇，还原型辅酶Ⅱ（NADPH）和还原型辅酶Ⅰ（NADH）都能在玫瑰中作为 PAR 的辅助因子。

陈（Chen）等对突厥蔷薇细胞内纯化的突厥蔷薇苯乙醛还原酶（rose-PAR）和通过 cDNA 从大肠杆菌表达的重组 PAR 详细研究，包括分子特性、专一性和对辅助因子的偏好性。结果推断出来的重组氨基酸序列分别与番茄 PAR1 和 PAR2 有 77% 和 75% 相似性。花瓣中 PAR 含量要明显高于花萼和叶子，在花瓣展开的时候含量最高。大肠杆菌重组苯乙醛还原酶（重组-PAR）和 rose-PAR 在催化苯乙醛合成 2-苯乙醇时更偏爱辅助因子 NADPH。然而，rose-PAR 对苯乙醛的催化活性是重组 PAR 的 10 倍，且它们的最适底物也不同，其原因可能是在大肠杆菌翻译后缺乏修饰作用。

虽然已有报道植物细胞合成 2-苯乙醇是通过莽草酸途径，并且通过同位素标记法知道苯乙醛是合成 2-苯乙醇过程中的前体和中间体，但有关植物合成 2-苯乙醇的完整途径的报道较少。杨（Yang）等采用化学合成稳定的 $[2,3,4,5,6-^{13}C_5]$ 莽草酸为前体物质，通过同位素标记法在离体并具有生物活性的玫瑰细胞原生质体上，推测出从莽草酸到 2-苯乙醇在玫瑰细胞中的合成路径。

目前，2-苯乙醇的生物合成主要有 3 种途径（图 7-4）。其中，艾氏途径是最重要的途径，在氮限条件下，L-苯丙氨酸（L-Phe）通过三步酶催化反应转化为 2-苯乙醇。第 2 种途径是莽草酸途径，它是以葡萄糖等碳水化合物为底物从头合成 2-苯乙醇。然而，这种复杂的反应途径具有强烈的反馈抑制作用，导致 2-苯乙醇生产效率低下。最后一种是苯乙胺途径，它与艾氏途径类似，在植物中起着更重要的作用。

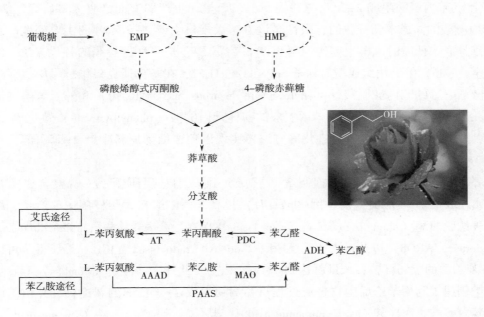

图7-4 2-苯乙醇的生物合成途径

EMP—糖酵解途径；HMP—磷酸戊糖途径；AT—转氨酶；PDC—苯丙酮酸脱羧酶；ADH—醇脱氢酶；

AAAD—芳香族氨基酸脱羧酶；MAO—单胺氧化酶；PAAS—苯乙醛合酶。

三、微生物合成 2-苯乙醇

2-苯乙醇是一种具有玫瑰香味的重要香料化合物，广泛应用于化妆品、香水、食品等行业。传统的 2-苯乙醇生产主要是从植物原料中提取或化学合成。然而，这些方法无法满足消费者对天然香料日益增长的需求。以发酵法或酶法生产的 L-苯丙氨酸为前体，利用酵母细胞将其转化为 2-苯乙醇，产品既符合环境友好的要求，又满足"天然"产品的定义，可以取代从玫瑰或其他植物精油中提取的天然 2-苯乙醇。因此，生物法合成 2-苯乙醇已经引起人们的广泛关注。

自然界中多种微生物具有合成 2-苯乙醇的能力，如毕赤酵母（*Pichia fermentans*）、马克思克鲁维酵母（*Kluyveromyces marxianus*）、芽枝状枝霉（*Cladosporium cladosporioides*）和帚状地霉（*Geotrichum penicillatum*）等都能在发酵过程中从头合成一定量的 2-苯乙醇。酿酒酵母从头合成的 2-苯乙醇，主要是利用莽草酸途径进行，由于 2-苯乙醇对宿主的抑制作用，其产量很低，仅有 0.4~0.5g/L。为了消除产物抑制或毒性对菌株生长带来影响，可利用原位产物分离技术提高 2-苯乙醇的生产。在酿酒酵母 HJ 中，用油酸作为萃取剂得到的 2-苯乙醇浓度为 2.2g/L，产量增加 8.6%。王（Wang）等利用酿酒酵母 GivR-UV3，通过在发酵过程中结合添加吸附树脂作为萃取剂来提高 2-苯乙醇的产量，其浓度最终可达 32.5g/L。此外，在微生物发酵液中添加前体物质 L-苯丙氨酸，通过艾利希途径（ehrlich pathway）会大幅度提升菌株合成 2-苯乙醇的能力。在生物转化 L-苯丙氨酸生成 2-苯乙醇并提高工艺产量和生产率方面已有大量研究，然而，L-苯丙氨酸的高成本和资源的有限性是该方法大规模生产 2-苯乙醇的主要问题。直接以丰富且成本低廉的可再生糖为原料生产 2-苯乙醇，是一种可持续的替代方法。2014年，金（Kim）等利用组成型启动子 ScPGK1/ScTEF1，在马克斯克鲁维酵母中过表达来源于酿酒酵母的苯丙酸脱羧（phenylpyruvate decarboxylase，ARO10）和醇脱氢酶（alcohol dehydrogenase，ADH2），将苯丙氨酸的前体苯丙酮酸（phenylpyruvate）转化成 2-苯乙醇，并结合代谢工程、定向进化等方法，实现以葡萄糖为原料生产 2-苯乙醇，产量达 1.3g/L。

郭（Guo）等利用去反馈抑制 3-脱氧-δ-阿拉伯糖庚酮糖-7-磷酸合成酶基因（*AROGFBR*）、分支酸突变酶基因（*pheAfbr*）提高苯丙酮酸在大肠杆菌中的产量，结合异源表达脱羧酶（phenylpyruvate decarboxylase，KDC）、氨基转移酶（aminoadipate aminotransferase，ARO8）以及过表达醛还原酶（aldehyde reductase，YJGB）等获得了可以高产 2-苯乙醇的大肠杆菌，产量可达到 1.1g/L 以上。此外，马沙斯（Machas）等在大肠杆菌中创建了利用苯乙烯生物合成过程从葡萄糖生成 2-苯乙醇的新途径，经由苯丙酮酸、苯丙氨酸、肉桂酸（*trans*-cinnamic acid）、苯乙烯、环氧苯乙烯（styrene oxide）等中间体形成苯乙醛（2-phenylacetaldehyde），最后还原生成 2-苯乙醇，产量最高可达 2.0g/L，如图 7-5 所示。

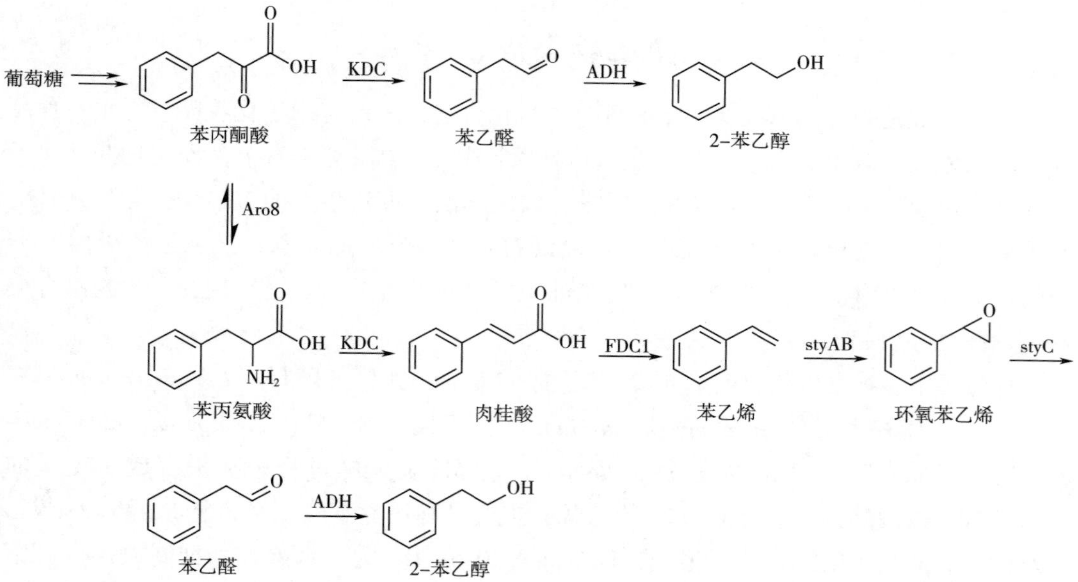

图 7-5 微生物从头合成苯乙醇

第四节　肉桂酸及其衍生物的生物合成

一、肉桂酸的结构及生物学性质

肉桂酸是一个非常典型的精细化学品，本身既可作为香料、保鲜剂、防腐剂使用，同时又是很多高附加值的精细化学品如香料、甜味剂、药物等的原料或中间体。肉桂酸又名 β-苯丙烯酸、3-苯基-2-丙烯酸，它在医药、农药、香料等方面起着重要作用。医药方面，它是合成治疗脑动脉硬化的药物肉桂苯哌嗪、治疗冠心病的药物心可安等的重要前体；同时也可以抑制多种肿瘤细胞的增殖。农药方面，它可以用于杀菌剂、除草剂以及食品保鲜防腐剂等。食品添加剂方面，它是 GB 2760—2024《食品安全国家标准 食品添加剂使用标准》规定范围内允许使用的食品添加剂之一。它是从肉桂油或香脂如苏合香树中获得，还在乳木果油中被发现。具有蜜样气味的肉桂酸，及其挥发性更强的乙酯（肉桂酸乙酯）是肉桂精油中的主要风味成分。

二、肉桂酸及其衍生物的生物合成途径

（一）肉桂酸的生物合成

苯丙烷类代谢途径起始步骤是在苯丙氨酸解氨酶（phenylalanine ammonia-lyase，PAL）的催化下完成的，L-苯丙氨酸通过脱氨基形成反式肉桂酸。1961 年，考科尔（Koukol）等首次在大麦中发现该酶，并对 PAL 进行了纯化和相关酶学性质的研究。PAL 广泛存在于高等植物中，在真菌中有发现，但在动物组织中还未发现。

PAL 由多基因家族编码，一些对应基因及其表达模式已被广泛研究与分析。编码 PAL 的基因数量在不同植物中有所不同，例如荷兰芹中有 4 个编码 PAL 的基因，番茄中有 5 个编码 PAL 的基因，马铃薯中有 40~50 个编码的 PAL 基因。PAL 是苯丙烷类代谢途径的关键酶与限速酶，PAL 活性对植物苯丙烷类代谢产物的形成速率具有重要影响。PAL 活性受植物种类、个体发育阶段、环境条件等因素的影响。存在多种调控机制来控制植物细胞中 PAL 的活性，这些调控机制包括产物抑制、转录与翻译的调控、翻译后失活与蛋白质水解、酶组织和亚细胞定位及代谢物反馈调控。

（二）羟基肉桂酸衍生物的生物合成

目前，有关植物中羟基肉桂酸类酚酸合成途径的研究已取得较大进展，但仍有部分酚酸及其相关酶的特性还有待进一步研究。在植物中由对香豆酸生成其他羟基肉桂酸类酚酸（如咖啡酸、阿魏酸、5-羟基阿魏酸及芥子酸）的反应需要羟化酶和氧甲基转移酶的参与。

1. 咖啡酸的生物合成

对香豆酸-3-羟化酶（p-coumarate-3-hydroxylase，C3H）是一种细胞色素 P450 单

加氧酶，是咖啡酸和木质素生物合成途径中的关键酶和限速酶。先前的研究及推测普遍认为，C3H 主要催化对香豆酸羟基化形成咖啡酸，此外，C3H 还能催化对香豆酰莽草酸和对香豆酰奎尼酸 C3 位的羟基化反应分别生成咖啡酰莽草酸和咖啡酰奎尼酸。

2. 阿魏酸的生物合成

咖啡酸氧甲基转移酶（caffeic acid O-methyltransferase，COMT）是一种依赖 S-腺苷-L-甲硫氨酸的氧甲基转移酶，是合成阿魏酸的关键酶。在单子叶和双子叶被子植物中已证实 COMT 能够分别催化咖啡酸和 5-羟基阿魏酸的甲基化从而生成阿魏酸和芥子酸；然而在裸子植物中，COMT 被认为只能催化阿魏酸而不能催化 5-羟基阿魏酸的转化。COMT 具有较广的催化特异性，COMT 还能催化 5-羟基松柏醛和 5-羟基松柏醇的甲基化生成芥子醛和芥子醇，也能催化咖啡酰辅酶 A 和 5-羟基阿魏酰辅酶 A 分别生成阿魏酰辅酶 A 和芥子酰辅酶 A。小麦苗组织中 COMT 对咖啡酸和 5-羟基阿魏酸底物的催化具有特异性，根、芽、叶及胚芽鞘中的 COMT 活性（以咖啡酸为底物）在小麦苗生长到第 3 天时均达到最大值，其中根中的酶活性最高；在生长后期的根与芽中测得的以 5-羟基阿魏酸为底物的 COMT 活性高于以咖啡酸为底物的酶活性。进一步推测，COMT 在小麦苗生长早期优先催化咖啡酸形成阿魏酸，可能涉及与阿拉伯木聚糖的酯化作用；而在生长晚期优先催化 5-羟基阿魏酸形成芥子酸可能与木质醇单体的形成密切相关。此外，阿魏酸在植物中还存在另一条重要的合成途径，即由苯丙烷类代谢途径产生的对香豆酰辅酶 A，进一步转化为对香豆醛、松柏醛等化合物，并最终通过松柏醛脱氢酶（coniferyl aldehyde dehydrogenase，CAD）将松柏醛转化为阿魏酸。目前，银合欢、黑麦草和红麻等多种植物中编码合成 COMT 的基因已被成功克隆与表达。

3. 5-羟基阿魏酸的生物合成

阿魏酸-5-羟化酶（ferulic acid 5-hydroxylase，F5H）在植物体内催化阿魏酸 C5 位的羟基化反应生成 5-羟基阿魏酸，也能够催化松柏醛及松柏醇的羟基化反应，并在羟基肉桂酸类酚酸的合成中发挥关键的调控作用。植物中 F5H 经鉴定是一种细胞色素 P450 依赖性单加氧酶。植物中 F5H 对其底物的特异性不强，除了以阿魏酸作为底物外，肉桂酸也能作为底物被催化形成对香豆酸。

三、微生物合成肉桂酸及其衍生物

肉桂酸、肉桂醛（cinnamaldehyde）、肉桂醇（cinnamic alcohol）及其酯类化合物作为香料广泛应用于化妆品行业。瓦内利（Vannelli）等将来源于黏红酵母（*Rhodotorula glutinis*）的苯丙氨酸/酪氨酸解氨酶（phenylalanine/tyrosine ammonia-lyase，PAL/TAL）合成基因在高产苯丙氨酸的大肠杆菌中表达，实现了以葡萄糖为原料合成肉桂酸。由于该酶同时具有酪氨酸解氨酶的活性，也生成了对香豆酸，由肉桂酸可以合成肉桂醛和肉桂醇，需要进行羧酸还原。班（Bang）等通过在产苯丙氨酸的大肠杆菌中引入 PAL、4-香豆酰-CoA 连接酶（4-coumarate-CoA ligase，4CL）、肉桂酰-CoA 还原酶（cinnamyol-CoA reductase，CCR），实现了肉桂醛的微生物合成，产量达到 35mg/L。戈塔尔迪

（Gottardi）等在酿酒酵母中过表达来自拟南芥（*Arabidopsis thaliana*）的苯丙氨酸解氨酶（AtPAL2）、诺卡氏菌（*Nocardia* sp.）的羧酸还原酶（carboxylic acid reductase，CAR）、大肠杆菌的磷酸泛酰巯基氨基转移酶（EntD）和内源的醇还原酶，在酵母菌中实现了肉桂醇的合成。潘（Pan）等利用羧酸还原酶途径，在大肠杆菌中合成了肉桂醇，引入酵母菌来源的醇酰基转移酶（ATF1），可以实现乙酸肉桂酯（cinnamyl acetate）的合成，通过前体及途径优化，乙酸肉桂酯产量可以达到 627mg/L，见图 7-6。

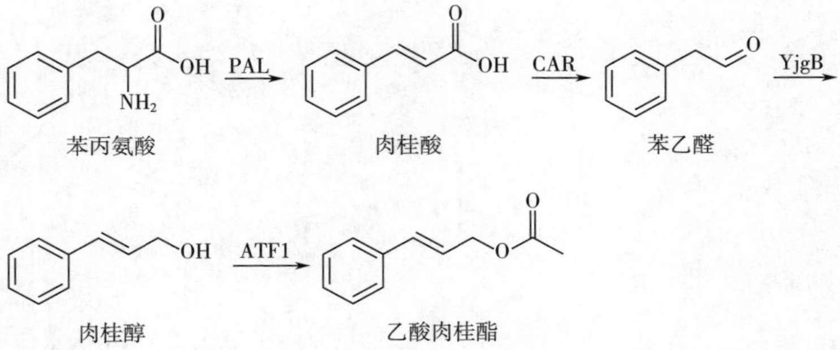

图 7-6 微生物合成肉桂醇和乙酸肉桂酯

第五节 覆盆子酮的生物合成

一、覆盆子酮的结构及生物学性质

覆盆子酮（raspberry ketone，RK）是草莓、覆盆子等的主要香气成分，是国际公认的安全香料之一，国内外大量使用的幽雅果香的香料，年总需求量在 1000t 以上。覆盆子中覆盆子酮的含量较低，仅为 1~4mg/kg，天然提取的覆盆子酮价格昂贵，市场上的覆盆子酮主要依赖化学合成。覆盆子酮存在于多种水果中，包括树莓、蔓越莓和黑莓。它是由香豆酰辅酶 A 生物合成的，可以从果实中提取，每千克树莓覆盆子酮的产量约为 1~4mg。覆盆子酮有时用于香水、化妆品和食品添加剂，以增加水果味。它是食品工业中使用的最昂贵的天然香料成分之一。这种天然化合物的价格高达 2 万美元每千克。近年来，新型食品和食品复合干预手段在预防和治疗代谢性疾病方面引起了人们的广泛关注。此外，覆盆子酮对其他代谢性疾病的发展具有有益作用。

二、覆盆子酮的生物合成途径

覆盆子酮在植物中的生物合成前体来自苯丙烷代谢途径，即苯丙氨酸在苯丙氨酸解氨酶的作用下生成肉桂酸，之后肉桂酸在肉桂酸-4-羟基化酶的作用下生成 4-香豆酸，最后 4-香豆酸在 4-香豆酰辅酶 A 连接酶的作用下生成 4-香豆酰辅酶 A。作为合成对羟基苯亚甲基丙酮的其中一个底物。另一个底物是丙二酰辅酶 A，此化合物是乙酰辅酶 A 通过乙酰辅酶 A 羧化酶作用形成的，之后这两种底物在苯亚甲基丙酮合酶（BAS）的作用下，通过脱羧缩合反应生成对羟基苯亚甲基丙酮，再通过苯亚甲基丙酮还原酶（BAH）的作用生成覆盆子酮，此外还可以通过乙醇脱氢酶（ADH）将杜鹃醇氢化成覆盆子酮（图 7-7）。

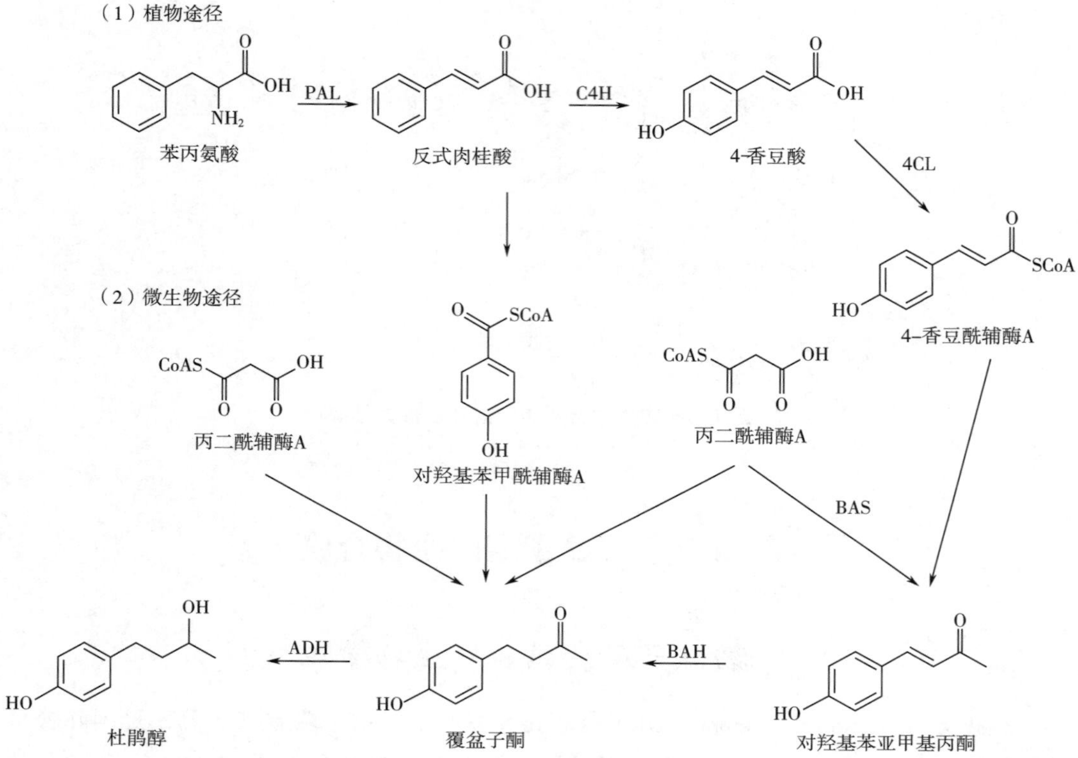

图 7-7　覆盆子酮生物合成

4CL—4-香豆酰辅酶 A 连接酶；ADH—仲醇脱氢酶；BAS—苯亚甲基丙酮合酶；

C4H—肉桂酸-4-羟基化酶；PAL—苯丙氨酸解氨酶；BAH—苯亚甲基丙酮还原酶。

三、微生物合成覆盆子酮

微生物合成覆盆子酮是一种有前途的替代生产方法。目前，已通过转录组测序及体外酶学表征鉴定了覆盆子中Ⅲ型聚酮合酶-亚苄基丙酮合酶（benzalacetone synthase，BAS），在大肠杆菌中表达来自烟草的 4CL、BAS，通过外源添加对香豆酸，合成亚苄基丙酮（4-hydroxy-benzalacetone），然后在微生物内源的亚苄基丙酮还原酶（benzalacetone reductase，BAR）催化下生成覆盆子酮，发酵产量可以达到 5mg/L。李（Lee）等通过在酵母中引入苯丙氨酸裂解酶（PAL）、肉桂酸-4-羟化酶（C4H），进一步筛选 4CL、BAS，首次实现覆盆子酮在酿酒酵母中的从头合成，产量达到 3.5mg/L。王（Wang）等通过在大肠杆菌中表达 4CL、BAS 以及从植物中筛选高效的覆盆子酮合酶（raspberry ke-tone/zingerone synthase，RZS1）/BAR，外源添加对香豆酸，在大肠杆菌中合成覆盆子酮，进一步优化酶的表达，覆盆子酮产量可达 91mg/L，见图 7-8。

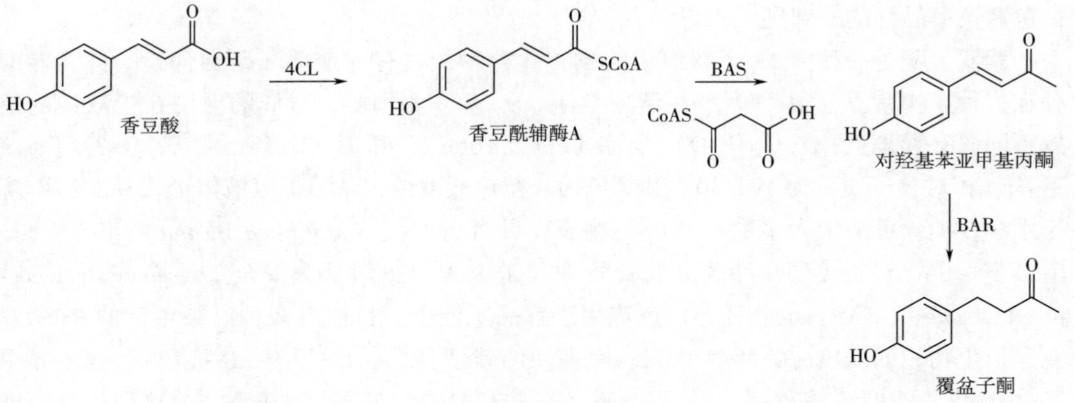

图 7-8   微生物合成覆盆子酮

覆盆子酮是树莓果实的主要芳香化合物，可以通过工程化的大肠杆菌共表达生姜酮合成酶和葡萄糖脱氢酶高效合成覆盆子酮，即通过使用全细胞生物催化剂催化还原对羟基苄叉丙酮来生物合成覆盆子酮。在大肠杆菌中表达芽孢霉的还原酶（RiRZS1）和嗜酸热浆菌的葡萄糖脱氢酶（SyGDH），再生 NADPH 进行全细胞催化反应。通过平衡两种酶在 pRSFDuet-1 中的共表达，可以获得 9.89g/L 的覆盆子酮，转化率为 98%，时空产率为 4.94g/(L·h)。最适条件为 40℃，pH 5.5，底物与辅助底物的物质的量比为 1∶2.5。

第六节 β-紫罗兰酮的生物合成

一、β-紫罗兰酮的结构及生物学性质

β-紫罗兰酮（β-ionone，BI）是一种重要的天然香气挥发性化合物，广泛分布于植物中，是由类胡萝卜素裂解双加氧酶对 β-胡萝卜素的 9,10 和 9′,10′ 裂解产生的一种脱辅基类胡萝卜素。作为一种常见的天然挥发性有机化合物，β-紫罗兰酮主要存在于一些香味浓郁的植物中，如覆盆子（*Rubus idaeus*）、甜樱桃（*Prunus avium*）、葡萄（*Vitis vinifera*）等的果实，或茶叶（*Camellia sinensis*）、桂花、杜松（*Juniperus rigida*）、粗糙雾冰藜（*Bassia muricata*）等的花、叶中。不同植物中 β-紫罗兰酮相对含量的差别很大，例如在变叶木（*Codiaeum variegatum*）中有相对含量高达 29.7%（质量分数）的环氧 β-紫罗兰酮；树莓（*Rubus corchorifolius*）中检测出 β-紫罗兰酮的含量为 10.46%（质量分数）；而 β-紫罗兰酮在中国黄茶中的含量极低，只有 1.10μg/kg。β-紫罗兰酮在同种

植物不同品种中的含量也不一样，在浙江省栽培的 29 个桂花品种中，检测出 β-紫罗兰酮含量最低和最高的品种间有超过 10 倍的差距，其含量为 4.75%~50.90%（质量分数）。通过分析不同颜色（橙色、紫色、白色和黄色）的胡萝卜（*Daucus carota*）品种根部挥发性有机化合物组成发现，只有橙色和紫色品种的根部会积累大量 β-紫罗兰酮，白色和黄色品种的根部则无积累。

紫罗兰酮是一种由 13 个碳组成的酮类化合物，具有一个单环萜类骨架，自然界中存在多种异构紫罗兰酮，包括 α-紫罗兰酮、γ-紫罗兰酮等，它们的区别在于双键的位置不同。β-紫罗兰酮（$C_{13}H_{20}O$）全称 4-（2，6，6-三甲基-1-环己烯基）-3-丁烯-2-酮，相对分子质量为 192.30。其颜色为淡黄色或黄色，常温下以液体形式存在，不溶于水和甘油，可溶于大多数油和醇类物质，具有紫罗兰（*Matthiola incana*）花香香味。β-紫罗兰酮已经被美国食品药品监督管理局批准为"一般认为安全"（generally recognized as safe，GRAS）的物质，广泛应用于食品工业中。目前有多种已被鉴定的 β-紫罗兰酮衍生物，如二氢-β-紫罗兰酮、甲基-β-紫罗兰酮、6-甲基-β-紫罗兰酮、异甲基-β-紫罗兰酮等，和 β-紫罗兰酮一样，都具有木香、花香、果香香气，可用作食品添加剂、化妆品和香水的组成部分。此外，还可以通过一定的技术手段将 β-紫罗兰酮转化为 β-紫罗兰酮的衍生物，例如 β-紫罗兰酮通过使用昂贵的催化剂，如手性铑或膦钌的不对称加氢这一化学生产过程可以合成二氢-β-紫罗兰酮。生物技术生产方面，来自青蒿（*Artemisia annua*）的青蒿醛双键还原酶（double bond reductase，DBR）可以实现将 β-紫罗兰酮转化为二氢-β-紫罗兰酮。

β-紫罗兰酮在生物体内外均表现出强大的抗癌活性。β-紫罗兰酮可抑制细胞增殖并调节 3-羟基-3-甲基戊二酰辅酶 A（3-hydroxy-3-methylglutaryl coenzyme A，HMG-CoA）还原酶，从而在肝癌发生过程中显示出良好的预防作用。β-紫罗兰酮具有通过自由基清除特性的抗增殖和抗氧化潜力，可以有效改善肺部癌变；β-紫罗兰酮还可以抑制大鼠由 7,12-二甲基苯并蒽引发的乳腺癌。此外，β-紫罗兰酮具有很好的抗菌效果，例如龙胆（*Adenophora capillaris*）、钻果大蒜芥（*Sisymbrium officinale*）等提取精油后，采用圆盘扩散法或最小抑菌浓度程序评价 β-紫罗兰酮的抗菌活性，结果表明，所有精油均表现出潜力巨大的抗菌活性。β-紫罗兰酮对跳蚤甲虫（*Phyllotreta cruciferae*）和蜘蛛螨（*Tetranychus urticae*）都有很强的驱虫作用；研究推测，当 β-紫罗兰酮释放出足够的量，可以阻止食草昆虫侵害在露天栽种的作物。β-紫罗兰酮也可用作诱饵来吸引昆虫，在巴西巴拉那州伊瓜苏国家公园的混合亲水森林或这一地貌与山地半落叶森林之间的过渡区，用 β-紫罗兰酮作为气味诱捕器的诱饵，可以持续捕获雄性下颌真舌蝴蝶（*Euglossa mandibularis*）。通过使用 β-紫罗兰酮作为信息素来吸引昆虫，可减少农药使用，从而实现环保型生产。

二、β-紫罗兰酮的生物合成途径

（一）植物中 β-紫罗兰酮的合成代谢及相关酶

β-紫罗兰酮存在于含有类胡萝卜素（carotenoid）的植物中，从合成途径上看，

β–紫罗兰酮主要是由类胡萝卜素裂解产生的一种脱辅基类胡萝卜素（apocarotenoids）。目前合成β–紫罗兰酮的基本途径和结构基因已经得到鉴定和克隆，然而关于其形成的调控机制仍鲜有报道。

脱辅基类胡萝卜素和类胡萝卜素作为异戊二烯的一个亚类，其生物合成主要来源于番茄红素，番茄红素起始于2-C-甲基-D-赤藓糖醇-4-磷酸（methylerythritol phosphate pathway，MEP）途径合成的异戊烯基焦磷酸盐（isopentenyl diphosphate，IPP）和二甲基烯丙基焦磷酸盐（dimethyl allyl pyrophosphate，DMAPP）。番茄红素经由番茄红素-ε-环化酶（lycopene-ε-cyclase，LCYE）和番茄红素-β-环化酶（lycopene-β-cyclase，LCYB）催化转化为δ-胡萝卜素和α-胡萝卜素、γ-胡萝卜素和β-胡萝卜素。然后α-胡萝卜素通过ε-环胡萝卜素羟化酶（carotene-ε-hydroxylase，CHYE）和β-环胡萝卜素羟化酶（carotene-β-hydroxylase，CHYB）催化转化为叶黄素。β-胡萝卜素的降解一分为二：一方面通过β-胡萝卜素羟化酶（β-carotene hydroxylase，BCH）和玉米黄质环氧化物酶（zeaxanthin epoxidase，ZEP）催化的过程转化为环氧玉米黄质和紫黄质，最后通过新黄质合成酶（neoxanthin synthase，NXS）合成新黄质；另一方面通过类胡萝卜素裂解氧化酶（carotenoid cleavage oxidases，CCO）裂解成脱辅基类胡萝卜素。CCO可以分解类胡萝卜素的多烯链特异性双键，其包括类胡萝卜素裂解双加氧酶（arotenoid cleavage dioxygenases，CCD）和9-顺式-环氧类胡萝卜素双加氧酶（9-cis-epoxycarotenoid dioxygenas，NCED）。将来自高粱（Sorghum bicolor）、玉米（Zea mays）和水稻（Oryza sativa）等12个物种的90个CCO基因分为6组（CCD1、CCD4、CCD7、CCD8、NCED和CCD-like），其中来自高粱、玉米和水稻的一些CCD8基因与其他9个物种的CCD8基因没有分为一组，而是聚集在CCD-like组中。CCD7和CCD8与形成独脚金内酯有关，而形成与β-紫罗兰酮香气成分相关的CCD主要是CCD1、CCD4、CCD10。它们具有不同的特异性和切割位点，以不同的类胡萝卜素作为底物，从而有助于植物中脱辅基类胡萝卜素香气成分多样性的形成。而关于β-紫罗兰酮在植物体内的降解途径鲜有报道，目前仅在青蒿和桂花中有所研究，β-紫罗兰酮可由脱支酶同源物1（DBR1）、脱支酶同源物2（DBR2）在植物体外生物转化成二氢-β-紫罗兰酮。研究人员根据桂花中已有功能报道的类DBR氨基酸序列，在日香桂基因组中同源比对，得到与其同源性高达99%的序列，即12-氧代植物二烯酸还原酶（12-oxo-phytodienoic acid reductase，OPR）。

（二）β–紫罗兰酮生物合成途径的基因调控

合成β-紫罗兰酮的前体物质是类胡萝卜素，由其合成途径可知主要由CCD基因参与类胡萝卜素裂解。在拟南芥（Arabidopsis thaliana）中，类胡萝卜素裂解双加氢酶1（AtCCD1）可以催化线性和环状类胡萝卜素9,10（9′,10′）位置的裂解，基于类胡萝卜素底物的不同性质产生1~2个紫罗兰酮分子或不同的氧化衍生物。此外，AtCCD1还可以在5,6（5′,6′）和7,8（7′,8′）位置切割番茄红素双键。目前，已在桂花和茶叶等多种植物中鉴定出AtCCD1的同源基因，可催化类胡萝卜素裂解产生β-紫罗兰酮，且AtC-

CD1 的启动子和编码序列多样性有助于 β-紫罗兰酮的差异积累。AtCCD4 在拟南芥、大马士革玫瑰（*Rosa damascena*）、菊花（*Chrysanthemum morifolium*）和苹果（*Malus domestica*）、葡萄（*vitis vinifera*）中切割 β-胡萝卜素以产生 β-紫罗兰酮。现有研究验证了一种来自烟草的新型类胡萝卜素切割双加氧酶 NtCCD10 的功能，NtCCD10 和 AtCCD1 在结构上存在一些差异，NtCCD10 可以在 9,10（9′,10′）位置对称地裂解八氢番茄红素和 β-胡萝卜素，产生香叶基丙酮和 β-紫罗兰酮。

　　除结构基因参与 β-紫罗兰酮的生物合成外，还有转录因子参与调控 β-紫罗兰酮合成。植物中的主要转录因子家族包括 WRKY、MYB、NAC、MADS 等，它们参与众多生命活动，如应激反应、新陈代谢和激素诱导等。然而，目前人们对调节 CCD 表达的转录因子知之甚少。在"枣黄"和"橙红"丹桂两个桂花品种中 β-紫罗兰酮含量差异主要受转录因子调控影响。桂花 OfWRKY3 可以与 OfCCD4 启动子中存在的 W-box 回文基序结合，是 *OfCCD4* 基因的正调节因子。同时 OfWRKY1 和 OfERF61 也被证明可以上调桂花 *OfCCD4* 基因的表达，影响 β-紫罗兰酮的合成，使花香改变。而桃（*Prunus persica*）的 PpNAC19 和葡萄的 VvMADS4 可抑制各自体内 CCD4 的启动子活性，负调控 β-紫罗兰酮合成。部分转录因子通过调节 β-类胡萝卜素的转化也能影响 β-紫罗兰酮，例如柑橘（*Citrus reticulata*）中的 CrMYB68 可以负调控 *CrBCH2* 和 *CrNCED5* 两个基因表达，从而控制类胡萝卜素 α-分支和 β-分支的转化，最终影响 β-紫罗兰酮的合成，同属于柑橘属的甜橙（*Citrus sinensis*）的转录因子 CsMADS6、CsERF061 通过直接结合 CCD1 启动子来上调其表达。此外，转录因子还可以通过影响相关信号传导蛋白的活性从而控制 β-紫罗兰酮的合成，如番茄（*Solanum lycopersicum*）中的 SlPRE2 通过影响参与光信号传导的碱性螺旋-环-螺旋（basic helix-loop-helix，bHLH）蛋白质的活性来控制类胡萝卜素裂解合成 β-紫罗兰酮。

三、微生物合成 β-紫罗兰酮

　　作为 GRAS 的解脂耶氏酵母，由于其在合成以乙酰辅酶 A 为前体的脂类或萜类化合物上具有优势，是一种潜在的高效底盘细胞。解脂耶氏酵母是高效生物合成萜类香料 β-紫罗兰酮的底盘细胞。相关研究利用模块化代谢工程方法和发酵优化策略，以挖掘解脂耶氏酵母成为新型萜类香料细胞工厂的潜力利用规律间隔成簇短回文重复序列（CRISPR）/Cas9 基因编辑技术，敲除解脂耶氏酵母 *ku70* 和 *ku80* 两个基因，获得高同源重组效率的解脂耶氏酵母工程菌株 YLBI0003，其对 14.5kb 长片段 DNA 的整合效率达到 53%。接着选取来源于卷柄毛霉（*Mucor circinelloides*）的 *carB*、*carRP* 基因和来源于碧冬茄（*Petunia hybrid*）的 *CCD1* 基因组成 β-紫罗兰酮合成途径，并对该合成途径的基因元件进行组装、整合到 YLBI0003 的基因组核糖体 DNA（rDNA）上，获得合成 β-紫罗兰酮的出发菌株 YLBI0004，摇瓶产量为 3.5mg/L。采用模块化思路，以重要代谢中间物乙酰辅酶 A 和双（牻牛儿基）二磷酸盐（GGPP）为节点，将整个 β-紫罗兰酮合成途径分为 3 个模块。模块 1：乙酰辅酶 A 合成模块；模块 2：GGPP 合成模块；模块 3：β-紫罗

兰酮合成模块。首先是 GGPP 合成模块的优化。在该模块中，羟甲基戊二酰辅酶 A 还原酶（tHMG1）和香叶基二磷酸合酶（GGS1）是关键酶，两者的过表达可以将 β-紫罗兰酮产量提高 15.5 倍。整合 GGPP 合成模块的全部 9 个内源基因获得工程菌株 YLBI3017，其 β-紫罗兰酮产量为 152.9mg/L，较出发菌株 YLBI0004 提高 43.7 倍。其次，研究乙酰辅酶 A 合成模块的优化，通过引入来源于短双歧杆菌（*Bifidobacterium breve*）磷酸转酮酶以及来源于枯草芽孢杆菌（*Bacillus subtilis*）磷酸转乙酰酶组合的磷酸转酮酶途径，可将 β-紫罗兰酮产量提高到 202.2mg/L。再而，对 β-紫罗兰酮合成模块的拷贝数和 CCD1 关键酶进行优化，发现增加一个 β-紫罗兰酮合成模块的拷贝数可提高 β-紫罗兰酮产量到 220.7mg/L（菌株 YLBI3118，18.1mg/g DCW❶）。此外，引入 CCD1（K164L）突变体的工程菌 YLBI3120 或融合了胞内膜锚定标签的 lck-CCD1 的工程菌 YLBI3121，进一步有效提高了 β-紫罗兰酮产量，分别达到 360.9mg/L（15.9mg/g DCW）和 354.0mg/L（16.5mg/g DCW）。上述突变体或融合蛋白被报道提高了 CCD1 酶的膜亲和性、进而提高了对聚集在胞内膜的 β-胡萝卜素的裂解效率。进一步以 YLBI3118 为发酵菌株，进行 β-紫罗兰酮的发酵优化。在摇瓶水平上对培养基进行考察，发现葡萄糖为最优碳源，胰蛋白胨为更优氮源，优化后 β-紫罗兰酮的产量提高到 358.4mg/L（19.2mg/g DCW），且如进行氮源限制会导致 β-紫罗兰酮产量显著降低 154%。在 3L 发酵罐的研究中，发现培养基的溶氧水平是影响 β-紫罗兰酮产量的重要因素，推测是因为 CCD1 裂解 β-胡萝卜素生成 β-紫罗兰酮是一个需要氧气参与的反应。在 15% 的最优溶氧条件下，β-紫罗兰酮产量约 1g/L，比出发菌株提高约 280 倍，为目前微生物法合成 β-紫罗兰酮的最高水平。

第七节　单萜类化合物的生物合成

一、单萜类化合物的结构及生物学性质

单萜类化合物是萜类化合物的一种，一般具有挥发性和较强的香气，部分单萜类化合物还具有抗氧化、抗菌、抗炎等生理活性，是医药、食品和化妆品工业的重要原料。近年来，利用微生物异源合成单萜类化合物的研究引起了科研人员的广泛关注，但因产量低、生产成本高等限制了其大规模应用。合成生物学的迅猛发展为微生物生产单萜类化合物提供了新的手段，通过改造微生物细胞可以得到不同种类的重组菌株，用于生产不同性能的单萜类化合物。

单萜类化合物是指分子骨架由 2 个异戊二烯单位构成、含 10 个碳原子的化合物，可以分为无环单萜、单环单萜、双环单萜及三环单萜。单萜类化合物是萜类化合物中分子

---

❶ DCW：细胞干重。

质量最小的，普遍存在于天然植物中，因其在药物、生物燃料和农业等方面的广泛应用以及在精油、香料生产上的大量需求而受到人们的极大关注。例如，作为最大的植物天然产物之一的薄荷醇，就是环状单萜的一种。截至 2022 年，薄荷醇的价格为 968 元/kg，市场需求量较大，预计到 2030 年，全球合成薄荷醇市场规模将增长至 3.09 亿美元。柠檬烯是另一种具有重要生理学活性的环状单萜，近几年在我国的市场需求量也呈逐年上升的趋势。调查显示，2020 年全球柠檬烯市场总值超过了 20 亿元，预计 2026 年可以增长至 25 亿元。

研究发现，单萜类化合物易被人体吸收然后转移到血液中，具有治疗多种疾病的功能。例如，左旋薄荷醇具有镇咳、抑菌等作用，外用可以清凉止痒，内服可以治疗头痛及鼻咽喉炎症等。香叶醇是一种无环单萜，具有玫瑰香气和广泛的药理作用，常被用于香水、化妆品和临床抗癌药物中，其价格为 5220 元/kg，市场需求量也较大，《2020—2025 年中香叶醇市场分析及发展前景研究报告》显示，预计 2025 年，中国香叶醇需求量将达到 1000t。某些单萜烯及其衍生物，如单萜蒎烯和柠檬烯，具有较高的燃烧热值、较低的凝固点，使其可以成为汽油、柴油等传统燃料的环保替代品。此外，还有一些单萜类化合物，如香芹酚和香叶烯，对微生物和昆虫的毒害作用较大，经常被用作抗生素和杀虫剂。因此，单萜类化合物的高效合成在工业、农业、医药等领域都具有重要意义。

二、单萜类化合物的生物合成途径

单萜类化合物广泛存在于植物树脂和挥发油中，在植物生长发育和进化过程中发挥着重要作用，且在医药和生态农业等方面有着重要应用。单萜是植物中广泛存在的一类代谢产物，在植物的生长、发育过程中起着重要的作用。植物中的萜类化合物有两条合成途径：甲羟戊酸途径和 5-磷酸脱氧木酮糖/2C-甲基 4-磷酸-4D-赤藓糖醇途径。这两条途径中都存在一系列调控萜类化合物生成、结构和功能各异的酶，其中关键酶的作用决定了下游萜类化合物的产量。这类物质是由质体内的 5-磷酸脱氧木酮糖（1-deoxy-D-xylulose-5-phosphate，DXP）途径合成，单萜合酶（monoterpene synthases，mono-TPS）是单萜生物合成的关键酶，决定了单萜结构的多样性。

三、微生物合成单萜类化合物

目前，几种重要单萜类化合物的主要来源是植物提取或化学合成。单萜类化合物一般存在于高等植物的分泌组织中，大部分是沸点较低的挥发油中主要的组成部分，可通过热分解等方法提取获得。然而，植物提取的方法存在含量低、植物培养周期长、提取成本高等缺陷，对生态环境也有较大破坏，无法满足当今社会绿色可持续生产的要求。随后开发的化学合成方法，虽然相对提高了单萜类化合物的生产效率，但反应过程复杂、环境污染风险高。此外，由于单萜类化合物的分子结构复杂、具有特异的亲和力，所以化学特异合成以及高效分离的难度较大。为了解决这些问题，实现单萜类化合物的绿色可持续合成与应用，研究者利用代谢工程、合成生物学和发酵工程等方法，开发出了具有自组装、反应条件温和、环境友好特性的生物合成策略，即利用微生物来生产高附加值的单萜类化合物。近年来，多种微生物（例如大肠杆菌和酿酒酵母）已经被用作生产单萜类化合物的底盘宿主，设计改造为高效微生物细胞工厂，用于生产不同的单萜，如柠檬烯和香叶醇。某些单萜类化合物，如薄荷醇，虽然微生物合成的报道较少，但其生物合成途径已经获得解析，具有广阔的生物合成前景。

（一）单萜类化合物的微生物合成途径

与其他萜类化合物的生物合成途径相比，单萜类化合物的生物合成途径较短，可以分为 3 个模块：从碳源到异戊烯焦磷酸酯（isopentenyl pyrophosphate，IPP）和二甲基丙烯焦磷酸酯（dimethylallyl diphosphate，DMAPP）的"上游"合成途径、从 IPP 和 DMAPP 到目标单萜的"下游"合成途径。

在"上游"合成途径中，微生物利用碳源代谢合成 IPP 和 DMAPP 主要是通过 2 条途径：4-磷酸甲基赤藓糖醇（methylerythritol-4-phosphate，MEP）途径和甲羟戊酸（me-valonate，MVA）途径。MEP 途径已被证实存在于原核生物、绿藻以及高等植物中，MVA 途径主要存在于真核生物中。之后，微生物可以利用 IPP 和 DMAPP 合成香叶基焦磷酸（geranylpyrophosphate，GPP），通过环化、甲基化等反应进一步合成单萜类化合物。

通过将单萜类化合物的生物合成途径进行模块化分析可以得出目前在微生物中合成单萜类化合物所面临的主要问题："上游"途径的前体供应不足、"下游"途径的关键酶限速。

（二）单萜类化合物上游合成途径的强化

在原核生物中可通过自身的 MEP 途径合成：以丙酮酸（pyruvate）和 3-磷酸甘油醛（DL-glyceraldehyde-3-phosphate，G3P）为前体，在 5-磷酸脱氧木酮糖合成酶（1-deoxy-D-xylulose 5-phosphate synthase，DXS）催化下缩合形成脱氧木酮糖-5-磷酸（1-deoxy-D-xylulose-5-phosphate，DXP），5-磷酸脱氧木酮糖还原异构酶（1-deoxy-D-xylulose 5-phosphate reductoisomerase，DXR）催化 DXP 发生分子内重排和还原反应生成甲基赤藓糖醇。随后，MEP 经 4-二磷酸胞嘧啶-2-甲基赤藓糖醇合酶（2-C-methyl-D-erythritol-4-phosphate cytidylyhransferase，ISPD）、4-二磷酸胞嘧啶-2-甲基赤藓糖醇激酶（2-C-methyl-D-erythritol-4-phosphate kinase，ISPE）、甲基赤藓醇-2,4-环焦磷酸合酶（2-C-methyl-D-erythritol-2,4-cyclodiphosphate synthase，ISPF）、甲基赤藓醇-2,4-环焦磷酸还原酶（2-C-methyl-D-erythritol-2,4-cyclodiphosphate reductase，IS-PG）和羟甲基-丁烯-4-焦磷酸还原酶 [hydroxy-2-methyl-2-（E）-butenyl-4-diphos-phate reductase，ISPH] 5 个酶的催化反应生成 IPP 和 DMAPP。

在真核生物中则是通过内源的 MVA 途径进行合成：乙酰辅酶 A（acetyl-CoA）在乙酰乙酰辅酶 A 硫解酶（acetoacetyl-CoA thiolase，Erg10）的催化作用下生成乙酰辅酶 A，乙酰乙酰辅酶 A 在羟甲基戊二烯辅酶 A 还原酶（hydroxymethylglutaryl-CoA synthase，

Erg13）的催化作用下生成羟甲基戊二酰辅酶 A（hydroxymethylglutaryl-CoA，HMG-CoA），HMG-CoA 接下来被羟甲基戊二酰辅酶 A 还原酶（hydroxymethylglutaryl-CoA reductase，Hmgr）还原生成甲羟戊酸（MVA），甲羟戊酸在甲羟戊酸激酶（mevalonate kinase，ERG12）、磷酸甲羟戊酸激酶（phosphomevalonate kinase，Erg8）、甲羟戊酸焦磷酸脱羧酶（mevalonate pyrophosphate decarboxylase，MVD1）以及异戊烯焦磷酸异构酶（isopentenyl diphosphate isomerase，IDI）的催化作用下生成 IPP 和 DMAPP。

然而，由于仅通过微生物自身的内源反应合成的单萜产量远不足以用于工业生产。因此，研究者通过设计和改造微生物的内源代谢途径或者引入异源代谢途径来优化上游途径模块，以获得更多的前体物质，从而强化微生物细胞中目标单萜类化合物的生产能力。

（三）单萜类化合物下游合成途径的优化

单萜类化合物的下游合成途径是指 DMAPP 与 IPP 在香叶基焦磷酸合酶（geranylpyrophosphate synthase，GPPS）的作用下缩合生成异戊烯基二磷酸前体化合物香叶基焦磷酸（GPP），然后在单萜合酶（monoterpene synthase，MTS）的作用下通过环化、甲基化、乙酰化、重排等反应生成各种单萜类化合物。所以，外源基因的表达在中游合成途径中起到了关键作用。现代生物技术和生物工程的快速发展为研究者们提供了不同来源的基因表达系统，包括细菌、真菌和动植物细胞等。随着合成生物学的强势加入，可以进一步改善宿主的合成水平，从而开发了一系列的单萜高产工程菌株。

（四）底盘细胞的改造

大多数单萜的毒性会抑制底盘细胞的生长，降低途径酶的生物活性，影响代谢通路的生产效率，从而最终导致目标单萜的生物合成量不高。在利用合成生物学技术对单萜异源体系的上中下游途径各自优化后，单萜产量的持续增加会加剧产物对细胞的影响，最终导致总产量不高，限制了其工业化应用。因此，如何增强底盘细胞的鲁棒性，提高细胞对单萜类化合物的耐受性也成了构建高效单萜生产菌株的关键问题。提高细胞耐受性的方法可以分为 2 种：增强毒性分子流出的外排工程和提高底盘细胞对毒性产物的耐受性工程。

（五）微生物生产单萜类化合物的展望

近年来，微生物生产单萜类化合物取得了很大进展。在早期研究中，天然的 MEP 途径作为主要的调节目标获得了较多关注，大多数研究集中在该途径关键酶的过表达上，然而单纯依靠这种策略未能实现单萜的工业化生产。引入更强的异源 MVA 途径，弥补了 MEP 途径的不足。该策略随后与一系列优化方法相结合，例如限速酶的功能改善、代谢流的控制以及宿主鲁棒性的提高，可以进一步提高生产效率。

虽然以上方法很大程度上提高了单萜类化合物的产量，但目前大多数单萜生物合成离大规模生产还有很长的距离。为了解决这一问题，在单萜生产的未来研究中，可以考虑对复杂的代谢系统进行系统分析，利用合成生物学理念和技术，结合基因组学、蛋白质组学、代谢组学等方法，从基因改造到过程优化进行系统整合以更有效地提高目标产物的生产效率和产量。此外，由于单萜类化合物大多对细胞毒性较强，限制了其积累，而且微生物耐受高浓度单萜类化合物的机制也尚不清晰，如何获得可以耐受高浓度单萜类化合物的底盘细胞也是提高该类化合物产量的关键之一。通过对不同环境中微生物的筛选、对已有底盘微生物的诱变，结合高通量检测方法获得对单萜类化合物耐受性较强的微生物，并基于此进行分析和改造，可以进一步阐释微生物耐受高浓度单萜类化合物的机制，获得高耐受性的工程菌，从而提高单萜类化合物的产量。在单萜类化合物的合成中，不仅很多终产物对细胞有较强毒害作用，某些中间代谢物如 GPP 对细胞也有一定的毒性。在常规代谢调控中增加前体化合物 GPP 的合成量以后，还要关注 GPP 积累造成的毒性，避免细胞遭受毒害。因此，挖掘更高效的单萜合酶，提升 GPP 向单萜转化的速率，平衡整个单萜类化合物的代谢合成通路或充分利用细胞器工程降低中间代谢物对细胞生长的影响也是以后研究的重要方向之一。

第八节　合成生物学生产香料香精芳香成分的前景

一、合成生物学在香料香精生产中的作用

合成生物学是 21 世纪诞生的一门交叉学科，它结合了传统的生物工程和系统生物学概念，旨在建立人为设计的生物系统，即将基因连接成网络，利用宿主细胞（底盘细胞）完成设想的相关任务，具体过程一般包括底盘细胞的构建、合成元件的挖掘与采用、合成途径的设计以及细胞合成工厂的创建。由于微生物具有代谢速率高、培养条件易控制、可通过生化反应器放大其规模等诸多优点，所以目前普遍将微生物作为底盘细胞。利用合成生物学技术生产目的产物具有高效、经济、环境友好等一系列优点，因此，运用该手段针对各种天然产物等的研发与应用正在如火如荼地展开。

早在 20 年前，全球顶尖香料香精生产商就已经开始悄然布局生物技术领域。这一动向越来越明朗，包括巴斯夫、芬美意、奇华顿和高砂香料在内的多家巨头纷纷通过收购和内部投资加强生物技术合作。

二、香料香精生产存在的问题

由于香料香精行业普遍存在保密性，尚且无法得知生物技术产品的销售情况，但这些产品肯定在某些天然产品短缺的领域得到了广泛应用。许多生物技术香料香精在欧美被列为天然产品，这一标签将吸引众多拒绝人工添加剂的客户。目前香料香精生产的主要方式是香料植物的天然提取或化工产品的化学合成。但是香料植物容易受自然界气候

影响，年产出不均衡，造成原材料供应量和价格不稳定。而化工产品的原材料价格直接受到国际石油价格波动的影响。近年来石油价格波动频繁，对香料生产商造成了较大困难。

此外，随着生活质量的提升，人们的消费观念也在发生转变，对自身健康和环境保护越来越重视。由于天然概念包括了健康安全、绿色、可持续发展等多重含义，天然来源的香精香料近年来受到消费者的追捧。利用合成生物学技术，通过微生物发酵正逐渐成为天然提取与化学合成之外的又一香精香料重要生产技术。

许多香精香料分子在植物中的含量极低，需要通过大片农田种植、收获再提取。这样的生产方式占地面积大、提取工艺复杂、容易受自然天气影响。例如，近年来因为柑橘黄龙病（citrus greening disease）的蔓延，以及气候变化导致的温度异常和极端天气等，导致葡萄柚和其他柑橘的产量骤减。根据美国农业部数据，1996—1997年佛罗里达州收获5900万箱葡萄柚，但2021年第一季度仅收获了460万箱。与此同时，市场对天然柑橘味添加剂的需求在不断飙升。通过研究天然的生化反应途径，确定途径中所需酶的遗传密码，将其整合进特定的微生物底盘细胞，通过发酵罐生产，利用微生物将糖转化为目标分子，就能制造出我们所需要的香精香料分子。发酵罐可以从几百升规模扩展到数千吨规模，这将大量节省农业用地，简化生产工艺，稳定地按订单量批次生产，既更有效，又更具可持续性。

课程思政

合成生物学是我国当前着重投入进行技术攻关的领域，从我国国民经济"八五"计划至"十四五"规划，国家对合成生物学领域的引导和发展主要经历了生物行业顶层设计、细分发展领域引导，以及全面促进下游行业应用的三大阶段。《"十四五"生物经济发展规划》对合成生物学行业的指导集中在生物技术创新和生物农业产业发展两个方面。要求加快发展高通量基因测序技术，不断提高基因测序效率、降低测序成本，推动合成生物学技术创新，突破生物制造菌种计算设计、高通量筛选、高效表达、精准调控等关键技术；在生物农业产业发展方面，发展合成生物学技术，探索研发"人造蛋白"等新型食品，实现食品工业迭代升级，降低传统养殖业带来的环境资源压力。

思考题

1. 香料植物中的芳香成分具有什么重要作用？它们在食品、药物和化妆品中的应用有哪些？

2. 详细解释芳香成分的生物合成过程，包括合成途径和相关酶的作用。

3. 生物合成技术如何有助于提高香料植物的产量和质量？为什么生物合成对可持续发展很重要？

4. 对比生物合成和化学合成香料成分的优缺点，包括环境影响和可持续性。

5. 生物合成领域的新兴技术如合成生物学可能如何改变香料植物芳香成分的生产？

6. 香料植物生物合成与环境保护之间存在哪些关联？生物合成技术如何有助于减少对生态系统的负面影响？

第八章
现代科学技术在香料植物栽培中的应用

【学习目标】

1. 掌握数字农业的概念，以及机械自动化和数字农业在香料植物栽培中的应用。

2. 掌握纳米技术的概念，以及纳米技术在香料植物栽培中的应用。

3. 掌握现代生物技术的基本概念，包括基因工程、分子生物学、基因编辑等现代生物技术的基本原理和技术。

4. 了解不同香料植物的生长环境、生命周期、基因表达等基本生物学特征，以及生物技术在香料植物中的成功案例，包括基因改良、抗病虫害等方面的应用。

5. 了解基因编辑技术如 CRISPR/Cas9 在香料植物中的应用，以及这些技术对香料植物的遗传多样性、生长特性等方面的影响。

6. 了解不同国家和地区的生物技术法规和伦理标准。

随着近年来科学技术的不断发展，越来越多的现代科技在植物栽培中得到了应用，主要包括以机械自动化、数字农业和纳米技术为代表的现代农业栽培技术，以及以基因编辑和转基因技术为代表的现代生物技术。

第一节 机械自动化、数字农业和纳米技术 在香料植物栽培中的应用

一、机械自动化

（一）机械自动化概述

随着经济社会的发展，农业生产逐渐由传统农业向现代农业转变。相对于传统农业，现代农业是以机械设备在农业生产中的应用为契机逐步发展形成的市场化、商品化与社会化农业。对自动化机械设备的高效利用是实现现代农业快速发展的关键，没有现代自动化机械的硬件支持，就谈不上现代农业生产建设。

目前我国正处于传统农业向现代农业全面过渡的重要时期。与欧美等发达国家相比，我国农业机械自动化发展进程相对缓慢，农业机械自动化建设起步较晚，机械化、自动化技术较为落后，无法完全满足现代农业发展的需求。但我国始终坚持对农业机械自动化的探索，并经过不懈努力在农业机械自动化方面实现了跨越式发展。

（二）机械自动化在作物生产中的应用

农业机械是指在作物生产、农产品初加工和处理过程中所使用的各种机械。农业机械包括土壤耕作机械、种植机械、施肥机械、植物保护机械、农田排灌机械、作物收获机械、农产品加工机械等。

20世纪70年代末，以谷物联合收割机的研究为发端，我国开始了对农业生产机械自动化进行研究。由于受当时农业生产水平的限制，部分较为重要的理论技术并没有投入农业机械自动化生产中，但少数小型农业生产机械仍在一定程度上得到了发展。20世纪80年代，我国首次在茶叶种植生产上实现了机电一体化设备的使用，通过计算机的编程控制，推动了茶叶揉捻机与烘干机的研究进程。

在作物生产方面，农业机械自动化程度较高。我国大部分地区土壤耕作采用机械化作业，常见的机械有旋耕机、烟草起垄覆膜机等。种植机械在一些作物上已开始广泛应用，常见的机械有水稻插秧机、烟草移栽机等。目前，作物收获技术比较成熟，作物收获机械的自动化程度高，作物收获机械在国内大部分地区得到推广应用，常见的机械有小麦联合收割机、玉米收割机、水稻联合收割机等。

近年来，农田排灌机械发展较快，我国已成功研制了包括等流量滴灌、孔口滴头、旋转式微喷头、过滤器等在内的一系列自动化微灌设备，并在植物栽培领域对自动化灌溉技术进行有效利用，通过自动灌溉系统的运行对水泵的开闭进行控制，并按照一定轮灌顺序实现农业灌溉，在提高农业灌溉效率的同时，推动了我国农业的现代化进程。

农业生产中，有些地区已使用无人机作为施肥机械、植物保护机械，进行喷施肥料、喷施农药。无人机在作业中具有高度低，使用操作简易、灵活，可以在空中悬停，

无需专用起降场等特点，已在某些地区作物生产中得到应用。与人工喷洒相比，植物保护无人机喷洒更均匀，几乎每株作物都能喷洒到农药肥料，且旋翼产生的向下气流有助于增加雾流对香料植物的穿透性，喷洒效果更好。同时，植物保护无人机采用远距离遥控操作的方式，作业人员喷洒时可避免与农药直接接触，有利于增强喷洒作业的安全性，避免操作人员身体健康受到危害。

（三）机械自动化在香料植物生产中的应用

香料植物生产方面的机械自动化起步较晚，有些农业机械在香料植物生产中已得到广泛应用，有些农业机械还没有推广。2015年，新疆69团自行设计了香料植物收获机，种植了薄荷、留兰香、大马士革玫瑰、鼠尾草等各种香料2万多亩，香料收获大面积实现了全程机械化，每台收获机每天可收获香料植物150～200亩，收获速度百倍增长。2022年，武光等研发了一种玫瑰花收割机，包括驱动装置、传动机构、承载架、多个与承载架转动连接的轮胎、设置于承载架上的收获机构以及与收获机构适配的输送装置。收获机构包括主传动轴以及套接于主传动轴上的螺旋刀片，主传动轴通过传动机构与驱动装置连接，其能够对玫瑰花进行批量采摘，节约人力。

2022年，胡幼棠等研发了一种农业种植迷迭香的移栽机，其防护环有助于保护植物，防止尖杆划伤植物，并且其盛放壳便于接土，防止土壤落在箱体内部，提升整洁性。2022年，王景立等研发了一种电动人参移栽机，该移栽机在输送带上设置若干放料筒，可实现人参苗的持续不间断补给，通过摇摆机构带动铲斗实现周期性刨坑。放料筒内的人参苗经排料筒落入坑内，再通过刮板自动完成覆土，移栽效率高，操作工序流畅，极大节省人力。

二、数字农业

（一）数字农业的概念

数字农业（digital agriculure）于1997年由美国科学院、工程院两院院士正式提出，指在地学空间和信息技术支撑下的集约化和信息化农业技术。数字农业是指将遥感、地理信息系统、全球定位系统、计算机技术、通信和网络技术、自动化技术等高新技术与地理学、农学、生态学、植物生理学、土壤学等基础学科有机结合起来，实现在农业生产过程中对农作物、土壤从宏观到微观的实时监测，以实现对农作物生长、发育状况、病虫害、水肥状况以及相应土地资源和环境的全面管理。

现在普遍认为，数字农业是一个集合概念，主要包括4个方面：农业物联网（internet of things）、农业大数据（big data）、精准农业（precision farming）和智慧农业（smart agriculture）。

（二）农业物联网的应用与展望

农业物联网本质上是一套数控系统，是在一个特定的封闭系统内，以探头、传感器、摄像头等设备为基础的物物相联。它根据已经确定的参数和模型，进行自动化调控和操作。由于需要以硬件设备的投资和联网为基础，因此投资额较大，主要用于设施农业生产过程的管理和操作，也用于农产品的加工、仓储和物流管理。

农业物联网是物联网技术在农业生产、经营、管理和服务中的具体应用，就是运用各类传感器、视觉采集终端等感知设备，广泛地采集大田种植、设施园艺、农产品物流等领域的现场信息，通过建立数据传输和格式转换方法，充分利用无线传感器网、电信网和互联网等多种现代信息传输通道，实现农业信息多尺度的可靠传输；最后将获取的海量农业信息进行融合、处理，并通过智能化操作终端实现农业的自动化生产、最优化控制、智能化管理、系统化物流和电子化交易，进而实现农业集约、高产、优质、高效、生态和安全的目标。

近年来，我国高度重视农业信息化与现代化发展。物联网技术已被广泛应用于农业生产的各个环节，在精准灌溉、精准施肥、病虫害防治、环境智能调控等领域发挥了重要作用。我国农业物联网技术的发展尚处于初期探索阶段，主要应用于设施农业上，存在规模小、成本高、见效差等问题。相较于荷兰、以色列、美国和日本等发达国家的农业物联网技术，我国农业物联网技术还存在农业专用传感器缺乏、农机与农艺融合不够等问题。

1. 作物种植信息感知技术

（1）环境信息传感技术　环境监测传感器类型繁多，较常用的有温湿度、光照、二氧化碳等传感器。常规农田环境感知传感器技术相对成熟，但由于农田环境恶劣，传感器在"高湿热"或低温环境下的稳定性与可靠性差，且受成本和供电等因素的制约。因此，稳定可靠、低成本、低能耗的环境传感器的研发已成为主要发展趋势。

（2）土壤信息新型传感技术　土壤信息一般包括含水量、氮、磷、钾、有机质以及各种矿物质成分。传统的土壤理化及养分分析方法费时费力。近年来，国内外研究人员对土壤信息的快速检测方法开展了相关研究，取得了较大进展，例如，利用可见-近红外光谱检测土壤水分含量，利用基于太赫兹透射光谱技术的土壤含水率研究，均获得了较好的检测效果；应用近红外光谱实现了土壤中有机质、磷、钾、酸碱度、矿物质等的检测；应用激光诱导击穿光谱、太赫兹时域光谱等技术，检测土壤中砷、铅、镉、铬等重金属的含量；采用拉曼光谱技术、太赫兹透射光谱技术检测土壤农药残留。土壤信息新型传感技术也可以在香料植物种植生产中应用。

（3）作物信息新型传感技术　采用作物信息新型传感技术可以进行作物营养与生理检测、作物病虫害检测、作物或农产品重金属检测、作物或农产品农药残留检测。在香料植物种植生产过程中，也可以尝试采用土壤信息新型传感技术。

2. 信息传输技术

农业物联网信息传输方式主要分为有线通信技术与无线通信技术。常见的有线通信技术有电力载波、光纤通信、现场总线技术、程控交换技术等。无线通信技术包括射频通信技术、调频通信技术、蓝牙、通用分组无线服务、第5代移动通信技术等。随着现代通信技术的发展，越来越多的新型关键通信技术和组网模式应用到农业物联网场景中，并逐步在通信带宽、通信速率、组网效率上进行突破。信息传输技术在作物生产、香料植物种植中有较广的应用前景。

3. 信息处理技术

信息处理技术对各类农业活动信息进行整理、分析、加工和挖掘，实现智能判断和决策，从而为农业的智能化控制提供理论依据。物联网产生的数据类型十分复杂，包括传感器数据、二维码、视频、图片等。将云计算与农业物联网技术相结合，构建农业数据云，可以降低成本，提高效率，节约资源，促进农业现代化发展。边缘计算是指在靠近物或数据源头的网络边缘侧，采用网络、计算、存储、应用等核心能力为一体的开放平台，就近提供最近端计算服务。云计算与边缘计算的有机结合是解决农业物联网应用时效性和进行趋势分析的重要手段，对未来种植业物联网发展影响深远。

（三）农业大数据的应用与展望

农业大数据是与农业物联网相对应的概念，它是一个数据系统，在开放系统中收集、鉴别、标识数据，并建立数据库，通过参数、模型和算法来组合和优化多维和海量数据，为生产操作和经营决策提供依据，并实现部分自动化控制和操作。因为它是在完全开放的系统中运作，因此主要用于大田农业的生产和农业全产业链的操作和经营。

1. 5G 关键技术

第 5 代移动通信系统（5G）是继第 4 代移动通信系统（4G）之后的新一代移动通信系统，5G 拥有比 4G 更高的频谱利用率和传输速度，能满足信息海量传输、机器间通信、网络智能化等要求。物联网是使用信息传感设备，把物品和互联网相互连接，进行信息交互和通信。以实现识别、跟踪、定位、监控、管理的一种网络。物联网技术与农业生产有机结合之后，可以实现高效、高产、优质、环保、安全等目标，从而实现农业智能化、农业现代化。

农业物联网主要用来收集植物、农作物生长的环境监测信息，并将这些信息进行处理，进而制定出精准农业的生产方案。精准农业需要网络支持海量设备连接和大量小数据包频发，由于农业物联网设备可能会部署在平原地区，也可能部署在山区等信号难以到达的地方，这就需要 5G 具备更强的覆盖能力、灵活性、可扩展性以及更低的功耗、时延和成本。

2. 香料植物种植结构信息提取

植物种植结构包括植物类型和空间分布结构等重要信息，它是现代植物种植对土地利用的表现形式，也是科学田间管理和高效利用自然资源的结果。植物种植结构遥感影像信息提取主要基于不同类型的植物在遥感影像上呈现的光谱、时间和空间特征的差异，遥感影像信息提取分析主要是基于像素和面向对象。遥感数据具有与大数据相似的特点，了解如何处理这些遥感数据，为提高香料植物种植结构遥感影像信息提取的精度提供了指导，为遥感技术在香料植物资源的应用奠定了基础。

基于像素的香料植物种植结构遥感提取是以像元为基本单元，通过 ENVI、ArcGIS、ERDAS 等软件，对遥感数据模型化后的香料植物地表覆盖进行特征提取。参与信息提取的特征因子是像元的光谱信息或信息增强的植被指数。在香料植物种植结构提取中，除像素光谱波段特征外，植物的统计数据、地形地貌、物候期特征、专家先验知识等其他非遥感信息作为重要辅助信息参与香料植物种植结构提取以提高分类精度，非参数模型将非遥感信息与遥感影像信息在像素层面上有效地协同起来。

（四）精准农业的应用与展望

1. 精准施肥

传统的施肥方式通常是采用统一施撒，不考虑土壤条件、香料植物的实际长势等情况，因而会造成种种偏差和不利影响，结合精准农业技术后，可以操作无人机飞到问题农田区域，使用无人机与多光谱相机采集多光谱影像，这些影像被导入 PIX4Dfields 软件中进行自动化处理，生成归一化差异植被指数（NDVI），分析香料植物在当季及特定土壤中的生产状况，并创建处方图，从而得出最佳施氮方案，减少化肥使用量，降低对环境的不利影响，最后还可以把得到的 NDVI 地图，结合各种因子（气温、降水、肥料等）输入估产模型中，得到农作物的产量分布。

2. 病虫害监测与精准施药

若农业生产中存在大范围的病虫害，必然会严重影响香料植物产量，使植物叶片色素与冠层结构出现变化，应用轻小型无人机可以针对波段光谱特征实现动态监测，然后将监测结果作为植物是否受到病虫害侵袭的诊断依据，判断具体的危害程度，为后续精准农业管理提供科学指导，在减少生产损失的基础上进一步减少农药的使用量，确保环境效益最佳化。无人机病虫害监测过程中，需要将病虫害识别以及病害时空监测作为研究对象，具体的应用方法可分为：①利用无人机航空图像实现病害的监测，利用敏感波段光谱反射率与病情指数的回归模型，在扫帚式超光谱成像（PHI）影像上实现病害发生程度的监测，并判断具体的影响范围；②借助多光谱航空影像数据实现病害的定位；③应用多源数据，提取植被指数，完成对植物叶片叶绿素含量的推算，为遥感参数的诊断应用提供参照对象；④使用红外多光谱相机拍摄遥感影像，对香料植物栽培中的病害开展定性分析，以此确定病害模式，并监测病害防治效果。

传统农业中农作物病虫害监测预报方面主要依靠植物保护人员的田间调查、田间取样等方式，费时耗力，存在主观性强、时效性差等弊端，难以适应目前大范围的病虫害实时监测和预报的需求。

由于病虫害叶片或冠层光谱是对香料植物生理、生化、形态、结构等改变的整体响应，具有高度复杂性，因此对于不同香料植物，不同类型、不同发展阶段的病虫害可能会有多样的光谱特征。针对这些情况，已经有相当数量的研究对不同香料植物病虫害的光谱特征进行了报道，研究者们选择了合适的识别和区分算法，围绕建立这些病情和光谱特征之间的关系提出了各种各样的方法和模型。在此研究基础上，可以根据香料植物的生长周期、历史环境判断虫害的种类，选择合适的杀虫剂，并根据受害的严重程度对农田进行区域划分。

3. 香料植物识别

农作物识别是后续开展作物面积测算以及长势探究的重要基础环节，能够为精准农田作业的开展提供参考依据。农作物识别技术比较成熟，可以利用农作物识别技术来识别香料植物。轻小型无人机遥感识别方式具有极强的高效性，而与卫星遥感识别手段相比，无人机的抗干扰性更加优越，由于该技术能够提供大量的纹理信息以及结构数据，在地物分类数据的收集方面更加高效。当前，我国以轻小型无人机获取影像作为基础，实现香料植物种植信息提取的研究课题已取得一定进展，单就遥感类型来说可细分为两类：一是基于像元的方法；二是基于面向对象的方法。基于像元的方法是指借助搭载冠层相机的无人机平台收集高分辨率遥感影像，进一步分析香料植物波谱特征变化阈值。基于面向对象的方法则是要利用无人机航拍影像的几何特征与光谱特征，对香料植物进行分类，借助无人机收集的正射影像与数字模型，对一定范围内的香料植物类型实施精细识别。

4. 香料植物生长监测

借助轻小型无人机遥感系统的监测功能，充分掌握香料植物实际生长状况，明确其具体营养水平，准确把握水肥胁迫状况。随着便捷性高光谱设备的进一步研发，越来越多的敏感波段可引入分析模型当中。在进行香料植物监测时，注意植物信息获取前需要优先完成生长问题的诊断，并将其作为后续精准农业管理与田间作业的参照依据，达到促进香料植物正常生长、获取良好经济效益的目的。

（五）智慧农业的应用与展望

智慧农业是建立在经验模型基础之上的专家决策系统，其核心是软件系统。智慧农业强调的是智能化的决策系统，配以多种多样的硬件设施和设备，是"系统+硬件"。智慧农业的决策模型和系统在农业物联网和农业大数据领域得到了广泛应用。

智慧农业在世界多国尤其是发达国家快速发展，进入农业发展的高级阶段，正推动世界农业向智能化、精准化、定制化时代迈进。美国智慧农业是互联网从消费互联网进入产业互联网时代的直接产物，同时也是市场竞争及产业自身可持续、高水平发展的现实需求。20世纪80年代，美国率先提出精确农业的构想，并在此后多年的实践中成为精确农业绩效最好的国家，这为智慧农业奠定了良好的发展基础。美国利用物联网科技开展智慧农业生产的水平世界领先，带动农业产业链实现了全新变革。生产及经营环节借助于智慧农业，能够实现农产品全生命周期和全生产流程的数据共享及智能决策。大型农场均使用产量监控器，并辅之以全球定位系统（GPS）、耕种区域地图、耕种作物种类和植物种群信息等，这些信息实时传输给软件系统，经过系统分析，做出实时判断，在未收获作物之前形成产量报告，有助于农作物合理定价。

我国的智慧农业起步较晚，但已初见成效，国内许多省份已开始进行智慧农业研究与应用。2016 年，何伟等设计了基于专家系统的智慧农业管理平台，该平台由感知层、传输层及应用层构成，可实现对环境温度、土壤湿度、空气湿度、光照及 CO_2 浓度的实时采集，通过专家系统分析得出管理决策，自动调整适合植物生长的环境参数，并实时将数据及植物生长现场情况通过系统界面展示给用户，从而减少人工操作的不确定性，真正实现智慧农业管理。2018 年，阴国富等设计了一种适合植物工厂生产模式下的智慧农业监控系统，该系统能够进行植物工厂生产区域的环境监测，并根据专家知识系统进行综合控制，实现植物工厂的自动化管理，降低生产过程对生产者技术水平和经验的依赖度。此外，太阳能光伏微电网系统和太阳能集热系统的应用，可以降低生产过程中的能量消耗，减少精细农业生产成本。党的二十大报告指出，强化农业科技和装备支撑。中国智慧农业正在快速发展，在不久的将来，智慧农业在作物生产、香料植物种植中会有广阔的应用前景。

三、纳米技术

"纳米技术"这个术语基于前缀"纳米"，意为"十亿分之一米"。它是生物技术、化学加工、材料科学、系统工程、生物芯片、纳米晶体和纳米生物材料等多学科的融合。纳米技术被广泛应用于农业、生物技术、材料与制备、微电子与计算机等领域。

（一）农药、化肥缓释与精准输送

农药、化肥在控制作物和香料植物病虫危害，提高作物和香料植物产量方面有显著作用，但农药、化肥的过度使用不仅不能被作物和香料植物有效吸收，还会污染环境甚至危害人体健康。因此，精准科学地施用农药、化肥，对于促进作物和香料植物生长、改善农业生产环境是必不可少的。农药控释制剂对于实现农药的有效利用、减少环境污染是非常理想的。与传统材料相比，纳米材料颗粒尺寸小和比表面积大等特点使其具有了传统材料不具备的物理和化学特性。将纳米材料作为载体，使农药和化肥均匀地分布其中，缓慢地向土壤中释放药剂和养分，可以更好地提高农药和化肥的利用率。

目前，在农药、化肥缓释和精准输送中，有金属纳米粒子（如无机纳米材料）及生物活性纳米粒子（如纳米羟基磷灰石、碳纳米管）等作为纳米载体。无机纳米材料由于具有物理稳定性和生物稳定性，吸附力强，被广泛用于药物担载和释放领域中。钱（Qian）等将农药负载于纳米碳酸钙中，研究其载药效率、缓释性能、杀菌效果和稳定性，该材料对立枯病丝核菌（*Rhizoctonia solani*）的杀菌效果优于传统工业用的缬氨霉素，释放时间可延长至 2 周。纳米微球、纳米微囊、纳米胶束和纳米凝胶等是基于材料负载的纳米农药，纳米凝胶载体可以改善小分子农药的抗病毒活性。阿迪萨（Adisa）等使用工程纳米材料，通过影响土壤中肥料养分的有效性和植物对养分的吸收，来提高作物生产力。滕青等研究得出，使用缓释纳米肥料，可实现养分持久缓慢地释放，也可提高土壤中微生物数量和酶活性。涂有氧化锌纳米粒子的肥料，可增强植物对养分的吸收，并将养分输送到特定地点。基于纳米传感器的智能输送系统，可以检测到植物病毒的存在、土壤养分水平和作物病原体，从而精准地将农药和营养液输送到特定农作物中，以此减少浪费，降低投入成本，提高精准农业生产效率。

（二）病虫害管理

在植物生长过程中出现病虫害是难免的，作物和香料植物病虫害的发生及其对药物抗药性的增强，在一定程度上会造成作物和香料植物产量降低。纳米技术的产生和发展为解决香料植物病虫害问题提供了新的路径，有助于开发高效和有潜力的病虫害防治方法。与传统的病虫害防治相比，采用纳米技术防治病虫害的优势在于：纳米载体可损伤害虫体壁造成其失水或扰乱害虫的正常生理功能；功能化的纳米载体可实现靶向递药来提高药物利用率；纳米载体上功能基团的引入及其尺度效应，可提高杀虫剂在植物表面的黏附性及被植物吸收的性能，可运载核酸农药进入植物，进而调控植物或害虫目标基因的表达。

银纳米粒子、铜纳米粒子、硅纳米粒子等均可提高植物对病原菌的抗菌性，在田间喷施 10μg/mL 银纳米粒子 2d 后，玫瑰白粉病的发病率降低了 95%，且 1 周内没有复发。使用 2μg/mL 银纳米粒子能显著抑制小麦根腐病菌孢子的萌发，还可以抑制根腐病菌对小麦植株的浸染。使用 100μg/mL 银纳米粒子对黄瓜和南瓜等植物白粉病有较好的防控效果。同时大田喷施银纳米粒子分散液后，可有效控制芒果和辣椒炭疽病的发生。纳米二氧化硅可通过物理吸附作用穿透害虫的表皮脂质，破坏它们的水屏障，进而杀死害虫。此外，纳米二氧化硅-银纳米粒子可控制植物病原真菌，包括灰葡萄孢菌、稻瘟病菌和炭疽病菌等

（三）植物生长发育促进与管理

植物生长过程是指细胞、组织或植物体在发育过程中发生体积和质量不可逆增加。施用金属纳米粒子能有效提高植物中对应元素的含量，进而促进植物生长。例如，氧化钛和铁基纳米粒子能够通过改变植物激素水平来延缓衰老和加速细胞分裂，进而促进植物生长。银、铁等金属纳米粒子，也对植物生长发挥着重要作用，它们或是通过提升植物体内矿质元素含量，或是使植物高效率吸收营养物，来提升植物的生长速率。除金属纳米粒子外，非金属纳米粒子也可促进植物生长。此外，纳米传感器（位移、电感式、图像采集、植物激素和植物径流传感器）可测量植物的叶片、果实、茎秆等外部特征，也可测量植物径流、激素等内部特征，这些传感器通过测量植物内外部特征变化来指导精准灌溉、施肥以及病虫害防治等，使植物始终处于最佳生长状态。

第二节　现代生物技术应用

一、基因编辑技术

基因编辑，也称为基因组编辑或基因组工程，指利用精准的基因序列编辑工具对动

植物本身具有的基因序列进行有目的的改变，通过基因失活、过表达或功能变化改变动植物表型性状，从而实现对动植物品种的有效改良或其他特定目标。基因编辑技术作为近年来生命科学领域的重大突破，已然成为新的技术窗口。

　　基因编辑技术已经在多个模式植物、动物以及其他生物中得到成功应用。基因编辑是利用序列特异核酸酶（sequence-specific nucleases，SSN）在基因组特定位点产生DNA双链断裂（double-strand breaks，DSB），从而激活细胞自身修复机制——非同源末端连接（non-homologous end joining，NHEJ）或同源重组（homologous recombination，HR），实现基因敲除、染色体重组以及基因定点插入或替换等。锌指核酸酶（zinc finger nuclease，ZFN）、类转录激活因子效应物核酸酶（transcription activator-like effector nuclease，TALEN）和CRISPR/Cas9系统是最主要的3类SSN。ZFN和TALEN是利用蛋白质与DNA结合方式靶向特定的基因组位点，而最新的CRISPR/Cas9系统则是利用更简单的核苷酸互补配对方式结合在基因组靶位点，其构建简单、效率更高效，因而促进了基因编辑在植物中的广泛应用。利用基因编辑技术除了实现植物基因定点突变外，还可以将SSN的DNA结合域与其他功能蛋白质融合，实现基因的靶向激活、抑制和表观调控等衍生技术。近年来，相关技术在农作物基因功能鉴定、研究、开发和精准分子育种中发挥了重要作用，展现了广阔的发展潜力和巨大的应用价值。CRISPR/Cas9技术因其专一性好、基因定点突变效率高，已经在高产水稻、抗病小麦、耐储藏马铃薯和生产健康油料大豆等作物中成功应用。

　　随着生命科学研究进入基因组时代，越来越多物种的基因组完成测序，解读与改造基因组的功能就显得非常紧迫。以基因编辑为基础的反向遗传学技术是基因组改造与基因功能研究必不可少的手段之一。基因编辑技术是一项可以与分子克隆、聚合酶链反应（PCR）等技术相媲美的技术突破，虽然出现仅仅10余年，已显著促进了生物学研究的迅猛发展，应用前景广阔。以序列特异核酸酶为工具的基因编辑技术已在全世界掀起了研究热潮。2012年，《科学》（Science）将其列入"年度十大科学进展"，以TALEN为代表的SSN被誉为"基因组巡航导弹"。2013年Science再次将SSN技术的新星CRISPR/Cas9列入"年度十大科学进展"。2014年《自然-方法》（Nature Methods）将基因编辑技术评为过去10年间对生物学研究最有影响力的10项研究方法之一。

（一）基因编辑技术概述

1. 基因编辑技术原理及DNA断裂修复机制

　　近几年，生物学家们巧妙地利用蛋白质结构与功能领域的研究成果，将特异识别与结合DNA的蛋白质结构域和核酸内切酶结构域融合，创造出能够按照人们意愿特异切割DNA的SSN，并借此实现了对基因组特定位点的靶向修饰，即基因编辑。SSN主要包括3种类型：ZFN、TALEN和CRISPR/Cas9系统。它们的共同特征是能够作为核酸内切酶切割特定的DNA序列，创造DNA双链断裂（double-strand breaks，DSB）。在真核生物中，DSB修复机制是高度保守的，主要包括两种途径：非同源末端连接（non-homologous end joining，NHEJ）和同源重组（homologous recombination，HR）。通过 NHEJ 方式，断裂的染色体虽然会重新连接，但往往是不精确的，断裂位置会产生少量核苷酸的插入或删除，从而产生基因敲除突变体；通过 HR 方式，在引入同源序列的情况下，以同源序列为模板进行合成修复，从而产生精确的定点替换或者插入突变体。在这两种途径中，NHEJ 方式占绝对主导，可以发生在几乎所有类型的细胞以及不同的细胞周期中（G1、S 和 G2 期）；然而，HR 发生频率很低，主要发生在 S 期和 G2 期。

（1）NHEJ 途径　根据具体修复方式和参与修复的蛋白因子，可以将 NHEJ 分为两类：一类是经典非同源末端连接（classical NHEJ，cNHEJ）；另一类是选择性非同源末端连接（alternative NHEJ，aNHEJ）。这两种机制在所有真核生物中都是高度保守的。通过 cNHEJ 途径，SSN 诱导的 DSB 末端首先被具有环状结构的 Ku 蛋白异源二聚体（Ku70、Ku80）结合以防止 DNA 断裂末端进一步降解，最后在特定的 DNA 连接酶Ⅳ的作用下，将两个开放的末端重新连接。在连接前可能经过末端加工过程，因而产生几个核苷酸的插入或删除（Indel），但多数情况下不经过加工过程而直接恢复为原始序列。从基因编辑的角度看，经过末端加工产生少量核苷酸插入或删除是更有意义的。如果 DSB 发生在编码基因的开放阅读框（ORF）区，插入或删除非 3 整数倍的核苷酸，可能造成移码突变使基因功能完全丧失。

如果 cNHEJ 途径被抑制或 DSB 两侧含有几个或十几个核苷酸的微同源序列，则可能通过 aNHEJ 途径修复。DSB 末端分别发生 5′至 3′方向的 DNA 切除，释放出可局部互补配对的单链末端，微同源序列互补配对，再经过末端处理和重新连接修复 DSB 缺口。修复后微同源序列恰好位于 DSB 的结合点。由于发生了核苷酸的删除，造成遗传信息丢失，因此在基因编辑过程中 aNHEJ 修复方式很容易产生突变。这两种 NHEJ 途径在细胞中会相互竞争。与野生型相比，拟南芥 Ku80 突变体 Indel 突变效率增加了 2.6 倍，并且 DSB 位置核苷酸降解长度也有所增加。

（2）HR 途径　根据发生方式的不同，HR 可以分为两类：单链退火（single-strand annealing，SSA）和合成依赖式链退火（synthesis-dependent strand annealing，SDSA）。DSB 产生后，在这两种途径下 DNA 断裂末端都会发生 5′至 3′方向的 DNA 切除，形成 3′单链末端。SSA 途径类似 aNHEJ 途径，DSB 两端各有一段同源序列，同源序列区域直接退火形成互补双链，再经过末端加工和连接修复 DSB。在基因组串联重复区域，SSA 是主要的 DSB 修复方式。

SDSA 途径依赖 DNA 合成的修复过程，基因编辑过程中同源重组通常是指这种方式。DSB 经过 5′至 3′方向的 DNA 切除产生的一个 3′单链末端入侵同源供体 DNA 模板，形成 D 环（D-loop）结构，再利用同源 DNA 的互补链作为模板进行 DNA 合成修复，当延伸至可以与 DSB 另一个单链末端互补配对位置时，脱离 D 环结构，两个单链 DSB 末端退火形成双链，完成修复过程。SDSA 途径最终结果就是完成从同源 DNA 至 DSB 遗传信息的转换过程。SDSA 途径发生频率非常低，相同条件下只有 SSA 方式的 10%~20%。

2. 基因编辑技术优势

当前遗传改良或基因修饰途径存在许多缺陷。例如，传统杂交育种法周期长，需要多个世代，耗时费力，且受物种间生殖隔离限制和不良基因连锁的影响；物理或化学诱变法虽然可以在基因组上随机产生大量突变位点，但突变位点鉴定十分困难；传统基因打靶方法效率极低（通常仅 $10^{-6} \sim 10^{-5}$），并且只限于少数物种如酿酒酵母、小鼠（*Mus musculus*）等；RNA 干扰（RNAi）方法下调基因表达不够彻底，其后代的基因沉默效果减弱甚至完全消失，不能稳定遗传。相比于上述方法，基因编辑技术优势非常明显：①所有 SSN 都可以通过设计 DNA 结合蛋白（或导向 RNA）使其靶向编辑基因组的任意位点，精确性非常高；②原理简单易懂，而且技术操作简便、成本相对低廉，原则上适用于任意物种；③利用 SSN 定点突变目的基因具有非常高的效率，通常从几个或十几个转化株系中就能筛选到符合要求的基因突变材料，对于活性高的 SSN 在 T0 代就可以得到纯合突变体。目前，基因编辑技术已成功应用于酵母、线虫（*Caenorhabditis elegans*）、果蝇（*Drosophila melanogaster*）、斑马鱼（*Danio rerio*）、小鼠、拟南芥（*Arabidopsis thaliana*）、烟草（*Nicotiana tabacum*）、大豆（*Glycine max*）、水稻（*Oryza sativa*）、小麦（*Triticum aestivum*）、大麦（*Hordeum vulgare*）和玉米（*Zea mays*）等多种模式生物、经济作物以及人类（*Homo sapiens*）细胞中。

（二）SSN 的组成及构建方法

表 8-1 汇总了 SSN 程序及用途。

表 8-1 SSN 程序及用途

程序名称	用途
ZiFi Targeter software	设计 ZFN/ZFA
Zinc-finger tools	设计 ZFN/ZFA
The Segal lab software site	设计 ZFN/ZFA
The ZFN-Site	搜索脱靶位点
E-TALEN	设计 TALEN
Mojo Hand	设计 TALEN
TALEN design tool	设计 TALEN
TAL Effector NucleotideTargeter 2.0	设计 TALEN/TALE
ZiFiT Targeter software	设计 TALEN/TALE
Genome engineering resources	设计 TALE 及其他资源
EENdb	人工核酸酶数据库
Scoring algorithm for predicting TALEN activity（SAPTA）	预测 TALE（N）活性

续表

程序名称	用途
TAL Plasmids Sequence Assembly Tool	生成 TALE 质粒全长序列
PROGNOS tool	搜索 TALEN 和 ZFN 脱靶位点
TALENoffer	搜索 TALEN 脱靶位点
E-PCR	搜索脱靶位点
E-CRISP	设计 CRISPR
sgRNA Designer	设计 CRISPR
CRISPRTarget	设计 CRISPR
ZiFiT Targeter software	设计 CRISPR
CHOPCHOP	设计 CRISPR 和 TALEN
CRISPR-P	设计植物 CRISPR
CRISPR-PLANT	设计植物 CRISPR
Genome engineering resources	设计 CRISPR 及其他资源
crispr-cas. org	CRISPR 相关资源
RGEN tools	设计 CRISPR 并搜索脱靶位点
CasOT	搜索 CRISPR 脱靶位点
Cas-OFFinder	搜索 CRISPR 脱靶位点
Addgene	质粒共享平台

1. ZFN 的组成及构建方法

ZFN 通过基因工程方法将锌指蛋白 DNA 结合域（ZFA）和核酸内切酶 Fok I 的切割结构域融合而成，DNA 结合域通常由 3~6 个 Cys2His2 类型的锌指单元串联而成。每个锌指单元含有 1 个 α 螺旋和 2 个 β 折叠结构，并且螯合 1 个锌原子。1 个锌指单元能特异识别 DNA 单链上 3 个连续的核苷酸；由多个锌指单元串联形成的 ZFA 结构域则可识别更长的靶序列，同时增加了 DNA 靶向修饰的特异性。当两个 ZFN 单体按照一定的距离和方向同各自的目标位点特异结合，两个 Fok I 切割结构域恰好可形成二聚体的活性形式，在两个结合位点的间隔区（spacer，通常为 5~7bp）切割 DNA。

理论上每个锌指单元识别 3 个核苷酸，1 个包含 64 个锌指的文库就可以识别所有的串联三联体核苷酸。应用中发现，单个锌指的识别特性在不同的串联锌指单元 ZFA 中差异非常大，是由于相邻锌指单元造成的上下文背景起了重要影响。当前主要有 4 种设计方案：模块组装方案（modular assembly，MA）、基于文库筛选的 OPEN 方案、Sangamo 公司私有的双锌指模块组装方案（two-finger modules）和上下文依赖组装（CoDA）方案。

2. TALEN 的组成及构建方法

类转录激活因子效应物（transcription activa-tor-like effector，TALE）是黄单胞杆菌属（*Xanthomonas*）植物病原菌通过Ⅲ型分泌系统分泌到宿主细胞中的一种毒性蛋白质，可以识别植物特定基因启动子序列，启动感病基因表达。TALE 核酸酶（TALEN）就是利用 TALE 的 DNA 结合域和 Fok Ⅰ酶的切割结构域合成的人工核酸酶。TALE 的 DNA 结合域包含 1 个由数量不等的重复单元串联组成的重复序列结构，这些重复单元通常由 33~35 个高度保守的氨基酸组成，第 12 和 13 位氨基酸可变，被称为重复可变双残基（repeat variable diresidue，RVD）。每个 RVD 与核苷酸 A、T、C、G 存在简单对应的关系，即 NI 识别 A，HD 识别 C，NG 识别 T，NN 识别 G。TALE 蛋白质以这种"1 个重复单位 1 个核苷酸"的对应方式特异识别并结合 DNA。2012 年，TALE 蛋白质晶体结构被解析出来，结构显示 TALE 的重复单元组成螺旋-环状-螺旋（Helix-loop-helix）的结构围绕 DNA 双螺旋主沟呈右手螺旋状排列，结构还显示 RVD 的两个残基中第一位氨基酸稳定 RVD 环作用，第二位氨基酸与碱基特异识别相关，这些信息为改造 TALE 蛋白质提供了结构基础。

由于 TALE 蛋白质 DNA 结合域的高度串联重复特性，使 TALE 表达载体的合成和搭建具有一定困难。科研人员开发了多种方法，包括简单直接的模块组装法、Golden Gate 组装方法、高通量合成 TALE 的固相组装和不依赖连接的克隆方法等。Golden Gate 组装方法利用Ⅱ型限制性内切酶切割位点位于识别序列外部的特性，各个 TALE 重复单元质粒经酶切后产生不同的 4nt 黏性末端，具有兼容黏性末端的 DNA 片段可按照正确顺序连接成完整的多 RVD 模块。

3. CRISPR/Cas 系统的组成及构建方法

CRISPR/Cas 系统是在细菌的天然免疫系统内发现的，广泛存在于细菌及古菌中，主要功能是抵抗入侵的病毒及外源 DNA。CRISPR/Cas 系统由 CRISPR 序列与 Cas 基因家族组成，其中 CRISPR 由一系列高度保守的重复序列（repeat）与间隔序列（spacer）相间排列组成。在 CRISPR 序列附近存在高度保守的 CRISPR 相关基因（CRISPR-associated gene，Cas gene），这些基因编码的蛋白质具有核酸酶功能，可以对 DNA 序列进行特异性切割。

根据 Cas 基因核心元件序列的不同，CRISPR/Cas 可以分为Ⅰ型、Ⅱ型和Ⅲ型系统。这 3 类系统又可以根据其编码的 Cas 蛋白质分为更多的亚类。Ⅰ型和Ⅲ型 CRISPR/Cas 免疫系统需要多个 Cas 蛋白质形成的复合体切割 DNA 双链，而Ⅱ型只需要 1 个 Cas9 蛋白质。Cas9 蛋白质包含氨基端的 RuvC-like 结构域及位于蛋白质中间位置的 HNH 核酸酶结构域，HNH 核酸酶结构域切割与单导向 RNA（single guide RNA，sgRNA）互补配对的模板链，RuvC-like 结构域对另一条链进行切割。切割位点位于原型间隔序列毗邻基序（protospacer adjacent motif，PAM）上游 3nt 处。自 2012 年起，人们优化了Ⅱ型 CRISPR/Cas 系统，利用 Cas9 蛋白质和向导 RNA（sgRNA）构成简单的 sgRNA/Cas9 系统，使其能够在真核生物中发挥类似 ZFN 和 TALEN 靶向切割 DNA 的作用。Cas9 蛋白质与 sgRNA 结合形成 RNA-蛋白质复合体，共同完成识别并切割 DNA 靶序列的功能。其中，Cas9 蛋白质作为核酸酶切割双链 DNA，而 sgRNA 则通过碱基互补配对决定靶序列的特异性。

2014 年，酿脓链球菌（*Streptococcus pyogenes*）和内氏放线菌（*Actinomyces naeslundii*）Cas9 蛋白质的三维晶体结构被解析出来。结果发现，Cas9 家族的成员具有相同的核心结构，这一结构可以裂开两瓣形成钳状，一瓣负责目标识别，另一瓣具有核酸酶活性能切断 DNA。两瓣中间有 1 个带正电的沟槽，可以容纳 sgRNA：DNA 异源双链分子。目标识别瓣对于结合 sgRNA 和 DNA 是必需的，而核酸酶瓣包含 HNH 和 RuvC 核酸酶结构域，它们所处位置恰好可以分别切开一条 DNA 链。Cas9 蛋白质单独存在时处于非活性状态，但与 sgRNA 结合后，它的三维结构会经历剧烈的改变，允许 Cas9 与目标 DNA 结合。这一结构可以帮助改良 Cas9 核酸酶，设计不影响其功能的小 Cas9 变体，使其更适合基础研究和基因工程。

4. ZFN、TALEN 和 CRISPR/Cas9 系统的比较及选择

3 种 SSNs 技术相比较，在效率、特异性及设计上各有不同。由于锌指单元同其靶序列的对应性并不特异，ZFN 表现出较明显的脱靶效应（off-target effect），并且获得有效的 ZFN 相当困难，这两点严重妨碍了该技术的广泛应用。TALEN 和 CRISPR/Cas9 系统相互补充，各具优点：TALEN 优势是特异性高，脱靶效应较低，但 TALEN 蛋白较大，并且序列重复性强，表达载体构建较为烦琐；CRISPR/Cas9 系统在设计和构建上更为简单，突变不同的靶位点时仅需重新设计、合成与靶序列互补的 sgRNA，而不需要更换 Cas9 核酸酶，为 CRISPR/Cas9 系统应用提供了极大便利。由于 sgRNA 与靶位点通过核苷酸配对相互识别，个别核苷酸位点改变并不会对该系统的突变活性造成显著影响，因此，CRISPR/Cas9 系统的特异性较 TALEN 稍差。目前 ZFN 基本上被 TALEN 和 CRISPR/Cas9 替代。TALEN 的优势是特异性高，脱靶效应较低；而 CRISPR/Cas9 系统的优势则是使用简便、成本低（表 8-2）。

表 8-2　　　　　　　　　　ZFN、TALEN 和 CRISPR/Cas9 系统比较

比较项目	ZFN	TALEN	CRISPR/Cas9
结合原则	蛋白质-DNA	蛋白质-DNA	RNA-DNA
核心元件	ZFA-*Fok* I	TALE-*Fok* I	sgRNA、Cas9
成本	高	相对较高	低
组装难易程度	困难	比较困难但已有改进	简单、快速
构建载体时间	>7d	5~7d	3d
靶位点长度/bp	18~36（2×9 或 2×18）	22~60［2×（11~30）］	23（包含 PAM 序列）
对靶位点限制	富含 G 区域	以 T 开始 A 结束	以 NGG 或 NAG 序列（PAM）结束
靶位点密度	每 100bp 序列 1 个靶位点	很高	每 8bp 含有 1 个靶位点（NGG PAM）

续表

比较项目	ZFN	TALEN	CRISPR/Cas9
成功率	低	高	高
平均突变效率	低并且差异很大（约10%）	高（约20%）	高（约20%）
脱靶频率	高	低	变异较大
基因长度/kb	约1×2	约3×2	4.2 SpCas9，0.1sgRNA
蛋白质大小/ku	40	105	160
多基因编辑	困难	困难	容易

在动物或人类的基因治疗等应用中，SSN 脱靶效应可能造成致命后果。然而在植物中脱靶效应不是主要制约因素，可以通过全基因组测序检测是否存在脱靶，或者通过与亲本多次回交的方法去除脱靶突变。另据报道，CRISPR/Cas9 系统在植物中没有严重的脱靶突变，而且目前已有多种方法可以在一定程度上减少 CRISPR 脱靶，提高靶向特异性。因此，从简便、效率和多基因编辑角度考虑，3 种 SSN 中首选 CRISPR/Cas9，TALEN 次之。在基因编辑以外的其他领域，TALE 效应因子相对更容易与其他功能结构域融合，行使靶向激活、抑制和表观修饰等功能；将无核酸酶活性的 Cas9（dead Cas9，dCas9）与功能蛋白质融合，也能赋予 CRISPR 系统多种功能，但 sgRNA 由 RNA 聚合酶Ⅲ转录，目前没有可精确调控的 sgRNA 启动子，因此，在可扩展性及精细调控方面，TALE 略胜一筹。

（三）基因编辑的类型

基因编辑技术已经在多种植物上得到应用，通过基因编辑，成功实现了基因敲除、基因定点插入或替换以及染色体重组等（表8-3）。

表 8-3　　　　　　　　　　　植物基因组编辑汇总

基因修饰类型	SSN 类型	物种	靶基因	转化方法
体外酶切实验	TALEN	拟南芥	PDS3	无
瞬时 LUC 基因实验	TALEN	拟南芥	CRUCIFERIN3	农杆菌介导法
瞬时 YFP 基因实验	TALEN	烟草	NPTII	PEG 法转化原生质体
NHEJ 启动子突变	TALEN	水稻	Os11N3 启动子	农杆菌介导法
NHEJ 启动子突变	TALEN	大麦	HvPAPhy_ a 启动子	农杆菌介导法
NHEJ 基因敲除	ZFN	烟草	ALS（SurA，SurB）	电穿孔
NHEJ 基因敲除	ZFN	拟南芥	ADH1、TT4	农杆菌介导法
NHEJ 基因敲除	ZFN	拟南芥	ABI4	农杆菌介导法

续表

基因修饰类型	SSN 类型	物种	靶基因	转化方法
NHEJ 基因敲除	ZFN	大豆	*eGFP*、*DCI4a*、*DCI4b* 等	*A. rhizogenes* 介导法
NHEJ 基因敲除	TALEN	拟南芥	*ADH1*	PEG 法转化原生质体
NHEJ 基因敲除	TALEN	拟南芥	*ADH1*、*TT4*、*MAPKKK1* 等	农杆菌介导法
NHEJ 基因敲除	TALEN	水稻、二穗短柄草	*OsBADH2*、*OsDEP1*、*BdCKX2* 等	农杆菌介导法
NHEJ 基因敲除	TALEN	烟草	*ALS*（*SurA*，*SurB*）	PEG 法转化原生质体
NHEJ 基因敲除	TALEN	大豆	*FAD2-1A*、*FAD2-1B*	*A. rhizogenes* 介导法
NHEJ 基因敲除	TALEN	小麦	*MLO1*	基因枪
NHEJ 基因敲除	TALEN	大麦	*GFP*	农杆菌介导转化胚性花粉细胞
NHEJ 基因敲除	TALEN	玉米	*PDS*、*IPK1A*、*IPK*、*MRP4*	农杆菌介导法
NHEJ 基因敲除	TALEN	番茄	*PRO*	农杆菌介导法
NHEJ 基因敲除	CRISPR/Cas	拟南芥	*GAI*、*BRI1*、*JAZ1* 等	农杆菌介导法
NHEJ 基因敲除	CRISPR/Cas	拟南芥	*GFP*	农杆菌介导法
NHEJ 基因敲除	CRISPR/Cas	拟南芥	*FT*	农杆菌介导法
NHEJ 基因敲除	CRISPR/Cas	拟南芥	*ADH1*	农杆菌介导法
NHEJ 基因敲除	CRISPR/Cas	拟南芥、水稻	*AtBRI1*、*OsROC5*、*OsSPP* 等	农杆菌介导法
NHEJ 基因敲除	CRISPR/Cas	拟南芥、水稻	*AtCHLI1*、*AtCHLI2*、*AtTT4*、*OsMYB*	农杆菌介导法
NHEJ 基因敲除	CRISPR/Cas	拟南芥、烟草	*PDS3*、*FLS2*、*RACK1*	农杆菌介导法
NHEJ 基因敲除	CRISPR/Cas	拟南芥、水稻、高粱	*mGFP*、*SWEET11*、*SWEET14*	农杆菌介导法
NHEJ 基因敲除	CRISPR/Cas	烟草	*PDS*	农杆菌介导法
NEHJ 基因敲除	CRISPR/Cas	烟草	*PDS*、*PDR6*	农杆菌介导法
NHEJ 基因敲除	CRISPR/Cas	水稻	*CAO1*、*LAZY1*	农杆菌介导法
NHEJ 基因敲除	CRISPR/Cas	水稻	*MYB1*、*YSA*、*ROC5* 等	农杆菌介导法
NHEJ 基因敲除	CRISPR/Cas	水稻	*MPK5*	PEG 法转化原生质体
NEHJ 基因敲除	CRISPR/Cas	水稻	*SWEET11*、*SWEET13*、*SWEET1a*、*SWEET1b*	农杆菌介导法
NHEJ 基因敲除	CRISPR/Cas	水稻、小麦	*OsPDS*、*TaMLO*	基因枪
NHEJ 基因敲除	CRISPR/Cas	小麦、烟草	*TaINOX*、*TaPDS*、*NbPDS*	农杆菌介导法

续表

基因修饰类型	SSN 类型	物种	靶基因	转化方法
NHEJ 基因敲除	CRISPR/Cas	玉米	*IPK*	PEG 法转化原生质体
NHEJ 基因敲除	CRISPR/Cas	地钱	*ARF1*	农杆菌介导法
NHEJ 基因敲除	CRISPR/Cas	甜橙	*PDS*	农杆菌介导法
NHEJ 基因敲除	CRISPR/Cas	番茄	*AGO7*	农杆菌介导法
NHEJ 基因敲除和倒位	ZFN	拟南芥	*RPP4* 基因簇	农杆菌介导法
NHEJ 基因敲除和倒位	TALEN	水稻	*BADH2*	基因枪
NHEJ 基因敲除	TALEN	拟南芥	*GLL22* 基因簇	农杆菌介导法
NHEJ 基因敲除	CRISPR/Cas	小麦、烟草	*TaINOX*	农杆菌介导法
NHEJ 基因敲除	CRISPR/Cas	拟南芥	*TT4*	农杆菌介导法
NEHJ 基因敲除	CRISPR/Cas	烟草	*PDS*	农杆菌介导法
NEHJ 基因敲除	CRISPR/Cas	水稻	*SWEET1*、*SWEET11*、*SWEET13*、*SWEET14*	农杆菌介导法
NHEJ 多基因敲除	TALEN	水稻	*BADH2*、*CKX2*、*DEP1*	基因枪
NHEJ 多基因敲除	CRISPR/Cas	拟南芥	*TRY*、*CPC*、*ETC2*	农杆菌介导法
NEHJ 基因替换	ZFN	拟南芥、烟草	*QQR-ZFN*	农杆菌介导法
NHEJ 基因插入	TALEN	小麦	*MLO1*	基因枪
SSA 基因修复	CRISPR/Cas	拟南芥	*GUUS*	农杆菌介导法
HR 核苷酸插入	CRISPR/Cas	水稻	*PDS*	PEG 法转化原生质体
HR 核苷酸插入	CRISPR/Cas	烟草	*PDS3*	农杆菌介导法
HR 核苷酸替换	ZFN	拟南芥	*PPO*	农杆菌介导法
HR 核苷酸替换	ZFN	烟草	*SurA*、*SurB*	电穿孔
HR 核苷酸替换和基因插入	TALEN	烟草	*ALS*（*SurA*、*SurB*）	PEG 法转化原生质体
HR 基因插入	CRISPR/Cas	拟南芥	*ADH1*	农杆菌介导法
HR 基因插入	ZFN	玉米	*IPK1*	Whisker 介导法
HR 基因插入	ZFN	烟草	*CHN50*	农杆菌介导法
HR 基因叠加	ZFN	玉米	*CCR5*、*AAVS1*、*Rosa26*、*Prmt1*	基因枪

1. 基因敲除

基因敲除是基因编辑最简单的应用形式，只需要 SSN 在靶位点制造 1 个 DSB 断裂。利用 SSN 基因敲除的植物种类包括拟南芥、烟草、矮牵牛（*Petunia hybrida*）、水稻、大豆、玉米和小麦等。

张（Zhang）等用锌指核酸酶寡聚体库工程（oligomerized pool engineering，OPEN）方法设计 ZFN 敲除拟南芥 *ADH1* 和 *TT4* 基因，并利用雌激素诱导启动子表达，T1 代分别有 7% 和 16% 的植物含有体细胞突变，突变能够稳定传递到后代，并获得 20% 纯合突变植物。纯合 adh1 突变体具有预期丙烯醇抗性，而 tt4 突变体种皮因缺失花青素而呈现黄色。

李（Li）等利用 TALEN 方法突变水稻蔗糖外排转运基因 *OsSWEET14* 启动子区域，破坏细菌性病原菌分泌的效应蛋白在基因组上的结合位点，从而提高水稻白叶枯病抗性。单（Shan）等对水稻甜菜碱乙醛脱氢酶基因（*OsBADH2*）的编码区设计 TALEN，badh2 纯和突变体稻米 2-乙酰基-1-吡咯啉（2-AP）含量显著增加，提高了稻米的香味品质。豪恩（Haun）等利用 TALEN 方法同时敲除大豆脂肪脱氢酶 2 基因家族两个成员 *FAD2-1A* 和 *FAD2-1B*，纯合突变体（*aabb*）油酸含量从 20%（质量分数）提高到 80%（质量分数），并同时降低对人体健康有害的亚油酸含量［从 50%（质量分数）降至 4%（质量分数）］，因此改善了大豆油的品质。王（Wang）等利用 TALEN 方法同时敲除 *MLO* 基因在小麦 A、B 和 D 基因组上的 3 个拷贝，获得对白粉病具有广谱和持久抗性的纯合小麦突变体 *TaMLO-aabbdd*。

CRISPR/Cas9 系统具有简捷和高效特性，目前已在多个植物中得到应用，如拟南芥、烟草、水稻、玉米、高粱、小麦、甜橙（*Citrus sinensis*）和番茄（*Solanum lycopersicum*）等。在拟南芥和烟草原生质体中，NHEJ 突变效率分别达到 5.6% 和 38.5%。此外，利用农杆菌介导法稳定转化拟南芥，T1 植物中突变效率有 26%~84%。单（Shan）等利用水稻偏爱密码子优化 Cas9 核酸酶基因，并采用水稻小核 RNA 的 U3 启动子和小麦 U6 启动子转录 sgRNA，定点敲除水稻 *PDS* 和小麦 *MLO* 等基因，在 T0 代就获得纯合基因敲除水稻突变体，突变效率达到 10%。谢（Xie）等在水稻原生质体中突变效率为 3.5%~10.6%，植物中突变效率为 3%~8%。苗（Miao）等分别敲除水稻叶绿素 A 加氧酶基因 *CAO1* 和控制分蘖夹角的 *LAZY1* 基因，T1 代纯合 cao1 和 lazy1 突变体分别呈现叶片叶绿素含量降低和分蘖夹角增大表型。

2. 基因插入和定点替换

一般情况下，基因插入或定点替换都可以通过 HR 方式实现，转化 SSN 同时引入一个供体 DNA 载体或片段，供体 DNA 包含了待插入或替换的基因或核苷酸序列并在其两侧分别含有足够长的同源 DNA（同源臂）。基因定点插入所用的供体 DNA 通常为双链环状载体或双链线性 DNA。此外还可以使用单链寡核苷酸 DNA（ssDNA），ssDNA 的设计和合成比构建双链 DNA 载体更简单方便。由于 NHEJ 效率相比 HR 效率高很多，因此，利用 NHEJ 途径定点插入基因或标签（Tag）成为一种替代方法。

沃伊塔斯（Voytas）实验室最早尝试用 HR 方式精确编辑植物基因组，他们首先在烟草中整合了功能缺失的 *gus*：*npt* Ⅱ 筛选基因，该基因上含有 ZFN（Zif268）识别序列。再把 ZFN 和供体 DNA 转入含有 *gus*：*npt* Ⅱ 基因的烟草原生质体中，从卡那霉素抗性克隆中筛选到有 10%发生同源重组。汤森（Townsend）等利用 ZFN 技术，通过 HR 途径分别定点替换烟草乙酰乳酸合成酶基因（*SuRA*、*SuRB*）的 3 个关键核苷酸位点，得到抗除草剂烟草，基因打靶效率为 0.2%~4%。舒克拉（Shukla）等在玉米中用 ZFN 定点突变肌醇六磷酸生物合成最后一步的关键酶基因 *IPK1*，同时插入抗除草剂基因 *PAT*，玉米的肌醇六磷酸含量减少，营养品质得到改良，且减少了对环境的有机磷污染，基因打靶效率在大部分实验中高达 10%以上。

张（Zhang）等在烟草原生质体中转化 TALEN 和供体 DNA，有 30%细胞发生 *ALS* 基因突变，另外高达 14%烟草原生质体细胞 *ALS* 基因位点整合了 *YFP* 报告基因；另一组不加筛选剂的实验中，烟草 *ALS* 基因关键核苷酸替换效率达到 4%。王（Wang）等在小麦原生质体细胞 *MLO* 基因位点通过 NHEJ 途径整合不含启动子的 *GFP* 报告基因，流式细胞仪检测到 6.5%细胞有 *GFP* 表达，测序结果证明 *GFP* 按照正确读码框整合在 *MLO* 位点。在另一项研究中，科研人员将 His-tag 和 Myc-tag 按照 NHEJ 方式整合在小麦 *MLO* 位点，效率达到 1.4%和 2.6%，并且按照孟德尔分离比例传递到 T1 代。

利用 CRISPR/Cas9 系统，单（Shan）等和李（Li）等分别在水稻和烟草的原生质体 *PDS* 基因上通过 HR 途径插入 1 个或多个限制性内切酶位点，并利用酶切和测序方法验证了 HR 效率。福瑟（Fauser）等在拟南芥中利用 *DGU.US* 和 *IU.GUS* 两个 GUS 报告基因系统，证明 Cas9 核酸酶和 Cas9 切口酶都能有效诱导 HR，且 Cas9 切口酶效率更高。

3. 染色体重组及多基因敲除

多个 SSN 同时导入细胞可以实现染色体片段删除、倒位、易位等染色体重组突变和多基因同步敲除突变。染色体重组和多基因敲除是反向遗传学和现代生物技术的重要工具，基因大片段删除技术对于研究非编码 RNA、基因调控序列和冗余基因功能具有重要作用。利用多基因敲除技术研究复杂性状或数量性状，能够在较短时间获得多基因同步敲除突变体，加快研究进程。齐（Qi）等利用农杆菌转化法同时转化两对 ZFN，在拟南芥中同时删除了含有 8 个抗病基因长度为 55kb 的 RPP4 基因簇，体细胞中突变效率在 1%左右；在另一组实验中，齐（Qi）等获得了长约 9Mb 的染色体片段删除，同时检测到染色体倒位和片段重复的现象。借助 TALEN 技术，克里斯蒂安（Christian）等和单（Shan）等分别在拟南芥和水稻中实现 4.4kb 和 1.3kb 基因片段删除。CRISPR/Cas9 系统由于构建简单，因此在染色体重组和多基因编辑领域更有优势，周（Zhou）等利用 CRISPR 系统在水稻中实现了 115~245kb 大片段删除，其中包含了 2~3 个不同的基因簇，进一步表明 SSN 在染色体大片段删除中的有效性。

多基因同步敲除技术在植物中也有报道，单（Shan）等通过基因枪法同时导入 3 对 TALEN，分别靶向控制水稻产量和品质性状基因 *DEP1*、*CKX2* 和 *BADH2*，在 T0 代获得一系列单基因、两基因及三基因共同敲除株系，其中三基因突变效率达到 1.9%（4/207）。兴（Xing）等构建了一套适合进行植物多基因编辑的 CRISPR/Cas9 载体系统，在拟南芥的 T1 代植物中实现三基因同步敲除。最近，谢（Xie）等利用内源的转运 RNA（transfer RNA，tRNA）加工系统提高了 CRISPR/Cas9 进行多基因编辑的能力，他们将多个 tRNA-sgRNA 结构串联排列，从构建的一个多顺反子 tRNA-sgRNA 基因（PTG）可以转录并加工成多个 sgRNA。利用这一策略在水稻中实现多达 8 个位点同时突变，并且个别位点效率高达 100%。而且由于 tRNA 及其加工系统在所有生物中都是非常保守的，这一策略有望在其他物种的多基因编辑中广泛应用。

4. SSNs 与其他生物技术相结合的创新研究成果

SSNs 技术与其他先进生物技术相结合，已经产生了很多意想不到的巨大突破。例如，CRISPR/Cas9 系统的简便和低成本使全基因组水平的定向编辑（genome-wide editing）变为现实，通过构建靶向几千个甚至上万个基因的大规模 sgRNA 文库，再结合功能性筛选平台和深度测序技术，以高通量方式研究疾病相关的基因，这一技术还有望研究更广泛的生物学问题。华盛顿大学的研究团队将 CRISPR/Cas9 系统与饱和基因编辑和深度测序技术相结合，检测大量单个核苷酸位点突变带来的功能性影响，这一研究可能推动对一些顺式调控元件和反式作用因子进行高分辨率的功能解析，并极大提高人们解读未知基因变异的能力。华人科学家简悦威院士将 CRISPR/Cas9 与 PiggyBac 转座子结合，修改引起 β-地中海贫血病的 HBB 基因，在诱导多能干细胞（iPSC）中实现无痕基因校正。此外，SSN 及其他衍生的转录组、表观基因组靶向修饰工具在合成生物学领域也已发挥重要作用。

（四）其他靶向修饰

除基因编辑技术以外，DNA 结合蛋白 ZFA 或 TALE 可以与多种功能蛋白质融合而行使其他靶向修饰作用；同理，无 DNA 切割活性的 dCas9 也可以与其他功能蛋白质融合，借助 sgRNA 靶向特定位置进行基因修饰。目前，已报道与 ZFA、TALE 或 dCas9 融合的功能蛋白质包括 VP64、KRAB 和 TET1 等，它们负责转录激活、转录抑制、表观调控和靶向 RNA 编辑等。这些 SSN 相关衍生技术为生物学研究提供了更多的遗传学工具。

1. 靶向基因激活

桑谢斯（Sanchez）等将编码 3 个串联的锌指蛋白 Zif268 与疱疹病毒的转录激活结构域 VP16 或 VP64（即 4×VP16）基因融合，产生融合蛋白 ZF-VP16 或 ZF-VP64。在拟南芥瞬时表达实验和稳定转化实验中，融合蛋白都可以激活报告基因 LUC 和 GFP 的转录。莫比策（Morbitzer）等利用 AvrBS3 的 TALE 骨架并将其 RVD 替换，靶向番茄 BS4、拟南芥 EGL3 和拟南芥 KNAT1 启动子上特定位点，所有 dTALE 都能特异性地激活 3 个基因。刘（Liu）等在烟草实验中利用农杆菌注射方法瞬时表达 TALE-VP64 或 TALE-VP16 融合蛋白，靶向 35S 启动子的 TATA-Box 旁侧序列，可以显著增强橙色荧光蛋白报告基因（pporRFP）的表达。实验结果还表明，靶向激活作用具有累加效应，即多个不同的 TALE 融合蛋白共同使用比单个 TALE 融合蛋白的激活作用更强。此外，利用 TALE 融合蛋白激活转基因烟草中的 AtPAP1 基因，烟草叶片注射后合成大量花青素因而呈现深紫色，进一步证明人工合成 TALE 融合蛋白可以用于植物内源基因的靶向激活。巴济姆（Bazim）采用 CRISPR/dCas9 系统在烟草中进行定点激活实验，通过在 dCas9 的 C 末端融合激活结构域 EDLL 或 TAD（TAL effector 激活结构域），农杆菌注射烟草叶片后对烟草叶盘进行染色或半定量 PCR 实验，表明 *GUS* 基因或 *PDS* 基因可以被激活。上述靶向激活实验的效率通常较低，为进一步提高效率，塔嫩鲍姆（Tanenbaum）等开发了一种名为"SunTag"的蛋白质标签信号放大系统，可以高效率定向激活靶标基因。这一系统通过在 dCas9 末端融合能与单链抗体 scFv 特异性结合的串联多肽链 GCN4，从而将多个 VP64 激活结构域募集至靶标基因启动子区域，对人类细胞中低表达丰度基因 *CXCR4* 转录效果增强 10~50 倍；对高表达基因的激活效果也能增强 3 倍以上。此外，科纳曼（Konermann）等重新设计 CRISPR-Cas9 激活复合体，采用 sgRNA2.0、NLS-dCas9-VP64 和 MS2-p65-HSF1 蛋白质复合体这个优化组合能大幅提高转录激活效率，在人类细胞中实现同时激活 10 个内源基因，并能够上调长基因间非编码 RNA（lincRNA）的转录水平；此外，还构建靶向人类全基因组水平的 70290 个 sgRNA 文库，进行大规模功能获得性（Gain-of-function，GOF）遗传筛选抗 BRAF 蛋白质抑制剂的细胞克隆。

2. 靶向基因抑制

马赫福兹（Mahfouz）等利用 dHAX3 的 TALE 骨架与 SRDX 转录抑制结构域构建嵌合蛋白 dHax3. SRDX 转化拟南芥，该融合蛋白能够靶向 RD29A 启动子区域，报告基因 RD29A：LUC 和拟南芥内源基因 RD29A 的转录都受到明显抑制。巴济姆（Bazim）在 dCas9 蛋白的 3′-末端融合 SRDX 转录抑制结构域，构建 dCas9-SRDX 融合蛋白，在 sgRNA 引导下，半定量 PCR 实验表明可以靶向性抑制烟草 *PDS* 基因。在人类细胞及动物研究领域，张（Zhang）等构建了一套基于 TALE-KRAB 的转录抑制载体系统，并利用不同的荧光蛋白进行标记，可以同时抑制小鼠的多个内源基因，例如同时转入靶向两个基因 c. Kit 和 PU. 1 的 3 个 TALE-KRAB 载体，结合流式荧光细胞分选技术（FACS）和实时荧光定量 PCR（qPCR）鉴定，表明小鼠 MEF 细胞两个基因的表达水平分别降低 50% 和 80%。吉尔伯特（Gilbert）等利用 CRISPR 系统首先在人类细胞和酵母中实现靶基因表达的精确调控，通过将无切割活性的 dCas9 与转录抑制结构域 KRAB 融合，可以显著沉默多个内源基因的表达。RNA 测序表明，CRISPRi 介导的转录抑制具有很高的靶向特异性。加州大学的科研人员设计了一种 CRISPR 的引导 RNA，在上面加入了效应蛋白的招募位点，即支架 RNA（scRNA）系统。scRNA 同时定义了靶位点和调控功能，能同时对不同的基因进行激活或抑制。这种支架 RNA 可以用来设计多基因转录程序，在激活一些基因的同时抑制另一些基因。利用这种方法，科研人员成功在酵母中重新编程了一个复杂的代谢通路。研究还显示，scRNA 在哺乳动物和酵母中均能有效发挥调控功能。

3. 靶向表观修饰

对表观基因组的定向修饰是另外一个重要研究方向。基因组的表观修饰包括 DNA 和组蛋白的甲基化、去甲基化、乙酰化和去乙酰基化等，在基因的表达调控方面发挥重要作用。目前在植物领域还没有靶向表观修饰研究的报道，只有少数几篇文章是在人类细胞、哺乳动物和细菌中的研究。迈斯特（Meister）等将天然存在的异源二聚体甲基转移酶 M. EcoHK31I 的 2 个亚基分别与识别 9bp 长的锌指蛋白融合，构建锌指甲基转移酶，可以特异性地对大肠杆菌靶位点进行 DNA 甲基化修饰，而不会造成非靶位点的甲基化。有两个实验室报道利用 TALE 融合蛋白修改哺乳动物内源基因的表观状态。门登霍尔（Mendenhall）等利用 TALE 与组蛋白去甲基化酶 LSD1 融合构建的 TALE–LSD1 蛋白研究增强子上的组蛋白印记对转录调控的作用，表明融合蛋白可以有效去除靶向增强子位点的染色质修饰，而不会影响对照区域；他们还发现通过融合蛋白失活增强子往往导致下调邻近基因的表达，从而确定了增强子的靶向基因。科纳曼（Konermann）等将 TALE 与光诱导系统结合构建了 LITE 系统，在串联 mSin3 结构域（SID4X）的作用下，靶标基因 *Grm2* 的转录水平下降，同时 *Grm2* 基因启动子区域 H3K9 乙酰化水平降低至 1/2，表明转录作用被抑制。此外，Maeder 等开发了一种可在人类细胞中有效定点去甲基化的方法，通过采用 TALE–TET1 羟化酶催化结构域融合蛋白，可以改变启动子上关键 CpG 区域的甲基化状态，进而显著提高人类内源基因的表达水平。

4. 靶向 RNA 编辑

RNAi 是真核生物中一个最重要的 RNA 水平的转录调控机制。此前，CRISPR/Cas9 系统被认为只能切割双链 DNA，不能靶向 RNA，然而最近研究发现 CRISPR/Cas9 系统也可以用来对 RNA 进行靶向编辑。康奈尔（O′Connell）等研究表明，当提供合适的含 PAM 序列的寡核苷酸（PAMer）DNA 时，Cas9 核酸酶可以特异性地结合并切断与 sgRNA 互补配对的单链 RNA（ssRNA），PAMer DNA 的作用类似于 PAM 序列，它能够激活 Cas9 核酸酶活性从而切断 DNA 或 RNA，研究还表明这一技术可以用来从细胞中分离特定的内源 mRNA 转录本。最近研究发现，有些古菌的Ⅲ型 CRISPR 系统能够切割 RNA。例如，泽贝茨（Zebec）等发现嗜热古菌（*Sulfolobus solfataricus*）能利用 CRISPR 系统特异性降解入侵病毒的 mRNA，qPCR 实验表明超过 40% 的 mRNA 可以被降解，利用纯化的 CMR 复合体在体外实验中证实了切割相同的 mRNA 底物。此外，通过重新设计 crRNA 证明这一系统可以靶向其他基因，靶标基因的 mRNA 和蛋白质水平降低 50% 左右。此外，Tamulaitis 等和 Staals 等发现嗜热链球菌和嗜热栖热菌（*Thermus thermophilus*）中的Ⅲ–A 型 CRISPR 系统也能特异性降解 RNA。植物中广泛存在一类称为 PPR 的蛋白家族，包括许多序列特异性 RNA 结合蛋白，它们参与了细胞器中 RNA 代谢的许多方面，包括 RNA 稳定性、加工、编辑和翻译等过程。PPR 蛋白由 2~30 个串联的 PPR 重复单元组成，每个重复单元包含 35 个氨基酸，它可以特异性地识别一个核糖核苷酸，2~3 个特定的氨基酸决定了识别特异性，这与 TALE 蛋白识别 DNA 的方式非常类似。因此，PPR 有可能经过人工设计并作为特异性的 RNA 结合蛋白用于靶向 RNA 编辑。

（五）SSN 的改造

1. 提高 SSN 突变活性

SSN 突变活性的高低决定了能否获得预期的定点修饰个体及获得突变的频率。目前有以下几种提高 SSN 突变活性的方法。

（1）在细胞或生物体内高水平表达 SSN 可以提高突变效率，但同时也可能会提高脱靶突变。例如，拉姆克里什纳（Ramakrishna）等发现在培养人类细胞时加入蛋白酶抑制剂可抑制 ZFN 蛋白降解，进而显著增加 ZFN 诱导的突变效率；在 30℃下培养哺乳动物细胞比在 37℃下培养的 SSN 的表达水平更高，可以提高 ZFN 和 TALEN 的突变效率；采用合适的强启动子表达 SSN 也可以在一定程度上提高突变效率。

（2）通过同时表达核酸外切酶提高突变效率。切尔托（Certo）等报道，转化 SSN 同时共同转化 DNA 断裂末端加工核酸外切酶（Exo1、Trex2 等），可以避免 DSB 通过 cNHEJ 途径完好修复，因而提高 aNHEJ 途径的突变效率。

（3）TALE 蛋白骨架结构对突变效率影响很大。研究报道，适当截短 TALE 蛋白 N 端和 C 端可提高其在人类细胞、烟草和家畜中的活性。有实验表明，截短 TALE 蛋白 N 端和 C 端（特别是 C 端）可以提高蛋白质的稳定性，并且能帮助蛋白质正确折叠。而且，由于 TALEN 蛋白较大，截短后还有利于载体构建及遗传转化。

（4）TALE 蛋白对靶位点的表观状态比较敏感，特别是 DNA 的甲基化修饰（5mC）会明显抑制 TALEN 的切割活性。采用两种 RVD（N * 或 NG；* 为第 13 位缺失）代替 HD 识别 5mC 甲基化的 DNA 位点，可以提高 TALE 蛋白靶向识别能力。此外，在设计 TALEN 靶向位点时可以尽量避开富含 CG 区域以减少 DNA 甲基化带来的影响。

（5）对于 CRISPR/Cas9 系统，通过优化 sgRNA 设计可以提高该系统的成功率和突变效率。敦池（Doench）等利用抗体着色和流式细胞仪分析方法系统比较了不同 sgRNA 在基因敲除实验中的活性，发现一系列能增强 sgRNA 活性的序列特征。具体而言，CG-GT 往往比典型的 NGG 序列更好。通过研究 1841 个 sgRNA 中活性较高的 sgRNA，他们得出了评分规则，并编写了在线设计高活性 sgRNA 的程序——sgRNA Designer。此外，雷恩（Ren）等发现紧邻 PAM 序列上游的 6 个核苷酸的 GC 含量与 sgRNA 诱导的突变效率有显著正相关性，即 GC 含量越高，突变效率越高。

2. 提高同源重组效率

提高同源重组（HR）效率是基因编辑研究最重要也是最迫切的任务之一。在 DSB 修复的两种机制中，NHEJ 是占绝对主导的，而 HR 只发生在特定细胞类型和细胞周期中。

首先，DSB 修复机制的研究使天平向 HR 方向倾斜。Ku 和 Lig4 蛋白是 NHEJ 修复中必不可少的，在拟南芥中的实验表明，Ku70 或 Lig4 突变体背景下 HR 与 NHEJ 修复比例显著提高，但很多物种 Lig4 突变体是致死的，因此开发一种专门针对 Lig4 蛋白的小分子抑制剂实现瞬时削减其活性，对于提高 HR 介导的基因定点插入或替换有重要价值。SMC6 参与姐妹染色单体间的同源重组过程，有趣的是，拟南芥 smc6b 背景下 NHEJ 和 HR 的效率分别提高了 6~8 倍和 3~4 倍，但具体机制需进一步阐释。在人类细胞实验中，利用只切开 DNA 1 条单链的 ZFN、TALEN 和 Cas9 切口酶（nickase），能提高 HR/NHEJ 比例。DNA 单链缺刻不经过 NHEJ 修复，在靶位点的 indel 突变减少，但可以提高 HR 效率。所有真核生物 HR 修复的起始步骤都是在 Exo1 等核酸外切酶作用下按照

$5' \longrightarrow 3'$ 方向降解 DSB 末端，$3'$ 单链寡核苷酸 DNA 末端能够结合 Rad51 多聚体蛋白质并搜寻同源序列。在水稻中，表达 SSN 同时超表达 OsExo1 和（或）OsRecQI4 核酸外切酶，能够促进 HR 和 SSA 效率；在人类细胞和大鼠中，超表达 Exo1 或另一种核酸外切酶 Trex2 提高了 NHEJ 介导的基因敲除效率，但对 HR 是否有影响并未研究。对 DNA 修复机制特别是 HR 修复过程的研究将有助于人们采用适当方法提高基因编辑中定点插入或替换的效率。在细胞周期的不同阶段，DSB 修复方式不同，HR 主要发生在晚 S 期和 G2 期；而 NHEJ 可以发生在所有细胞周期。因此，细胞周期在很大程度上影响了两种 DSB 修复方式的选择。林（Lin）等采用了一种化学诱导的方法首先将培养的人类细胞同步化至 S 期，在此时期将体外组装的 Cas9-sgRNA 核糖核蛋白复合体 RNP 转染 HEK293T 细胞，与非同步化细胞相比，HR 效率提高 38% 左右。

其次，通过优化供体 DNA 模板（数量、长度、类型、导入方式等）提高 HR 效率是另一条途径。Baltes 等利用双生病毒（geminivirus）载体表达 SSNs 和 DNA 模板，已在烟草中表明提高了 HR 效率。双生病毒是造成很多植物病害的小分子（3kb 左右）单链 DNA 病毒，如菜豆黄矮病毒（BeYDV）、小麦矮缩病毒（WDV）等。改造的病毒载体保留了复制子（replicon）元件，并用 SSN 和 DNA 模板代替致病和病毒运动基因，病毒载体在植物细胞内能够大量复制，因此提高 SSN 和 DNA 模板数量，与普通 T-DNA 载体相比，HR 效率提高 1~2 个数量级。此外，replicon 复制起始蛋白的多效性作用进一步提高了基因打靶效率。DNA 模板同源臂的长度也影响 HR 效率，双链 DNA 模板的同源臂长度一般为 1~4kb，即在 DSB 两侧等分成长度 0.5~2kb。在人类诱导多能干细胞 iPSC 中，基因打靶载体设计对 HR 效率具有一定的影响，即在无任何辅助筛选条件下，长度为 2.7kb 的 *THY1* 基因纯合替换效率最高可以达到 11%。最优化的基因打靶载体参数为大约 2kb 同源臂长度，而且环状的载体比线性化载体效率要高。然而，信（Shin）等利用 TALEN 技术在斑马鱼中进行的 *GFP* 报告基因定点插入实验表明，较长的同源臂和线性化的供体 DNA 载体更有利于 HR，同时还发现，在较短一侧同源臂的内部切断供体 DNA 载体获得的 HR 效率最高，定点插入事件的传代效率能达到 10% 以上，具体机制尚不清楚。最近发现较短基因序列的精确修饰，可以采用单链寡核苷酸 DNA 作为模板，同源臂的长度甚至可以仅为 40nt，即两侧各 20nt。普赫塔（Puchta）实验室采用一种称为植物体内基因打靶的策略提高同源重组效率，首先在植物基因组上稳定整合 SSN 及供体 DNA 模板，SSN 表达后同时切开基因组靶位点及供体 DNA 两侧的识别位点，释放出线性供体 DNA，发生 HR 修复。传统基因打靶实验中的 DNA 模板由 T-DNA 载体提供，而植物体内基因打靶在所有细胞及植物发育周期都能发生，因此 HR 发生频率可能更高。

此外，NHEJ 是 DSB 的主要修复方式，多个研究报道在人类细胞、斑马鱼、拟南芥、烟草和小麦中，利用没有同源臂的双链或单链 DNA 模板，成功实现基因替换或定点插入，有些实验同时利用抗生素筛选基因（*HPT* 或 *PURO*）或荧光报告基因（*GFP*）的作用，进一步提高靶向编辑效率。尽管 NHEJ 方式不能保证与 HR 一样精确，基因片段可能被反向插入或者在 DSB 连接处产生核苷酸的插入或缺失，但 NHEJ 的效率要远高于

HR，因此在精确性要求不高的情况下，开启了基因打靶的一种新方法。

3. 减少脱靶效应

脱靶（off-target）是指 SSN 在其靶位点以外的其他位置切割并产生突变，脱靶突变可能会造成非常严重后果。目前，减少或避免由 SSN 引起的脱靶效应的方法有以下几种。

（1）最重要的是在设计靶位点时选择特异性较好的位点，由于在全基因组上没有和其相似性高的序列而可以最大限度减少脱靶。全外显子组和全基因组测序分析表明靶向特异性位点的 ZFN、TALEN 和 CRISPR/Cas9 系统不会引起细胞中明显的脱靶突变。目前已有一些 TALEN 和 CRISPR/ Cas9 靶位点设计及脱靶位点预测工具，可以帮助使用者选择高活性、高特异性的靶向位点，例如 The ZFN-Site、PROGNOS Tool 和 CasOT 等。

（2）Fok I 核酸酶需要形成二聚体才能切断 DNA，而使用 ZFN 和 TALEN 技术时可能会出现同型二聚体切割造成的脱靶，即两个 ZFN-L 或两个 TALEN-R 形成的二聚体。通过优化 Fok I 切割结构域，使其只有形成异型二聚体，如 ZFN-L/ZFN-R 或 TALEN-L/TALEN-R 时，二聚化的 Fok I 才具有切割活性，可以避免同型二聚体导致的脱靶突变。

（3）对于 CRISPR/Cas9 系统，据报道可以使用截短的 sgRNA（即 17、18 或 19nt 导向序列），将脱靶效应降低几个数量级，且不影响靶位点处的突变效率。sgRNA 截短后可能使 RNA-DNA 复合体对核苷酸错配更加敏感，因而提高靶向特异性。但对于 ZFN 或 TALEN，适当延长识别序列长度才能提高其靶向特异性。此外，据报道 TALE 蛋白 C 末端特定位点的 3 个或 7 个氨基酸（精氨酸或赖氨酸）替换成谷氨酰胺可以将人类细胞中的脱靶效应降低至 1/10 倍左右，且不影响靶位点切割活性。

（4）SSN 的脱靶效应可以通过优化核酸酶的表达水平来降低。高浓度的 SSN 可以增加脱靶频率。例如，使用重组蛋白或体外转录的 mRNA 直接转化细胞，由于其可以在细胞内快速降解，因此可以减少脱靶频率。此外，采用诱导型启动子或在特定组织中表达的启动子转录 SSN，这种时空特异性表达 SSN 方式也能减少脱靶效应。

（5）利用 2 个 sgRNA 引导 Cas9 切口酶或 Cas9-Fok I 融合蛋白，在互补双链 DNA 上分别形成两个单链 DNA 断裂，当两个 sgRNA 靶位点距离较近且方向正确时，可以形成双链 DNA 断裂。由于两个 sgRNA 具有加倍的识别序列长度，因此可以极大降低脱靶突变，特异性提高 50~1500 倍，并且靶位点处基因敲除效率与野生型 Cas9 核酸酶相当。

（六）基因编辑作物

第一代转基因技术自 20 世纪 80 年代诞生至今已有很多转基因作物，如玉米、大豆、油菜和棉花在世界各地种植，但转基因作物的生物安全性问题一直备受关注。基因编辑技术的出现为植物分子育种应用提供了前所未有的新机遇。由于基因编辑具有精确靶向基因组特定位点的特性，首先将 SSN 导入植物细胞，实现靶标基因定点修饰后，再从后代中筛选只有目标基因突变而不含有 SSN 表达载体的株系。根据其修饰的方式主要分为

3 类：基因敲除、少数核苷酸精确替换和基因定点插入。前两类修饰的结果与自然突变或人工诱变非常相似，只有少数核苷酸的改变，无外源 DNA 导入；而第 3 类存在外源 DNA 导入。国际上对基因编辑技术创制的植物新品种是否属于转基因植物尚无定论，目前欧盟对转基因生物（GMO）调控比较严格，只要有外源 DNA 转入细胞就视为转基因，而不论最终产品中是否还有外源 DNA 存在。美国农业部根据最终产品属性进行评价，用 ZFN 和 TALEN 方式产生的前两类基因修饰不受转基因调控，利用 CRISPR/Cas9 技术产生的作物是否如此目前还没有相关规定。迄今为止，美国 USDA 已认可至少 3 项利用基因编辑技术创制的植物产品不属于转基因范畴：①通过 ZFN 技术创制的低肌醇六磷酸的玉米品系；②通过 TALEN 技术创制的耐冷藏低丙烯酰胺的马铃薯；③通过 TALEN 技术创制的高油酸的大豆。2014 年 3 月，加拿大也通过了其第一个基因编辑抗除草剂油菜品种。

自从序列特异核酸酶发明以来，经过短短十几年时间，基因编辑及相关领域已经取得了革命性变化，特别是 CRISPR/Cas9 技术的出现，极大加快了植物功能基因组学以及分子育种的研究步伐。但目前也存在一些亟待解决的问题。首先是精确基因定点编辑的能力，即通过 HR 途径实现定点插入或替换的效率。不同物种和细胞类型中 HR 频率差异很大，而且不同文章中报道的基因打靶载体设计以及提高效率方法也不尽相同。在植物中如何提高效率还需要进行深入系统的探索，建立一套适合植物的体系。其次，在提高基因编辑效率的同时，还要避免产生脱靶突变，特别是在利用 CRISPR 系统时。此外，Cas9 蛋白晶体结构研究成果能够帮助设计出具有高切割活性和高特异性的小 Cas9 核酸酶变异体。第三，多基因编辑技术在植物中目前已能实现 3~4 个基因同时敲除，但更多个基因（10 个或以上）同时敲除尚无报道。CRISPR/Cas9 系统是多基因编辑最好的选择，但可能的困难包括特定物种中只有有限的 RNA 聚合酶Ⅲ启动子可以利用，因此需要鉴定多个能高效转录 sgRNA 的自身或近缘物种中的启动子，或者采用其他系统同时表达多个 sgRNA，例如谢（Xie）等开发的多顺反子 tRNA-sgRNA 系统利用了 tRNA 的自身加工机制，可以将一个转录本加工成多个独立的 sgRNA，极大提高了植物多基因编辑的能力；另外一个困难是缺少简易且高通量的多基因编辑载体构建方法。第四，在人类细胞系中利用全基因组水平 CRISPR 文库进行功能基因的遗传筛选已经比较成熟，未来几年中在植物（或植物细胞）中建立大规模 CRISPR 遗传筛选平台对于加快功能基因鉴定和基因组学研究都有重要意义。困难在于植物中缺乏合适的细胞培养及高效转化体系。第五，基因编辑的衍生技术，如靶向激活、抑制、表观修饰以及基因组成像等在植物中研究很少，特别是定点表观调控和基因组成像尚属空白，未来在这一领域还应该有更多的原创研究，建立适合不同植物的靶向基因表达调控等研究工具。

（七）基因编辑香料植物的展望

基因编辑技术在香料植物领域具有广阔的应用前景，可以改善香料植物的产量、质量、抗病性和香味特性。具体优势如下。

（1）增强香味特性　编辑香料植物的基因可以增强其香味特性，使其产生更浓郁、持久、独特的香味成分。这可以提高香料的质量和市场竞争力。

（2）提高产量　基因编辑可以优化香料植物的生长和代谢路径，从而提高产量。这对于满足市场需求、降低成本和提高农民收入都非常重要。

（3）抗病性　基因编辑可以帮助香料植物抵抗病虫害和逆境条件，减少损失和农药使用。这对于可持续农业和环境保护至关重要。

（4）新品种开发　基因编辑使培育新的香料植物品种变得更加容易。这可以为市场引入新的香味选择，创造新的商业机会。

（5）适应性种植　通过编辑植物基因，可以改变其生长需求，使其适应不同的气候和土壤条件。这有助于扩大香料植物的种植地点，提高全球可用性。

（6）遗传稳定性　通过基因编辑，可以增加香料植物的遗传稳定性，减少基因变异引起的不稳定性。这有助于维持香料植物的一致品质。

（7）精细化管理　基因编辑可以使农民更好地管理香料植物的生长，包括控制开花时间、植株高度和产量等。这可以提高农业生产的可预测性和效率。

（8）药用价值　一些香料植物具有药用价值，通过基因编辑可以增加其药用成分，提高其在药物和保健品制造中的应用前景。

需要注意的是，基因编辑技术在不同国家和地区受到不同法律法规和伦理道德标准的监管，因此在开展相关研究和应用时必须遵守当地的法规和伦理规定。此外，公众对于基因编辑的态度也可能影响其应用前景。因此，在推进基因编辑技术在香料植物中的应用时，需要综合考虑科学、法律、伦理和社会因素。

二、转基因技术

自从人类学会蓄养动物、耕作植物以来，我们的祖先就从未停止对物种的遗传改良。过去的几千年里改良物种的主要方式为：针对自然环境造成的突变或无意的人为因素所产生的优良基因和重组个体进行选育和利用，从而通过随机和自然的积累优化基因。然而这种极低概率且无人类控制的被动模式极大阻碍了农业的发展，物种改良迫切地需要一门新兴科学。遗传学的创立改观了这一境遇，动植物育种采用人工杂交的方法进行优良基因的重组和外源基因的导入，从而实现遗传改良。

转基因技术与传统育种技术在本质上都是通过获得优良基因进行遗传改良。但在基因转移的范围和效率上，转基因技术与传统育种技术的区别在于：首先，传统技术一般只能在生物种内个体间实现基因的转移，而转基因技术所转移的基因则不受生物体间亲缘关系的限制；第二，传统的杂交和选择技术一般是在生物个体水平上进行，操作对象是整个基因组，所转移的是大量的基因，不可能准确地定位于某个基因进行操作和选择，对后代的表型预见性较差。而转基因技术所操作和转移的是经过明确定义的基因，功能清楚，可准确预测后代。故转基因技术是对传统技术的发展和补充，两者的结合可以极大提高动植物品种改良的效率。

在转基因发展的过程中，从早期单纯进行科研研究拓展到目前研究和应用齐头并进，生物学科与其他领域的交叉有着不可忽略的重要作用，如生物物理产生的显微镜技术，以及日益发展的电穿孔技术，极大地促进了科研走向应用。

近年来，面对全球环境剧变所引发的诸多农业问题，如耕地面积减少、空气质量下降等，早期改良品种的方法已不合时宜，迫使转基因技术充分考虑各种因素，以达到人口不断增加对植物包括粮食及其他食品的需求。基因工程应用技术之一的基因重组，可用于不同生物遗传物质进行体外人工剪切、组合、拼接，使遗传物质重新组合，然后通过载体，如微生物、病毒等转入微生物或细胞内，进行"无性繁殖"，并使所需基因在细胞内表达出来，产生人类所需的物质或创造新的物种。

（一）转基因植物概述

利用分子生物学的手段将目标基因克隆后，经生物或物理化学方法将目标基因转入其他物种的基因组中，从而在该物种的基因组中增加新的基因，这种技术称为转基因技术。利用转基因技术获得的含有外源基因的生物转基因生物。以转基因生物为原材料制作加工而成的食品即转基因食品。转基因生物主要包括转基因植物、转基因动物和转基因微生物。目前国内外广泛商业化应用的主要是转基因植物。人们利用转基因技术，已成功培育出许多植物新品种，并在大田生产中推广应用，取得了巨大的经济和社会效益。

植物转基因技术的关键是将目标基因插入受体植物的基因组 DNA 中，使之能随植物的基因组一起复制遗传。目前国内外鉴定的有用的目标基因有很多种，如有的基因可以提高水稻光合效率，有的基因可以提高维生素 A 的合成、抗旱、耐盐碱、抗寒等。

转基因技术根据其转化方法的不同主要可以分为 4 类：农杆菌介导法、DNA 直接插入法、花粉管通道法和植物病毒介导法。农杆菌介导法是目前研究最多、机制最清楚、应用最广泛和成熟的植物转基因技术。DNA 直接插入法是指不需要借助质粒载体的转化而实现外源目标基因插入的方法。这类方法主要包括基因枪法、脂质体法、聚乙二醇法（PEG 法）等多种形式。花粉管介导法是将含有目标基因的溶液注射到开花授粉后的植物花房中，目标基因通过花粉管通道进入受精卵，进而整合到受精卵的基因组中。这种方法转化效率高，操作简便，得到转基因植株性状稳定快，在我国得到了广泛应用。植物病毒介导法主要将外源目标基因插入病毒中，利用这种病毒转染植物，从而将外源基因转入植物细胞中。

随着转基因技术的快速发展和完善，转基因植物的应用已经越来越广泛，与人们的生活也越来越密切。据统计，全球抗虫、抗除草剂、抗病和品质改良的棉花、水稻、大豆、玉米等转基因植物已达 140 余种。如日本到 2010 年 2 月已经批准了 101 种转基因作物的使用。目前我国批准了 30 余种转基因生物的使用，转基因棉花已经得到大规模应用，我国为转基因抗虫水稻"华恢 1 号"和"Bt 汕优 63"发放了安全证书。

转基因技术可谓是一种新技术，对于某种新事物的出现，我们不能单纯地判定它

"不安全"或"绝对安全"。目前美国、欧盟、日本、中国等国家和地区对转基因生物都有严格的管理法规，并对转基因生物进行严格的安全性评价，在大量的科学数据基础上，才批准转基因生物的商业化应用。应该说，经过安全性审批的转基因生物没有安全性问题。

近年来，国外已出现了一些"转基因作物"，如抗腐烂番茄、抗除草剂棉花、抗病毒黄瓜和马铃薯，以及抗虫玉米等。这些都是运用转基因技术将目标基因转入受体植物体内，可用电转染、基因枪或传统的农杆菌侵染等方法。基因枪方法的效率较高但是价格昂贵；传统的农杆菌侵染易污染且效率低，外界不确定因素较多；相比较而言，大多数研究使用电转染方法获得转基因植物，如詹姆斯·桑德斯（James Saunders）等利用BTX630电转仪得到转基因大豆。

转基因植物可通过原生质体融合获得，有可能改变植物的某些遗传特性，不仅可以改良作物特性，还可培育高产、优质、抗病毒、抗虫、抗寒、抗旱、抗涝、抗盐碱、抗除草剂等的作物新品种。而且可用转基因植物或离体培养的细胞，来生产外源基因的表达产物，如人的生长素、胰岛素、干扰素、白介素2、表皮生长因子、乙型肝炎疫苗等已在转基因植物中得到表达。

转基因是将高产、抗逆、抗病虫、提高营养品质等已知功能性状的基因，通过现代科技手段转入目标生物体中，使受体生物获得新的功能特性，产生新的品种和新的产品。转基因在农业、医药、工业、环保、能源领域得到广泛应用。转基因技术打破了物种之间的生殖隔离，极大地促进了农业生物育种的研究和应用。自1996年全球转基因农作物商业化应用以来，转基因农作物得到大面积推广应用并产生了良好的社会经济效益，为实现农业生产抗虫害、抗病害、耐除草剂、抗逆性、品质改良和生物制药提供了更多选择。

根据《农业转基因生物安全管理条例》定义，农业转基因生物是指利用基因工程技术改变基因组构成，用于农业生产或者农产品加工的动植物、微生物及其产品。转基因农作物是指运用分子生物学（基因重组和组织培养）技术，将其他生物或物种的基因转入作物后培育出来的具有特定性状的农作物品种。转基因作物通常具有高产优质、抗病虫、抗非生物逆境、抗除草剂、耐储存、提高某些营养成分含量、改善作物品质、增强口感和色泽等优良性状。

植物转基因类型主要有以下几种。

（1）采用农业转基因技术将抗虫基因转入农作物、香料植物体内，使其获得抗虫特性，达到防虫效果并减少杀虫剂的使用。抗虫基因主要有毒蛋白基因、蛋白酶抑制剂基因、植物凝集素基因、淀粉酶抑制剂基因等。

（2）将病毒的外壳蛋白基因、病毒复制酶基因、核糖体失活蛋白基因、干扰素基因等转入农作物、香料植物，使其获得抗病毒能力。同样，转入杀菌肽基因、抗细菌基因、抗真菌基因等基因后，农作物和香料植物可以获得抗细菌、抗真菌能力。

（3）将植物和微生物中克隆的耐除草剂基因转入香料植物，使其获得耐除草剂性能，在生产中可以使用除草剂除草而不会对香料植物产生不良影响，可以极大减少人工除草成本。

（4）为提高植物对干旱、低温、盐碱等逆境的抗性，研究人员将相应抗逆境基因克隆后转入香料植物，使香料植物获得相应抗逆性。

（5）通过转基因增加香料植物矿质元素含量，提高香料植物有效成分含量，改善香料植物品质等。

（二）转基因植物在生产上的应用

近年来，在食品、饮料和化妆品行业中使用植物性成分的趋势正在上升，然而，将化学品（如着色剂和香料）向天然化合物转变的过程，也意味着对传统农业系统的依赖程度越来越高。无论来自动物还是植物，即使这是一种天然途径，生物生产也并非真正可持续，其过度依赖土地、水和肥料，产生大量有机废物，并且产量非常有限。

因此，以色列初创公司 Pigmentum 正在采取一种更可持续的方法来生产天然化合物。它利用转基因改性和分子农业技术，将室内或室外种植的作物转变为高价值化合物的高效生产工厂，用于食品、制药和化妆品行业天然化合物的大规模生产，成本仅为当前基于发酵的工业生产的一小部分。

基于转基因植物的诱导机制，实现了当通过灌溉系统或喷洒设备施用特定的农用化学品（agrochemical）时，植物才会对特定化合物的超表达做出反应。该技术能生产各种化合物，包括细胞毒性物质和许多复杂的化合物。通常，这些化合物生产难度大、成本高昂。另一方面，还可以通过抑制遗传元素来调控生物合成途径，以产生最少量的副产物得到目标化合物。

Pigmentum 公司的植物生产生物质的同时，以自然的高速率生长。只有当通过灌溉系统或喷洒设备施用特定的农用化学品（agrichemical）时，植物才会对特定化合物的超表达做出反应。该技术能生产各种化合物，包括细胞毒性物质和许多复杂的化合物。通常，这些化合物生产难度大、成本高昂。此外，还可以通过抑制遗传元素来调控生物合成途径，以最少量的副产物得到目标化合物。

概括地说，该公司生产天然化合物的流程可分为 3 步：①在实验室中，从分子水平上对植物进行克隆和基因工程改造，然后进行组织培养，之后将其移至温室进行农化活化（agrichemical activation）；②收获生物质，从组织中提取化合物；③根据最终产品应用不同的处理方法。例如，蛋白质将经历纯化过程，而对于色素，这个过程是"完全不同的"。

以色素为例，在食品中，花青素用作色素。不同 pH 下，花青素可以表现出红、紫、蓝、黑。在自然界中，这种色素普遍存在于这些颜色的蔬果中，如蓝莓、黑莓、覆盆子和草莓。而与花青素的传统生产相比，Pigmentum 公司的技术可以将其产量提高 15 倍。

另一种正在开发的化合物是香草醛（又名香兰素），它是香荚兰（*Vanilla planifolia*）提取物的主要成分。鉴于天然香草醛不稳定的供应链，改进生产方式是有必要的。大多数香草味的香精是由石化原料合成的。而 Pigmentum 公司的技术可以缓解天然香草供应链的压力，减少石化合成替代品的需求。

（三）转基因作物的展望

转基因的安全性在新一代转基因作物中将得到进一步改进。生物学家已经开发了提高转基因作物安全性的分子策略，其中包括选择标记的去除、转基因的组织特异表达和诱导性表达以及转基因逃逸的控制等。例如，通过控制目标基因的表达部位，将抗病基因只在水稻的发病部位表达，而不在稻米中表达，从而消除食用安全隐患。此外，不带有抗生素选择标记、只含有目标基因的转基因作物，以及通过转基因降低水稻自身一些基因的表达量，从而改善稻米口感，这样的转基因水稻由于没有抗生素基因，不会产生除草剂杀不死的超级杂草，并且由于只是改变水稻本身基因的表达，在转基因水稻中并没有产生新的蛋白质，因此也不会带来食品安全问题。

事实上，经过转基因生物安全评价的转基因作物不仅是安全的，而且往往比同类非转基因产品更有益于环境和人类健康。例如，转基因抗病水稻由于减少了农药的使用，进而减少了食品中农药的残留，降低了对食品的污染。诚然，当前大规模种植的转基因作物主要是抗除草剂和抗虫害品种，它们能减少农药的使用，降低生产成本，增加产量，主要是对农民、环境有益，对消费者的好处还不是那么直接。新一代的转基因作物能改善食物中的营养成分，将会让消费者更切身地体会到其好处。就像普通公众当初由于重组 DNA 药物（如乙肝疫苗）获益而迅速消除了对重组 DNA 技术的恐慌一样，也许新一代转基因作物的出现，也能让人们更普遍地接受转基因食品。

转基因香料植物在未来具有广阔的应用前景，包括以下几种。

（1）改善香料品质和特性　转基因技术可以用于改善香料植物的香气、风味和质地，从而生产更具吸引力和独特性的香料。这包括调整香料化学成分，以改善其口感和气味，满足不同市场和消费者的需求。

（2）抗病虫害性能的提高　转基因香料植物可以通过引入抗虫害或抗病害特性来提高生产效率。这有助于减少农药的使用，降低生产成本，提高香料植物的可持续性。

（3）适应气候变化　气候变化对香料植物的生长和产量产生影响。转基因技术可以用于培育抗旱、抗盐碱或耐高温的香料植物品种，以应对不断变化的气候条件。

（4）增加产量和可持续性　通过改善香料植物的产量和抗逆性，可以提高生产效率，减少土地和资源的使用，从而促进可持续农业的发展。

（5）生药和医疗应用　一些香料植物具有药用价值，转基因技术可以用于增加药用成分的产量，用于制药和医疗应用。

（6）新型香料的发现　转基因技术可以用于合成新型的香料化合物，从而创造出以前无法获得的风味和香气。

（7）减少生产浪费　转基因香料植物可以设计成更抗腐烂或保鲜性更好的品种，从而减少食品和香料的浪费。

（8）伦理和法律问题　随着转基因技术的发展，伦理和法律问题仍然存在，包括食品安全、环境影响和知识产权等方面的问题。

总的来说，转基因香料植物在提高食品品质、增加农产品产量、应对气候变化、改善医疗和药物生产等领域具有广阔的前景。然而，这一领域仍然需要进一步的研究和监管，以确保其安全性、可持续性和伦理合规性。

🌐 课程思政

　　我国是农业大国，"大而不强"是我国农业发展面临的重大瓶颈。农业强国是社会主义现代化强国的根基，强国必先强农，农强方能国强。党的二十大报告中提出"加快建设农业强国，扎实推动乡村产业、人才、文化、生态、组织振兴"，这是"加快建设农业强国"要求第一次被写入党的全国代表大会报告，对推进农业现代化具有重大战略意义。数字技术、生物技术是当今时代创新最活跃的两大领域，这两大技术的交叉融合，将会引发农业现代化的颠覆性创新。面对新一轮的技术革命，我们应以乡村全面振兴、农业强国建设为目标，在数字技术和生物技术领域攻坚克难，加快科技创新力度，助力形成农业农村新质生产力。

❓ 思考题

1. 机械自动化在香料植物生产中有何应用？
2. 什么是数字农业？数字农业在香料植物生产中有何应用前景？
3. 什么是纳米技术？纳米技术在香料植物生产中有何应用前景？
4. 什么是基因编辑？如何对植物进行基因编辑？
5. 什么是转基因？转基因技术能够改善植物的哪些性状？

各　论

第九章
根类及根茎类香料植物

【学习目标】

1. 了解根类及根茎类香料植物的形态特征、生长习性、采收加工方法和利用价值。

2. 掌握根类和根茎类香料植物的繁殖方法和栽培技术。

一、香根草

香根草 [*Vetiveria zizanioides*（Linn.）Nash] 别名岩兰草，为禾本科（Gramineae）香根草属（*Vetiveria*）植物。原产于印度、斯里兰卡和缅甸等热带和亚热带地区，20 世纪 30 年代在海南省，20 世纪 50 年代在广东省湛江曾发现野生种。热带非洲至印度、斯里兰卡、泰国、缅甸、印度尼西亚、马来西亚一带广泛种植香根草。我国于 1956 年开始从爪哇引入香根草，1988 年，格雷姆肖引入世界银行资助的中国南方红壤开发项目，即"香根草计划"，从此香根草在我国福建、江西、四川、广东、湖南、浙江、云南、贵州、海南等省区大面积栽培与应用。

（一）植物形态

多年生草本。须根发达，能散发出沁人心脾的香气——岩兰香。须根淡黄色至褐色，老根颜色较深，具浓郁檀香香味；根系纵深发达，通常有 2~3m，甚至 5m，能牢固地固着土壤；秆丛生，高 1~2.5m，直径约 5mm，中空。叶鞘无毛，具背脊；叶舌短，长约 0.5mm，边缘具纤毛；叶片线形，直伸，扁平，下部对折，长 30~70cm，宽 5~

10mm，无毛，边缘粗糙，顶生叶片较小。圆锥花序大型顶生，长 20~30cm；主轴粗壮，各节具多数轮生的分枝，长 10~20cm；无柄小穗线状披针形，长 4~5mm；第一颖革质，背部圆形，边缘稍内折，近两侧压扁，疏生纵行疣基刺毛；第二颖脊上粗糙或具刺毛；第一外稃边缘具丝状毛；第二外稃较短，顶端 2 裂齿间伸出一小尖头；鳞被 2，顶端截平；雄蕊 3，柱头帚状。有柄小穗背部扁平，等长或稍短于无柄小穗。花果期 8—10 月。

（二）生长习性

栽培于海拔 2600m 以下的平原、丘陵和山坡地带。基本可在任何土壤中生长，甚至是缺乏有机质、氮、磷、钾，强酸（pH 3.3），强碱（pH 10.5）和金属污染（铜、汞、铅、硒、锌等）的土壤。在气温-15~55℃能存活，20~30℃是生长高峰期，每日最大株增高 2~3cm。光合能力强，光照充足条件下，植株生长快，干重生物量和分蘖数明显增加。在年降水量 200~3000mm 地区均能生长，可在完全水淹环境下或连续几个月干旱气候下保持生长态势。

（三）繁殖与栽培

1. 繁殖

主要有种子繁殖和分株繁殖。

（1）种子繁殖　每年 11 月中旬，将香根草整穗采下，装入通风的布袋内，晾干；将香根草种子经 1~2g/L $HgCl_2$ 溶液消毒 10min，然后在常温下用自来水浸泡 1~6d，之后将种子置于铺有 2~3 层滤纸的培养皿内，洒水，放置于培养箱内，培养温度控制在 20~35℃，培养 15~16d；发芽的小苗长到 1~2cm 时，将其移栽至上面铺有 3~5cm 的沙子花盆中，盆内土壤为砂壤土，7~10d 后，小苗扎根生长，此时少量浇施 1g/L 的硝酸铵；花盆应放在有漫射光照的室内或略微遮阴的窗台上，不宜暴晒；30d 左右，幼苗长到 10~15cm，移栽至苗圃。

（2）分株繁殖　收获后，割去叶片，剪去部分香根，将植株根茎部掰开。选择地势平坦、土层深厚、疏松肥沃、排水良好的砂质壤土，深耕细作，施入 1500~1800kg/亩的腐熟有机肥，按照株行距 30cm×30cm，将掰开的植株直接种下，浇水。种植密度 3000~3500 株/亩为宜。南方地区一般在春末夏初、雨水来临后进行种植。山区坡地要沿等高线开沟种植。

2. 田间管理

移栽的第一年，复合肥或腐熟的人粪尿作追肥至少 2~3 次，可分别在生长旺季的 5—9 月进行。条件允许时，可在每年春秋各刈割 1 次，春季刈割促进香根草早春的萌发，秋季刈割能增加美观度，并注意在抽穗之前进行，以减少养分损失。种植初期要适当浇水，以后除了特别干旱外，无需浇水。中耕除草只在 4—6 月进行 2~3 次，使土壤疏松，帮助根系生长。待叶片长至 1m 左右，则无需除草。种植香根草的土地，连作不要超过 3 年，否则病虫害增多，产量下降。

3. 病虫害防治

香根草病虫害较少，主要是白蚁危害根系。可用氯丹 100~200 倍或灭蚁灵原粉喷洒土壤，或轮作倒茬加以防治。

（四）采收与加工

采收时间以种植一年或一年半以上为宜。我国香根草一般栽培 8~10 个月就收获，在 11 月左右进行采收。香根草油的质量与种植时间的长短有较大关系，根龄长，油的质量较好，香气浓郁。但种植 3 年以上，其根出油率反而下降。水蒸气蒸馏根的得油率为 0.8%~3.02%，精油具有类似檀香的香气，香气悦人而持久。

（五）利用价值

1. 香料

香根草精油可用作定香剂，在烟用和酒用香精中使用，是制作香水等化妆品的重要原料。按摩油有抗衰老、安神镇静、缓解风湿关节症状、健胃及壮阳等作用。开发的沐浴液、香皂等产品能减缓疲劳、保护皮肤和杀菌消毒。此外，香根草精油可作为天然杀虫剂，对桉蝙蝠蛾、蚬木曲脉木虱毒杀效果良好。

2. 保持水土

香根草根系的抗拉力、张力相当于钢强度的 1/6，能与土粒形成复合有机整体，具有较强的抗冲击力和抗侵蚀力，在某种程度上可以代替工程措施，种植到公路、矿山、湖泊、水库等区域，可有效加固边坡，防止水土流失。

3. 提高农作物产量

香根草形成的植物篱，可改善农田小气候，夏天降低土温，冬天御寒防风，改善土壤的理化性质和营养状况，拦截地表径流，提高土壤含水量；根部的挥发油可抑制部分病原菌对作物的危害。

4. 环境修复

香根草对土壤中的铜、汞、铅、硒、锌等有比较强的吸收作用，还可以净化水体中富余的氮、磷以及苯等有机物，可以通过科学种植，使受污染的环境得到有效治理。

二、菖蒲

菖蒲（*Acorus calamus* Linn.）别名剑叶菖蒲、水菖蒲、臭蒲子、白菖蒲、大菖蒲、葱蒲、臭蒲、臭菖等，为天南星科（Araceae）菖蒲属（*Acorus*）植物。原产于中国及日本，在北温带均有分布；我国各省区均有分布。

（一）植物形态

多年生草本。根茎扁圆柱形，横走，稍扁，分枝，直径 5~10mm，外皮黄褐色，芳香，肉质根多数，长 5~6cm，具毛发状须根。叶基生，基部两侧膜质，叶鞘宽 4~5mm，向上渐狭；叶片剑状线形，长 90~150cm，中部宽 1~3cm，基部宽，对折，中部以上渐狭，草质，绿色，光亮，中脉在两面均明显隆起，侧脉 3~5 对，平行，纤细，大都伸延至叶尖。花序柄三棱形，长 15~50cm；叶状佛焰苞剑状线形，长 30~40cm；肉穗花序斜向上或近直立，狭锥状圆柱形，长 4.5~8cm，直径 6~12mm。花黄绿色，花被片长约 2.5mm，宽约 1mm；花丝约 2.5mm，宽约 1mm；子房长圆柱形，长约 3mm，粗 1.25mm。浆果长圆形，红色。花期 2—9 月。

（二）生长习性

喜温暖湿润气候，喜阳光，耐严寒，忌干旱。最适生长温度为 20~25℃，10℃以下停止生长。冬季以地下茎潜入泥中越冬。宜选择潮湿并富含腐殖质的黑土栽培。生于海拔 1500~1750m 的水边、沼泽湿地或湖泊浮岛上。

（三）繁殖与栽培

1. 繁殖

主要有种子繁殖和分株繁殖，以分株繁殖为主。

（1）种子繁殖　将收集到成熟红色的浆果清洗干净，在室内秋播，保持潮湿的土壤或浅水，在 20℃左右条件下，早春会陆续发芽，待苗生长健壮时，可移栽定植。

（2）分株繁殖　早春挖出根状茎，选有芽根茎作种，切成 10~15cm 长小段，每段有芽 2~3 个。在低洼湿地或浅水地，按照株行距 15cm×20cm 栽种，栽植深度约 5cm。栽种出苗后经常除草，注意灌水，使土壤保持足够水分。

2. 定植

选择潮湿地栽植，株行距 30cm×30cm。不可栽种太深，保持主芽接近泥面，并保持 1~3cm 水层。

3. 田间管理

菖蒲适应性较强，可粗放管理。在生长期内保持水位或潮湿，施追肥 2~3 次，并结合施肥除草。初期以氮肥为主，抽穗开花前应以施磷钾肥为主；每次施肥一定要把肥放入泥中（泥表面 5cm 以下）。越冬前要清理地上部的枯枝残叶。

（四）采收与加工

栽后 3~4 年收获。冬末挖出根茎，剪去叶片和须根，洗净晒干，去毛须后粉碎提取精油。

（五）利用价值

1. 香料

菖蒲根茎精油有抗病毒作用，也可用于化妆品生产。

2. 药用

菖蒲根茎入药，有化痰、开窍、健脾、利湿等功效，治癫痫、惊悸健忘、神志不清、湿滞痞胀、泄泻痢疾、风湿疼痛、痈肿疥疮等。

3. 食用

菖蒲是一种食用香料植物，可作香辛调料。

三、苍术

苍术 [*Atractylodes lancea*（Thunb.）DC.］别名山苍术、北苍术、赤术、青术、仙术等，为菊科（Compositae）苍耳属（*Atractylodes*）植物。在我国黑龙江、辽宁、吉林、内蒙古、河北、山西、甘肃、陕西、河南、江苏、浙江、江西、安徽、四川、湖南、湖北等地分布。朝鲜及俄罗斯西伯利亚中东部地区也有分布。

（一）植物形态

多年生草本。根状茎平卧或斜升，粗长或通常呈疙瘩状，生多数等粗等长或近等长的不定根。茎直立，高 30~100cm，单生或少数茎成簇生，下部或中部以下常紫红色。基部叶花期脱落；中下部茎叶长 8~12cm，宽 5~8cm，3~9 羽状深裂或半裂，基部楔形或宽楔形，几无柄，扩大半抱茎，或基部渐狭成长达 3.5cm 的叶柄；顶裂片与侧裂片不等形或近等形，圆形、倒卵形、偏斜卵形、卵形或椭圆形，宽 1.5~4.5cm；侧裂片 1~4 对，椭圆形、长椭圆形或倒卵状长椭圆形，宽 0.5~2cm；有时中下部茎叶不分裂，或全部茎叶不分裂，中部茎叶呈倒卵形、长倒卵形、倒披针形或长倒披针形，长 2.2~9.5cm，宽 1.5~6cm，基部楔状，渐狭成长 0.5~2.5cm 的叶柄，上部的叶基部有时有 1~2 对三角形刺齿裂。全部叶质地硬，硬纸质，两面同色，绿色，无毛，边缘或裂片边缘有针刺状缘毛或三角形刺齿或重刺齿。头状花序单生茎枝顶端，但不形成明显的花序式排列，植株有多数或少数头状花序。总苞钟状，苞叶针刺状羽状全裂或深裂。总苞片 5~7 层，覆瓦状排列，最外层及外层卵形至卵状披针形，中层长卵形至长椭圆形或卵状长椭圆形；内层线状长椭圆形或线形。全部苞片顶端钝或圆形，边缘有稀疏蛛丝毛，中内层或内层苞片上部有时变红紫色。小花白色。瘦果呈倒卵圆状，被稠密的顺向贴伏的白色长直毛，有时变稀毛。冠毛刚毛褐色或污白色，羽毛状，基部连合成环。花果期 6—10 月。

（二）生长习性

喜温和湿润气候，耐寒力强，忌强光和高温。荒山、坡地、瘦地皆可种植，但以排水良好、地下水位低、结构疏松、富含腐殖质的砂质壤土生长最好，忌水浸，根易腐烂，故低洼积水地不宜种植。野生于山坡草地、林下、灌丛及岩缝隙中。

（三）繁殖与栽培

1. 繁殖

主要有种子繁殖和组织快繁。

（1）种子繁殖　选颗粒饱满、色泽新鲜、成熟度一致的无病害种子，放置在含水量40%海绵和滤纸上，加入 2mg/mL 6-苄氨基嘌呤（6-BA）促进萌发，温度保持在 15~20℃。胚根露白后播于泥炭中，保持含水量 50%~60%。

（2）组织快繁　以苍术幼嫩带芽茎段为外植体，75%（体积分数）酒精消毒 30s，1g/L 氯化汞加吐温-20 消毒 15min；不定芽增殖最适培养基为 MS+6-BA 2.0mg/L+NAA 0.25mg/L；伸长培养基是 MS+GA 30.8mg/L+ IBA 0.1mg/L+NAA 0.1mg/L；MS 培养基为苍术茎段组培苗生根培养。

2. 选地和整地

深翻土壤 30cm 以上，施腐熟有机肥 3000~4000kg/亩做基肥。整平耙细，起垄作畦，垄的方向南北为佳，通风透光，可减少植株病害。如是带状地、梯地、坡地均应在靠垄的上一侧处开沟，若地块较长，应掐断栽种，留有一定间隙作为水沟，以利于排水。畦高 15~25cm，畦宽 140cm，畦间距 40cm，畦长随地势而定。畦面平整，耕层松软。

3. 移栽

苗高 10~15cm 时，按照株距 15cm，行距 25~30cm，深度 15~17cm 进行移栽，每穴 2~3 株，苗数一般在 12000~15000 株/亩。栽后覆土压紧并浇水。为增加移栽成活率，一般选在阴雨天或午后移栽。

4. 田间管理

（1）中耕除草　移栽后及时中耕除草，先深后浅，不要伤及根部，拔除苗基部杂草。当植株长到 40cm 以上时，中耕略深些，保持土壤的通透性。每年应进行 3~4 次中耕除草，一般每两个月松土 1 次。

（2）追肥　苍术苗高 20~30cm 时需施氮肥，用量为 5kg/亩。一般在晴天早晚时候施肥最佳。4—6 月喷施，每月 2 次即可。6—7 月追施腐熟人粪尿 2500~3000kg/亩，加施过磷酸钙 15kg/亩，8 月植株生殖生长期加施钾肥，同时控制氮肥用量；开花结果期，用 10~20g/L 磷酸二氢钾或过磷酸钙叶面喷施，增施磷、钾肥。10 月在行间开沟追施腐熟厩肥或堆肥，施后洒水覆土。

（3）浇水　苍术在出苗前后要保持土壤湿润以利于幼苗成长，天旱土干时要及时洒水，一般植株长成后不再洒水。

（4）摘蕾　7—8 月现蕾期，对于非留种地的苍术植株应及时摘除花蕾，有利于地下部生长。

5. 病虫害防治

苍术主要病害有根腐病、灰斑病、菌核病；主要虫害有蚜虫、地老虎等。

（1）根腐病　根腐病在雨季较严重，低洼积水地段易发生，主要危害根部。防治方法为生长期注意排水，防止积水和土壤板结，发病初期用 50% 多菌灵 600 倍液或 70% 甲基硫菌灵 1000 倍液等灌根。

（2）灰斑病　灰斑病主要危害叶片。防治方法为发病初期用 1∶1∶150 波尔多液进行喷洒，发病中期用 50% 多菌灵 500~800 倍喷施。

（3）菌核病　菌核病主要侵染根，也可以侵染茎基部。防治方法为发现病株及时拔除，并撒生石灰消毒；发病初期用井冈霉素、多菌灵合剂喷雾，也可用 50%甲基立枯磷乳油 1000 倍液、50%腐霉利可湿性粉剂 1000 倍液喷雾或灌根。

（4）地老虎　地老虎幼虫咬食植物近土面的嫩茎，使得植株枯死。防治方法为用 50%甲胺磷乳剂 800 倍拌土撒施。

（5）蚜虫　蚜虫主要危害叶片和嫩梢。防治方法为发生期用 50%杀螟松 1000~2000 倍液或 40%乐果乳油 1500~2000 倍液进行喷洒防治，每 7d 1 次，连续喷施直到无蚜虫危害为止。

（四）采收与加工

苍术生长 2~3 年后才可收获，以秋后至翌年初春嫩芽出土前采挖的质量为好。选择晴天采挖根茎，除去泥土和茎叶，清洗时将块茎从自然结节处掰开，分割开的块茎晒干后直径不得小于 1.5cm。自然晾晒到四到五成干时装入筐内，撞去须根，表皮呈现褐色；再次晒至六到七成干，再撞 1 次；多数的老皮去掉，晒至全干时再撞最后 1 次，表皮呈黄褐色即可。也可烘制，但不能火烧，控制温度 30~40℃，反复"发汗"直到干透。以个大、质坚实、断面朱砂点（棕红色油点）多、香气浓者为佳。用无污染的麻袋、编织袋包装打捆。

（五）利用价值

1. 香料

苍术根茎可提取精油，主要成分为 β-桉叶醇及茅术醇，可用于配制食品香精、化妆品香精，苍术精油有很好的定香作用，有解痉、抗炎、镇痛、镇静、抗病毒和抗缺氧等功效。

2. 药用

苍术根状茎入药，具有燥湿健脾、祛风散寒、明目的功能，用于脘腹胀满、泄泻、水肿、风湿痹痛、风寒感冒、雀目夜盲等。

3. 食用

苍术嫩苗或茎叶可食用。

（六）注意事项

苍术种子室温贮藏 6 个月失去发芽能力，属低温下萌发类型，高于 25℃，种子萌发受到抑制。直接播种发芽率低，根茎繁殖切块后，切口易生菌感染，造成块根腐烂，影响其萌芽生长，一般通过种子萌发后播种或组织快繁苗进行繁殖。

四、木香（云木香）

木香 [*Saussurea lappa* (Decne.) C. B. Clarke] 别名云木香、广木香、青木香、唐木香等，为菊科（Asteraceae）风毛菊属（*Saussurea*）植物。原产于克什米尔地区，我国云南商人从印度带回种子引种，在丽江鲁甸区首次试种成功，后来推广至四川、广西、贵州等地栽培，以云南产质量最高。

（一）植物形态

多年生高大草本，高 1.5~2m。主根粗壮，茎直立，有棱，基生叶有长翼柄，叶片呈心形或戟状三角形，顶端急尖，边缘有大锯齿，齿缘有缘毛。中下部茎叶有具翼的柄或无柄，叶片卵形或三角状卵形，边缘有不规则的大或小锯齿；上部叶渐小，三角形或卵形，全部叶叶面呈褐色、深褐色或褐绿色，被稀疏的短糙毛，叶背绿色，沿脉有稀疏的短柔毛。头状花序单生茎端或枝端，或 3~5 个在茎端集成稠密的束生伞房花序。总苞半球形，黑色，初时被蛛丝状毛，后变无毛。小花呈暗紫色，瘦果呈浅褐色，三棱状，有黑色色斑，顶端截形，具有锯齿的小冠。冠毛 1 层，浅褐色，羽毛状。花果期 7 月。

（二）生长习性

云木香喜冷凉湿润的气候条件。云木香是深根植物，要求土层深厚（0.5m 以上），土壤 pH 6.5~7，地下水位低，排水性能良好，肥沃疏松的砂质壤土或壤土。沉砂土、石渣土、黏土及土层薄的土壤均不宜种植。

引种试验表明，云木香在海拔 1000m 的区域也可正常生长。年均气温为 5.6~11.0℃，最适年平均气温为 8.0℃左右，极端最高气温为 25℃，极端最低气温为 -14℃，无霜期为 150~180d。光照要求年日照时数至少为 2530h。要求年降水量 700~1200mm，空气湿度 60%~80%，土壤湿度 25%~30%，当土壤湿度低于 15% 时，云木香植株会出现萎蔫。

（三）繁殖与栽培

1. 繁殖

一般采用种子繁殖法，无性繁殖质量差、产量低。

种子在春、秋季均可播种。各地应根据当地气候条件，选择适宜的播种期。播种前先用 35℃ 左右的温水浸泡 24h，待冷却后捞出晾干，即可播种。将种子均匀地撒播在畦面，覆盖厚 1cm 的细土，再覆盖 2cm 的松针，然后浇透水。用种量为 12kg/亩。种植密度会影响云木香的生长发育与产量形成，目前认为穴行距 30cm×20cm 或 30cm×30cm 产量较高。

2. 选地整地

云木香根入土很深，一般为 30~50cm，最深的可达 80cm 以上。栽培土壤需土层深厚、土质疏松、排水良好的砂质壤土或腐殖质土。种植地选择好后，若为生荒地，深翻 25~30cm 3 次，头年 11 月初第 1 次，30d 后第 2 次，次年播种前第 3 次；熟地则冬季深翻 1 次即可。施农家肥 2000kg/亩后翻耕土壤深 20cm，使土与肥混合均匀，然后耙平耙细作畦。按畦面宽 120cm，畦沟宽 25cm、深 20cm，腰沟宽 25cm、深 25cm，边沟宽

30cm、深35cm作畦。作畦后在畦面喷施80%多菌灵可湿性粉剂1000倍液进行消毒。

3. 苗期管理

播种20d后开始出苗，出苗前1d浇水1次。出苗20d后一般间隔2d浇水1次，具体可视天气和土壤湿度灵活掌握。苗齐后（出苗后7d左右），用尿素1kg兑水100kg喷施叶面。出苗40d后进行第1次中耕除草，用锄头铲除杂草后施尿素10kg/亩，施肥后盖土。出苗80d后进行第2次中耕除草，结合中耕除草施尿素20kg/亩。出苗110d后进行第3次中耕除草，结合中耕除草施尿素20kg/亩。在整个出苗期可边观察边间苗，或结合中耕除草进行间苗定苗，留苗20万株/亩。苗龄120d，有4片叶、茎粗0.5cm时即可移栽。

4. 定植

整地时深耕土壤30~40cm，施有机肥2000kg/亩作基肥。雨后选择晴天起垄，垄面宽40cm，垄沟宽30cm，垄高30cm，呈板瓦状，要求垄面平整，无杂草枯枝。起垄后可用40%辛硫磷乳油800~1000倍液喷施垄面，预防蛴螬和地老虎危害。选择晴天覆盖地膜，要求地膜与土壤紧密接触无空隙，严实不漏气。7月中旬移栽，在垄面每垄移栽2行，行距20cm、株距15cm。先在垄面按移栽株行距破膜打孔，孔径5cm、深10~15cm，然后每孔浇水2kg，每孔栽1~2株，移栽2万株/亩左右。移栽时要根深、苗正。移栽后壅土封口。

5. 补栽

当云木香苗长出3~4片真叶后，结合中耕除草进行间苗、补苗，穴播每穴留壮苗2~3株，条播按株距15cm定苗。

6. 田间管理

云木香整个生育期需要根据田间杂草实际生长情况进行中耕除草。一般在一年中的春、夏、冬季进行，幼苗期需浅耕浅除或人工拔草。秋播的幼苗在冬季叶片即将枯萎时中耕除草，并用土将幼苗覆盖以保温防寒。适时合理追肥可提高木香产量。追肥一般结合中耕除草进行，农家肥与化肥配施，农家肥宜选用肥力较高的人畜粪尿、厩肥、草木灰等，化肥宜选用磷、钾肥配施或氮、磷、钾肥配施。种植第1年5月下旬施氮肥225kg/hm^2；7月中旬施氮肥100kg/hm^2、复合肥200kg/hm^2；10月开沟施农家肥15~22.5t/hm^2，并培土；次年5月中旬施氮肥100kg/hm^2、复合肥200kg/hm^2。秋冬云木香地上部枯萎后，割去枯枝叶，培土盖苗。云木香第1年抽薹开花的极少，多在第2年开花结果。除留种外，应在孕蕾期去除花蕾，以促进根部生长、提高产量。云木香幼苗惧强光且植株矮小，宜间作玉米等作物。第2年云木香开始封垄，不宜再间作其他作物。选择生长健壮的植株或者选择生长健壮整齐的地块，留花蕾，在果实饱满、黑色时及时采收并晾晒、脱粒、去杂后贮藏备用。

7. 病虫害防治

主要病害有根腐病；主要虫害有蚜虫、介壳虫、短额负蝗、银纹夜蛾、地老虎和蛴螬等。

（1）根腐病 5月为发病初期，高温多雨的7—8月为发病盛期。危害根部，发病后根部变黑，后期腐烂，使地上部枯萎直至整株死亡。防治方法：①选择排水的地块栽种，播种时严格检疫，避免种子或种根带菌，除草、培土，应尽量避免损伤根部；②及时拔除病株带出园地烧毁，并用生石灰进行土壤消毒，防止蔓延；③发病初期用70%恶霉灵可湿性粉剂3000~4000倍液，或70%甲基托布津800~1000倍液，或50%多菌灵可湿性粉剂800~1000倍液，或64%杀毒矾可湿性粉剂500倍液，或50%甲基硫菌灵1000~1500倍液，或75%百菌清500~800倍液灌根，连续施用2~3次，每次间隔7~10d。

（2）蚜虫 多在夏末秋初发生，危害地上部分。防治方法为种植地远离桃李等越冬寄主，冬季清除地上枯萎部分，减少越冬虫源；用50%抗蚜威1500~2000倍液喷雾或2.5%（质量分数）鱼藤精800~1000倍液喷雾，连续喷施2~3次，每次间隔7d。

（3）介壳虫 全年发生，初秋盛期。防治方法为喷施25%亚胺硫磷乳油800倍液或三硫磷3000倍液，连续喷施2~3次，每次间隔7d。

（4）短额负蝗 即"蚱蜢"，咬食叶片。防治方法为冬季清除杂草和地上枯萎部分，减少越冬虫；用网捕杀；喷施5%西维因粉。

（5）银纹夜蛾 咬食叶片。防治方法为喷施80%美曲磷脂800~1000倍液。

（6）蛴螬和地老虎 为地下害虫，啃食叶、芽、花蕾、根茎。防治方法为秋季深耕，翻出幼虫使其死亡；合理施肥，充分腐熟的农家肥可阻止幼虫滋生；利用成虫趋光性进行人工捕捉；用50%辛硫磷700~1000倍液灌根，连续施用2~3次，每次间隔7~10d。

（四）采收与加工

晴天采挖全根，可先铲去地上部分再进行采挖，也可挖出后再除去茎叶。云木香的根深，采挖时需保护好根茎，挖出后抖净泥土，运回加工场地。将病根、受损根和健全根分选，切去须根和芦头，将主根切成10~15cm的段，日光下晾晒或烤箱50~60℃烘烤干燥至侧根发软。装到箩筐或铁质桶内，撞击，除去须根、粗皮和泥沙，主根表面露出棕黄色即可。云木香在种植第3年的10月收获质量与产量最佳。

（五）利用价值

1. 香料

云木香根精油定香力很强，可用作日用香精的调香原料，用于牙膏、香皂、化妆品的调香；根精油有镇静、杀菌、退烧和驱虫的作用。云木香的花也可提取精油、浸膏，调制的香精可用于制酒、饮料、化妆品。

2. 药用

云木香根入药，有健脾和胃、调气解郁、止痛安胎的功效。

五、香附子

香附子（*Cyperus rotundus* Linn.）别名莎草根、莎草、香头草、回头青，雀头香等，为莎草科（Cyperaceae）莎草属（*Cyperus*）植物。在我国分布于陕西、甘肃、山西、河南、河北、山东、江苏、浙江、江西、安徽、云南、贵州、四川、福建、广东、广西、台湾等省区。其中山东产的称为东香附，浙江产的称为南香附，品质较好。

（一）植物形态

多年生草本，具匍匐根茎和椭圆形块茎。茎直立，具三锐棱，高 15~95cm。叶基生，线形，宽 2~5mm，先端尖，全缘；叶鞘棕色，常裂成纤维状。长侧枝聚伞花序简单或复出；苞片 2~3 枚，叶状；小穗线形，3~10 个排成伞形花序，长 1~3cm；小穗轴具翅；鳞片卵形至卵状长圆形，长约 3mm，中间绿色，两侧紫红，5~7 脉；雄蕊 3；柱头 3。小坚果倒卵状长圆形，具三棱。花果期 5—11 月。

（二）生长习性

生长于山坡荒地草丛中或水边潮湿处。常见于暖温带或更暖的气候区，生长地年平均温度为 20℃以上，年降水量 1600mm 以上。

（三）繁殖与栽培

1. 繁殖
主要采用根茎繁殖。挑选匍匐根状茎含肥厚呈纺锤形部分为种植材料。土壤 pH 为 5~7，以土层深厚、有机质含量高、排水性和通气性良好的砂土或砂质壤土为宜。一犁一耙，深度为 20~30cm。施足基肥，有机肥 7500kg/hm^2 加磷肥 750kg/hm^2。一般于春季播种，采取点播或撒播。

2. 定植
定植株行距为 15cm × 15cm。定植后 20~30d 检查种苗的成活情况，若有死苗，应及时补植。

3. 田间管理
幼苗期 1~2 个月视幼苗生长情况进行一次全园翻土压青。幼苗期施尿素 75kg/hm^2，生长期施三元复合肥 187.5kg/hm^2+尿素 75kg/hm^2，开花期施三元复合肥 187.5kg/hm^2+硫酸钾 150kg/hm^2+尿素 75kg/hm^2，谢花期施三元复合肥 187.5kg/hm^2+硫酸钾 150kg/hm^2+尿素 37.5kg/hm^2，地径生长期施三元复合肥 187.5kg/hm^2+硫酸钾 150kg/hm^2+尿素 37.5kg/hm^2。在香附子整个生长发育期，遇干旱时要及时适量灌溉，为其正常生长发育提供足够的水分。多雨季节，应及时疏通园地排水沟排水，防止园地积水。

4. 病虫害防治
主要病害有炭疽病；主要虫害有卷叶蛾。

（1）炭疽病　重点在于生长前期、中期的防治，防治药剂有 50%多菌灵 600~800 倍液，75%代森锰锌 800~1000 倍液，以及百菌清 1000~1500 倍液。

（2）卷叶蛾　重点在于生长前期、中期的防治，防治药剂有 10%顺式氯氰菊酯乳油

1000~2000 倍液，5%三氟氯氰菊酯乳 2000~3000 倍液，苏云金杆菌 500 倍液等。

（四）采收与加工

采收应在晴天进行，可采用机械或人工采收。采收后自然晒干，火烤烧毛或机器脱毛，留下的就是两头尖中间大的黑色香附子。

（五）利用价值

1. 香料

香附子根茎精油在我国允许作为食用香料食用，少量用于化妆品及肥皂香精。

2. 药用

香附子块茎入药，能理气解郁、调经镇痛、祛风止痒、宽胸利痰，主治胸闷、不舒、风疹瘙痒、痈疮肿痛等症，可治疗妇科各症。

六、香根鸢尾

香根鸢尾（*Iris pallida* Lamarck）为鸢尾科（Iridaceae）鸢尾属（*Iris*）植物。原产于欧洲。意大利、法国、摩洛哥、印度有栽培。意大利的佛罗伦萨地区为香根鸢尾的栽培中心。我国引种后仅在浙江、云南、河北等省栽培。以云南生长较好，有少量生产。

（一）植物形态

多年生草本。根状茎粗壮而肥厚，扁圆形，直径可达 2.5cm，斜伸，有环纹，黄褐色或棕色；须根粗壮，黄白色。叶灰绿色，外被有白粉，剑形，长 40~80cm，宽 3~5cm，顶端短渐尖，基部鞘状，无明显的中脉。花茎光滑，绿色，有白粉，高 50~100cm，直径 1.3~1.5cm，上部有 1~3 个侧枝，中、下部有 1~3 枚茎生叶；苞片 3 枚，膜质，银白色，卵圆形或宽卵圆形，长 3~3.5cm，宽 2.5~3cm，其中包含有 1~2 朵花；花大，蓝紫色、淡紫色或紫红色，直径可达 12cm；花被管喇叭形，长约 2cm，外花被裂片呈椭圆形或倒卵形，长 6~7.5cm，宽 4~4.5cm，顶端下垂，爪部狭楔形，中脉上密生黄色的须毛状附属物，内花被裂片呈圆形或倒卵形，长、宽各约 5cm，直立，顶端向内拱曲，中脉宽并向外隆起，爪部狭楔形；花药乳白色；花柱分枝花瓣状，顶端裂片宽三角形或半圆形，有锯齿，子房纺锤形。蒴果卵圆状圆柱形，顶端钝，无喙，成熟时自顶端向下开裂为 3 瓣；种子梨形，棕褐色，无附属物。花期 5 月，果期 6—9 月。香根鸢尾与德国鸢尾极易混淆，不同点是香根鸢尾的苞片为膜质，银白色，而德国鸢尾的苞片下半部为草质，绿色，边缘为膜质，带红紫色。

（二）生长习性

适于生长在温暖、稍湿润、阳光充足的地中海式气候环境，年平均气温为 14~18℃，年降水量为 300~600mm。较耐寒，不耐盛夏高温，适于春秋气温生长。耐旱，不耐涝。对土壤要求不严，以中性和微碱性、排水良好的砂质壤土为佳。有一定的耐盐碱能力，在 pH 8.7、含盐量 0.2%（质量分数）的轻度盐碱土中能正常生长。

（三）繁殖与栽培

1. 繁殖

主要有种子繁殖和育苗、根茎繁殖和组织快繁。

（1）种子繁殖　种子在 10~14℃ 时开始发芽，发芽最适宜温度为 20~25℃，超过 30℃ 以上发芽率显著降低。一般发芽率为 40%~50%，最高达 60% 左右。但出苗慢且不整齐，持续时间达 40~50d。如果采种后用湿沙贮藏，种子发芽快，发芽率也高。

（2）根茎繁殖　挖出根状茎，把小的根茎掰开取出作种苗，根据生产需要，也可将带 2~3 芽的老根茎作种苗。由于根状茎种苗生长快，又能保持纯种性质，生产上多采用。但要挑选无病虫害的根茎。

（3）组织快繁　取香根鸢尾的根茎，洗净，剥去叶片，露出根茎上面的芽眼，用 75%（体积分数）酒精浸 1min，1g/L 氯化汞处理 20~30min，无菌水洗 6 次，然后切取根茎上的芽眼接种于已灭菌的培养基上。以 MS 为基本培养基，附加 30g/L 蔗糖、100g/L 琼脂，pH 调至 5.8，培养温度（20±2）℃。外植体接种于诱导培养基上，10d 后即变绿并生长，30~40d 继代 1 次，经 2~3 次继代培养后单芽开始分化丛芽，经低温黑暗培养 30d 后再移至光照条件下培养可促使丛芽分化。0.5~1.0mg/L 的 BA 和低浓度的 NAA 促进丛芽增殖。0.1~1.0mg/L 的 IBA 有利于试管苗生根，且根系发达。

2. 选地整地

选择土质疏松、排水良好地坡地或平地，深耕细作，施入 2500~4000kg/亩堆肥、厩肥、人粪尿等，并施 50kg/亩过磷酸钙或 100kg/亩草木灰作基肥，翻耕整平后作畦，畦宽 100cm，高 30cm。

（1）播种育苗　春季或秋季播种，在畦面按照株行距 35cm×35cm 作 3 行挖穴播种数粒，盖土约 5cm，浇水，待出苗后，每穴留 2~3 苗，并及时除草。出苗后视情况间苗、除草、中耕、适当浇水和追肥，一般到第 2 年开春前移入大田，也可秋季移栽。

（2）根茎栽植　按照株行距 35cm×35cm 挖穴种植，种植时绿叶部分应露出地面，须根留 3cm 左右即可，遮阳种植密度为 5000~5500 株/亩。种植后要压实植株周围的土壤，浇水，最好浇腐熟的人粪尿（肥料：水 = 2：8）。

（3）试管苗移植　无需炼苗，直接取出，除去培养基，移入过渡基质，腐叶土：红土 = 2：1 混合，可装成塑料袋，弄成苗床或盆栽。浇足定根水后，至温棚中，3~4d 后浇水，水不能多，防止烂根。20~40d 后即可定植。

3. 田间管理

香根鸢尾的田间管理较为粗放。每年春天开沟追肥 1 次，施堆肥、人粪尿等有机肥 1800~2000kg/亩、过磷酸钙 25kg/亩，并进行除草和松土。除草时注意勿伤害根茎和叶。

夏季应培土，以防止倒伏。香根鸢尾耐干旱，除了定植时要适当浇水外，成苗后少浇水或不浇水。雨季要注意排水，如积水可造成植株大片死亡。开花时需消耗大量营养，故开花时需摘花蕾，以促进根茎生长。经过3年种植，收获香根鸢尾后的土地，应轮作倒茬，不宜连作，以防病虫害蔓延。

4. 病虫害防治

主要病害为锈病；主要虫害为蛴螬。

（1）锈病　秋季发病，叶片出现褐色隆起的锈病斑。防治方法为发病初期喷95%敌锈钠400倍，7~10d喷1次，连续2~3次。冬季地上部枯萎后，清除枯叶并烧毁，以减少病原菌。

（2）蛴螬　常咬断苗和嚼食根茎，一般采用人工捕杀，也可用氯丹100~200倍液处理土壤。

（四）采收与加工

3年后收获，一般以7—8月收获为宜，采挖时去掉叶和须根腐物，并留下繁殖用的小根茎以便于再收获。用40℃左右的温水洗去泥土，修剪，切成圆形薄片。清洗后，放置在竹片制成的隔板上，在加热到30℃的通风室内放置3d，使根茎失去60%的水分，可防止腐烂变坏。放入黄麻纤维布袋，放置在干燥通风处3年，根茎慢慢变干变硬成碎石头状，然后研磨成细粉末，溶入水中，蒸馏出半透明状、轻软的精油。

（五）利用价值

1. 香料

香根鸢尾根茎可作鸢尾浸膏，具有紫罗兰木香，是高级香料，可用于化妆品、香皂、香水、食品香精，在薰衣草型、花露水型、科隆型香精中使用尤为适宜。提去香成分后的鸢尾根茎尚可作消毒熏烛、香囊等填充料。

2. 观赏

香根鸢尾也是园林观赏植物。

🌐 **课程思政**

　　香根草既是香料植物，也是保持水土和改善生态环境的理想植物，还是受重金属和有机物污染的土壤修复、被污染土壤复垦的首选作物之一。在保护自然资源、控制水土流失、减少自然灾害、增加粮食生产和农民收入等方面有着广泛的发展前景。在当今形势下，香料香精工作者更需要关注自然资源保护和利用工作，做"绿水青山就是金山银山"理念的积极传播者和模范践行者，努力让天更蓝、山更绿、水更清、海更净。

？思考题

1. 简述香根草、菖蒲、苍术、木香、香附子和香根鸢尾的生活习性。
2. 简述香根草、菖蒲、苍术、木香、香附子和香根鸢尾的主要繁殖方法。
3. 简述香根草、菖蒲、苍术、木香、香附子和香根鸢尾的主要栽培技术。

第十章
叶类香料植物

【学习目标】

1. 了解叶类香料植物的形态特征、生长习性、采收加工方法和利用价值。
2. 掌握根叶类香料植物的繁殖方法和栽培技术。

一、迷迭香

迷迭香（*Rosmarinus officinalis* Linn.）别名海洋之露，为唇形科（Labiatae）迷迭香属（*Rosmarinus*）植物。原产于地中海沿岸地区，主产于法国、西班牙、突尼斯、摩洛哥、意大利，印度、巴基斯坦、美国也有种植。我国引种较早，据记载，迷迭香在北魏时期就已传入我国。现在我国各地均有栽培。

（一）植物形态

常绿小灌木，株高 40~100cm，最高可达 220cm。茎木质，褐色，表皮硬，具长短枝。树皮暗灰色，不规则纵裂，块状剥落。幼枝密被白色星状微绒毛。叶簇生，狭长，针状，革质，暗绿色，长 1.0~2.5cm，宽 1.0~2.0cm，先端钝，基部渐窄，叶面近无毛，叶背密被白色星状绒毛；无柄或具短柄。花萼密被白色星状绒毛及腺点，内面无毛，上唇近圆形，下唇齿卵状三角形；花冠蓝紫色，疏被短柔毛，冠筒稍伸出，上唇 2浅裂，裂片卵形，下唇中裂片基部缢缩，侧裂片长圆形。果实为很小的球形坚果，卵圆形或倒卵形，种子细小，黄褐色，平滑。花果期 6—7 月。

（二）生长习性

迷迭香原产地属于地中海或亚热带气候，冬季温暖湿润，1月平均气温为10℃，夏季炎热干燥，7月平均气温为25~27℃，全年平均气温为13~17℃，年降水量为300~700mm。

迷迭香性喜温暖气候，冬季无寒流的气温较适合生长，生长最适温度为9~30℃，耐干旱，忌高温高湿环境，雨季常生长不良。喜阳光充足和良好通风条件。能耐暑气与干燥，但怕闷热。种子发芽率较低，发芽时间长。生长缓慢，再生能力不强。

（三）繁殖与栽培

1. 繁殖

主要采用扦插繁殖，容易成活。

扦插繁殖一般在春季3—5月或秋季9—10月进行。插条选取半木质化的中上部枝条，长10~15cm，插入床土3~5cm深，若要加速发根可在扦插前将基部沾生根粉，扦插前，先以竹筷插一小洞后再扦插，以免生根粉被泥土擦掉。扦插后应保持土壤湿润，在气温16~20℃条件下，经20d左右生根，成活率达90%以上。

2. 移栽

大田栽培应选择向阳、干燥、土层深厚、排水良好的砂质壤土。翻耕，施入基肥，拌匀耙细，作畦。移栽株行距为40cm×40cm，种植密度为4000~4300株/亩。在云南省中部、南部一年四季均可，春秋季最佳。迷迭香最好选择阴天、雨天和早、晚阳光不强烈的时候栽种。

3. 田间管理

（1）浇水 移栽后要浇足定根水，浇水时不可使苗倾倒，如有倒伏要及时扶正固稳。栽后5d（视土壤干湿情况）第2次浇水。待苗成活后，可减少浇水。发现死苗要及时补栽。

（2）施肥 在特别贫瘠的土壤上栽种，每年可追肥1~2次。春季追施人粪尿等或适当配施尿素。夏季收获地上部枝叶后，可视情况追施1次化肥。秋季收获枝叶后，可培土越冬。如土质肥沃可少施肥。大田种植2~3年后，如果生长势衰退，可翻耕重新种植。最好实行轮作。

（3）修剪 夏季雨量过多时，高温闷热，枝叶过于茂盛会导致下方叶片枯萎，因此，可以疏枝修剪，并顺便收获叶子。

4. 病虫害防治

潮湿环境里，根腐病、灰霉病等是迷迭香常见的病害；主要虫害为叶螨和白粉虱，最为理想的方法是使用生物防治。防治可从卫生状况、合适的水分管理等方面以预防为主，并且及时淘汰病弱株。

（四）采收与加工

开花时或茎叶生长茂盛时采收枝叶。视植株长势情况，一般每年可采收 3~4 次。可用剪刀或直接用手折取。但需特别注意的是，植株伤口所流出的汁液很快会变成黏胶，很难去除，因此，采收时需戴手套并穿长袖服装。枝叶采收后，可用水蒸气蒸馏法提取迷迭香精油。

（五）利用价值

1. 香料

迷迭香是一种名贵的天然香料植物。花和嫩枝可提取芳香精油，尤其以叶片含量最高，提取的精油可制造古龙水，可用于调制空气清洁剂、香水、香皂等化妆品原料。一般来说，法国产的迷迭香精油香气质量最好，其主要香气成分为 1,8-桉叶油素和龙脑。最有名的化妆水就是用迷迭香制作的，并可在饮料、护肤油、生发剂、洗衣膏中使用。迷迭香精油加入洗发精可去除头皮屑。将干燥的茎叶放于室内，可使空气清新。

2. 食用

迷迭香的茎、叶和花具有宜人香味，可作为香料用于烹调，也能制作香草茶饮用。

3. 药用

迷迭香有滋补、兴奋、收敛、镇静、消炎和抗氧化的作用，能促进血液循环、增强记忆力，集中注意力，缓解头痛和周期性偏头痛；可用于治疗虚弱，有助于缓解长期紧张和由此引起的慢性疾患；促进肾上腺活动，治疗循环功能和消化能力不足。

迷迭香中的迷迭香碱有中度镇静作用；精油有镇静止痛作用；迷迭香酸和黄酮有消炎作用；二萜和黄酮有抗氧化作用，能有效抑制自由基损伤。

4. 观赏

迷迭香可作为观赏植物地栽或盆栽。

5. 其他价值

迷迭香可作为天然防腐剂，有杀菌、抗氧化作用；做成布包放入衣橱可驱除蛀虫。

二、鼠尾草

鼠尾草（*Salvia japonica* Thunb.）别名洋苏草、普通鼠尾草、庭院鼠尾草等，为唇形科（Labiatae）鼠尾草属（*Salvia*）植物。原产于地中海沿岸及南欧。分布于我国云南丽江及广西等地，有少量栽培。现广泛分布于欧洲南部。鼠尾草有"穷人的香草"之称，曾经被利用治疗霍乱和赤痢，在药用香草中最为珍贵。常见的品种有原生鼠尾草、黄金鼠尾草、三色鼠尾草和粉萼鼠尾草。常被误认为是薰衣草的紫色小花就是粉萼鼠尾草。

（一）植物形态

一年生草本，须根密集。茎直立，高 40~60cm，钝四棱形，具沟，沿棱上被疏长柔毛或近无毛。茎下部叶为二回羽状复叶，叶长 6~10cm，宽 5~9cm，茎上部叶为一回羽状复叶，具短柄，顶生小叶披针形或菱形，先端渐尖或尾状渐尖，基部长楔形，边缘具钝锯齿，被疏柔毛或两面无毛。轮伞花序 2~6 花，组成伸长的总状花序或分枝组成总状圆锥花序，花序顶生；苞片及小苞片披针形，全缘，先端渐尖，基部楔形，两面无毛；花萼筒形，外面疏被具腺疏柔毛，二唇形，上唇三角形或近半圆形，全缘，先端具 3 个小尖头，下唇与上唇近等长，半裂成 2 齿，齿长三角形，长渐尖。花冠淡红、淡紫、淡蓝至白色，外面密被长柔毛。小坚果呈椭圆形，褐色，光滑。花期 6—9 月。

（二）生长习性

适应性强，温暖和干燥的气候及充足的日照是鼠尾草最理想的栽培环境。性喜温暖，适宜温度 15~22℃。喜石灰质丰富的土壤，宜生长在排水良好、土质疏松的中性或微碱性土壤。耐旱，不耐涝；生于山坡、路旁、荫蔽草丛、水边及林荫下。

（三）繁殖与栽培

1. 繁殖

采用种子繁殖或扦插繁殖。

（1）种子繁殖 一般在春、秋两季播种。育苗期为每年 9 月—翌年 4 月。因鼠尾草种子外壳较坚硬，故播种前需用 40℃ 左右温水浸种 24h，种子发芽适宜温度为 20~25℃，一般 10~15d 出苗。直播或育苗移栽均可。株高 5~10cm 时需间苗，间距 20~30cm。

（2）扦插繁殖 南方于 5—6 月，北方保护地于 3 月开始进行扦插。插条截取枝顶端不太过于幼嫩的茎梢，长 5~8cm，在其茎节下方剪断，为减少水分蒸发，去除基部 2~3 片大叶，上部叶片去除 1/2，插于砂土或泥炭和珍珠岩混合基质的苗床中，深度 2.5~3cm。插后浇水，20~30d 长出新根后即可定植。苗床要求光线充足，土壤湿润、疏松，扦插苗成活率一般在 95% 左右。

2. 田间管理

定植后，保持土壤疏松，田间无杂草。定植后第 1 年鲜叶产量不高，第 2 年以后鲜叶产量逐渐增加。每次收割后及时施肥、浇水，这是获得高产的保证。除定植前施足基肥外，还需在开花前和冬季分别施用肥料。

3. 病虫害防治

主要病害有叶斑病、立枯病、猝倒病等，发病初期可用 50% 甲基托布津可湿性粉剂或用 75% 百菌清可湿性粉剂 500 倍液防治。主要虫害有蚜虫、粉虱等，可用药剂喷杀。

（四）采收与加工

鼠尾草收获嫩茎叶鲜用或干用。采收期为 3—6 月。以在春夏交接之际，叶片茂盛且丰满时采收最佳。作为蒸馏精油的原料，一年可采割 2~3 次。种植的第 1 年，收获量可小些，以便促进根系生长，贮备营养，以利第 2 年生长旺盛。采收的茎叶鲜用或阴干后用水蒸气蒸馏法提取精油。

（五）利用价值

1. 香料

鼠尾草精油及其衍生物可用于日用香精中；鼠尾草还可制成香包。叶片异香诱人，可凉拌食用，也可作美味佐料食用，但不可大量食用。茎、叶和花还可泡茶饮用。俄罗斯、意大利已开始将鼠尾草用于患者手术后的芳香疗法。

2. 药用

鼠尾草全草入药，具有清热解毒、活血祛瘀、消肿止血等功效。

3. 观赏

鼠尾草可作为景观大面积栽培。也可用于盆栽、花坛。

（六）注意事项

鼠尾草不宜长期大量食用，其含有崔柏酮，长期大量食用会在体内产生毒素。孕期和哺乳期妇女禁用。

三、互叶白千层

互叶白千层（*Melaleuca alternifolia*）别名千层皮、纸树皮、脱皮树等，为桃金娘科（Myrtaceae）白千层属（*Melaleuca*）植物。原产于澳大利亚。近年来，在我国广东、广西等地开始种植。植物的新鲜枝叶经水蒸气蒸馏获得无色至淡黄色油状液体，俗称"茶树精油"。

（一）植物形态

常绿木本植物，多乔木，有些灌木，可生长 2~30m 高；树皮灰白色，树皮一层层剥落，所以叫"千层树"。叶互生，呈披针形，密布油腺点，边缘光滑，颜色从深绿到灰绿；花小，多花，密集成穗状花序，形似试管刷；花瓣 5，白色；蒴果卵圆形，每个蒴果内含几个种子。成熟果实为紫黑色。

（二）生长习性

喜高温高湿气候，不耐干旱，但能耐短期 0℃低温。属阳性树种，对土壤要求不严，能耐干旱贫瘠的土壤及渍水地，但在肥沃而湿润的土壤上生长最好。

（三）繁殖与栽培

1. 繁殖

主要采用扦插繁殖。采集当年生半木质化嫩枝条作为扦插条，将其剪成 10cm 长带叶枝段作为插穗。

2. 林地选择

互叶白千层丰产林对水、热、土壤条件要求较高。可选用水田或低丘地造林，低丘地土层厚度在 1m 以上，土壤肥沃、疏松、排水持水性良好，坡度在 25°以下。

3. 造林密度

最好在 2—4 月进行定植，如采用容器苗，种植季节可相对放宽。造林密度株行距为 1.0m×1.2m，种植密度约 500 株/亩。

4. 抚育

（1）施肥　互叶白千层丰产林在种植后要进行 1~2 次追肥。追肥以复合肥为主，施用量按有效含量计 N、P、K 分别为 13、10、10kg/亩。施肥可 1 次进行，也可分 2 次进行。开始种植第 1 年，应在种植后 2~3 个月进行施肥；一年施肥 2 次的，第 1 次施肥可在种植后 2 个月内进行，第 2 次施肥可在采伐后 1 个月内进行。

（2）除草　种植后全郁闭前，要进行除草抚育，以改善林分条件。每次采伐后人工或机械进行开沟松土，同时结合施肥。

5. 采伐

采伐时间应根据植物含油率情况来确定。在植株离地面 10~15cm 处进行砍伐。

（四）采收与加工

叶和小枝全年可采，枝叶趁鲜或阴干后用水蒸气蒸馏法提取精油。

（五）利用价值

互叶白千层精油大部分为天然单离香料，具有强抗菌、杀菌抑菌的保健作用，在女性卫生湿巾、日用卫生品、皮肤保健品、化妆品、食品香料、药品等行业中广泛应用。

（六）注意事项

互叶白千层对一般皮肤均无刺激，但如皮肤上有使用药物、过度使用化妆品与清洁剂导致皮肤脆弱，这时若使用 100% 纯度的茶树精油，可能会造成皮肤敏感。茶树精油虽无毒性，但其效果也是属于外在皮肤涂抹使用，不能内服。

四、柠檬桉

柠檬桉（*Eucalyptus citriodora*）为桃金娘科（Myrtaceae）桉属（*Eucalyptus*）植物。原产于澳大利亚东部及东北部沿海地区。我国引种已有近百年历史。我国福建南部、广东南部、广西中部，尤以百色和柳州地区栽培最多，四川南部和云南东南部有少量栽培。

（一）植物形态

常绿大乔木，树干挺直，树皮光滑，灰白色或淡红灰色，片状剥落。幼枝叶卵状披针形，有腺毛，基部圆形，叶柄盾状着生，成熟叶狭披针形或卵状披针形，互生，稍弯曲，呈镰状，两面有黑腺点，具浓厚的柠檬香气。圆锥花序腋生；花较小，花蕾呈长倒卵形。蒴果卵状壶形或坛状。花期4—9月，种子成熟期9—11月和次年6—7月。

（二）生长习性

柠檬桉喜高温湿润气候，不耐严寒，抗风。在气温18℃以上地区均能正常生长，0℃以下易受冻害。适生于年平均气温18℃以上，绝对最低气温0℃以上，全年无霜或基本无霜，4—9月平均气温21℃以上，相对湿度80%左右的地区。属阳性树种，较耐干旱、瘠薄。对土壤要求不严，在土层深厚、疏松的酸性（pH 4.5~6.0）红壤、砖红壤、黄壤和冲积土上生长良好。

（三）繁殖与栽培

1. 繁殖

种子繁殖法应选8~15年生、主干通直、开花结实性能好、树皮青灰色的植株为采种母株。果实外表由嫩绿转为暗绿色至灰褐色时即可采收。将采收的蒴果置于干净地面上或帆布、草席上，蒴果干燥后即可开裂，收种后除去杂质。如需贮藏，可装入布袋，置于干燥、阴凉、通风处，发芽率保存期2年。苗圃地精细整地作畦，播种季节除冬季外，可随时播种。

2. 田间管理

（1）苗期管理　种子播种后，覆土盖草淋水。出苗后，揭去盖草。柠檬桉生长速度快，1年生苗高达2~3m，主根深，须根少，用裸根苗造林成活率低，因此应在苗圃地育小苗，当小苗长至2~3片真叶时，便可移入育苗袋育苗，带土种植，成活率高。移入育苗袋后，每隔5~7d施肥一次，并注意补苗和防治病虫害。50~70d后，苗木高达15~25cm时，即可上山造林。

（2）定植　一般种植时间在3—5月为宜。选择株高10~15cm的粗壮幼苗在连雨天或土壤湿润情况下栽植。种植时，苗木需带有完整的营养土团和根系。造林养护密度随立地条件、经营目的确定。如以经营用材林为目的、立地条件好的，可采用株行距2m×3m或2m×2m；如以蒸油和取得小径材为目的，可用株行距1m×1m或1m×1.5m；培育母树林的，可用株行距4m×2m或5m×2.5m；带状造林的，可用株行距2m×1m或2m×1.5m，造林效果较好。栽植时除去育苗袋，用营养土稍微捏紧后放入穴内，略微压实，切勿用力在苗根踩踏。

（3）定植后管理　定植后，连续2年进行松土除草，每年1~2次。当林木开始郁闭并逐步进入完全郁闭状态时，应进行抚育间伐，以利于林木生长，促进叶片产量和木材产量的增长。能否成为大材，抚育间伐是关键因素之一。间伐重复期3~4年，间伐2~3次。间伐后保留一定的株数，用材林70~80株/亩，母树林25~30株/亩。

3. 病虫害防治

主要病害有苗茎腐病，可把病苗拔除烧掉，并在无病苗茎基部喷1∶1∶100的波尔多液。

主要虫害有白蚁、红脚绿金龟子。防治白蚁可用灭蚁灵，并进行土壤消毒；红脚绿金龟子为害幼苗幼树，可在幼苗期用辛硫磷喷施。

（四）采收与加工

树龄为 2 年生时，一般不主张采叶，以免影响植株长势。如树体长势特别好，可试采少量叶片。定植后第 3 年开始采叶，采叶时间最好在 8—9 月，最迟不能超过 11 月底，如超过 11 月底采叶，采叶时要保留顶端 70~80cm 的树冠，采叶时不得损伤树干。

（五）利用价值

1. 香料

柠檬桉的叶片具有强烈的柠檬味，可用来提炼精油。柠檬桉精油是香料工业中重要的原料之一，主要是作为单离和半合成香料应用，可用于香皂、香水、化妆品香精。

2. 药用

柠檬桉叶有消肿散毒功能。

3. 观赏

柠檬桉为良好的庭园风景树和行道树，还可作多种景观用材。

4. 其他

柠檬桉树皮可提制栲胶和阿拉伯胶。

（六）注意事项

柠檬桉精油儿童慎用，必要时应在医生指导下使用。

课程思政

迷迭香作为一种名贵的天然香料植物，具有悠久的历史和深厚的文化内涵。迷迭香在香料、医药、化妆品等领域具有广泛的应用价值，李时珍在《本草纲目》中对迷迭香也有记载，《本草拾遗》《中国药植图鉴》和《国药的药理学》等书籍对迷迭香的药性和功效均有论述。近年来，迷迭香在中国种植面积处于稳定增长态势，对经济发展和社会进步起到积极的推动作用。

？ 思考题

1. 简述迷迭香、鼠尾草、互叶白千层和柠檬桉的生活习性。
2. 简述迷迭香、鼠尾草、互叶白千层和柠檬桉的主要繁殖方法。
3. 简述迷迭香、鼠尾草、互叶白千层和柠檬桉的主要栽培技术。

第十一章
全草类香料植物

【学习目标】

1. 了解全草类香料植物形态特征、生长习性、采收加工方法和利用价值。
2. 掌握全草类香料植物繁殖方法和栽培技术。

一、柠檬草

柠檬草〔*Cymbopogon citratus*（DC.）Stapf.〕别名柠檬香茅、香茅等，为禾本科（Gramineae）香茅属植物。因有柠檬香气，故称为柠檬草。原产于热带地区。目前我国广东、广西、福建、台湾等地均有栽培。

（一）植物形态

多年生草本植物，株高20~120cm，高的可达2m，具有柠檬香气。分蘖能力非常强，植株呈丛生状，每丛直径最高可达约2m，叶片宽条形，多为绿色，抱茎生长，长度30~90cm，宽1.5~3.0cm。叶鞘不向外反卷，光滑无毛，内面浅绿色；叶舌质厚；叶脉呈平行状态，中脉非常明显。顶生总状花序排列成圆锥花序，具分枝，基部间断，分枝细弱而下倾成弓形。总状花序3~6节，无柄小穗线状披针形，长5~6cm，宽约0.7cm；有柄小穗长4.5~5cm。小花为绿色，颖果。花果期夏季，少见抽穗开花。

（二）生长习性

柠檬草喜温暖湿润环境。耐寒力较差，22~30℃的温度条件下生长。当气温低于12℃时植株生长趋于停止，气温2℃左右时，植株发生冷害。柠檬草为阳性植物，喜阳光充足，长日照和强光有利于其生长，如光照不足，分蘖减少，生长差，叶片含油量大幅降低。根系发达，较耐旱，但过于干旱，对其生长不利，分蘖少，叶片短小，叶色变黄。一般年降水量为 800~1800mm，且分布均匀，有利于柠檬草正常生长。对土壤适应性较强，砂土、黏土和贫瘠的土壤都可生长，但要其生长旺盛，仍需选择肥沃、疏松、表土深厚、排水良好的偏酸性土壤种植。

（三）繁殖与栽培

1. 繁殖

主要采用分株繁殖，也可播种繁殖。

（1）分株繁殖　在温暖地区，一年四季均可进行，但以春季最好；在我国北方，一般在 3—4 月进行。选择 1~1.5 年生的健壮植株作母株。优良种苗的标准是节密、无病虫害、茎粗 0.8cm 以上、长 5cm 以上、节上有根点、茎内充实和无病虫害。分株繁殖前，先将植株从土中挖出，剥去枯叶、切头去尾，留 10~15cm 带根的分株，直接种植田间即可。有条件的地方可假植催根 7d 左右，待种苗 95% 以上发根后，移入大田种植。

（2）播种繁殖　因柠檬草结实较为少见，播种繁殖多应用于育种和第 1 次繁殖，苗床温湿度适宜的情况下，发芽天数为 7~14d。

2. 选地整地

选择地势较高、阳光充足的地块作为定植地。柠檬草根系吸肥力强，种植初期不耐旱，定植前要多犁耙，使土层深细，提高土壤保水保肥能力，有利于根系发育，提高定植成活率和促进植株生长。

3. 定植

定植时间根据各地区的气温和灌水、降水条件而定，一般选择春、秋两季进行。春植在 2—3 月，经过 4~5 个月管理，当年可收割 2 次。秋植在 8—9 月，成活率高，但当年生育期短，当年收益低。在有灌溉条件的地段，以春植为宜。定植株行距一般为 50cm×80cm 或 60cm×60cm，多采用 1 穴栽种多苗，穴深 25~30cm，覆土至叶鞘部 2~3cm 为宜。定植后及时浇定根水。

4. 田间管理

定植后 15~20d，缺苗需进行补苗。封行前，易滋生杂草，需及时除去。一般 1 个月除草 1 次。

生长期间，特别是生长前期对氮素需求量较大，应及时追施氮肥。氮肥对植株地上部生长影响较大，一般第 1 年施用低氮量氮肥，施硫酸铵 7.5~10kg/亩，以后施硫酸铵 30kg/亩效果显著；钾肥对柠檬草精油含量影响较大，后期应多施钾肥，一般每年施氯化钾 15~20kg/亩，增加植株香气；磷肥可促进柠檬草的发根和分蘖，增强对不良环境的抵抗力，前期施足磷肥，可为后期生长打下良好基础，一般前两年施过磷酸钙 20~25kg/亩，基本可满足生产需要。柠檬草每年收割叶片数次，因此要供应充足的氮、磷、钾肥。一般来说，柠檬草原地种植 3 年需更新 1 次。

5. 病虫害防治

主要病害有香茅叶枯病；主要虫害有二化螟、蓟马等。

（1）香茅叶枯病　发病初期，叶片出现紫红色小斑点；3d 后变成淡褐色条斑，条斑上夹杂许多紫红色小点。在适宜发病条件下，病斑迅速扩展，几个病斑汇合成大病斑，致使叶片大部分枯死。在潮湿条件下，病斑表面出现大量黑色霉状物。防治方法为栽培前搞好土壤消毒、环境清洁，挑选生长健壮、无病虫苗株作为繁殖材料，不要连作等；种苗假植前用 1% 的波尔多液浸泡 5min，能减轻定植初期病害发生；或每次割叶后，喷 1∶2∶100 的波尔多液保护伤口，减少侵染。柠檬草一般没有毁灭性病虫害。

（2）二化螟　春夏干旱季节发生严重，以第 1 代幼虫从叶鞘咬孔侵入鞘内，咬食幼叶和生长点，形成"枯心苗"。防治方法可用 1% 杀虫脒于发生初期喷 2 次，效果良好。

（3）蓟马　主要发生在春夏干旱季节，导致嫩叶萎缩。发生初期，可采用乐果乳剂 1∶1000 倍液喷杀。

（四）采收与加工

当年定植的植株，经过 4~5 个月即可采收。春季定植，当年可收割 2 次；夏、秋种植，当年可收割 1 次。2~4 年生植株，每年可收割 4~6 次，夏、秋季植株生长快，每 2 个月可收割 1 次，冬季生长慢，可 3 个月收割 1 次，但以冬季收割者含油量高。干旱季节叶片先端枯黄，叶色由绿变黄，叶长 60cm 左右即可采割。收割部位应在其叶鞘以上 2~3cm 处，切忌齐根际处开割。收割应在晴天，收割后最好当天提取精油。叶片可用水蒸气蒸馏法提取精油。

（五）利用价值

1. 香料

柠檬草茎叶中提取的精油可用于各种化妆品和其他工业上的原料，其精油可直接作为香水、化妆品及肥皂、乳霜等加工产品香精原料；其精油还可用于配制果香食用香精。叶片常用于泰国料理中，可泡茶饮用或用于饮料调味及料理调味中。

2. 药用

柠檬草全草均可入处方药，具有疏风解表、祛瘀通络的功效，在医治灼伤方面也有独特疗效。香茅油可加入浴缸水中泡澡，有消除疲劳及舒缓头痛的功效，同时香茅精油有抑制真菌活性的功效。此外，相关的研究报告指出，柠檬草精油具有镇静及抗微生物作用。

3. 绿化

我国南方地区地栽柠檬草主要用于庭院绿化，也可用于花境种植，北方地区可盆栽。

（六）注意事项

柠檬草精油香味浓烈，会刺激敏感性皮肤，应使用浓度为 0.5% 以下的精油。

二、枫茅

枫茅（*Cymbopogon winteriamus* Jowitt）别名爪哇香茅，为禾本科（Gramineae）香茅属（*Cymbopogon*）植物，分布于我国海南、福建、广东、广西、云南等地。

（一）植物形态

多年生大型丛生草本，具强烈香气；根系浅，茎粗壮，分蘖力强。叶片条形长带状，长40~100cm，宽1~2.5cm，先端长渐尖，向下弯垂，边缘具细锯齿，下部渐狭，基部窄于叶鞘，叶面具微毛；叶鞘宽大，基部内面呈橘红色，向外反卷，无毛或与叶片连接处被微毛；叶舌长2~3mm，顶端尖，边缘具细纤毛。伪圆锥花序大型，疏松，长20~50cm，下垂；佛焰苞较小；总状花序由成对小穗组成，总状花序长1.5~2.5cm，有3~5对小穗。我国栽培的枫茅均不结实。

（二）生长习性

性喜温暖湿润气候，喜光，阳性植物。年平均气温为18℃以上均可栽培，气温11~12℃时植株开始生长，气温24~29℃时生长迅速。不耐寒，微霜即可导致叶片冻害，气温降至-1.8℃时，叶片大部分受冻害，因此，在冬季低温期较长且有霜害入侵的地区难以越冬。有较强抗旱力，耐涝性差，在年降水量为650~1200mm且分布均匀的地区生长迅速，株丛健壮。对土壤要求不严格，但以肥沃疏松、表土深厚、排水良好的土壤为宜。多栽培于向阳浅丘、缓坡及平地。

（三）繁殖与栽培

枫茅的繁殖与栽培技术可参照柠檬草。

（四）采收与加工

枫茅的采收与加工可参照柠檬草。

（五）利用价值

枫茅全草可提取精油，用于食品、药品、化妆品、香水行业，可直接用作香皂香精；可分离香茅醛、香叶醇，用于调配化妆品与食品香精；也可合成薄荷脑用于医药工业，以及制驱蚊剂等。

三、薄荷

薄荷（*Mentha haplocalyx* Briq.）别名仁丹草、土薄荷等，为唇形科（Labiatae）薄荷属（*Mentha*）植物，原产于我国，江苏、安徽、江西、浙江、河南等省有大面积栽培，产量居世界首位。

（一）植物形态

多年生宿根草本，高 30~60cm。下部数节具纤细的须根及水平匍匐根状茎；茎多分枝，锐四棱形，被微柔毛。叶卵状披针形或长圆形，长 3~7cm，宽 0.8~3cm，先端尖，基部楔形或圆形，边缘在基部以上疏生粗大的牙齿状锯齿，两面被微柔毛。轮伞花序腋生，球形，花径约 1.8cm，花梗细，花序梗长不及 3mm。花萼管状钟形，被微柔毛及腺点，萼齿窄三角状钻形；花冠淡紫或白色，稍被微柔毛；小坚果黄褐色，卵珠形，被洼点。花期 7—9 月，果期 9—11 月。

（二）种类与品种

同属植物中可提取芳香油的植物有以下 3 种。

（1）香柠檬薄荷（*M. citrata* Ehrh.） 原产于欧洲，我国于 1960 年从埃及引进，目前在江苏、浙江、安徽等地有栽培。国外主产于美国、埃及和印度等国。香柠檬薄荷油具有令人愉快的薰衣草-柠檬香气。

（2）胡椒薄荷（*M. piperita* L.） 原产于欧洲，我国于 1959 年从苏联和保加利亚引进胡椒薄荷，目前在河北、江苏、安徽有栽培。国外栽培的国家有美国、俄罗斯、保加利亚、意大利等，其中以美国产量最多。生产上，胡椒薄荷有两个品种：青茎种（*M. piperita* L. var. *officinalis* Sole）茎呈绿色；紫茎中（*M. piperita* L. var. *vulgaris* Sole）茎呈紫色。

（3）留兰香（*M. spicata* L.） 原产于欧洲。我国于 1950 年开始引进，目前主要产区是江苏、安徽、江西、浙江、河南、四川、广东、广西等地。留兰香油具有特殊的香气和香味。

（三）生长习性

薄荷对温度的适应能力较强，幼苗能耐 -8~-5℃低温，地下根茎能耐 -20~-15℃低温，生长期最适宜温度为 25~30℃。当早春地温达 2~3℃时，地下根茎上的潜伏芽即可萌发出土。深秋气温降至 4℃以下时，植株地上部分枯萎。生长期如昼夜温差大，对薄荷精油和薄荷脑的形成与累积有利。薄荷喜湿润，年降水量为 1100~1500mm，土壤持水量在 80%左右时有利于生长。薄荷为长日照植物，性喜阳光充足。生长期间，阳光越充足、日照时间越长，薄荷油和薄荷脑的含量就越高。对土壤要求不严，一般土壤均能生长，但以砂质壤土、壤土、腐殖质土为最佳，过砂、过黏、过酸、过碱和排水不良的低洼地带，一般不宜种植薄荷。薄荷一般宿根 2~3 年后必须进行换茬。

（四）繁殖与栽培

1. 繁殖

常采用根茎繁殖、扦插繁殖和种子繁殖。

（1）根茎繁殖　根茎繁殖是薄荷最好的繁殖方法。栽种前挖出根茎，选择色白、粗壮、节短、无病虫害的根茎，将其截成7～10cm长的茎段作为繁殖材料。在畦面按行距25cm左右、株距15～18cm开沟，沟深6～9cm，将茎段均匀撒入沟中后，覆土，浇透水。根茎繁殖自11月至翌年3月均可栽种，以2月中下旬根茎未萌发前最好。根茎用量约100kg/亩。

（2）扦插繁殖　5—6月期间，将地上茎截成10～12cm长的插条，按行距7～8cm、株距3～5cm斜插于苗床基质中，生长期间，保持苗床土壤湿润。在25～28℃下，经10～12d即可生根。待生根发芽后移栽到大田栽种。

（3）种子繁殖　春季播种育苗，苗高12～15cm时移栽于大田。此繁殖方法培育的幼苗生长缓慢，易发生变异，除用于选育良种外，生产中多不采用。

2. 大田种植

种植前施腐熟有机肥2000～2500kg/亩作基肥。种植后浇透水，保持土壤湿润，促进新根发生。根茎繁殖时，根茎用量为75～100kg/亩；扦插繁殖的一般每穴栽种幼苗1～2株。

3. 田间管理

栽植成活后，当苗高10cm左右时，及时进行查苗补苗，封行前及时进行中耕除草。薄荷1年可收获2～3次。第1次追肥在薄荷苗高5～10cm时进行，施尿素20～25kg/亩；第2次追肥在薄荷收割后，当幼苗长至5～10cm高时，施尿素20～25kg/亩；最后1次薄荷收割后不再进行追肥。干旱时，及时灌水，雨季或大雨后要及时排出积水。收割前应拔净田间杂草，以防有气味的杂草混入，影响精油质量。栽植密度较小或植株长势较弱时，可适当摘心打顶，促进侧枝生长，以达到提高单位面积产量和产油量的目的。第2年和第3年的栽培管理，大体与第1年相似。

4. 病虫害防治

主要病害有薄荷锈病和薄荷斑枯病；主要害虫有小地老虎、银纹夜蛾和斜纹夜蛾等。

（1）薄荷锈病　以危害叶和茎为主。每年连续阴雨或过于干旱的季节易发病。发病初期会在叶背出现橙黄色粉状夏孢子堆，生长后期，植株逐渐产生黑褐色粉状冬孢子堆。发病严重时，叶片枯萎脱落。

（2）薄荷斑枯病　主要危害叶部。一般发生在每年5—10月，初期叶部病斑小而圆，呈暗绿色，以后逐渐扩大变为灰暗褐色，中心呈灰白色、白星状，上着生黑色小点，并逐渐枯萎、脱落。

薄荷锈病和薄荷斑枯病的防治方法为加强田间管理，改善通风透光条件；发现病株后立即拔除烧毁；发病初期喷50%粉锈灵1000～1500倍液，或50%托布津800～1000倍液。7～10d 1次，连续2～3次。

发现上述害虫后要及时用90%敌百虫和40%乐果1000～1500倍液进行防治。

（五）采收与加工

一般认为薄荷最适宜的采收时期为现蕾盛期至初花期，就 1d 来讲，晴天 10—16 时进行采收为好。在华南地区，薄荷每年可采收 3 次，即 6 月上旬、7 月下旬和 10 月下旬；浙江、江苏、湖北、四川等地，每年可采收 2 次，即 7 月和 10 月；在华北地区，每年采收 1 次，水肥管理条件较好的地方，每年可采收 2 次；寒冷地区，每年只收割 1 次（8 月）。收割时留茬不能太高。收割的薄荷不能堆积，要立即摊开阴干，阴干时要防止雨淋夜露，以防发霉变质。采用常压水上蒸馏或水蒸气蒸馏法提取精油。

（六）利用价值

1. 香料

薄荷是重要的芳香油资源植物。全草可提取薄荷油，广泛用于化妆品、食品、医药饮料、香料等多种工业原料。薄荷脑、薄荷素油还常用作特殊香型香精，用于烟草制品。

2. 药用

薄荷杀菌抗菌能力较强，常喝薄荷茶能预防病毒性感冒、口腔疾病，使口气清新。用薄荷茶汁漱口可预防口臭。茎、叶、花入药，具有疏风、散热、辟秽、解毒、清利头目的功效。可治外感风热、头痛、目赤、咽喉肿痛、食滞、气胀、口痰、牙痛、疮疥等。用薄荷加工的中成药，如百花油、人丹、清凉油、风油精、清凉润喉片等，是家庭和旅行的必备之物。

3. 观赏

薄荷可用于观赏，是一种具有较高观赏价值的芳香地被植物。

4. 食用

薄荷幼嫩芽尖可食；薄荷叶还可制作香草酒、浸制香草醋等。

（七）注意事项

药品中薄荷油的使用剂量不能超过规定限量。除药用外，一般每人每日不超过 2mg/kg 体重。薄荷油可能会刺激皮肤，请使用最低浓度比例。薄荷油孕妇禁用。

四、罗勒

罗勒（*Ocimum basilicum* Linn.）别名零陵菜、香佩兰、甜罗勒、毛罗勒、九层塔、十里香等，为唇形科（Labiatae）罗勒属（*Ocimum*）植物，原产于印度、埃及。罗勒素有"香草之王"称号。我国主要产区为广东、广西、江苏等，河北、山西、安徽、浙江、江西、湖北、云南、台湾等地也有栽培。罗勒有青茎种和紫茎种的区别，无特殊的栽培品种育成。

（一）植物形态

一年生草本植物，全体芳香，高度 20～80cm，茎直立，呈四棱形，上部多分枝，表面被柔毛。叶对生，卵形或卵状长圆形，长 2～6cm，宽 1～3.5cm，先端急尖或渐尖，边缘有疏锯齿或全缘，叶柄长，叶背具暗色的油胞点。轮伞花序顶生，呈间断的总状排列，每轮多生花 6 朵；苞片倒披针形而细小；花萼钟形，先端 5 裂，上面 1 片特大，近于圆形，其余 4 片较小，呈锐三角形；花冠白色或淡红色；雄蕊 4。小坚果卵形或矩圆形，长约 2.5mm，褐色或黑褐色。种子卵圆形，小而黑色。种子遇水膨大，黏质包裹。花期 7—9 月，果期 9—12 月。

（二）品种与类型

（1）毛罗勒 ［*Ocimum basilicum* L. var. *pilosum*（Willd.）Benth.］ 为罗勒的变种，别名鱼香草。一年生草本植物，芳香，茎高 20～80m，被极多疏柔毛，叶片对生，叶片长圆形，边缘有疏锯齿或全缘，有缘毛，上面疏生白色柔毛，下面散布腺点，轮伞花序，有 6 朵花或更多，组成有间断的较长的顶生总状花序，被极多疏柔毛，花冠淡紫色或白色。小坚果长圆形，褐色。种子小而坚实，外裹一层胶膜，吸水润胀成一层厚厚的透明胶体。花期 6—9 月，果期 7—10 月。毛罗勒精油的主要化学成分为：香叶醛、橙花醇、橙花醛、对甲氧基苯丙烯、乙酸橙花酯、4,11,11-三甲基-8-甲基-双环［7,2,0］十一烯、葎草烯、β-瑟林烯等。精油可用于调配食用香精，其嫩叶可泡茶饮用，有祛风，健胃及发汗作用。

（2）丁香罗勒（*Ocimum gratissimum* L.） 直立灌木，高 0.5～1.0m。全株芳香。茎、枝被长柔毛。叶对生，叶片卵圆状长圆形或长圆形，边缘具圆齿，两面密被柔毛状绒毛及腺点。轮伞花序常具 6 花，密集组成顶生和腋生总状花序，花萼钟形；花冠黄白或白色。小坚果近圆球形，褐色，多皱纹，有具腺的凹穴。精油主要成分为丁香酚。精油可用于各类食品的调香；由精油单离的丁香酚用于食品和烟草的加香；精油或丁香酚可调配日用香精、化妆品、香皂、牙膏等。

（三）生长习性

罗勒喜温暖湿润气候，当气候 25～30℃时，生长最为迅速，日平均温度下降至 18℃时，生长缓慢，至 10℃时生长停止。耐热不耐干旱，但怕积水。宜在年降水量为 800～1500mm 的地区生长。要求阳光充足，每天接受日照时数不少于 4h，最好保持全日照。对土壤要求不严格，但向阳、平坦、肥沃、疏松、排水良好的壤土或砂质壤土较适宜生长。土壤 pH 5.5～7.5 均能种植和生长良好。

（四）繁殖与栽培

1. 繁殖

主要采用种子繁殖。采收嫩茎叶的罗勒主要在春季播种，南方 3—4 月，北方 4 月下旬—5月初。因罗勒种子小，可混合适量细土或细砂，混匀后播种。条播按行距35cm左右开浅沟，穴播按穴距25cm开浅穴，匀撒入沟里或穴里，盖一层薄土并保持土壤湿润，用种量为300~400g/亩。也可采用育苗移栽，北方可于3—5月阳畦育苗，苗高10~15cm时移栽于大田，株行距30cm×（40~50）cm。移栽后压实，浇透水。

2. 选地整地

种植地宜选择通风、向阳、排水良好、肥沃疏松的砂质壤土。栽前施入腐熟有机肥2000kg/亩作基肥，整平耙细，做平畦或高畦。

3. 田间管理

（1）浇水　水分供应与幼苗成活率密切相关，可根据天气、土壤水分状况而定。干旱时，砂质土壤和生长旺盛苗期需水量较大，应多浇水，反之，可适当减少水分供应量。雨季积水应注意排水。

（2）中耕除草　一般于定植后到分枝初期需进行1次中耕除草。收割前，特别是用于蒸馏精油的原料，需先清除杂草，以免影响精油质量。每次收割后也要松土、培土和清除杂草。

（3）追肥　以收叶为目的罗勒需肥量较大。生长初期结合中耕除草，可追施1次速效肥。以后每次收割后均应追肥1次。施肥以氮肥为主，适量配施磷、钾肥，以促进植株生长，提高叶的产量。每年收割数次，根据各地的生长条件和需要而定。

4. 病虫害防治

罗勒病虫害较少。罗勒的某些品种会有夜盗虫，病害的防治以预防为主。

（五）采收与加工

一般罗勒定植后3~4个月即可开花，用作调味品的叶片可在开花前（现蕾期）采摘，将采下的鲜叶置于阳光下晾晒，或40℃左右烘干，以利于保持叶片的绿色和香味。

用于蒸馏精油的，宜在始花期收获。不宜带露水采割，一般在连续晴朗2~3d后的上午9点—下午5点收割茎叶和花序，收割后应尽快进行加工，以免伤口及叶片变褐发黄，影响精油品质。在我国广东、福建南部，一般在定植后60~75d，花序出齐后即可进行第1次收割，7—8月进行第2次收割，10月中旬进行第3次收割。海南在11月还可进行第4次收割。第1次和第2次收割须在地面以上20~25cm处割下，以利于植株的再生长。

种子成熟时收割全草，后熟几天，打下种子簸净杂质。

（六）利用价值

1. 香料

罗勒气味芳香，鲜叶和精油可用于调味汁、调味品、肉制品及焙烤食品的调味配料；幼茎叶有香气，可在沙拉和肉类料理中使用，常用于意式、法式料理。精油还可用作调配化妆品、香皂、牙膏、烟草等香精。

2. 药用

罗勒全草入药。有疏风行气、发汗解表、散瘀止痛、杀菌的功效。治风寒感冒、头痛、胃腹胀满、消化不良、肠炎腹泻等症。嫩茎叶捣汁，含服能治口臭。嫩茎叶适量，水煎外洗，可治湿疹。

3. 观赏

罗勒叶色翠绿或红紫，花簇鲜艳，具芳香气味，可作为庭院观赏植物栽培。

五、香蜂花

香蜂花（*Melissa officinalis* Linn.）别名香蜂草、蜜蜂花、柠檬香蜂草、柠檬香薄荷等，为唇形科（Labiatae）蜜蜂花属（*Melissa*）植物。原产于俄罗斯、伊朗、欧洲南部、地中海及大西洋沿岸。我国中南、西南部和台湾省有野生种分布，现有引种栽培。香蜂花精油具有独特的药草植物味，清新香甜，有点柠檬的味道。香蜂花精油主产于法国、德国、意大利、西班牙、俄罗斯、中国。

（一）植物形态

香蜂花为多年生草本。根系发达，并具有根状茎。茎直立或近直立，高 60~80cm，多分枝，分枝大多数在茎中部或以下作塔形展开，四棱形，具四浅槽，被柔毛，下部逐渐变无毛。单叶对生，被长柔毛，卵圆形，在茎上的一般长达 5~6.5cm，宽 3~4cm，在枝上的较小，长 1~3cm，宽 0.8~2.0cm，先端急尖或钝，近膜质或草质，叶面被长柔毛。轮伞花序腋生，具短梗，2~14 花；苞片叶状，比叶小很多，被长柔毛及具缘毛。花萼钟形，长约 8mm，二唇形。花冠乳白色，长 12~13mm，被柔毛；雄蕊 4，内藏或近伸出。小坚果卵圆形，栗褐色，平滑。花期 6—8 月，果期 8—9 月。

（二）生长习性

喜光照，喜温暖干爽气候，在年平均气温 14~16℃，年降水量 350~700mm 的地区生长良好。较耐寒，即使在 0℃ 以下，依然一片绿油油。怕涝，适合植于排水良好的缓坡地带。对土壤要求不严，耐轻度盐碱。

（三）繁殖与栽培

1. 繁殖

主要采用种子繁殖，也可扦插繁殖。

（1）种子繁殖 种子细小且种皮坚硬，发芽慢，10~15d 出苗，宜育苗移栽。全年均可育苗，但以春季较好，撒播或条播均可。播后覆土保持土壤湿润。待幼苗具 4~6 片叶时移栽。按株行距 35cm×50cm，单株定植。

（2）扦插繁殖 温暖地区一年四季均可进行。选粗壮的枝条剪成 8~10cm、具 2~3 节的插穗，将插穗扦插于基质后浇透水，以后保持基质湿润，并适当遮阴。10~15d 即可生根。

2. 选地

为保证高产，宜选用肥沃、疏松、排水良好的砂质壤土栽培。栽培前，施入腐熟的有机肥，翻耕，整平耙细，作畦。

3. 田间管理

种子播种后，应及时浇水，保持土壤湿润；出苗后，及时除草，浅锄松土。为促进壮苗和丰产，需做好 2~3 次摘心工作，以达到枝繁叶茂、多次收割、多次萌发的目的。采收后要及时追施氮肥，以利新梢、新叶生长发育。

4. 病虫害防治

香蜂花生性强健，管理简便，病虫害也较少。

（四）采收与加工

当香蜂草主茎高 30cm 左右时，采收嫩梢和嫩叶，食用或用于提取芳香油。夏季 6—8 月生长最旺，品质最好，可 20~40d 收割 1 次；秋冬也可收获，需 40~50d 收割 1 次。割取地上部枝叶，趁鲜或稍晒干，用水蒸气蒸馏法提取精油。

（五）利用价值

1. 香料

香蜂花精油中含有柠檬醛，精油用于制造香水、化妆品、洗涤用品等；在欧洲，是制作具有浓郁香味的利口甜酒和清凉糖、口香糖的重要成分。香蜂花还可加工成保健香茶、香袋、香枕等多种芳香产品。

2. 药用

香蜂花常与蜂蜜混合食用，有促进消化、缓解嗓子疼痛的作用；新鲜叶子可直接贴于虫咬处或创伤处，作"绿色伤口药"；用新鲜的香蜂花泡茶饮用可治疗慢性气管炎、感冒、头痛，具有镇定、治疗失眠、降血压等功效。

3. 食用

香蜂花不仅具有清香味，并且鲜叶及嫩梢含有丰富的蛋白质，并含有维生素、胡萝卜素等；香蜂花叶片中钾含量极高，硒含量也较丰富，作蔬菜食用对人体具有保健功能。香蜂花生长快、病虫害少，基本无需施用农药，是真正的绿色保健蔬菜，可作凉拌菜生食，也可作色拉配料、肉汤的调味料。

4. 观赏

可用香蜂花绿化和美化环境。在庭院、公园的花坛中植入适量的香蜂花，不断散发香气，可使空气更加清新宜人。香蜂花既可盆栽，又可栽成吊兰形，四季常绿，香气中带有清凉和香甜味，作为园林植物具有良好的发展前景。

六、香紫苏

香紫苏（*Salvia sclarea* Linn.）别名莲座鼠尾草、南欧丹参、香丹参、麝香丹参等，为唇形科（Labiatae）鼠尾草属（*Salvia*）植物，原产于欧洲南部。香紫苏于 20 世纪 50 年代初引入我国，先后在陕西、河南、河北等地种植。1993 年，我国的香紫苏种植面积约 2000 亩，到 2007 年扩展为约 8 万亩，占全球种植面积的一半以上，我国成为香紫苏最重要的种植地，现陕西省是我国最大的香紫苏种植基地。陕西的栽培地区主要在延安以南的南泥湾、洛川、宜川、马栏、蓝田等地。香紫苏油主产于法国、意大利、罗马尼亚、俄罗斯、摩洛哥、英国等地，世界年产量 100t 以上。

（一）植物形态

二年生或多年生草本，株高 1.5~2m，全株被短绒毛，有强烈龙涎香气。上部茎为一年生，下部茎木质化，直立，多分枝。单叶对生，卵圆形或长椭圆形，皱缩，密被绒毛，边缘有锯齿；轮伞花序，花紫红色，花两性。小坚果卵圆形，光滑，灰褐色。花期 6—7 月，种子成熟期 8—10 月。

（二）生长习性

喜温暖、光照充足的气候条件，在年平均气温 15~17℃，年降水量 400~600mm 的地区生长良好；耐寒能力强，幼苗也能耐-10~-8℃低温，成年植株能耐-25℃左右低温；耐旱、耐瘠薄，但幼苗怕涝，不耐荫。在夏季温度高、光照充足的地区生长的香紫苏出油率高，生长期昼夜温差越大，越容易积聚香气，但开花期间高温和干风会降低出油率。香紫苏春季从根茎处萌发新芽至开花期约 120d，从现蕾至开花期需 50~60d，其间需要足够的水分才能获得高产。对土壤要求不严，无论砂土、壤土、黏土、山地均可生长。

（三）繁殖与栽培

1. 繁殖

主要采用种子繁殖。陕西关中地区一般 8 月下旬播种，第二年 7 月初收获；延安南部地区一般 11 月上旬播种；河南以秋播为好，在 8 月底—9 月初播种。冬播为 11 月上旬播种，在封冻前萌芽，经过整个冬季后完成春化，冬季充分蓄积的雨雪，为翌年幼苗生长创造良好条件。由于香紫苏春化作用比较明显，春播不易抽薹。因此，春播一定要对种子进行层积处理后方可播种。播种量为 0.8~1kg/亩。种子在 12~14℃时，一般 7~10d 即可出苗。公园和庭院宜在春季播种。

2. 整地

播种前选好地块，冬播一定要施足底肥，施腐熟有机肥 2500~4000kg/亩、过磷酸钙 15~25kg/亩和尿素 10kg/亩。深翻 25~30cm，平整细致均匀。按行距 30~40cm 条播，沟深 2cm，播后覆薄土，轻轻镇压即可。

3. 田间管理

（1）间苗 出苗后长至 4 片真叶时，按株距 8~10cm 进行间苗，如有缺苗断垄，要抓紧补苗，补栽可与间苗结合进行，并浇水以保证成活。定苗时株距为 15~20cm。

（2）中耕除草　出苗后，应在行间中耕松土；全年结合灌溉和施肥或雨后需进行中耕除草，前期深度 4~5cm，后期一般深度 10cm 左右，全年进行 6~8 次，以达到土壤疏松和田间无杂草的目的。

（3）浇水　早春解冻后应及时灌溉。在春季干旱的东北地区，香紫苏萌发后需浇水 4~5 次，秋季 9—11 月需浇水 3~4 次。可视降水情况而定。应注意浇好封冻水，确保植株安全越冬。

（4）施肥　除整地前施入有机肥外，第 2 年萌动生长期和抽穗期可分 2 次追施氮肥，即施尿素或硫酸铵 15~20kg/亩。可开沟条施，也可雨后追施。6 月初见花苞时，结合中耕进行追肥，施尿素 5kg/亩左右。

4. 病虫害防治

主要病害为根茎腐烂病；主要虫害为造桥虫、地老虎、甘蓝夜蛾等。根茎腐烂病的防治方法为灌溉后及时松土，可减轻或避免该病发生。造桥虫的防治方法为幼苗期用 10%氯氰菊酯乳油 1000~1500 倍液喷雾，效果良好；地老虎、甘蓝夜蛾防治方法为 5 月中下旬开始用 5%辛硫磷乳油 800~1500 倍液叶面喷雾。

（四）采收与加工

不同地区香紫苏采收期不同。一般来说，河南一带在 6 月中下旬—7 月上旬，盛花期收获。也可抽样测定在其得油率达 0.10%~0.12%时开始采收。采收应在 15d 内完成，如时间拖长，出油率减少 50%，严重影响产量和经济效益。一天中以 13—18 时采收为宜，雨天和有露水的早晨不宜采收。采用机械收割或人工采割均可，但尽量少带枝叶，因枝叶出油率低且油质不好。一般随采收随加工，不宜在田间堆放时间过长，切忌烈日暴晒，若放置 10~12h，出油率会减少 50%左右。若留种，则可在种子成熟时收获。

（五）利用价值

1. 香料

香紫苏精油因其特有的琥珀-龙涎香香气而在调香中有着广泛应用，特别是在人造麝香类、薰衣草及古龙型等配方中仅用少量就能使合成香料的某些粗糙香气得以改善。此外，水蒸气蒸馏花序后的残渣可再经溶剂萃取，制备浸膏，并进一步提取高含量的香紫苏醇，用于加工香紫苏内酯和龙涎醚。香紫苏精油广泛用于日用化妆品、食品、配酒、软饮料及高档香精调香。香紫苏浸膏香气极浓，细腻持久，更适用于烟草加香和高档日用香精中作基香。干燥后的鲜花及其衍生物广泛应用于日化及食用香精中。精油也可直接用作按摩用油，有安神作用。

2. 药用

香紫苏地上部分、种子和精油均可入药。目前主要用于治疗胀气和消化不良。它还有滋补、镇静的作用，用于缓解痛经和经前疾病，还有刺激雌激素分泌的作用，因此可治疗与绝经有关的症候，尤其是治疗热潮红的良药。

3. 观赏

香紫苏常被种植在公园、庭院、园林等地，开花时花朵小而繁多，尤其是开花时会散发出琥珀香气，香气非常持久，让人们在观赏的同时可闻到花香，放松身心。

七、紫苏

紫苏［*Perilla frutescens*（Linn.）Britton］别名田香草、鸡苏、白苏、野苏、品舟、赤苏、红苏、香苏等，为唇形科（Labiatae）紫苏属（*frutescens*）植物。紫苏原产于我国，在我国已有 2000 多年的采集利用历史，也是传统中药材之一。主产于湖北、河南、四川、江苏、广西、贵州、山东、浙江、广东、河北、山西等地，其中以湖北、河南、四川、山东和江苏的产量较大。现在日本、美国、加拿大、俄罗斯等国均有栽培和产品开发。紫苏变异大，我国曾将叶全绿的称为白苏，将两面紫色或面绿背紫的称为紫苏，但两者实际上为一物，变异一般由栽培引起。

（一）植物形态

一年生草本植物，具有特异的芳香。茎高 0.3～2m，紫色、绿紫色或绿色，钝四棱形，具槽，密被长柔毛，棱及节上尤密。叶片宽卵形或近圆形，先端急尖或尾尖，基部圆形或宽楔形，边缘有粗锯齿，膜质或草质，两面绿色或紫色，或仅叶背紫色，叶面疏生毛，叶背贴生柔毛，有轮伞花序，偏向一侧的总状花序；每花有一苞片，卵圆形或近圆形，具红褐色腺点；花冠白色、粉红色或紫红色；雄蕊 4，2 强（雄蕊 4 条，其中 2 条较长，其余较短）。小坚果近球形，灰褐色，具网纹；种子椭圆形，细小。花期 8—11月，果期 8—12 月。

（二）变种

（1）野生紫苏［*Perilla frutescens*（Linn.）Britton var. *acuta*（Thunb.）Kudô］　与原变种的不同在于果萼小，长 4～5.5mm，下部被疏柔毛，具腺点；茎被短疏柔毛；叶较小，卵形，长 4.5～7.5cm，宽 2.8～5cm，两面被疏柔毛；坚果较小，土黄色，直径 1～1.5mm。花期 8—11 月，果期 8—12 月。

（2）耳齿变种紫苏［*Perilla frutescens*（Linn.）Britton var. *auriculatodentata* C. Y. Wu & Hsuan ex H. W. Li］　与野生紫苏极相似，不同之处在于叶基呈圆形或几心形，具耳状齿缺；雄蕊稍伸出于花冠。产于浙江、安徽、江西、湖北、贵州；生于山坡路旁或林内。

（3）回回苏［*Perilla frutescens*（Linn.）Britton var. *crispa*（Thunb.）Hand.-Mazz.］与原变种不同在于叶具狭而深的锯齿，常为紫色；果萼较小。我国各地均有栽培，供药用或香料用。

（三）生长习性

喜温暖湿润气候，较耐热和耐寒，但对闷热极敏感，要注意通风。紫苏野生分布主要在长江流域及以南年降水量1000mm以上的地区。种子易萌发，自然条件下，种子寿命为1年，低温保存可达3年。种子发芽适宜温度为18~23℃，开花期适宜温度为26~28℃。要求日照充足，苗期生长较慢，且较耐阴。对土壤要求不严格，从微酸性至微碱性土壤均能生长。但以排水良好、肥沃的砂质壤土生长最好。紫苏喜肥，对氮需求量大。

（四）繁殖与栽培

1. 繁殖

主要采用种子直播或育苗移栽。

（1）种子直播　一般在3月下旬—4月上中旬采用上一年采集的新种子，在整好的畦面上按行距45~50cm开0.5~1cm深的浅沟进行播种。穴播按行距45~50cm，株距30cm开穴。播时将种子拌上细沙，均匀地撒入沟（穴）内，覆薄土，稍加镇压，用种量为1kg/亩。紫苏出苗慢，播种后，地温18~19℃时，约10d可出苗。

（2）育苗移栽　苗床宜选向阳温暖处，施足基肥，并配施适量过磷酸钙，于4月浇透水后撒种，覆细土约1cm。如气温低，可覆盖塑料薄膜，幼苗出土后及时揭除覆盖物。苗高5~6cm时间苗，苗高15~20cm时，选阴雨天或午后，按株行距30cm×（45~50）cm移栽于大田，栽后浇水1~2次，即可成活。

2. 选地整地

选阳光充足、排灌方便、疏松肥沃的壤土作为种植地。施入腐熟的有机肥2000~3000kg/亩，耕翻、耙细整平、做畦。紫苏种子细小，整地应精耕细作，以利出苗。

3. 定植密度

紫苏最佳种植密度约为4700株/亩。栽种过密，农事操作费工费时，通风透光性差，易发生病虫害，下部叶子极易脱落；栽种过稀，收益小，不利于紫苏产业化发展。

4. 田间管理

（1）间苗、补苗　条播者，苗高10~15cm时，按株距30cm定苗；穴播者，按株行距30cm×（45~50）cm留苗，每穴留1~2株。如有缺苗，应予补苗。育苗移栽者，栽后7~10d，如有死苗，也应及时补苗。

（2）中耕除草　封行前必须经常中耕除草，浇水或雨后如土壤板结，也应及时松土。

（3）追肥　紫苏生长时间比较短，定植后2.5个月即可收获全草，故以氮肥为主。6—8月高温时期，是紫苏生长旺盛期，需要较多养分和水分，应适当灌水，保持土壤湿润，并追施人粪尿或速效氮肥2次，第1次可在6月初，第2次可在8月初，必要时加施过磷酸钙，以提高产量。干旱时应及时浇水，雨季应注意排除积水。

（4）摘心　紫苏分枝性强，平均每株分枝达 25~30。如采收嫩茎叶作产品时，可摘除已完成花芽分化的顶端，维持茎叶生长旺盛。

5. 病虫害防治

主要病害为斑枯病，主要危害叶片，6—9 月开始发病。高温多雨为发病条件。防治方法为注意合理密植，改善通风透光条件，及时排水，降低田间湿度。注意轮作，减少病原菌；发病初期用 70% 代森锌胶悬剂干粉喷粉，或用 1∶1∶200 倍波尔多液喷雾防治。

主要虫害为银纹夜蛾、避债蛾、尺蠖等危害叶片。发生初期用农药毒杀防治。

此外，有时还有菟丝子寄生，一经发现应立即拔除，或用生物制剂防治。

（五）采收与加工

1. 采收

若蒸馏紫苏精油，可于 8 月上旬—9 月上旬花序初现时选择晴天收割，出油率最高。若药用，则于 9 月下旬—10 月中旬，种子大部分于成熟时收割，1hm^2 可采收种子 600~750kg。不同采收期挥发油含量测定结果表明，紫苏精油 5—9 月含量逐渐增高，10 月开始下降，最高含量时期在 9 月。因此，9 月是较适宜的采收期。苏叶、苏梗、苏子兼用的全苏一般在 9—10 月采收，选晴天全株割下运回加工。

2. 加工

紫苏全草收回后，摊在地上或悬挂在通风处阴干，干后连叶捆好，为全苏；如摘下叶子，拣出碎枝、杂物，为苏叶；抖出种子为苏子；其余茎秆枝条为苏梗。有的地区紫苏开花前收获净叶或带叶的嫩枝时，将全株割下，用其下部粗梗入药，称为嫩苏梗；紫苏子收获后，植株下部无叶粗梗入药，称为老苏梗。全草收割以后，去掉无叶粗梗，将枝叶摊晒 1d 即入锅蒸馏，晒过 1d 的 125kg 枝叶，一般可出 0.2~0.25kg 紫苏油。

（六）利用价值

1. 香料

紫苏全株含挥发油，可蒸馏提取紫苏精油，用于制作化妆品等。嫩茎叶可作为香味蔬菜用于烹饪，是开胃料理的代表种类，被日本广泛应用。紫苏作为香辛料，可用于鱼、蟹去腥，肉类（特别是马肉）增香去异味，作为鱼、肉菜肴的配菜，也用于卤菜、肉汤的调香。紫苏干叶放入酱油中，可防腐抑菌，还可增加酱油的醇香。鲜叶的汁液可供糕点、糖果、梅干、蜜饯等染色和增香。紫苏果实含精油，油中以油酸、亚油酸为主，其次为十六碳烷酸和少量异戊基-3-呋喃基甲酮、丁香酚及邻苯二甲酸二丁酯。

2. 药用

紫苏全草（全苏）有散寒解表、理气宽胸的功效，治风寒感冒、咳嗽、头痛、胸腹胀满等症。苏梗药效与全苏相同，治气滞腹胀、妊娠呕吐、胎动不安。苏叶药效同全苏。苏子有润肺、消痰的功效，治气喘、咳嗽、痰多、胸闷等。种子可榨油，长期食用苏子油对冠心病及高脂血症有辅助疗效。紫苏能促进消化液分泌及胃肠蠕动，可缓解支气管痉挛。

3. 油脂

苏子（小坚果）含油 35%~50%，榨取的油即紫苏籽油。其中的亚麻酸、亚油酸含量占 80% 以上，其中的 α-亚麻酸为 ω-3 系脂肪酸对人体有重要作用。因此，它作为新食用油源或食用调和油的特种组分，有着十分广阔的前景。

4. 其他

紫苏花量大，是优良的蜜源植物，紫苏根系发达，适应性强，可种植在河岸、坡地防止水土流失。

八、百里香

百里香（*Thymus mongolicus*）别名麝香草、地椒，为唇形科（Labiatae）百里香属（*Thymus*）植物，原产于地中海沿岸及小亚细亚半岛。在我国多产于黄河以北地区，特别是西北地区。现新疆有引种百里香，并已经商业化栽培，主要用于提取精油。

（一）植物形态

多年生常绿小灌木。茎多数，匍匐至上升，营养枝被短柔毛；叶卵形，长 0.4~1.0cm，宽 2.0~4.5mm，先端钝或稍尖，基部楔形，全缘或疏生细齿，两面无毛，被腺点。花序头状；花萼管状钟形或窄钟形，下部被柔毛，上部近无毛，下唇较上唇长或近等长；花冠紫红、紫或粉红色，长 6.5~8.0mm，疏被短柔毛，冠筒长 4~5mm，向上稍增大。小坚果近球形或卵球形，稍扁。花期 7—8 月。

（二）生长习性

喜温暖干爽气候，阳性植物，喜光照，耐寒，耐旱，怕涝；生长最适宜温度为 20~28℃，不耐高温多雨气候。对土壤适应性强，在排水良好的石灰质土壤中生长良好，在酸性土壤中生长不良。

（三）繁殖与栽培

1. 繁殖

可采用种子播种、分株或扦插繁殖。

（1）种子播种　播种育苗时间应选择在春季 3—4 月。百里香种子较小，育苗时要将土壤细整，浇水后进行播种。播种后，在种子上覆盖一层细土，用塑料薄膜覆盖，保温保湿。10~12d 可出苗。苗期时若发现根部有杂草应及时清除，并保证土壤湿润。

（2）分株繁殖　要选取 3 年生以上的植株在 3 月下旬或 4 月上旬还未出芽时进行分株种植。具体方法是连根挖出母株，视株丛实际大小，将其分为 4~6 份，每份确保留芽 4~5 个，分别进行栽植。

（3）扦插繁殖　可剪取 5cm 左右带顶芽的枝条进行扦插，如选择已木质化或无顶芽的枝条进行扦插，成活后发根缓慢，根群稀疏。扦插方法成活率很高，植株极易发根。扦插在 6 月进行定植。

2. 田间管理

百里香第 1 年生长速度较缓慢，但第 2 年植株生长加快，并于 5—7 月开花。种植不要过密，并注意浇水，但不要让土壤过于湿润，否则会降低精油含量。因生长旺盛，定植前要施足基肥，高温栽培困难，高湿易产生腐烂。植株过于茂盛时可稍加修剪枝叶，有助于生长。

（四）采收与加工

一般在百里香盛花期收割上部枝叶和花序，鲜品或晾干后用水蒸气蒸馏法提取精油。百里香第 1 次收割后，如栽培管理较好，还可于秋末进行第 2 次收割（秋梢）。

（五）利用价值

1. 香料

百里香气味芳香浓郁，在人们生活中被当作一种特殊的香料蔬菜和蜜源植物使用，也是应用时间久远的一种天然调味香料。百里香精油具有防腐功效。

2. 药用

百里香茶能够帮助消化，消除肠胃胀气并解酒，还可舒缓因醉酒引起的头疼。泡澡时加些枝叶在水中，有舒缓镇定神经、提神醒脑的作用。

3. 观赏

百里香环境适应能力强，耐瘠薄，抗旱、耐寒和抗病虫，开花茂盛，花期较长，长势较快和香味浓郁，是城市园林绿化中应用十分广泛的优良地被植物。

（六）注意事项

百里香精油作为非常强劲的精油，是有效的抗菌剂之一，切勿长期或高浓度使用。孕妇禁用百里香精油。

九、广藿香

广藿香［*Pogostemon cablin*（Blanco）Benth.］别名刺蕊草、枝香、南藿香等，为唇形科（Labiatae）刺蕊草属（*Pogostemon*）植物，原产于菲律宾、马来西亚、印度尼西亚等地。广藿香药用传入我国有近千年历史，但将其蒸馏精油作为香料使用仅百余年历史。我国主要栽培地区为广东、台湾和四川。1977 年，F.W. 黑芬德尔（F. W. Hefendehl）在对广藿香油质量分析评论中指出，广藿香醇具有该精油的典型香气，含量多少标志着精油香气质量的好坏。另一微量成分广藿香烯醇也对精油的质量起类似作用。

（一）植物形态

多年生草本或亚灌木，茎直立，上部多分枝，主茎基部木质化，常有香气，老枝粗壮，近圆形；幼枝方形，密被黄色柔毛。叶对生，绿色，叶圆形或宽卵形，两面均被灰白色柔毛，长 2~10.5cm，宽 3~7cm，先端渐尖或钝圆，基部楔形，叶缘具不规则齿裂；穗状花序顶生或腋生密被长绒毛；苞片及小苞片线状披针形；花萼筒状，5 齿裂；花冠淡紫红色，长约 1cm，裂片被毛；雄蕊突出冠外，花丝中部有髯毛；小坚果平滑，近球形或椭圆形，稍压扁。花期 4 月。

（二）生长习性

要求温暖湿润气候，适生长于排水良好的砂质壤土中，不耐强烈日晒和霜冻，忌干旱，因此很少栽培于坡地。引种海南万宁市，该地 1 月平均气温为 18~20℃，7 月平均气温为 28℃左右，年平均气温为 24~25℃，年降水量 2000mm 以上，适合广藿香栽培；湛江地区 1 月平均气温为 15~17℃，7 月平均气温为 28~29℃，年平均气温为 23~24℃，年降水量为 1700~2000mm，也适合广藿香栽培；广州市 1 月份平均气温为 11~13℃，年降水量为 1500~1800mm，广藿香生长缓慢，种植到收获所需时间长。

（三）繁殖与栽培

1. 繁殖

采用扦插繁殖。扦插繁殖可分扦插育苗移栽和大田直插法两种。

（1）扦插育苗移栽 扦插时期宜选在温暖多雨季节。每年春季（2—4 月）或秋季（7—8 月），当气温回升或雨季时进行扦插。一般选取 5 个月以上、粗壮、节密、叶小且厚、无病虫害的枝条作插穗。插穗宜从主茎中部以上的侧枝截取，长 20~30cm，每条具 6~8 个节、下部 3~4 节褐色木栓化，以髓白色为好。将剪取的枝条截成 5~10cm 小段，每段留 1~2 个节，留顶部 2 片大叶和小的心叶，在整好的畦面上按行距 10cm 开横沟，沟深约 10cm，每隔 5~6cm 插 1 根。需插条 10~15kg/亩。秋插的株行距可密些。扦插入土深度约为插条的 2/3，顶梢大叶片露出畦面为度，淋水，使插条与泥土紧密结合，盖上稻草或其他细草，厚度以仅让插条露出顶芽为宜。插后一般 10~13d 开始生根，25~30d 便可移栽。

（2）大田直插法 4—5 月初挑选茎秆粗壮、无病虫害的嫩梢顶部，截取长度为 15~20cm 的茎段插穗。按定植株行距 30cm×40cm 规格，呈"品"字形直插大田，要加强淋水、防晒。直插成活率高，生长很快，而且可减少育苗和移栽环节。

广藿香种植时间主要依据上述扦插繁殖育苗（大田直插例外）的季节来确定，一般可春植，也可秋、冬植，南方多春植，而北方则秋植。种植可抓住雨季开始，或雨季中进行，因此时气温较高、水分充足、空气潮湿，有利于生根。广州市郊历史习惯是清明前后，而海南万宁则在 6—8 月，或在 10—12 月（多在 10 月），这是主要种植季节。选择阴天或晴天傍晚，按株行距 30cm×40cm 挖穴，每穴 1 株。植后填土压实，若无作物遮阴，应及时淋水盖草，或搭设棚架。

2. 选地整地

疏松、湿润、肥沃的土壤均可种植，但透性好的砂质壤土，尤其是富含腐殖质的棕色土或黑色砂质壤土为好。土层要深厚，土壤酸碱度以 pH 4.5~5.5 为宜。山坡地坡度不宜过大，13°以下为好，要求冲刷不强烈，保水性能良好。在海拔 50~200m 的低山地种植，气候凉爽适中，旱季时有湿雾及雨露的调节，若管理得当，生长旺盛，同样获得丰收。

广东栽培广藿香常与农作物轮作，在入冬收割农作物后，即翻耕晒田，使土壤充分风化，增加肥力和地温，施以土杂肥、花生麸作基肥，至翌年栽植前再耕翻细耙，然后做成宽 60cm 左右、高 30~40cm 的畦。畦沟宽 30cm，畦长视地形而定，其摆向最好与排水沟一样由高处向低处走，以利于暴雨季节迅速排出积水。

3. 田间管理

（1）适时灌水和排水　在种植或扦插后，生根前，每天早晚各浇水 1 次（应依产地气候及土壤的保水程度而定），淋水量不宜过多，以保持畦面湿润为度。在生长过程中，若遇干旱，畦面发白，便要灌溉，每 5~8d 1 次，将水引入畦沟，深达畦高的 1/2~2/3，让水分缓慢渗透至湿润畦面为止。如果不能引水灌溉的地方，每天除早晚淋水外，上午、下午各增加 1 次，淋水要透。雨季或遇大雨，要注意排水，严防积水，以免根系腐烂，导致植株死亡。因此，在水稻田种植广藿香，要筑高畦深沟，防止积水，影响广藿香正常生长。

（2）补苗与间种　广藿香种植后，要及时补苗，并淋水保持湿润状态。为充分利用地力、空间、光能，可在广藿香行间间种蔬菜（白菜、生姜、豆角、瓜类等），通过间种，增施肥料，抑制杂草生长。也可在广藿香行间先种丝瓜、冬瓜、苦瓜、粉葛等藤本植物，利用瓜棚为广藿香幼苗遮阴，对其生长十分有利。

（3）中耕除草和培土　春季育苗期及定植前期，杂草生长快，且是雨季，土壤易板结，要勤除杂草和松土。在生长过程中，需对广藿香进行培土，保护植株生长，可把畦沟内的泥土挖起，培在植株基部周围，促进植株多分枝和防止风倒。

（4）合理施肥　广藿香从种植到收获，需施肥 6~7 次。肥料以无害化处理过的人畜粪尿为主，用量 500~700kg 加清水 7 倍施用，或施硫酸铵 5~6kg，每千克加水 200kg 稀释。施肥不要淋在茎基部。施肥间隔时间因产地生长期的长短不同而存在差异。在广州市郊一带，每隔 60d 左右施 1 次；扦插或种植生根成活后施肥以 1：（10~20）浓度的人畜粪尿水或 5~10g/L 硫酸铵（尿素减半）为宜。

（5）防霜冻　需越冬的广藿香，特别是在夏秋季节定植的幼小植株，抗寒力差，故在有霜冻地区，冬初应盖草或搭棚防霜，或加盖塑料薄膜，保暖防冻害。

4. 病虫害防治

主要病害有根腐病和角斑病。

（1）根腐病　发生在根部，地下茎根交界处发生腐烂，逐渐延伸至植株地上部分，皮层变褐色腐烂，植株萎蔫而枯死。在高温多雨季节，排水不良的地段，发病尤为严重。防治方法为及时挖除病株烧毁；撒施石灰消毒；暑天要种植作物遮阴或用草覆盖；雨季及时排除积水；不能连作；发病后及时将健壮枝条压埋入土，让其萌生根系，及时将病株清除，撒上石灰消毒，可用 50% 多菌灵 800~1000 倍液浇根部，防止病菌扩散、蔓延。

（2）角斑病　为细菌性病害，主要危害叶片，初期呈水渍状病斑，以后逐渐扩大成多角形褐色病斑，严重时叶片干枯脱落。此病多发生于高温高湿季节，无荫蔽或荫蔽过小条件下易发生。植株生长不良，发病更严重。防治方法为加强田间管理，及时排除积水；种植荫蔽作物，改善通风透光条件。发病初期喷施 1∶15∶120 倍的波尔多液，每隔 7~10d 喷 1 次，连续 2~3 次。

主要虫害为蚜虫危害枝叶，可用乐果、敌百虫等喷洒。

（四）采收与加工

海南万宁的广藿香生长 7~8 个月就可采收。冬季种植者于次年 7—8 月收割，秋季（8—9 月）种植者次年 4—5 月收割。广州市在 4—5 月种植，一般到次年 5—6 月才可收割。广藿香用枝叶提取精油，采收应在落叶前进行。采收时需天气晴朗，连根拔起，切除根部，白天暴晒几小时，待叶片皱缩后，捆成小把（每把 2.5~5kg）分层交错堆叠一夜，进行第 1 次"发汗"。堆叠时叶部与叶部相叠，使叶色闷黄，次日摊开再晒，晚上要根叶交错堆叠进行第 2 次"发汗"。这次"发汗"上盖草帘，用石头压紧，堆压 1 日 2 夜，待全株"发汗"后，摊开暴晒至全干即可。因广藿香采收后要后熟，经"发汗"处理后，精油含量会增加，香气也随之变好。贮存过程中要防止受潮，发霉和虫蛀。贮存时间长短与精油质量和得率都有直接关系：贮存时间短，精油得率高，但含碳氢化合物的萜较多，因而质量相对也差些；贮存时间长，精油得率低，但含氧化物的比例相应提高。

（五）利用价值

1. 香料

广藿香全草含精油。广藿香是植物香料中味道最浓烈的一种，通常用于东方香水中。其香味浓而持久，是很好的定香剂。广藿香精油中独特的辛香和松香会随时间推移而变得更加明显，这是已知香料中持久性最好的。现在有 1/3 的高级香水都会用到它。

2. 药用

广藿香为传统中药材之一，有抗菌作用和钙拮抗作用。有芳香化湿、祛暑解表、和胃止呕的功效。广藿香精油也可用于中药制剂。

（六）注意事项

广藿香精油低剂量时具有明显的安神镇静效果，高剂量时具有刺激兴奋功效。

🌐 课程思政

　　很多香料植物都具有药用价值，例如广藿香，自古便是中华医药宝库中的珍品，其独特的香气和药用价值深受人们喜爱，《中华人民共和国药典》记载广藿香是"藿香正气丸""抗病毒口服液"等30多种中成药的重要原料。广藿香以"藿香"之名始载于东汉杨孚的《异物志》，其后诸家本草多有记载，到了明清时代，部分著作才出现"广藿香"一词。中医药学是中国古代科学的瑰宝，也是打开中华文明宝库的钥匙，在推进健康中国建设的过程中，要坚持中西医并重，推动中医药和西医药相互补充、协调发展，努力实现中医药健康养生文化的创造性转化、创新性发展。

❓ 思考题

　　1. 简述柠檬草、枫茅、薄荷、罗勒、香蜂花、香紫苏、紫苏、百里香、广藿香的生活习性。

　　2. 简述柠檬草、枫茅、薄荷、罗勒、香蜂花、香紫苏、紫苏、百里香、广藿香的主要繁殖方法。

　　3. 简述柠檬草、枫茅、薄荷、罗勒、香蜂花、香紫苏、紫苏、百里香、广藿香的主要栽培技术。

第十二章
花类香料植物

┌───
【学习目标】
　　1. 了解花类香料植物的形态特征、生长习性、采收加工方法和利用价值。
　　2. 掌握花类香料植物的繁殖方法和栽培技术。
└───

一、玫 瑰

　　玫瑰（*Rosa rugosa* Thunb.）别名赤蔷薇、徘徊花、红刺梅、刺玫瑰花、刺玫花、梅桂、玫桂等，为蔷薇科（Rosaceae）玫瑰属（*Rosa*）植物，原产于我国北部和西南部地区，我国各地均有栽培，但以山东、江苏、浙江、广东等省较多。山东平阴县栽培的玫瑰以花大瓣多、色浓、香气浓郁而著称；甘肃省栽培的统称"苦水玫瑰"，从植物分类上认为是杂交种，是中国国家地理标志产品。玫瑰精油是世界名贵精油之一，用途极广，价格昂贵。大马士革玫瑰精油被认为是玫瑰精油中的极品。大马士革玫瑰中含有300多种化学成分（如香茅醇、香叶醇等数百种芳香物质、有机酸等有益美容的物质），还含有人体所需的 18 种氨基酸及微量元素等。

（一）植物形态

　　直立灌木，高达2m，枝干、叶柄和叶轴生有皮刺、刺毛和绒毛，幼枝的刺上也有绒毛。奇数羽状复叶互生，小叶 5~9 枚，椭圆形或椭圆状倒卵形，叶缘具钝锯齿，小叶表面皱褶，背面有刺毛，灰绿色；托叶大部附生于叶柄上。花单生或 3~5 朵聚生，紫红色至白色，单瓣或重瓣，单瓣花瓣通常 5 片，极芳香；萼片 5；花托及花萼具腺毛；雄蕊多数，包于壶状花托底部。果扁球形，砖红色，肉质，平滑。花期 5—7 月，果期 8—

9 月（北方各省）。

（二）生长习性

性强健，适应性较强。喜欢阳光充足、温暖的气候条件。阳性植物，强光照射有利于玫瑰生长，促进花大、色艳。在 12~28℃下生长良好，20~22℃开花最盛，花朵鲜艳持久。耐寒力较强，可耐-15℃低温。气温超过 30℃，玫瑰生长将受到影响。耐旱力较强，不耐涝，在微潮偏干的土壤中生长良好。玫瑰对土壤的适应性较强，但在肥沃、疏松、排水良好、富含腐殖质的砂质壤土或轻黏土上生长最好，注意不要在重黏土上种植。

（三）繁殖与栽培

1. 繁殖

可采用种子繁殖、分株繁殖、扦插繁殖、嫁接繁殖等方法，生产上以分株和扦插繁殖为主。

（1）种子繁殖 单瓣玫瑰可用种子繁殖。种子成熟时及时采收播种或将种子沙藏至第 2 年春季播种。种子繁殖一般用于育种，生产上不用种子繁育。

（2）扦插繁殖 一般选择秋季进行。选取生长健壮、无病虫害的二年生枝条作为插穗，将插穗截成 10~15cm 的小段，每段保留 3 节 3 叶，然后插入细沙中，浇一次透水，用竹片做成拱棚，盖上塑料薄膜，保温保湿，成活率可达 80%。夏季扦插约需 1 个月就可成苗，冬季需 50~60d 才能成苗。

（3）分株繁殖 在玫瑰落叶后或萌芽前，选取 2~3 年生、枝条粗壮、无病虫害危害的大株，分成若干小株，每株保留 2~3 个枝干并带些根，分别栽植，保持土壤湿润，栽种的新株当年即可开花。

（4）嫁接繁殖 可用刺梅、野蔷薇作砧木。嫁接方法因季节不同而不同，早春可用劈接或切接，而夏、秋季可用芽接。

2. 定植

宜选地势高燥、阳光充足、土壤疏松肥沃、排水良好的地块，于冬季深翻土地。栽植前施入基肥，整平耙细。分株苗于春季萌芽前栽植，扦插苗于 6 月上旬移栽，均按株行距 100cm×80cm 挖穴，穴径和深度 40~50cm，挖松底土，适量施入土杂肥，盖上 5~10cm 厚的细土，然后将带土或蘸黄泥浆的幼苗植入穴中，使根系向四周散开，栽植深度以根颈略低于地面为宜，覆土踏实，浇透定根水即可。

3. 田间管理

玫瑰生长期间需肥量较大，一般每年施 4 次肥。早春施 1 次催芽肥，以氮为主，氮、磷结合；5 月施 1 次催花肥，应以追施适量速效复合肥为主；花期再施 1 次肥；入冬应施 1 次腐熟的有机肥，翌年则开花数量多、花形大、香味浓。早春天气干旱时应充分浇水，以促进花芽分化，延长开花时间。生长期间要经常中耕除草，在落叶后或早春季节，对基部培土。

玫瑰修剪可分为冬春修剪和花后修剪。冬春修剪在玫瑰落叶后至发芽前进行，修剪以疏剪为主，不宜短截。花后修剪在鲜花采收后进行，主要以疏除密生枝、交叉枝、重叠枝为主要目的，适当轻剪。

4. 病虫害防治

常见病虫害有白粉病、黑斑病、霜霉病、锈病等；主要虫害有蚜虫、螨类、蓑蛾等。除了发病时用对症农药防治外，还要在冬季修剪后清理种植园环境，将病虫枝叶集中烧毁，消除病虫越冬环境；其次注意合理密植，改善通风透光条件，降低田间湿度。

（四）采收与加工

玫瑰定植后第 3 年可进入采摘期。鲜花采摘时间和花朵开放程度与含油率高低有直接关系。花半开放状态时采摘，5—9 时含油量最高，到 12 时以后含油量会降低 30% ~ 40%。花期不同，含油率也不同，以盛花期含油率最高。用手工采摘鲜花，放置于箩筐中。花采后立即加工，如不能及时加工，应置阴凉处晾干。

（五）利用价值

1. 香料

玫瑰精油是世界名贵的高级精油，是香精油中的精品，是制造各种高级名贵香水的原料，不但用来制造美容、护肤、护发等化妆品，也是调配多种花香型香精的主剂，还用于食用香精。民间作玫瑰酱，也可作茶食糕点用。

2. 药用

玫瑰花可入药或掺在茶叶内作饮料，有理气、活血、调经的功效。

3. 观赏

色彩鲜艳，气味芳香，是我国城市绿化和园林布置中理想的形、色、香俱佳的园林观赏花木之一。玫瑰还是人们喜爱的切花材料。

4. 其他价值

玫瑰还可提取玫瑰红色素，用于食品着色。

二、依兰

依兰 [*Cananga odorata* (Lamk.) Hook. f. et Thoms.] 别名依兰香、香水树、夷兰等，为番荔枝科 (Annonaceae) 依兰属 (*Cananga*) 植物。原产于缅甸、印度尼西亚、菲律宾、马来西亚等地，现广泛种植于东南亚和热带非洲。目前，我国云南西双版纳地区、福建、广东、广西等地有引种栽培。我国每年需要依兰精油 10t，全靠进口。

（一）植物形态

常绿大乔木，高达 15~20m，胸径可达 60cm；树皮灰色，小枝无毛，有小皮孔。叶片大，互生，有柄，膜质至薄纸质，卵状长圆形或长椭圆形，长 10~23cm，宽 5~8cm，先端尖，基部圆形，叶缘微波状。花序单生于叶腋内或叶腋外，有花 2~5 朵，花大，倒垂，长约 8cm，两性，芳香，花初开时黄绿色，盛开时淡黄色，末期黄色，由绿转黄需 5~7d。花瓣 6 片，披针形；雄蕊线形倒披针形；成熟果实橄榄形至椭圆形，内含种子 6~12 粒，种子灰黑色，有斑点，表面光滑，大如绿豆。花期 4—8 月，果期 12 月—翌年 3 月。

（二）变种

小依兰 ［*Cananga odorata*（Lamk.） Hook. f. et Thoms. var. *fruticosa*（Craib）J. Sincl.］为依兰的变种。与依兰不同点在于小依兰为矮小常绿灌木，高 1~2m，花的香气较淡。花期 3—8 月。可供庭园观赏。我国海南、云南南部有引种栽培。花中精油主要化学成分为芳樟醇、乙酸苯甲酯、苯甲酸苯甲酯等。

（三）生长习性

依兰成年植株需强光照、高温、高湿和土壤肥沃疏松的环境条件。植株种植过密，光照不足，会影响开花和花产量。不耐寒冷和干旱，年平均气温 21℃，绝对最低温度不低于 3~5℃，生长开花旺季月平均气温 25~30℃ 比较适宜，超过 35℃ 则生长受到抑制。要求年降水量 1500~2000mm，并且分布均匀。依兰根系发达，土层深厚、肥沃、疏松、偏酸性、含有大量矿物质的风化火山质壤土上最为适宜种植。

（四）繁殖与栽培

1. 繁殖

可采用种子繁殖，以扦插繁殖为主。多在每年的春、夏二季进行。

采用种子繁殖时，待果实成熟呈紫褐色，剥开果皮取出种子。因种子含油量大，易丧失发芽力，宜随采随播。依兰的种皮成骨质，为促进萌芽，播种育苗可先用温水浸种 5~8d 进行催芽，然后取出种子，播种于准备好的苗圃地。依兰幼苗生长较快，因此播种要稀一些，播种太密，幼苗生长纤细，适当稀播，幼苗粗壮，侧根也较多。

2. 田间管理

播种后覆薄土，再盖上一层稻草，并保持苗床土壤湿润。幼苗不耐强阳光，需进行遮阴。6 个月苗木平均高度 37cm，即可出圃造林。

造林应选择排水良好的缓坡地。按照株行距 5m×6m 挖穴，穴口宽 1m，深 50cm，底宽 80cm。穴内可施入农家肥和钙镁磷肥作基肥。栽植后第 1 年应加强管理，中耕除草，追施水肥 2~3 次。以后每年可施肥 1 次。在定植后 5~20 年间生长最快，10 年左右变成大树。20 年后生长速度逐渐缓慢，可生长 50 年以上。

依兰的田间管理比较简单，没有发现严重病虫害。

（五）采收与加工

在我国的栽培条件下，大量集中开花期在5—6月和8—10月，一般在清晨花瓣呈黄色。盛开初期的花朵得油率最高，青花不成熟，得油率低，香气差，过度黄的花朵得油率反而会下降。采花时间以上午9时前为佳，早晨7—8时采花得油率为2.45%，而下午16—17时采花得油率为2.37%。盛花期可每隔5d采花1次。

（六）利用价值

1. 香料

依兰在印度尼西亚和菲律宾是一种传统香料。依兰花油香气浓郁、持久，广泛用于调配各种化妆品香精，特别适用于茉莉、白兰、水仙、风信子、栀子、晚香玉、橙花、紫丁香、紫罗兰、铃兰、橙花香型香精。

2. 药用

依兰花和精油有镇静、防腐作用。精油有舒缓作用，辅助治疗心率过速、降血压。

3. 观赏

依兰花数朵丛生，形似鹰爪，下垂，芳香，可作为观赏植物种植。

三、栀子

栀子（*Gardenia jasminoides* Ellis）别名黄栀子、白蟾花、玉荷花、山栀子、黄枝、水横枝、白蜂花等，为茜草科（Rubiaceae）栀子属（*Gardenia*）植物，是人们喜爱的香花树种，为酸性土壤指示植物。栀子原产于我国，主产于浙江、江西、湖南、福建；此外四川、云南、贵州、湖北、江苏、安徽、广东、广西、河南等省区也有生产。越南、日本也有分布。我国栽培栀子已有上千年的历史。《艺文类聚》记载"汉有栀茜园"，这说明至少在汉代，庭园里已有栀子种植。

（一）植物形态

常绿灌木，高0.3~3m，枝丛生，嫩枝常被短毛，枝圆柱状，灰色。叶对生或3叶轮生，有短柄，革质，稀为纸质，叶形多样，通常为长圆状披针形、倒卵形或椭圆形，长3~25cm，宽1.5~8cm，顶端渐尖、骤然长渐尖或短尖而钝，基部楔形或短尖。花芳香，单生枝顶，有短梗，花冠较大，白色常6裂；子房下位，1室。浆果椭圆形，具4~9条翅状直棱，金黄色或橙红色；种子多数，扁圆形。花期3—7月，果期5月—翌年2月。

（二）变种

（1）大花栀子（*Gardenia jasminoides* Ellis var. *grandiflora* Nakai）　花大，重瓣。

（2）水栀子（*Gardenia jasminoides* var. *radicus*）　又名雀舌栀子，植株矮小，叶小，

花小，重瓣。果皮厚，种子集结成团，长椭圆形，表面深黄带红色。

（3）白蝉（*Gardenia jasminoides* Ellis var. *fortuniana* Lindl.） 常绿灌木，为栀子的一个变种，其花较栀子大，重瓣。花提取的精油可作食用和化妆品香精。

（4）斑叶栀子花（*Gardenia jasminoides* Ellis var. *aureovariegata*） 叶上具黄色斑纹。

（三）生长习性

栀子在我国主产于长江流域以南的中亚热带季风气候区，性喜温暖湿润，生长最适宜温度为 20~30℃，年平均气温 17~20℃，日平均气温不低于 10℃，日平均气温 ≥10℃ 的活动积温 5000~6000℃，最冷月平均气温 5~10℃，极端最低气温平均 −5~−2℃，年降水量约 1000mm 或高于 1000mm。栀子喜光，也耐荫，强光直晒易焦叶。宜种植于疏松肥沃、湿润、排水良好、pH 5~6 的酸性土壤，不耐干旱瘠薄，也忌低洼积涝。不耐寒，长期低温叶片受冻并脱落，甚至全株死亡。

（四）繁殖与栽培

1. 繁殖

可用种子繁殖、扦插繁殖、压条繁殖、分株繁殖等。但以扦插繁殖和压条繁殖为主。

（1）种子繁殖 春、秋两季播种，但以春播为好。2 月上旬至下旬，选饱满、深红色的果实，取出种子，放于水中搓散，捞出下沉的种子，晾去多余水分，随即与细土和草木灰拌匀，按行距 30~35cm 在苗床上开沟条播，沟深 3cm 左右，播后覆细土，再盖草保墒。出苗后，及时揭去覆盖物，并加强苗床管理，及时除草和浇水，苗高达到 5cm 时进行间苗、追肥。苗高 30cm 时即可移栽定植。

（2）扦插繁殖 在 2 月中下旬或 9 月下旬—10 月下旬进行。选用硬枝或嫩枝作插穗均可，剪成 15cm 左右长的插条，顶端留 2~3 片小叶，按株行距 10cm×27cm 斜插于室内苗床，保持 20~25℃ 和近饱和相对湿度，并遮阴，30~40d 生根。如插前用萘乙酸等激素处理插条，10~15d 生根，并能促进生根。6—8 月雨季室外荫棚下扦插，扦插床上覆盖塑料薄膜以保持湿度并防雨水，30d 左右生根。成活后，加强肥水管理，1 年后夏秋雨季移栽定植。

（3）压条繁殖 多在 4 月上旬选取 2~3 年生母株上一年生健壮枝条，刻伤枝条上入土部位，压于土中，6 月中下旬可生根，与母株分离后，移栽即可。

（4）分株繁殖 以春季为宜。梅雨季节进行移栽，移栽时需带土球。

2. 定植

按株行距 1.2m×1.4m 挖穴，穴直径为 50cm 左右，深 30cm 左右，并用堆肥 10kg 与细土拌匀作基肥，每穴 1 株。

3. 田间管理

生长期浇水适量，每 7~10d 浇 1 次，并在水中加入用 2g/L 硫酸亚铁配制的矾肥水。

平时多施有机液肥，以酸性肥料为主，并保持空气湿润。花期和盛夏要多浇水，开花前增施磷钾肥 1 次，促使多开花。盆栽栀子秋季要移至阳光处，当最低气温低于 10℃ 时，及时移入室内，保持 10~12℃ 温度，并控制浇水。盆栽以 2~3 年换盆 1 次为佳，在春季新芽萌动前换盆。栀子很少进行修剪，一般只需及时剪除老枝、弱枝和病虫枝，适当调整树形。

4. 病虫害防治

主要病害有褐斑病、炭疽病、煤烟病、根腐病、黄化病等。在室内，病害全年都可能发生，严重时植株落叶、落果或枯死。防治方法为病害发生初期或发生期施用多菌灵、退菌特等。

在夏季高温和早春通风不良时易发生介壳虫、红蜘蛛、煤烟病等，喷乐果乳油 1000 倍液可防治介壳虫，喷 40%三氯杀螨醇乳油 1000~1500 倍液可防治红蜘蛛，同时也可减少煤烟病的发生。

（五）采收与加工

夏季花盛开时采集花朵，并趁鲜以溶剂提取浸膏。采用水蒸气蒸馏法可生产栀子花精油。

（六）利用价值

1. 香料

采用浸提法生产的栀子花浸膏可广泛用于化妆品香料和食品香料。花含芳香油，可作调香剂和熏茶，用于配制多种香型化妆品、香皂、香精以及高级香水香精。栀子精油可用于饮料的调香，特别适用于橙汁类饮料的增香。此外，用减压分馏方法将栀子花精油中的乙酸苄酯及乙酸芳樟酯单离出来，可作为日用化妆品的常用主香剂或协调剂，也常用于食品中，如作为口香糖的香精。

2. 药用

栀子果实有泻火解毒、清热利湿、凉血散瘀的功效，可治热病高烧、心烦不眠、吐血、尿血及黄疸型肝炎、疮疡肿毒、外伤出血、扭挫伤等；根可治传染性肝炎、跌打损伤、风火牙痛；花有清肺止咳、凉血止血的功效；栀子叶有解毒疗疮、活血化瘀的功效。

3. 观赏

栀子花是色、香、味俱佳的夏季花木，具有抵抗 SO_2、H_2S 等有害气体的能力，能吸收有害气体、净化环境，是一种极具观赏价值的植物。

4. 其他价值

栀子果实内含丰富的黄色素，可用于提制栀子黄色素，是黄色的食品着色剂。

四、茉莉花

茉莉花 [*Jasminum sambac* （Linn.） Aiton] 别名末利、抹利、没利、末丽、茶叶花、

胭脂花、夜娇娇、抹厉、紫茉莉、玉麝、奈花、茉莉等，为木犀科（Oleaceae）素馨属（*Jasminum*）植物。茉莉花香气纯正优雅，是人们喜爱的香花之一。茉莉花原产于印度和伊朗。1000 多年前已传入我国，茉莉（包括大花种和小花种）由于它的芳香，现我国和世界各地均有栽培，已成为各地重要的园林花卉和香料植物。长江流域以南可露地栽培，江浙一带有大量盆栽，而北方以盆栽为主。我国盛产小花茉莉，是世界小花茉莉主要生产国之一。国外主要盛产大花茉莉，主要产地有埃及、摩洛哥、法国、意大利、南非、阿尔及利亚、印度等，我国也产。

（一）植物形态

直立或攀缘灌木，高可达 3m，小枝圆柱形或稍压扁状，有时中空，疏被柔毛。叶对生，单叶，叶片圆形、椭圆形、卵状椭圆形或倒卵形，两端圆或钝，基部有时微心形。聚伞花序顶生，通常有花 3 朵，有时单花或多达 5 朵；花序梗长 1~4.5cm，被短柔毛；苞片微小，锥形，长 4~8mm；花梗长 0.3~2cm；花极芳香；花萼无毛或疏被短柔毛，裂片线性；花冠白色，果球形，径约 1cm，呈紫黑色。花期 5—8 月，6—7 月为盛花期，果期 7—9 月。

（二）同属其他品种

（1）毛茉莉 ［*Jasminum multiflorum*（Burm. f.）Andr.］ 攀缘性蔓生灌木，丛生状，单叶对生，花白色，高脚蝶形，7~10 浅裂，排列不整齐，似半重瓣，花芳香。花自冬至夏连开不绝。是短日照植物。

（2）素方花（*Jasminum officinale* Linn.） 缠绕藤本植物；枝具棱角，无毛。奇数羽状复叶互生，小叶卵状椭圆形至披针形，无毛。聚伞花序顶生，有花 2~10 朵；花冠白色。浆果椭圆形。花期 6—7 月。其浸膏和净油是调配高级化妆品、香皂等香精的原料。

（3）毛萼茉莉（*Jasminum nitidum* Skan.） 半攀缘性灌木，花大而芳香，用作熏茶。

（4）尖瓣茉莉（*Jasminum grucillinum* Hook.） 攀缘性灌木，花大，白色，芳香，花瓣特尖。

（5）宝珠茉莉 ［*Jasminum sambac*（Linn.）Aiton］ 丛生，枝细而柔软，花重瓣，香气浓，是盆栽珍品。

（6）素馨花（*Jasminum grandiflorum* Linn.） 常绿灌木，奇数羽状复叶，对生，有小叶 7~9 片；下部叶常近圆形，顶端以 1 片小叶为卵状披针形；叶脉不明显。聚伞花序顶生，小花枝紫红色；花冠白色，高脚蝶状，筒部向阳一面带紫红色晕斑，背阳一面为淡白色，5 裂，裂片 2~2.5cm，长椭圆形，常向外反曲。花期 2—6 月（广东 7—12 月）。现我国广东、福建、台湾、四川、浙江、云南等地有栽培。花提取的精油供调香，广泛用于调制高级化妆品香精、香水。

（7）红茉莉（*Jasminum beesianum* Forrest et Diels） 攀援灌木，幼枝 4 棱形，有条纹。单叶对生，3 出脉，卵圆形至椭圆形。聚伞花序，单花或数花顶生，花冠红色至玫瑰紫色，芳香。花期 5—6 月。产于云南、四川、贵州、西藏，各地也有栽培。但作为茉莉浸膏和净油原料利用，尚待进一步开发研究。

（三）生长习性

茉莉花为热带和亚热带长日照偏阳性植物，喜光，以光照 60%～70% 为佳；喜温暖湿润气候，10℃ 以下生长极为缓慢，19℃ 左右开始萌芽，25℃ 以上花芽才能分化，30～40℃ 温度条件下较适合花芽分化，25～30℃ 植株生长最适宜。月降水量 250～270mm 和相对湿度 80%～90% 生长最好。土壤含水量 60%～80% 有利于生长发育，喜微酸性土壤，并以 pH 6～6.5 为宜，忌碱土和熟化差的底土。茉莉花怕冬季的霜冻，也怕夏季的烈日高温，但两周以上的阴暗，对其生长极为不利。

（四）繁殖与栽培

1. 繁殖

可采用扦插繁殖、压条繁殖和分株繁殖等。

（1）扦插繁殖　4—10 月均可进行。剪取 1～2 年生枝条，将其截成 15～20cm 长的插穗，每段有节 2～3 个，斜插入粗砂作的插床，3～5cm 深，株距 6～7cm，行距 20cm，喷水后覆盖塑料膜保湿，适当蔽荫。25～35℃ 温度下，约 1 个月生根。新枝长至 20cm 左右便可移栽上盆。

（2）压条繁殖　可选用较长的枝条，在节下部轻轻刻伤，埋入土壤中，经常喷水保湿，2～3 周后生根，2 个月后剪离母体，另行栽植。

（3）分株繁殖　3—4 月结合多年生老株换盆进行，将根际萌发的新枝带部分根系剪离母株另行栽植，并适当遮阴。

2. 田间管理

幼苗通常在 3 月移栽。整地时应施入堆肥或厩肥，作 1m 宽的畦，畦上栽植 2 行，株距 50～60cm。栽后浇水，促其成活。苗成活后，每年中耕除草，一般在生长期内施追肥 3～4 次，肥料以人畜粪尿为主，花期同时辅以磷、钾肥，促进开花。夏季可在畦上搭荫棚，以防烈日直晒，并经常浇水。在较寒冷地区进行露地栽培，冬季应用稻草包裹其外，并在最后 1 次中耕时，进行培土，以保证安全越冬。

盆栽时，春季回暖应搬至室外，秋后应移到室内温暖、阳光充足的地方。栽培过程中，最好保证全光照，阳光不足植株开花较少。生长旺盛阶段，应对长度达 1m 的徒长枝进行短截，以促进花芽分化。花谢或采摘后，应及时摘心。为避免盆土变碱，应 15d 左右施 1 次 2g/L 硫酸亚铁水。此外，茉莉花在盆栽条件下易老化，3 年以上的植株即使各项条件均好，其生长势也会显著衰退，应及时更新。

3. 病虫害防治

主要病害是白绢病、炭疽病等。

（1）白绢病　多发生在茎基部。感病植株变褐腐烂，表面有白色绢丝状菌丝。后期病部生出油菜籽状菌核。每年雨水多的 5—6 月和 8—9 月易发生重复侵染。防治方法为及时清除病株残体，并集中销毁；加强栽培管理；发病时可喷 75% 百菌清可湿性粉剂 800~1000 倍液或 65% 代森锌可湿性粉剂 800 倍液。

（2）炭疽病　主要危害叶片。初期在叶面产生浅绿至黄色小斑点，后逐渐扩大至灰褐色或灰白色圆形或近圆形斑，后期病斑上散生黑色小点。防治方法为加强栽培管理，发现病叶及时摘除并销毁；发病初期喷施 75% 百菌清可湿性粉剂 800~1000 倍液防治，7~10d 喷 1 次，连喷 2~3 次。

主要虫害为红蜘蛛、介壳虫、蚜虫等，春季尤以红蜘蛛为甚，可用 18% 阿维菌素乳油防治。

（五）采收与加工

6—9 月分批人工采摘含苞待放的茉莉花蕾（当晚能开放的洁白饱满花蕾）。采摘花蕾的花柄宜短，因花柄和花萼会给鲜花浸膏产品带入青杂气。采花时间为上午 10 时开始，最好在中午 12 时以后进行采摘。采摘下的花蕾应放在洁净无杂味的筐中，不要压实，以免损伤花蕾。按规定存放、运送和后熟处理，使全部花蕾能充分开放和放香。成熟花蕾当花瓣全部开放时香气最浓郁。采收的茉莉花可采用水蒸气蒸馏法获得茉莉花精油。茉莉花用溶剂浸提，再经浓缩可得茉莉浸膏。

（六）利用价值

1. 香料

茉莉花浸膏是香料工业调制茉莉花香型高级化妆品及皂用香精的重要原料，经济价值较高，使用极广，在香料工业中占有重要地位。茉莉精油被誉为"精油之王"。茉莉精油产量小，价格昂贵，是化妆品的香料，配制高级香精，也可作为皂用香料。

2. 药用

茉莉花根入药，作麻醉剂，用于跌打损伤、扭筋骨、头顶痛、失眠。叶有理气开郁、辟秽和中的功能，用于下痢腹痛、结膜炎、疮毒。茉莉花作药用，具有清热、解毒、利湿、安神、镇静的作用。

3. 观赏

茉莉花期长且芳香，已成为各地园林栽培的花卉之一。茉莉也可盆栽观赏。

五、桂花

桂花（*Osmanthus fragrans* Lour.）别名木犀、岩桂、金粟、九里香等，为木犀科（Oleaceae）木犀属（*Osmanthus*）植物。桂花为我国特产之一，花极香。我国桂花栽培历史悠久，文献中最早提到桂花是战国时期（公元前 475 年—公元前 221 年）的《山海经·南山经》，谓"招摇之山多桂"。屈原（公元前 340 年—公元前 278 年）《楚辞·九歌》也有记载"援北斗兮酌桂浆，辛夷车兮结桂旗"。汉代至魏晋南北朝时期，桂花已成为名贵花木和上等贡品。在汉初引种于帝王宫苑，获得成功。唐宋以来，桂花栽培开始盛行。唐宋以后，桂花在庭院栽培观赏中得到广泛应用。桂花的民间栽培始于宋代，昌盛于明初。我国历史上的五大桂花产区（湖北咸宁、江苏吴县、广西桂林、浙江杭州、四川成都）均在此间形成。我国桂花于 1771 年经广州、印度传入英国，此后在英国迅速扩展。现今欧美许多国家以及东南亚各国均有桂花栽培，以在地中海沿岸国家生长最好。

桂花原产于我国西南部。现四川、云南、贵州、广西、湖南、湖北、浙江、江西、福建等地均有野生资源。在我国南岭以北至秦岭以南的广大中亚热带和北亚热带地区（北纬 24°~北纬 33°）是桂花集中分布和栽培地区。现广泛栽培于长江流域及以南地区，以苏州、杭州、桂林、扬州、成都、武汉等地最为集中，华北多为盆栽。印度、尼泊尔、柬埔寨也有分布。桂花是收益期较长的经济树种。我国年产桂花净油 0.5~1.2t。

（一）植物形态

常绿乔木或灌木，高 3~5m，最高可达 18m。树皮灰褐色。叶革质，椭圆形、长椭圆形或椭圆状披针形，长 7~14.5cm，宽 2.6~4.5cm，先端渐尖，基部渐狭呈楔形或宽楔形，全缘或通常上半部具细锯齿，两面无毛，腺点在两面连成小水泡状突起；聚伞花序簇生于叶腋，或近于帚状，每腋内有花多朵；苞片宽卵形，质厚，长 2~4mm，具小尖头；花梗细弱，无毛；花极芳香；花萼长约 1mm，裂片稍不整齐；花冠黄白色、淡黄色、黄色或橘红色，长 3~4mm；雄蕊着生于花冠管中部，花丝极短；雌蕊长约 1.5mm。果歪斜，核果，椭圆形，长 1~1.5cm，紫黑色。花期 9—10 月上旬，果期翌年 3 月。

（二）品种

桂花在我国已有 2000 多年的栽培历史，形成了众多品种。近年来，一般将桂花品种分为两类（系）四品种群（型）。

1. 四季桂类（系）

四季桂品种群（型）为花白色或淡黄色，一年多次开花，但花量少。主要有月月桂、日香桂、佛顶珠等品种。

2. 秋桂类（系）

（1）金桂品种群（型） 花金黄色，花期较早，易脱落，花香浓郁。主要有大花金桂、晚金桂、柳叶金桂、圆瓣金桂等品种。

（2）银桂品种群（型） 花色乳白、淡黄白。主要有籽桂、早银桂、晚银桂、九龙桂、白洁等品种。

（3）丹桂品种群（型） 花橙色带红。主要有大花丹桂、籽丹桂、桃叶丹桂、硬叶丹桂等品种。

4 种桂花均可提取浸膏，金桂和银桂的香气最佳，丹桂有杂味。

（三）生长习性

桂花喜光照、好温暖湿润。耐高温，不耐严寒和干旱。适宜生长在土层深厚、排水良好、富含腐殖质的偏酸性砂质壤土，忌碱地和积水。种植地区要求年平均温度为 15~18℃，7 月平均温度为 24~28℃，1 月平均温度 0℃ 以上，能耐短期最低温 -13℃。最适宜生长温度为 15~28℃，年平均相对湿度为 76%~85%，年降水量为 1000mm 左右。桂花在幼苗期要求有一定的遮阴。成年后要求有相对充足的光照，充足的光照条件可提高着花密度。桂花对空气湿度有一定要求，开花前夕要有一定的雨湿天气，如遇干旱会影响开花。桂花对 SO_2、HF 有一定抗性，并对 SO_2、Cl_2、Hg 蒸气有一定吸收能力，但不耐烟尘，叶片滞尘时出现只长叶不开花的现象。

桂花每年春、秋两季各发芽一次。春季萌发的芽生长势旺，容易分枝；秋季萌发的芽，只在当年生长旺盛的新枝顶端上，萌发后一般不分杈。花芽多于当年 6—8 月形成，有二次开花习性。通常分两次在中秋节前后开放，相隔两周左右，最佳观赏期 5~6d。桂花树寿命较长，一般可成活几十年到数百年，有的可达千年以上。

（四）繁殖与栽培

1. 繁殖

采用种子繁殖、扦插繁殖、嫁接繁殖、压条繁殖等均可。

（1）种子繁殖　果实采收后进行堆放，搓去果皮，洗净，及时进行混沙贮藏使种子后熟，当年 10—11 月秋播或翌年 2—3 月春播。在准备好的苗圃地以行距 20cm 进行条播，播后覆土、盖草、浇水，年内仅有少量种子发芽，大部分种子要到翌年春天才能发芽。因此，播后覆盖物要保留，并适时浇水，保持土壤湿润，待出苗后，要搭荫棚防晒，以保证小苗成活。桂花种子不易得到，且实生苗开花晚、花量小、香味差，因此实生苗多用于大面积风景区的绿化和作为嫁接桂花的砧木。

（2）扦插繁殖　目前各地广泛采用扦插的方法进行桂花繁殖，既能保持品种特性，又能提早开花。桂花扦插一年可进行两次，第一次是早春季节春梢萌发前，此时扦插有利于插穗成活；第二次是秋季 8 月上旬—9 月下旬，此时扦插需用当年生枝条作插穗。一般采用露地插床，土壤以排水良好的砂质壤土为宜。最好前一年冬季翻耕，使土壤风化，消灭病虫害。扦插前翻耕平整土壤和作畦备用。插条可用生长素处理或不处理均可，按株行距 3cm×10cm 将插条入土 2/3，压实即可。扦插后生根前需遮阴，并通风和及时浇水，保证基质温度达到 25~28℃，气温稳定在 23℃ 左右。扦插 10d 后应用稀薄的草帘覆盖，20d 后能形成愈伤组织，30~40d 能够长出新根。当根长到 2~3cm 时，去除草帘，并向叶片雾状喷水，保持相对湿度在 90% 左右，及时清除杂草。冬季注意保温，第二年春季开始追肥，经 1 年培育后，苗高 30~40cm；当插穗的新梢停止生长时，可带土团移栽。

（3）嫁接繁殖　嫁接时间一般选择在气温为 15~20℃ 的雨水季节前，多用女贞、小叶女贞、小蜡、水蜡、流苏和白蜡等作砧木，一般多用靠接或切接法。当接穗的新芽开始萌发时，去除包扎的塑料薄膜，剪除砧木上萌发的新梢，同时，注意防治蚜虫危害，加强肥水管理。

（4）压条繁殖　压条在春季发芽前进行。常见的压条方法有空中压条、地面压条。压条繁殖是将母体植株的枝条压入土壤中，使压入土壤中的部位生长根系，然后将生根的枝条从母体分离开，从而获得新植株的方法。压条繁殖成活率高，但繁殖数量有限，适宜于名贵树种。

2. 定植

桂花移栽时间一般选择在 3 月中旬—4 月下旬或秋季花期后，但不能在冬季移植，否则易导致生长不良、推迟开花。种植桂花的土壤应选择土质疏松、干不开裂、湿不泥泞、排水良好、通气性好的酸性或微酸性土壤，否则应对土壤进行改良。

扦插苗高度达 35cm 以上即可移植，土壤先深耕细作，作成畦宽 100cm，高 30cm，按株行距 25cm×25cm 种植，经 2 年培育后，可高达 70~100cm，此时进行抽株移植，以株行距 50cm×50cm 为宜，再培育 2 年，高达 1.5~2m，可抽株移植，株行距按照实际情况而定，最后以株行距 4.5m×4.5m 种植为宜。

3. 田间管理

定植后 10 年内要精细管理，成树后管理可适当粗放一些。管理水平与产花量有很大关系。

（1）施肥　为保证桂花正常生长和开花，需保证充足营养。基肥以腐熟有机肥为主，一般在冬季施入。露地栽植的桂花可采用条施方法，在树冠周围挖环形沟或在两侧挖沟施入。根据桂花长势，一般每月施 1 次追肥，在春季枝叶萌发前和秋季开花前，用清粪水兑少量速效性氮、磷、钾的单质或复合肥料，结合浇水施入。

（2）浇水　由于桂花根系发达，一般情况下，只要能够正常生长，就不需要经常浇水。

（3）中耕除草　桂花幼龄树每年中耕除草 4~5 次，注意不要伤苗；成年树在夏季除草 1 次，冬季结合除草，冬翻 1 次，疏松土壤，消灭害虫。桂花不定芽萌蘖性强，故植株长至 1m 左右时应进行适当修剪整形。因桂花生长速度较慢，故不宜进行强剪，通常只需将过密枝、内膛枝剪除即可。

4. 病虫害防治

主要病害有枯斑病、褐斑病、炭疽病，3 种病害均为真菌性病害。防治方法：①在秋季彻底清除病叶和落叶，减少侵染病源；②加强栽培管理，适时浇水、施肥，注意通风透光；③在发病初期采用 1∶2∶200 的波尔多液、50% 苯来特可湿性粉剂 1000~1500 倍液或 50%（质量分数）的多菌灵可湿性粉剂 800~1000 倍液喷洒。

主要虫害有介壳虫。防治方法：当虫量较少时可刮除虫体，若虫孵化期，可用 25% 亚胺硫磷乳油 1000 倍液或 40% 乐果或氧化乐果乳油 1000 倍液喷洒防治。

（五）采收与加工

在桂花盛开时期采收，于早晨露水未干时，树下铺上一层塑料布或布，摇动树干及枝条，去叶和枯枝杂质等，然后收集桂花。鲜花采集后应尽快加工，存放不宜超过 10h，否则花朵枯萎、发热、发酵，影响浸膏质量。一般在采后 6h，香气显著变淡。因此，为避免香气散发，一般采用腌制法贮存，然后用腌制桂花提取桂花浸膏，可提高浸膏的质量和得率。

（六）利用价值

1. 香料

桂花精油一般是从花较大呈金黄色的金桂中提取，而不是利用白色小花的银桂。用溶剂从金桂的花中萃取。桂花精油是最好的空气清新剂，不论是熏蒸还是混入水中室内喷洒，都是调节空气的很好选择。桂花浸膏广泛应用于食品、化妆品、香皂香精。民间常直接掺入米面中制成芳香糕点，或用盐、糖浸渍后作食品香料。桂花净油中的许多香气成分，如玫瑰醚、突厥烯酮和茉莉内酯是调香中常用的重要香料。

2. 药用

桂花有散寒破结、化痰止咳的功效，用于牙痛、咳喘痰多、闭经腹痛；果实有暖胃、平肝、散寒的功能，用于虚寒胃痛；桂树根、叶有祛风湿、散寒的功能，用于风湿筋骨疼痛、腰痛、肾虚牙痛等。

3. 观赏

在南方，桂花广泛种植于公园、风景区、居住小区、景观路和广场周围；在北方，常作盆栽点缀居室；桂花对有害气体 SO_2、HF 有一定抗性，是工矿区绿化的优选花木。

4. 其他价值

桂花木质坚实细密，是雕刻良材。桂花种子可榨油，可供食用。

六、薰衣草

薰衣草（*Lavandula angustifolia* Mill.）别名爱情草、狭叶薰衣草、菜薰衣草、香水植物、香草等，为唇形科（Labiatae）薰衣草属（*Lavandula*）植物，原产于地中海沿岸，在海拔 700~1500m 处生长。主要分布于大西洋群岛及地中海地区至索马里，巴基斯坦、印度也有分布。我国自 20 世纪 50 年代开始引种，目前在新疆伊犁地区、陕西、河南、河北、浙江等地有栽培，现新疆伊犁地区已成为我国薰衣草的主要生产基地。薰衣草在罗马时代就已经是相当普遍的香草，当时的使用方式是将其加入洗澡水中，使精神放松，或是作为衣物熏香防虫之用。

（一）植物形态

多年生半灌木或矮灌木，茎直立，多分枝。老枝褐色，常条状剥落，小枝密被星状毛和绒毛。叶对生，线形或披针形，全缘，先端圆钝，无柄，中脉隆起，表面被星状绒毛；轮伞花序通常具6~10花，聚集于枝顶成穗状花序；花淡紫色至深紫色，稀粉红色或白色，芳香；萼卵状管形；苞片棱状卵圆形，先端渐尖成钻状，干时常带锈色，被星状绒毛；坚果扁椭圆形，深褐色，有光泽。花期6—7月，果期8—9月。

（二）同属其他品种

目前，我国还引进了薰衣草属中的齿叶薰衣草（*Lavandula dentata*）和法国薰衣草（*Lavandula stoechas* Marshood），两者均含有芳香精油。

（1）齿叶薰衣草　通常以其叶片的形状称之为齿叶薰衣草。紧密小灌木，株高约50cm，叶片绿色狭长，叶缘锯齿状，茎短且纤细，花和法国薰衣草相似，只是每层轮生的小花彼此间较不紧密，最顶端无小花，只有和花色一样的苞叶，也无法国薰衣草那么明显，花色为紫红色。齿叶薰衣草半耐寒，比较耐热，全草味道芬芳，除供观赏，用于环境绿化外，也适宜泡茶。

（2）法国薰衣草　常绿灌木，株高50~60cm。叶灰绿色，花呈穗管状，花色深紫，顶部有紫色苞片，全株有浓郁芳香。法国薰衣草花型优美、气味芬芳，对环境的适应性（耐热、耐湿）优于其他品种。

（三）生长习性

薰衣草耐寒、耐旱、喜光、怕涝，要求冬季温暖湿润，夏季冷爽干燥。在5~30℃均可生长，生长适宜温度为15~25℃。在新疆地区埋土防寒和有积雪的情况下，能耐-37℃的绝对低温，也能忍受夏季41.7℃的高温。种子发芽适宜温度为20~23℃。在平均气温为11℃时植株开始萌动，14℃时返青生长，19℃左右现蕾，25℃左右盛花，种子成熟期的适宜温度为22.5℃。新疆地区日温差较大，海拔600~1000m，年平均气温14.5℃左右，年降水量300~400mm，适合薰衣草生长，使其结实率高，籽粒饱满。穗薰衣草和杂薰衣草在伊犁地区也能良好生长。

薰衣草为长日照植物，光照对其发育和精油的形成有极为重要的作用。以全年日照时数2000h以上为宜。光照不足，植株生长发育不良，精油产量和质量均降低。

薰衣草对土壤的要求不是很严格，喜微潮偏干的土壤环境，在微酸性或微碱性的土壤上都能较好地生长，由于薰衣草喜光怕涝，因此选择地势高燥、排水良好、疏松肥沃的砂质壤土种植最为适宜，对于强酸性土壤，若用于种植薰衣草，应施用石灰改良土壤。

（四）繁殖与栽培

1. 繁殖

可采用种子繁殖、扦插繁殖、分株繁殖等。目前生产上主要采用扦插繁殖。

（1）种子繁殖　薰衣草种子细小，宜育苗移栽。播种期一般选春季，温暖地区可选每年 3—6 月或 9—11 月，寒冷地区宜选 4—6 月播种，在冬季温室也可播种。发芽天数 14~21d。发芽适温 18~24℃。发芽后需适当光照，弱光易徒长。播种前将种子在 30~40℃温水中浸泡 3~4d，可提高发芽率。播种前将土地整平耙细，浇透水，待水下渗后，均匀播种后盖细土，厚度为 0.2cm 左右，然后盖上草或塑料薄膜保湿。苗期注意喷水，当幼苗过密时适当间苗，待苗高 10cm 左右时可移栽。

（2）扦插繁殖 一般在春、秋季进行扦插。剪取半木质化枝条，将其剪成 10~20cm 长的插穗，按扦插深度 5~8cm、株距 3~4cm、行距 5~6cm 插入细沙中。要求插床排水良好，经常用喷壶喷水保持插床湿润，并注意遮阴。在 20~24℃床温和湿润的条件下，约 40d 即可生根。扦插苗管理比较方便，生产上采用较多。

（3）分株繁殖 春、秋季均可进行，分株时每株上均需有一定量的根系，以促进其尽快成活。

2. 定植

薰衣草一般选择在春季定植，定植前应进行土壤深翻。深翻前，施腐熟的有机肥 500kg/亩、磷肥 15kg/亩、尿素 10kg/亩作基肥。按行距 100cm、株距 60cm 挖定植穴，每穴栽小苗 1 株，然后填土压实，浇透定根水。

3. 田间管理

（1）修剪 薰衣草花朵的精油含量最丰富，利用时也常以花朵或花序为主，为方便收获，栽培初期的一些小花序可用剪刀整个剪平，新长出的花序高度一致；也利用此法使植株低矮，促使多分枝并开花，增加收获量。修剪时要注意在冷凉季节，如春、秋时节，不要剪到木质化部分，以免植株衰弱死亡。

（2）培土 在华北地区种植薰衣草，冬季需对根部进行培土，起到防寒的效果。新定植的小苗和多年生苗在翌年 3 月底要及时扒土放苗。

（3）浇水 在 4 月上旬气温回升时浇水，为小苗定根，老苗返青浇好关键水。浇水 1 周后对小苗及时松土、保墒提温，老苗田要一次性施尿素 19kg/亩和过磷酸钙 15kg/亩，施入行间人工深翻。在生长期至盛花期，1 年浇水 4~5 次，5 月初浇好现蕾水，6 月浇好花期水。

（4）中耕除草 及时中耕除草，杂草不仅影响植株生长，也影响精油产量和质量。

4. 病虫害防治

主要病害有薰衣草枯萎病；主要虫害有红蜘蛛、叶蝉和跳甲。

薰衣草枯萎病是薰衣草栽培过程中常见的病害之一。被害植株常在根颈处开始感染，初表现为水渍状暗绿色斑，后扩展为不规则形失水状，维管束变褐。潮湿条件下，病部产生大量白色菌丝体，并有琥珀状胶状物。由于根部维管束坏死，导致植株长势弱，直至全株枯死。种植过密，土壤积水，容易发病。防治方法为：①选用抗病品种；②不偏施或过施氮肥，雨后及时排水，防止积水；③及时剪除病枝，并喷施 50%多菌灵可湿性粉剂 300 倍液或 14%络氨铜 300 倍液浇灌病株，平均每株浇灌药液 250L，7~10d 喷淋 1 次，共 2~3 次。

红蜘蛛可用阿维菌素溶液或三氯杀螨醇喷杀；叶蝉和跳甲可喷洒 50%辛硫磷乳油或 50%杀螟松乳油等药物防治，同时要注意清除杂草，利用成虫趋光性，也可用灯光诱杀。

（五）采收与加工

适宜采收期是盛花期，薰衣草花穗 50%～60%开花时可开始收割，初花期和种子成熟期得油率和含酯量均低，香气差。一天中以上午 8 时—下午 6 时采收为宜，早晨露水未干及雨后不宜采收。采花部位以花穗下面第一对叶腋处为标准（开花顺序由下而上），带枝叶过多会影响精油质量，过短，则花梗留在植株上会影响植株抽梢生长，采收后应铺成 10cm 左右厚度置于阴凉处，随即加工蒸油。采收后，如加工设备不足，可置阴凉处，并经常翻动，如堆放不当或在阳光下直晒，会严重影响得油率和香气。因此，要有计划地采收和及时加工。

（六）利用价值

1. 香料

薰衣草花可提炼精油，为重要的天然香料之一。薰衣草花中含的芳香油清鲜而芳香宜人，是调制化妆品、皂用香精，尤为棕榄型香皂及花露水香精的重要原料，也是调香中不可缺少的品种。花可增添果酱风味，也适合做糕饼及香草茶。

薰衣草精油主要为酯香，酯类（如乙酸芳樟酯、乙酸薰衣草酯）的多寡是衡量薰衣草精油香气质量的重要标志之一〔如法国产的薰衣草精油中酯含量在 50%（质量分数）以上，香气最好，英国产的薰衣草精油中醇多酯少，香气较差〕。但酯香还未能构成薰衣草精油的特征香气，它的清爽花香特征，是由薰衣草醇、橙花醇、香叶醇、庚酮等发出的，因此，除了看其清香带甜的气息外，还要看其花香，若只有清香而欠缺花香，则呈果子气息，并非好品。虽然龙脑和桉叶素可使其有清爽之感，但若龙脑和桉叶素等的气息过重，则香气显得粗糙。若有莳萝气息者也为下品，若有酸气者可能是加工过程或久放后脱酸，有松油气息者为萜烯类变质。薰衣草与杂薰衣草的区别主要在于其樟脑、龙脑的含量较少，气息好于杂薰衣草。

2. 药用

薰衣草中所含的类黄酮化合物有利于调整血压，对神经中枢系统有镇静作用。鲜植株和花朵也具有较高的药效，还可增强和提高免疫能力和皮肤再生力，故常用于外伤和手术后镇痛和关节镇痛消肿。

3. 绿化

薰衣草花丛艳丽，可绿化庭院。

4. 蜜源

薰衣草也是很好的蜜源植物，其蜜含有维生素 A、维生素 P。

七、铃兰

铃兰（*Convallaria majalis* Linn.）别名香水花、草玉铃、君影草等，为百合科（Liliaceae）铃兰属（*Convallaria*）植物，原产于北半球温带地区，即欧洲、亚洲及北美。我国主要分布在东北、华北、西北及内蒙古等省区。吉林省长白山西南的白山市蕴藏着丰富的铃兰资源。日本北海道、朝鲜、法国南部、俄罗斯西伯利亚、英国等地也有分布。目前所用铃兰主要靠野生资源，大面积栽培较少。

（一）植物形态

多年生草本，株高20~30cm。根状茎白色、细长，匍匐状，节上有越冬芽和须根；叶2枚，稀3，叶片椭圆形或卵状披针形，长7~20cm；宽3~8.5cm，先端急尖，基部楔形，呈鞘状相互抱合，茎基部有数枚鞘状膜质鳞片；花茎由鳞片腋抽出，与叶近等高；总状花序偏向一侧，小花6~10朵，花乳白色，钟形，下垂，有香气，苞片披针形；雄蕊6，子房二室；浆果球形，熟后红色；种子4~6枚，椭圆形，扁平，表面有细网纹。花期5—6月，果期7—9月。

（二）生长习性

铃兰喜湿润，不耐干旱，在疏松肥沃、排水良好的砂质壤土上生长繁茂；对土壤要求不严，在pH 5.5~7的偏酸性土、中性土上均能生长。积水易涝地、盐碱地、黏重土上不宜栽植。铃兰常生长在灌丛、河岸、林缘草丛中，在林间草地常自成群落而成片生长。

铃兰对光照反应敏感，在郁闭度不超过40%的条件下，叶片肥大，花多，花期较长，坐果率也高；全光照下叶片变小，叶色发黄，叶尖、叶缘易被阳光灼伤而干枯，花少，坐果率低。

铃兰喜冷凉气候，春季在气温5~8℃时开始返青，5月上旬为盛花期。此时要求土壤含水量30%左右，空气相对湿度70%~80%；气温超过30℃，植株地上部分生长缓慢或停止生长。地下根状茎及根系均分布于离地表10~15cm处。耐寒性强，在长白山区，−20℃以下低温环境能安全越冬。种子具休眠特性。

（三）繁殖与栽培

1. 繁殖

可种子繁殖，但休眠期较长，故多不采用。主要采用地下根茎无性繁殖。

根茎繁殖在早春萌芽前或秋季地上部干枯后，挖出地下根茎，根茎前端需带顶芽。可随挖随种，在苗床内开横沟，将带顶芽的根茎平放入沟内，覆土4~5cm厚，稍镇压，浇透水。苗床内密度可适当加大，待生根出苗后及时移栽定植。育苗地可用自然条件遮阴，也可人工搭荫棚遮阴。铃兰的根茎常自带须根，容易成活。

2. 选地整地

根据铃兰的生长习性，种植地应选土质肥沃疏松、排水良好、有一定郁闭条件的地段或疏林下；山地栽植应清除杂草树根和多余遮阴物，翻耕耙细，若土壤肥力不足，结合整地适量施基肥，起垄或作畦。

3. 定植

秋季育苗的，翌年春季气温稳定在10℃以上即可定植；春季育苗的，要求生出新根和地上部分萌发出新芽时定植。栽植时应根据土壤肥力来决定种植密度，如土壤肥力高则可稀植，土壤肥力差可适当密植。种植后浇透水。

4. 田间管理

（1）调节荫蔽度　引栽成功的重要条件之一，就是要创造一定的遮阴条件，或利用天然条件；苗期要求郁闭度较大，不能用强光照射，随着植株生长，需增加光照，减少遮阴，促使植株加快生长，提高鲜花产量和质量。

（2）除草　幼苗前期生长缓慢，而杂草生长迅速，尤其是雨季生长更快，要及时除去杂草，适当保护离苗较远的大型遮阴树和高草，但要保持一定的通风透光条件，促使幼苗生长。

（3）施肥　适当追施有机肥，有利于根茎生长，促其增殖。对大面积成片野生群落可适当进行人工或半人工管理，也可就地进行仿生栽培。

5. 病虫害防治

原生地野生种往往是成群生长，很少发生病虫害。温室种植易滋生病虫害，常见病害为茎腐病、炭疽病、叶斑病等真菌性病害。平时要定期用铜素杀菌剂防治，并严禁从病株上采种繁殖，一旦发现病株，要立即清除，以防传播蔓延。另有褐斑病，可用75%百菌清可湿粉剂700倍液喷洒防治。

（四）采收与加工

以收花为目的的，应于5月上中旬，铃兰开始开花到盛花期时，每天上午采收，集中采摘日期仅有15~25d。采收的鲜花应避免揉搓，置于阴凉通风处，待集中后，可用石油醚萃取法提制铃兰浸膏。

（五）利用价值

1. 香料

铃兰花提取的浸膏在国际上被列为上等名贵香料。铃兰花浸膏具有清甜鲜幽的香韵，留香颇久，故用途广泛，可调制各种花香型香精，用于化妆品及香皂等产品。

2. 药用

铃兰全草及根入药，含铃兰苦苷，有强心、利尿作用。

3. 观赏

铃兰植株矮小，幽雅清丽，芳香宜人，是一种优良的观赏植物，通常用于花坛，也可作地被植物。

八、瑞香

瑞香（*Daphne odora* Thunb.）别名蓬莱花、睡香、风流树、瑞兰、露甲等，为瑞香科（Thymelaeaceae）瑞香属（*Daphne*）植物。瑞香是园林盆栽的名贵香花之一。原产于我国长江流域以南。瑞香栽培历史悠久，据《本草纲目》记载，此花早在宋朝时就有栽培。《庐山记》记载："瑞香花紫而香烈，非群芳之比，盖其始于庐山。"宋朝咏瑞香的诗词也较多，瑞香被誉为园林中的佳品。

（一）植物形态

多年生常绿直立小灌木。枝粗壮，通常二歧分枝，小枝近圆柱形，紫红色或紫褐色，光滑无毛；叶互生，纸质，长椭圆形或倒卵状椭圆形，长 7~13cm，宽 2.5~5cm，先端钝尖或短尖，基部狭楔形，边缘全缘，叶面深绿色，叶背淡绿色，有蜡质光泽；叶柄短，粗壮，散生极少的微柔毛或无毛。花白色或淡红紫色，具芳香，数朵至 12 朵组成顶生头状花序，花萼筒管状，无毛，裂片 4，花蕾心状卵形，花端 4 裂；核果肉质，圆球形，红色。花期 3—5 月，果期 7—8 月。

（二）变种

（1）金边瑞香（*Daphne odora* Thunb. var. *aureo*）　叶缘金黄色，花外面紫红色，内面粉白色，基部是紫色，花香最为浓郁。

（2）毛瑞香（*Daphne odora* Thunb. var. *atrocaulis*）　花白色，花被外侧密生黄色绢状毛。

（3）蔷薇红瑞香（*Daphne odora* Thunb. var. *rosacea* Mak.）　花朵淡红色，花瓣内白色、外淡红色。

（4）白花瑞香（*Daphne odora* Thunb. var. *leucantha* Makino）　花簇生，纯白色。

（三）生长习性

喜温暖、湿润、凉爽的气候条件，耐阴性强，忌日光暴晒，耐寒性差。夏季需遮阴、避雨淋和大风；冬季放于室内向阳、避风处，维持 8℃以上室温。喜疏松肥沃、排水良好的 pH 6~6.5 的酸性土壤，忌碱性土壤。

（四）繁殖与栽培

1. 繁殖

可采用扦插繁殖、压条繁殖、嫁接繁殖和种子繁殖。

（1）扦插繁殖　2 月下旬—3 月下旬进行春季扦插，选用 1 年生粗壮枝条剪成 10cm 左右枝段，保留 2~3 片叶片，去除下部叶片，插入苗床；夏季扦插在 6 月中旬—7 月中旬进行；秋季扦插在 8 月下旬—9 月下旬进行，均选当年生枝条。夏、秋扦插，剪下当年生健壮枝条，插条基部最好带有节间，有利于发根，将其插入基质中，插条插入约 2/3 深，扦插后遮阴，保持基质湿润，45~60d 即可生根。

（2）压条繁殖　一般在春季 3—4 月植株萌发新芽时进行。选取 1~2 年生健壮枝条，进行 1~2cm 宽环状剥皮处理，再用塑料膜包住切口处，里面填入基质，将下端扎紧，塑料膜上端也扎紧，但要留一点孔隙，以便透气和灌水，保持袋中基质湿润，一般经 2 个月左右即可生根。秋后剪离母体另行栽植。

（3）嫁接繁殖　嫁接繁殖可保持原有瑞香品种的优良性能，一般比较名贵、优良的品种采用该方式，可用普通品种作砧木进行切接。

（4）种子繁殖　果实成熟后及时采收，去掉果皮，并晾干，可立即进行播种，也可沙藏，后期播种。播种方法简单，将种子均匀播种于土壤表面，覆盖薄土即可。如果管理得当，当年可长至 20cm 高。播种繁殖小苗生长速度相对缓慢，且需要较长时间才能开花，因此很少用种子繁殖。

2. 田间管理

栽培时应选半阴半阳、土层深厚、湿润的地块种植，栽植密度双行双株，4000~5000 株/亩。幼树定剪 3~4 次，控制株高 80cm 左右。

为避免阳光直射，在冬季又能晒到阳光，常采用与落叶乔、灌木混植。春、秋两季均可移植，但以春季或梅雨期移植为宜。成年树不耐移植，移植时尽量多带宿土，还要加以重剪。生长季节浇水要适量，原则为间湿间干，不可积水，否则烂根；秋冬则适当减少浇水，使盆土略显干燥。盛夏温度较高、光线较强，需遮阴，并经常向地面和叶片喷水以降低温度，否则对瑞香生长极为不利，叶片和嫩枝常被灼伤，生长点也易枯焦。冬季温室温度白天不低于 16℃，夜晚不低于 10℃。

花谢后，应施以氮为主的肥料 1~2 次，促进枝叶生长茂盛。入秋后，从 9 月起即开始花芽分化和孕蕾，应施以磷为主的氮磷钾复合肥料 1~2 次，每隔 10~15d 1 次。花蕾形成时增加施肥浓度，开花时夏季停止施肥。春季对过旺枝条应适当修剪。

3. 病虫害防治

瑞香抗病性较强，主要病害有花叶病，主要引起叶片色斑及畸形，甚至引起开花不良和生长停滞，发现后及时挖除并烧毁。偶有蚜虫、红蜘蛛危害，可用 80% 敌敌畏 1200 倍液喷洒防治。瑞香根系有甜味，应防止蚯蚓危害，翻盆时可将盆土中蚯蚓捡出，平时花盆不宜放在泥土地上，以避免蚯蚓从盆底钻入。

（五）采收与加工

花期采集花朵用水蒸气蒸馏法提取瑞香花精油，可用溶剂浸提瑞香鲜花制得浸膏。

（六）利用价值

1. 香料

瑞香花含精油，是一种名贵香料，可作高级化妆品原料，广泛用于医药、日化、精细化工，用于牙膏、香皂和化妆品中。鲜花浸膏可用于调和化妆品及皂用香精。

2. 药用

瑞香根或根皮、叶也供药用，具有清热解毒、消炎止痛、祛风活血、化瘀散结的功效，主治头痛、牙痛、关节疼痛等；对金黄色葡萄球菌也有明显抑制作用。

3. 观赏

瑞香是著名的早春花木，株形优美，花朵极芳香，最适于在林下路边、林间空地、庭院、假山岩石的阴面等处培植。日本的庭院中十分喜爱种植瑞香，多将其修剪成球形，种于松柏之前供点缀之用。

4. 其他价值

瑞香茎皮纤维为良好的造纸原料。

 课程思政

很多花类香料植物色彩鲜艳，气味芳香，例如玫瑰、桂花、茉莉花、薰衣草等是城市绿化和园林布置中理想的形、色、香俱佳的园林观赏花木之一，玫瑰还是人们喜爱的切花材料。新疆霍城县被誉为"中国薰衣草之乡"，与法国普罗旺斯、日本北海道并称为世界三大薰衣草产地，霍城县规模化种植薰衣草，形成了集种植、加工、销售和产品研发、休闲旅游为一体的全产业链。农业全产业链建设是推动农村产业提质增效，促进产业振兴的重要抓手。在全产业链发展过程中，应坚持利农为农，促进乡村振兴，带动农民多渠道增收。

 思考题

1. 简述玫瑰、依兰、栀子、茉莉花、桂花和薰衣草的生活习性。

2. 简述玫瑰、依兰、栀子、茉莉花、桂花和薰衣草的主要繁殖方法。

3. 简述玫瑰、依兰、栀子、茉莉花、桂花和薰衣草的主要栽培技术。

第十三章
果实和种子类香料植物

┌─ 【学习目标】 ─────────────────────────────
│
│   1. 了解果实和种子类香料植物的形态特征、生长习性、采收加工方法和利
│ 用价值。
│   2. 掌握果实和种子类香料植物的繁殖方法和栽培技术。
│
└──

一、香豆蔻

香豆蔻（*Amomum subulatum* Roxb.）别名印度砂仁、大果印度小豆蔻、尼泊尔小豆
蔻等，为姜科（Zingiberaceae）豆蔻属（*Amomum*）植物，分布于广西、云南、西藏
等地。

（一）植物形态

粗壮草本，株高 1~2m。叶片长圆状披针形，顶端具长尾尖，基部圆形或楔形；植
株下部叶无柄或近无柄，上部叶柄具短柄；叶舌膜质，微凹，无毛，顶端浑圆。穗状花
序近陀螺形；苞片卵形，淡红色，顶端钻状；小苞片管状，裂至中部，裂片顶端急尖而
微凹；花萼管状，无毛，三裂至中部，裂片钻状；花冠管与萼管等长，裂片黄色，近等
长，后方的一枚裂片顶端钻状；唇瓣长圆形，顶端向内卷折，有明显的脉纹，中脉黄
色，被白色柔毛。蒴果球形，紫色或红褐色，不开裂，具 10 余条波状狭翅，顶具宿萼，
无梗或近无梗。花期 5—6 月，果期 6—9 月。

（二）生长习性

喜暖湿，耐阴，生长于海拔 300~1300m 的荫湿林中。

（三）繁殖与栽培

1. 繁殖

一般 8 月初—9 月随采收种子随播种，播种前催芽，如种子量少，可与种子 4 倍的湿沙混合后置于盆中，保持湿润，在 30~35℃下，一般约 10d 即可露白，此时取出播种。

按行距 10~15cm 开沟条播，播种后覆土 0.5cm，床面盖草，20~30d 开始出土，从播种到齐苗需 40~60d。当幼苗达 2~3 片叶时，进行间苗或移床，促进叶片增加；至 5~7 片叶时，植株开始分蘖，苗高 30cm 左右可出圃定植。定植株行距 1m×（1.5~2）m。每穴栽苗 2~3 株，不宜栽得过深，以免影响发根抽笋。栽后压实，淋定根水。

2. 田间管理

（1）遮阴　出苗时要搭设荫棚，以防烈日暴晒。

（2）除草、割枯苗　在定植后封行前，及时拔除杂草，注意不要伤害幼茎和须根。收果后，及时除去枯、弱、病残株。

（3）追肥、培土　定植初期和初结果后，应重施人粪尿或硫酸铵水溶液，以促进植株生长。进入开花结果期，应施氮、磷、钾全肥，并配合施土杂肥等。也可在结果期用 20g/L 过磷酸钙水溶液作根外追肥，以促苗促花，提高结果率。

（4）灌溉排水　高温干旱会引起叶片萎黄、植株生长细弱；若花期遇干旱，则开花少，要及时灌溉或喷洒，增加空气湿度。雨季要及时排出积水，以免引起烂根烂花。

（5）调节郁闭度　育苗期要求 80%~85% 郁闭度，开花结果期要求 70% 郁闭度。

（四）采收与加工

果实将成熟时采收，剪下果序，除去杂质，晒干。

（五）利用价值

果实可用作调味品，种子精油可用于食品香料。

二、草果

草果（*Amomum tsaoko* Crevost et Lemarie）别名草果仁、草果子等，为姜科（Zingiberaceae）豆蔻属（*Amomum*）植物，分布于我国云南、广西、贵州等省区。草果是药食两用中药材大宗品种之一。

（一）植物形态

多年生草本，茎丛生，高可达 3m，全株有辛香气，地下部分略似生姜；叶片长椭圆形或长圆形，顶端渐尖，基部渐狭，边缘干膜质，两面光滑无毛，无柄或具短柄，叶舌全缘，顶端钝圆；穗状花序不分枝，每花序有花 5~30 朵；总花梗被密集的鳞片，鳞片长圆形或长椭圆形，苞片披针形，顶端渐尖；小苞片管状，萼管约与小苞片等长，顶端具钝三齿；花冠红色，裂片长圆形，唇瓣椭圆形，蒴果密生，熟时红色，干后褐色，不开裂，长圆形或长椭圆形，种子多角形，有浓郁香味。花期 4—6 月，果期 9—12 月。

（二）生长习性

喜温暖而阴凉的山区气候条件，怕热、怕霜冻，年平均气温 15~20℃。喜湿润，怕干旱。不耐强烈日光照射，喜有树木遮阴的环境，一般荫蔽度 50%~60% 为宜。

（三）繁殖与栽培

1. 繁殖

种子繁殖法在播种前充分搓揉，除去种子表面的胶质膜，以提高出芽率。以当年 12 月播种为佳。选择土层深厚、排灌方便的育苗地作畦，育苗。播种量一般为 8~10kg/亩。播种后覆土 1.5~2cm，并浇透水。采用人工搭建遮阴矮棚的方法，保持苗床荫蔽度在 60% 左右。

2. 育苗移栽

在苗床上培育 1 年后，苗高达 30cm 以上即可移栽，以 6—7 月为宜，选在阴雨天移植，成活率高。株行距一般为 1.5m×1.5m 或 2m×2m，种植密度为 160~300 穴/亩，每穴 2~3 株。

3. 幼龄期（移栽后 3 年内）栽培管理

（1）查苗补缺　发现缺苗、死苗，及时补种。

（2）中耕除草　草果幼株对除草剂敏感，最好采用人工除草，每年在夏季和冬季各进行 1 次，并结合中耕，每穴施 5kg 尿素加 10kg 过磷酸钙。

4. 成龄期（定植 3 年后）栽培管理

（1）除草和割老株　每年在夏、冬季中耕除草各 1 次，在冬季除草时要将结过果的老株割除，并将割下的杂草和老株铺在植株周围，增加肥力。

（2）追肥　为了达到草果高产、稳产，每年冬季采果后应追肥 1 次。追肥可在距根尖 10cm 左右处打洞，用 20~25kg 复合肥或 5kg 尿素加 10kg 过磷酸钙加 10kg 钾肥混合施入洞中，施肥后盖土踏实。第 2 次追肥在翌年 3 月始花期，用 20kg 复合肥或 5kg 尿素加 10kg 过磷酸钙加 1kg 硼砂打洞追施。

（3）培土　冬季除草时若发现根露出地面需进行培土，可结合第一次追肥进行。注意开花后不宜培土，以免误伤花蕾。

（4）灌水和排水　旱季需要及时浇水，雨季积水应开沟排涝，防止渍水引起花、果实腐烂。

（5）调节荫蔽度　成龄期草果荫蔽度一般在 50%~60%，若荫蔽度过大应对遮阴树进行修枝或间伐，如荫蔽度不够，应在行间补种桤木树、西南桦等速生阔叶树木，逐步达到草果所需的荫蔽度。

5. 病虫害防治

主要病害有花腐病、果腐病、叶斑病等。在开花前喷施1：1：100波尔多液或50%多菌灵1000倍液。每隔7d喷一次，连喷2~3次。

主要虫害有星蝗虫和钻心虫。可用2.5%功夫乳剂进行防治。

（四）采收与加工

草果一般栽培2~3年就能开花结果，6~7年后产量较高。10—11月，当果实变为紫色未开裂时采收，采收时，用镰刀从果穗基部把整个果穗割下，不能用手直接扭摘单果或果穗。

采摘的果实要及时烘烤，如果不及时烘干，容易发霉腐烂。烘烤时，温度保持在50~60℃，并经常翻动，使其受热均匀，直至烘干为止。

（五）利用价值

果实可作调味香料。草果被人们誉为食品调味中的"五香"之一，具有特殊浓郁的辛辣香味，能除腥气，增进食欲，是烹调佐料中的佳品。全株可提取精油，精油可做调味品，也可用于医药和香料工业。

三、砂仁

砂仁（*Amomum villosum* Lour.）别名阳春砂仁、长泰砂仁、缩砂仁、缩砂密、春砂仁等，为姜科（Zingiberaceae）豆蔻属（*Amomum*）植物，分布于我国福建、广东、广西和云南。

（一）植物形态

多年生草本，株高1.5~3m，根茎匍匐地面，节上被褐色膜质鳞片。中部叶片长披针形，上部叶片线形，顶端尾尖，基部近圆形，两面光滑无毛，无柄或近无柄；叶舌半圆形，叶鞘上有略凹陷的方格状网纹。穗状花序椭圆形，总花梗被褐色短绒毛，鳞片膜质，椭圆形，褐色或绿色，苞片披针形，膜质，小苞片管状，一侧有一斜口，膜质，无毛；花萼白色，基部被稀疏柔毛；花冠白色，裂片倒卵状长圆形，唇瓣圆匙形，白色，顶端具二裂、反卷、黄色的小尖头，中脉凸起，黄色而染紫红，基部具两个紫色的痂状斑，具瓣柄。蒴果椭圆形，成熟时紫红色，干后褐色，表面被柔刺；种子多角形，具浓郁香气，味苦凉。花期5—6月，果期8—9月。

（二）生长习性

喜温暖湿润气候，不耐寒，能耐短时低温，-3℃受冻死亡。生产区年均气温19~

22℃；年降水量在 1000mm 以上，怕干旱，忌水涝。需适当遮阴，喜漫射光。栽培以土层深厚、疏松、保水保肥力强的壤土和砂质壤土为宜，黏土、砂土不宜栽种。

（三）繁殖与栽培

1. 繁殖

主要采用种子繁殖。选择饱满健壮的果实，播前晒果 2 次，晒后进行沤果，沤果温度保持在 30~35℃，并保持一定湿度，3~4d 即可搓洗果皮晾干待播。选择背风、排灌方便的地方作育苗圃地，深耕细耙作畦。施足基肥，施过磷酸钙 15~25kg/亩，与牛粪或堆肥混合沤制的腐熟有机肥 1000~1500kg/亩。春播 3 月，秋播 8 月下旬—9 月上旬，开沟条播或点播。播前搭好棚架，开始出苗时，即覆盖遮阴，荫蔽度达 80%~90% 为宜。7~8 片叶时，可适当减少荫蔽，但荫蔽度不可低于 70%。

2. 苗期管理

施肥要掌握薄肥勤施的原则。第一次在幼苗 2 片叶时进行，用硫酸铵氮肥 1.5~2kg 兑水 1500kg。第二次在幼苗 5 片叶时进行，用氮肥 3kg 兑水 1500kg。第三次在幼苗 8~10 片叶时进行，10 片叶以后每半个月或每月追肥 1 次，用氮肥 3kg 兑水 1000kg。要经常浇水，保持土壤湿润。苗高 10~15cm 进行间苗，苗高 50cm 即可出圃定植。

3. 栽培管理

砂仁应选择肥沃疏松、保水保肥力强的砂质壤土或轻黏壤土种植。砂仁地附近多种植果树，以扩大蜜源，引诱更多昆虫传粉。在平原地区种植，应开沟作畦，畦宽 2.6~3m、长 24~30m，沟宽 35cm。畦面为龟背形，以防积水，要注意营造荫蔽树。

（1）新种植未达开花结果前，要求有较大荫蔽度，保持 70%~80% 为宜。每年需除草 5~8 次，雨季每月 1 次。施肥除施磷钾肥外，要适当增施氮肥，每年 2—10 月施肥 3~4 次。要经常注意浇水，保持土壤湿润。

（2）进入开花结果后，花芽分化期需较多阳光，平均保持 50%~60% 荫蔽度较适宜。但在保水力差的砂质壤土，或缺水的种植地，应保持 70% 左右的荫蔽度。每年除草 2 次。

4. 病虫害防治

主要病害有叶斑病；主要虫害有幼苗钻心虫。

（1）叶斑病　在苗期或大田均有发生。防治方法为清除病株；喷施用 1：1：120 的波尔多液或代森铵水溶液 1000 倍液。

（2）幼苗钻心虫　危害幼苗。防治方法为加强水肥管理；成虫产卵盛期可用 40% 乐果乳剂 1000 倍液或 90% 敌百虫原粉 800 倍液喷洒。

（四）采收与加工

砂仁定植 2~3 年后开始结果，一般山区 8—9 月收获，平原地区 7 月底—8 月初即可采收。当果实由鲜红色变为紫红色，种子由白色变为褐色或黑色，质地坚硬，牙咬有浓烈辛辣味，即为成熟，可采收。采收不宜过早，过早加工干燥率低，质量差。采收时用剪刀将果穗剪下，切勿用手摘，以防将根状茎表皮撕裂，感染病害，影响第二年结果。

采回的砂仁要及时进行干燥，否则容易霉烂。

（五）利用价值

果实可作味调味料，也可提取精油，用于食品调香。叶可提取精油，用于食品调香和制药。

四、白豆蔻

白豆蔻（*Amomum kravanh* Pierre ex Gagnep.）别名豆蔻、圆豆蔻、波寇、泰国白豆蔻、柬埔寨小豆蔻等，为姜科（Zingiberaceae）豆蔻属（*Amomum*）植物，主产于越南、泰国等地，我国广东、广西、云南等地也有栽培。

（一）植物形态

茎丛生，株高 3m，茎基叶鞘绿色。叶片卵状披针形，长约 60cm，宽 12cm，顶端尾尖；叶舌圆形。穗状花序自近茎基处的根茎上发出，圆柱形，稀为圆锥形，长密被覆瓦状排列的苞片，苞片三角形，麦秆黄色，具明显方格状网纹，小苞片管状，一侧开裂；花萼管状，白色微透红，外被长柔毛，顶端具三齿，花冠管与花萼管近等长，裂片白色，长椭圆形；唇瓣椭圆形，中央黄色，内凹，边黄褐色，基部具瓣柄。蒴果近球形，白色或淡黄色，略具钝三棱，有 7~9 条浅槽及若干略隆起的纵线条，顶端及基部有黄色粗毛，果皮木质，易开裂为三瓣；种子为不规则的多面体，暗棕色，种沟浅，具芳香味。花期 5 月，果期 6—8 月。

（二）生长习性

生于气候温暖、潮湿、富含腐殖质、排水及保肥性良好的热带林下。原产地年平均温度 26~28℃，绝对低温 15℃左右，绝对高温 33℃左右，最适宜年降水量为 1900~2400mm，且分布均匀。

（三）繁殖与栽培

1. 繁殖

主要采用种子繁殖。采收成熟果实，剥去果壳。搓洗净果肉，将种子摊于室内晒干，播前在露天湿沙内催芽 2 周。条播，行距 12cm 左右。幼苗长叶 2~3 片时，可移栽于新的苗畦中，按株行距 5cm×12cm 栽植。培育 1 年可定植于大田。

2. 栽培管理

定植后新株每年除草 4~5 次。至开花结果年限，在开花前要清除株丛内杂草及枯枝落叶，采果后，要剪除枯、病、残株。每年施肥 5~6 次，以施土杂肥为主。在海南平原地区，因缺少传粉昆虫，为提高成果率，需进行人工辅助授粉。

3. 病虫害防治

主要病害有猝倒病；主要虫害有金龟子、蝼蛄等。

猝倒病在高温高湿、植株密度大时容易发生，发病时，植株失水萎蔫，然后失绿猝倒。发病初期可每隔 1d 喷施 1∶1∶100 的波尔多液 2~3 次或多菌灵。

发现金龟子、蝼蛄等虫害，应及时喷洒敌百虫或乐果等防治。

（四）采收与加工

当果实呈淡黄色，轻压即开裂，籽粒易分离，种子质硬，深褐色具光泽，即为成熟。海南种植区果实成熟期在 7—8 月，云南种植区果实成熟期在 8—9 月。采果宜用剪刀剪取果穗，严禁用手拔。

（五）利用价值

砂仁果实精油可作为食用香料，供各种食品调味调香使用。

五、茴香

茴香（*Foeniculum vulgare* Mill.）别名怀香、香丝菜、谷茴、小茴香等，为伞形科（Umbelliferae）茴香属（*Foeniculum*）植物。茴香是世界上应用最广泛的香辛料之一，原产于地中海地区，作为一种多用途（蔬菜、中药、香料）的香料植物，在我国已有 1000 多年的引种栽培历史。我国茴香播种面积约 10000hm²，年产量 20000t 左右，主产区为甘肃、内蒙古、山西等省区。

（一）植物形态

草本，全株无毛，有强烈香气。茎直立，高 0.6~1.5m，光滑，灰绿色或苍白色，上部分枝开展，表面有浅纵沟纹。茎生叶互生，叶有柄，卵圆形至广三角形，长达 30cm，宽达 40cm，三至四回羽状分裂，深绿色，末回裂片线形至丝状，基部鞘状。复伞形花序顶生或侧生；花序梗长 4~25cm，无总苞及小总苞；伞幅 8~30，不等长；花小，黄色，有梗；萼齿不显，花瓣 5，倒卵形，先端内折；雄蕊 5；雌蕊 1，子房下位，2 室。双悬果卵状长圆形，分果有 5 条隆起的纵棱，每棱槽中有油管 1，合生面有 2。花期 5—6 月，果期 7—9 月。

（二）生长习性

喜冷凉气候，耐盐碱。在阳光充足、中等肥力的坡地或较凉爽的丘陵地区生长发育最为适宜。种子萌发最适宜温度为 25℃ 左右。茴香适应性强，可在年平均气温为 14~20℃ 的地区生长。植株生长适宜温度为 15~28℃，超过此范围生长不良。年降水量为 1000mm 和年平均相对湿度为 70%~85% 的地区生长最好。茴香对光照强度要求不严格，但在长光照条件下易抽薹开花，此外，土壤宜选中性偏碱、通气、疏松、排水良好的肥沃壤土或砂质壤土，在黏重或低洼涝地不宜种植。

（三）繁殖与栽培

1. 繁殖

主要采用种子繁殖。南方可春播和秋播，南方春播 2—3 月，秋播 9—10 月；北方只能春播，4 月上旬开始播种。条播，按株行距 25cm 开沟，沟深 5 ~ 7cm；可穴播，按株行距 30cm×30cm 开穴，种子均匀撒入沟中或穴中，覆土 1.5 ~ 2.5cm，稍镇压。播种后 10~15d 即可出苗。

2. 田间管理

苗高 10~12cm 时间苗，每穴留苗 2 株，苗高 20~23cm 时，每穴留苗 1 株。植株生长过程中，一般每年进行 2~4 次除草和松土。以采收果实为目的的，植株生长前期应追施氮肥，生长后期宜多施磷、钾肥，促使其开花结实。天旱时应浇水 1~2 次，以利种子充分成熟。

3. 病虫害防治

主要虫害有茴香凤蝶幼虫和蚜虫，危害叶片和花序，可用乐果进行防治，也可徒手捕捉幼虫和蛹。

（四）采收与加工

种子成熟期因栽培地区不同而不同，一般 8—9 月果实先后成熟，待果皮变为黄绿色，并有淡黑色纵线即可收获。把果枝割下，晒到半干时脱粒，经风选后再晒至全干即成。茎叶含有精油，但以果实中含油量较多。

（五）利用价值

1. 香料

茴香籽用作调味料。茴香精油主要用于食品腌渍、烟、糕点泡菜和配制牙膏、香水及化妆品、酒类、糖果等。鲜茎、叶可作蔬菜食用。烹调上茴香入肴，多用于酱、卤、烧、炖、焖、煨等，可增香添味。茴香精油主要成分为反式茴香脑，可用于提取茴香脑。茴香脑可直接用于口香糖、化妆品、除臭剂等，还可合成茴香醛及己烷雌酚激素。

2. 药用

茴香果实和全草均可入药，具有祛风行气、祛寒温、止痛健脾、促进消化、健胃、祛痰、利尿、解毒的功效，可用于治胃气弱胀痛、消化不良、腰痛、经痛、疝气痛、呕吐和寒喘等疾病。茴香精油能促进胃肠蠕动和分泌，排除肠内气体，并有祛痰作用。

3. 饲料

茴香种子蒸馏后残杂中含有 4%~20%（质量分数）蛋白质和 2%~18.3%（质量分数）油脂，是很好的饲料。

4. 保健

茴香果实中富含蛋白质和具有抗氧化作用的脂肪油，值得开发利用，精制脂肪油的抗氧化剂还可作为食品和保健饮料的成分。

5. 蜜源

茴香花多，泌蜜丰富，花期较长，是夏季蜜源植物之一。

六、莳萝

莳萝（*Anethum graveolens* Linn.）别名土茴香、野茴香、洋茴香等，为伞形科（Umbelliferae）莳萝属（*Anethum*）植物，原产于欧洲南部，现世界各地有栽培。我国东北、甘肃、四川、广东、广西等地有栽培。近年来，印度大量生产莳萝籽，年产量约 3000t，大部分出口到国际市场。

（一）植物形态

一年生草本，稀为二年生，高 60~120cm，全株无毛，有强烈香味。直立的圆柱形茎，光滑无毛，有纵长细条纹。叶矩圆形或倒卵圆形，2~3 回羽状全裂，末回裂片丝状；茎上部叶较小，分裂次数少，无叶柄，仅有叶鞘；基生叶有柄，基部有宽阔叶鞘，边缘膜质；复伞形花序常呈二歧式分枝，伞形花序有花 15~25 朵；无总苞片或小总苞片；花瓣黄色；花柱短，先直后弯；萼齿不显。果为双悬果，椭圆形，淡黄色，成熟时褐色，背部扁压状，背棱细但明显突起，侧棱狭扁带状，各棱槽中具有一条大形油腺，腹面通常各具油腺 2 条。种子小。花期 5—8 月，果期 7—9 月。

（二）生长习性

性喜温暖湿润的气候。不耐高温，不耐寒，耐旱力略强。莳萝最适宜生长温度为 15~20℃，高于 30℃生长不良。日照充足、通风良好、排水顺畅、pH 介于中性至微酸性的砂质壤土或土质深厚壤土为佳。原产地年平均气温为 14~15℃，年降水量为 700~800mm。野生植株于海拔 1000m 以下地区生长为多。

（三）繁殖与栽培

1. 繁殖

主要采用种子繁殖，可采用条播方式播种。在北欧一般春播，播后 10~15d 可出苗；地中海沿岸和我国长江流域可秋播（9—11 月），其茎叶生长期在 11 月—翌年 2 月，2 月中旬可现蕾，3—4 月可结实。因种子细小，播种时土壤应施足基肥，翻耕耙细。播种密度可根据使用目的而定，摘取茎叶为主（菜用），可密些，播种量为 1.5~2kg/亩；以果实作调味料用，可稀播，播种量为 0.8kg/亩。以果用于生产时，行间距要大一些，根部应培土，必要时做些支撑。生长期一般为 140~150d。

2. 田间管理

莳萝的栽培比较粗放，苗期要注意杂草管理。一般 2~3 个月施肥 1 次，充分浇水，植株长得较茂盛。易与茴香杂交，应注意隔离。

3. 病虫害防治

播种过密、间苗不及时、温度过高易诱发莳萝立枯病。主要危害幼苗。幼苗茎基部，初呈水渍状缢缩，后病部变褐呈立枯状，湿度大时，病部可见褐色蛛丝状霉，即病原菌菌丝体。防治方法：①选用优良品种；②发现病株立即连根挖除，集中深埋或浇毁；③发病初期喷淋 20%（质量分数）甲基立枯磷乳油（利克菌）1200 倍液或 10%（质量分数）立枯灵水悬剂 300 倍液，每隔 7~10d 1 次，连喷 2 次。

（四）采收与加工

一般于春、夏季采收莳萝茎叶和果实。莳萝茎叶和成熟果实均可用水蒸气蒸馏提取精油。

（五）利用价值

1. 香料

莳萝果实可提取精油，用于焙烤食品、腌制品、冰激凌、果冻、软饮料等的调味增香。莳萝主要用于西式烹调，在西欧、美国均受欢迎，东方国家如印度，烹饪中喜欢使用莳萝，日本也有使用。春季莳萝绿叶有浓香味、维生素 C 含量很高，采摘莳萝鲜叶，切碎放入汤中、沙拉及一些海产品的菜肴里，有促进风味的作用。

2. 药用

莳萝有健胃、祛风、镇静和催乳的作用，可治小儿气胀、呕逆、腹冷、肠胃不适、口臭、食欲缺乏等。饮用莳萝茶可助消化和促进哺乳期妇女的乳汁分泌。同时，莳萝对糖尿病人也有一定的帮助。莳萝精油可缓解肠痉挛和绞痛，也有催乳的作用。

3. 观赏

莳萝可作盆栽或作花台、花坛美化。

七、八角

八角（*Illicium verum* Hook. f.）别名八角茴香、大茴香、八角香、大料等，为木兰科（Magnoliaceae）八角属（*Illicium*）植物。八角在我国已有 300 多年的栽培历史，是我国特有的经济树种之一，原产于我国的广西南部和西部，该地区也是我国和世界上八角的主要分布区域。广东西部、云南南部、福建南部有生产性栽培，在广西、云南尚有野生资源。国外，越南的凉山是八角的集中栽培地区。八角精油是我国对外贸易主要的常年出口商品之一，历年的销售量都很大，占世界市场的 80%~90%，是我国传统的出口物资。

（一）植物形态

常绿乔木，树高 10~15m，胸径 30~40cm。主干挺直，树皮灰色至红褐色，有不规则裂纹。枝条密集，呈水平伸展，新生枝条柔软，微向下垂。叶不整齐互生，革质，椭圆形至椭圆披针形，顶端急尖或短渐尖，基部楔形或渐狭，全缘，表面光滑，具透明腺点，叶背疏生柔毛，叶柄扁平粗大。花单生于叶腋或近顶生，花被片 7～12，2～3 轮，覆瓦状排列，内轮粉红色至深红色；雄蕊 11～20 枚，排成 1～2 轮；心皮通常 8，有时 7 或 9，很少 11，离生，轮状排列，芳香。果实为聚合果，八角形，鲜绿色，干时红褐色，蓇葖顶端钝或尖，稍反曲。每一蓇葖中有种子，种子阔椭圆形，平滑，棕色而有光泽。花期每年 2 次，2—3 月和 8—9 月；果期 8—9 月和次年 2—3 月。

（二）生长习性

八角树生于南亚热带冬暖夏凉的山地气候，在土层深厚、肥沃湿润、微酸性的壤土或砂质壤土上生长良好；土壤干燥瘠薄、低洼积水及石灰岩钙质土上不宜栽植。要求年平均温度为 20～23℃，1 月份平均温度为 8～15℃，绝对低温在 0℃ 以上。新开辟的八角林区绝对低温不得低于−4℃，否则寒害严重。要求年降水量为 1200～2000mm，且分布均匀。八角幼树喜阴，成年树喜光照，因此，育苗时需遮阴。成年树在花芽分化和果枝发育时，需有充足的光照才能开花结果。八角树是浅根性树种，材质比较松软，枝脆，在多风和大风地区易遭风折，开花结果季节，还会引起落花落果。

（三）繁殖与栽培

1. 繁殖

主要采用采种及种子繁殖，应在树龄为 15～20 年、生长健壮、结实大而多、发育健全、无病虫害的壮年树上进行采种。果实在大量果熟期而果实尚未开裂前进行采收。采种时应钩取果枝，用手采摘成熟果实。采回的果实摊放在室内晾干，几天后果实从腹缝裂开而种子自行脱出，随即拣收进行播种。种子一般要随采随播。

2. 育苗

应选择水源充足、土层深厚肥沃、排水良好、不受山洪冲刷、环境阴凉的地段作为育苗地。苗圃地要深翻细碎，清除草根石块，施足有机基肥，然后作畦，畦宽 1m 左右，四周要开好排水沟。南方地区在 11—12 月或 1—2 月播种，多采用条播，行距 15～20cm，沟深 3～4cm，按照株距 3～5cm 点播 1 粒种子。播种后覆盖细土 3cm 厚左右，压实，浇水后用草帘覆盖床面。经催芽处理的种子，7～10d 即可出苗，出苗前要经常浇水，出苗后及时撤去覆盖物，并立即进行遮阴。苗圃地要经常进行中耕、除草、浇水和追肥。1 年生苗高 30～45cm，2 年生苗高 70～100cm，3 年生苗高在 130cm 以上。一般 2 年生苗可出圃定植或造林。

3. 田间管理

造林栽种一般在春季新芽未萌动前的 2 月进行。果用林用二年生苗木，叶用林用三年生苗木。定植穴一般在造林前半年进行，穴长宽均为 50～60cm，深为 40～50cm，穴底可施适量腐熟的有机肥。造林密度为果用林株行距 5m 左右，叶用林株行距 1.3～1.5m。

为充分利用地力，幼林内可间种部分农作物，一般只间种 3 年。定植后每隔 3~4 年要翻土 1 次，一般每年还要在春秋两季割草 2 次，有利于捡拾春季果和采收秋季果。叶用林和果用林在每年的生长盛期前，还需进行中耕、翻土、培土、追肥、病虫害防治。

4. 病虫害防治

主要病害有炭疽病，主要危害叶片、幼枝和果实，可用波尔多液防治，并清除病株。

主要虫害有金花虫和角尺蠖，主要危害幼芽和叶片，可在幼虫盛发期，即 8—9 月间用 90％的敌百虫 1000 倍液喷杀，或用高效低毒的药剂喷杀。

（四）采收与加工

八角树在定植 5 年后开始采收，盛果期 30~60 年。每年可采收 2 次，第一次在 8—9 月果实成熟时采收的为正造果，是主要的收获期，果实肥大而硬，呈红色；第二次在 3—4 月成熟的为春造果，此时果小而质软，产量低。正造果优于春造果。采收时钩枝取果，采摘下集中晒干或烘干。以生产精油为目的的叶用林，由于叶片含油量为老叶多，嫩叶少，因此，主要采收老叶。

（五）利用价值

1. 香料

八角是我国人民喜爱的食品调味香料。八角鲜叶、鲜果、干果中均可提取精油。八角油在香料工业中用于提取大茴香脑，大茴香脑是制造大茴香醛和大茴香醇的原料。这些单体香料均广泛用于牙膏、牙粉、香皂和化妆品以及食品中。在酿造工业中，八角油用以调配香料。

2. 药用

八角果实有温中理气、健胃止呕的功能。用于呕吐、腹胀、腹痛、疝气痛等症。八角油还可用于医药，是合成雌激素己烷雌酚的主要原料。八角的乙醚提取物有较强的抗菌作用。

3. 观赏

八角在庭园中可丛植或孤植，是良好的绿化观赏树种。

八、花椒

花椒（*Zanthoxylum bungeanum* Maxim.）别名花椒树、黄金椒、岩椒、秦椒、大红袍、川椒、凤椒等，为芸香科（Rutaceae）花椒属（*bungeanum*）植物，是我国北方著名香料及油料树种。花椒原产于我国，除东北、内蒙古和西北过于干旱、严寒的地区外，大部分省区均有分布，主要集中在陕西、河北、河南、山东和四川等省。花椒在民间应用已经有 2000 多年的历史。作为药用，始载于《神农本草经》。我国花椒年产约 15000t。

（一）植物形态

多年生落叶小乔木或灌木，高3~7m，枝具宽扁而尖锐的皮刺和瘤状突起。奇数羽状复叶，互生，叶柄两侧常有1对扁平基部特宽的皮刺，小叶5~11，对生，近无柄，纸质，卵形至卵状椭圆形，长2~7cm，宽1~3.5cm，先端渐尖，基部近圆形或宽楔形，叶缘有细裂齿，齿缝有粗大透明腺点，叶背基部中脉两侧常簇生褐色长柔毛。聚伞状圆锥花序顶生；花被片6~8片，黄绿色；雄蕊5~8，雌花很少有发育雄蕊，雌蕊心皮3~4；蓇葖果2~3聚合（稀为1），球形，果皮上有许多粗大疣状突起腺体，果实成熟后红色至紫红色，一果有种子1~2粒，圆卵形，黑色，有光泽。花期4—5月，果期8—10月。

（二）生长习性

花椒喜温暖的气候，不耐严寒，一年生幼苗在-15℃时枝条即会受冻害，15年生植株在约-25℃低温时冻死，因此，花椒适宜栽植在背风、向阳、温暖的环境中。花椒为阳性树种，喜光性较强，遮阴条件下则生长细弱，且结实率低，极易发生病虫害。花椒对土壤要求不严，适应性较强，但以土层深厚、肥沃、湿润的砂质壤土和山地钙土为佳，在黏重土壤上生长不良；对土壤酸碱度要求不高，在中性或酸性土壤中均能生长。花椒树较耐干旱，年降水量在400~700mm的平原地区或丘陵山地适宜种植。花椒是浅根性树种，侧根比较发达，栽种于丘陵山坡地带，既能增产和丰收，又可起保持水土的作用，但不宜种在风口之处。不耐涝，短期积水可致死亡。

（三）繁殖与栽培技术

1. 繁殖

可用种子、扦插、嫁接和分株繁殖。生产上常用种子繁殖。

（1）采种　选择树势健壮、结实多、品质优良、无病虫害、盛果期的花椒树为采种母树，不同地区分别在8—10月，果实呈深红色至紫红色，内种皮变为黑色时即可采收。采收后将果实摊放在干燥通风处，待果皮晾干自行裂开后筛出种子，清除泥沙杂质，放置在干燥阴凉的室内越冬。采下的果实切勿在阳光下暴晒，否则种子发芽力降低。

（2）种子处理　花椒种子富含油脂，种皮坚硬，育苗前需经脱脂和催芽处理。3月上旬将贮藏的种子浸泡在碱水中，其比例为1kg种子加纯碱25g，加水时以淹没种子为度，用碱水把种子表面的蜡质层搓去，捞出后用清水冲净即可播种。

（3）选地整地　育苗地宜选择背风向阳、土壤疏松肥沃、排灌方便的地块。整地前应施入腐熟的有机肥，翻耕，耙细整平。根据地势，做成长7~10m、宽1.3~1.5m的苗床。

（4）播种育苗　春播或秋播均可，北方地区多春播，南方地区秋播或春播均可。按照行距30~40cm开沟条播，沟深4~6cm，覆土1~1.5cm，上盖草帘，保持苗床湿润，待大部分出苗后揭去覆盖物。经处理的种子 12~15d 即可出苗。幼苗长至 5~7cm 时进行间苗，苗距 10~15cm。整个幼苗生长期，可追肥 3~4 次，以稀薄人畜粪尿为主，并结合多次中耕除草。为保证幼苗安全越冬，立冬后要灌 1 次防冻水。培养 1 年后，苗高 90~100cm 时即可出圃移栽。

2. 定植

宜在春、秋两季定植。定植地以土壤疏松肥沃、排水良好的低丘、平缓阳坡或半阳坡的砂质壤土为宜。定植行距为 2.5~3.0m，株距为 1.2~1.5m，定植穴深度为 50~60cm，每穴施入腐熟的农家肥 5~6g，可加入少量过磷酸钙，栽后应浇透水。此外，在条件较好的地区也可在翻耕、施肥、整地后，开穴用种子直播造林。

3. 田间管理

（1）中耕除草　做好中耕除草工作，每年 2~3 次。在除草的同时，要在根颈处适当培土。

（2）施肥灌水　花椒成活后，每年秋季要施腐熟的有机肥。为保证开花结果，开花前可追施氮肥，结果前追施磷钾肥。在新梢生长、开花、结果时，如土壤过于干旱，需及时浇水，雨季要及时做好排水工作。

（3）整形修剪　修剪一般在春季萌芽前或秋季采果后进行。幼树阶段，定植后的第一年，在茎高 80~100cm 处剪顶；第二年在萌芽前剪去主干上距地面 30~50cm 的枝条，并均匀选留 4~5 个侧枝进行短截。结果期修剪多余大枝，同时剪去病虫枝、细弱枝、交叉枝和徒长枝等。老树以短剪为主，以达到更新复壮的目的。

4. 病虫害防治

主要病害为锈病。防治方法：①加强栽培管理，提高植株抗病性；②结合园圃清理及修剪，及时将病枝、病叶等集中烧毁，以减少病源；③发病初期，用 97% 敌锈钠 400 倍液或 40% 福星乳油 8000~10000 倍液喷雾。

主要虫害有蚜虫、花椒天牛、金龟子。防治方法：蚜虫可用吡虫啉防治；花椒天牛可用钢丝钩杀幼虫，也可由蛀口注入敌敌畏，将其毒杀；金龟子幼虫量大时，用 50% 辛硫磷颗粒剂 2~3kg/亩处理土壤，成虫盛发期，用灯光诱捕。

（四）采收与加工

花椒定植 3 年后开始收获，花椒果实成熟期一般在 8 月上旬的立秋前后，但因地区、品种不同，成熟期存在差异。果实采摘过早，不仅色泽暗淡、香味欠佳，而且麻味也差；采摘过晚，又容易落粒和裂嘴，若遇上雨水灌入果壳，果实会发霉变质；采收适期的花椒果皮全部变红，皮上的油胞突起呈半透明状，种子全部发黑、变硬。采摘时，应在晴天露水干后，用手采摘为宜，左手捏住稀刺部位，右手拇指与食指从花椒柄处折断，不宜用手捏紧椒粒采摘，这样会压破油胞造成跑油的花椒粒，干后色泽黑褐而不红，其香味、麻味也会大减，同时不能连同小枝折下来，否则会影响翌年的开花结果。采收时，还应注意保枝芽，切不可随意折断枝条。采收下的果实，应摊开晾晒，切忌堆放，否则会导致霉变。晒干后装袋放在通风干燥处保存。

（五）利用价值

1. 香料

花椒是我国有名的麻辣味调味品及油料作物。种子和果皮为调味香料；精油可作调香原料，精油精制后可调配香精，用于化妆品及皂类加香，并有杀菌作用，可作食品防霉剂。

2. 药用

花椒种子和果皮可药用，有助消化、止牙痛、腹痛、腹泻及杀虫功效；叶用于寒积、脚气、疥疮；根也可药用。

3. 其他

花椒种子含脂肪 25%~30%（质量分数），可作工业用油；木材坚实，可制器皿。

九、杜松子

杜松（*Juniperus rigida*）别名刚桧、崩松、棒儿松、软叶杜松等，为柏科（Cupressaceae）刺柏属（*Juniperus*）植物。原产于欧洲、中亚。我国华北至长江流域有引种栽培。朝鲜、日本也有分布。

（一）植物形态

常绿灌木或小乔木，高达 10m。枝条直展，形成塔形或圆柱形树冠，枝皮褐灰色，纵裂；叶三叶轮生，线状刺形，质厚，上部渐窄，先端锐尖，上面凹入成深槽，槽内有 1 条窄白粉带，无绿色中脉，下面有明显纵脊。雄球花椭圆状或近球状，药隔三角状宽卵形，先端尖，背面有纵脊。果实圆球形，成熟前紫褐色，熟时淡黑褐色或蓝黑色，常被白粉。种子近卵圆形，顶端尖，有 4 条不显著的棱角。花期 5 月。

（二）生长习性

强阳性树种。耐干旱、耐寒冷、喜冷凉气候，过于潮湿地区不利于生长。生长的适宜温度是在 15~30℃。喜阳光充足。对土壤的适应性强，耐干旱瘠薄的土壤，能在岩缝中顽强生长。

（三）繁殖与栽培

1. 繁殖

（1）种子繁殖　杜松种皮坚硬，透水性差，需用 80℃ 高温浸种 3d，再用 40℃ 温水浸种 7~10d 后，经过冬天的沙藏来打破种子休眠。3 月下旬即可播种。

（2）扦插繁殖　扦插最适宜时间是春末至秋初或初春。选取当年生健壮插穗进行扦插，注意插条上下的切口要平整。扦插基质可选择营养土、河沙等。

2. 栽培管理

大多数种子出齐苗后，需间苗；大部分幼苗长出 3 个以上叶片后即可移栽。小苗移栽时，先挖好种植穴，在底部放上基肥，厚度为 4~6cm，覆上一层土后再放入苗木，回填土壤，土壤踩实，浇透水。春、夏两季根据干旱情况，施用 2~4 次肥水。

3. 病虫害防治

主要病害为赤枯病，可喷洒农药防治，喷洒农药的适宜时间为每年的 6—7 月上旬。杜松适应能力较强，基本上没有虫害。

（四）采收与加工

球果成熟时采收，晒干、压碎后，用水蒸气蒸馏法提取精油，称为杜松子精油。如果用杜松枝叶蒸馏，或用发酵制造杜松子酒后的浆果蒸馏提取的精油，质量较差，均不应称为杜松子精油。

（五）利用价值

1. 芳疗

杜松子精油做热敷能疏解腿部痉挛疼痛，放松运动后僵硬的肌肉。杜松子精油具有一定的辅助防腐、排毒等功效。

2. 观赏

杜松可作为园林绿化的植物，杜松枝叶浓密，姿态优美挺拔，非常适合种植在庭院、道路两旁。

3. 其他

杜松木质比较坚硬，耐腐蚀，纹理细密，可作为工艺品、家具、农具、雕刻品等原材料。

（六）注意事项

任何患有肾脏疾病的人，请勿使用杜松子精油；妇女怀孕期间禁止使用杜松子精油。高等级的杜松子精油一般不会对皮肤有刺激性，但如果掺杂了其他精油，或混合了其枝叶精油，或掺杂了松节油均，可能会对皮肤有刺激性。

十、香荚兰

香荚兰（*Vanilla planifolia* Andrews）别名香子兰、香果兰、香草兰等，为兰科（Orchidaceae）香荚兰属（*Vanilla*）植物，原产于墨西哥和马达加斯加热带雨林。世界香荚兰产地目前主要集中在马达加斯加、印度尼西亚、科摩罗、留尼汪、乌干达、塞舌尔、墨西哥和塔希提等岛屿或地区，其中在马达加斯加、科摩罗和留尼汪，出口香荚兰是其主要的经济收入来源。香荚兰虽然在 18 世纪才被发现利用，但因其优良品质，现已成为各国人们最喜欢的天然食用香料植物之一。美国年均进口成品香荚兰豆 1500t 以上，是世界上最大的消费国。其次是法国、德国、瑞士、日本等国。目前香荚兰已被引种到我国云南、广西、广东等，其中以西双版纳发展最快。

（一）植物形态

多年生攀缘藤本植物，长 10~25m；具圆柱形回旋性茎，节上有气根；叶互生，叶大，近无柄，长椭圆形或宽披针形，肥厚多肉，深绿色，先端渐尖或急尖。总状花序，腋生，一般每个花序有花 6~15 朵，多可达 20~30 朵，绿色或黄绿色，芳香；花萼和花瓣窄倒披针形，唇瓣窄，喇叭状，短小，具小圆齿裂片；柱头 2 裂。蒴果稍呈扁三角状，像豆荚，肉质，不开裂或开裂，长 10~25cm，宽 0.8~1.4cm，厚 0.6~1.1cm，果面有纵纹 6~7 条。种子具厚的外种皮，黑色，类圆形，多数。花期 3—6 月。

（二）生长习性

生长期要求温暖湿润、雨量充沛的气候条件，生长适温为 21~32℃，年降水量为 1500~3500mm，要求 9 个月雨季，3 个月旱季，以促使其定期开花。空气相对湿度在 75% 以上，海拔 1500m 以下地区都适宜香荚兰生长。营养生长期荫蔽度为 60%~70%，投产期荫蔽度为 50%。部分植株在种植后 1.5 年开花结荚，2.5 年全面开花结荚，从开花到荚果成熟约需 1 年的时间。

（三）繁殖与栽培

1. 繁殖

主要采用茎蔓扦插繁殖。除冬春低温季节外，其余月份均可扦插育苗。但以 3 月下旬—4 月上旬佳。一般选择健壮的植株剪取 30~100cm 枝条为繁殖材料。埋入土中 10~20cm，地上部绑在支柱上。插条基部用腐殖土覆盖，然后喷水，株行距 1.5m×2m。采用较长的插条能够提早开花结果，但植株寿命短；采用较短的插条，植株生长健壮，生长势旺盛，寿命也长。

2. 定植

中国南方热带地区适宜定植的季节为 4—5 月和 9—10 月。选取 0.5~1.0m 长得壮的蔓作种苗。定植时，用手指在攀缘柱的两边各划一条 2~3cm 的浅沟，将苗平放于浅沟内，盖上 1~2cm 厚的椰糠、稻草等覆盖物，苗顶端指向攀缘柱，露出叶片和切口处一个茎节，防止烂苗，茎蔓顶端用细绳轻轻固定在攀缘柱上，以便凭借气生根攀缘生长。适宜株行距为 1.2m×1.6m，双苗定植，定植密度约为 600 株/亩。

3. 田间管理

定植后的水分管理和苗床管理一样。一般情况下不主张松土和施用化肥和人畜肥。只要在表面经常覆盖一些经过初步分解的植物秸秆或树林中枯枝落叶的腐殖质即可。在开花前以磷、钾和硼为主分次进行根外追肥有很好的效果。在生长期间进行适时适当的遮阴，是栽培香荚兰的重要措施之一。

4. 修枝

通过修枝能控制植株的营养生长，并诱导开花。一般在花期前 8~9 个月进行修枝，修枝时需修剪特定的"结果枝"。当结果枝长到 70~80cm 时，人工使其下弯和稍微缠绕在植株攀缘柱上，然后在离地面 50~60cm 处剪去顶部，从结果枝上长出的任何分枝达 70~80cm 长时都要剪去，但从植株其余部分长出的枝条在变长以前，可让其生长成为下一年的结果枝，这样有利于花的形成。在收获后，剪去结果枝，同时修剪下一年的结果枝。扦插植株生长 18~24 个月可少量开花结果，第 2 年可达到盛果期，在良好的栽培管理，可连续采收 15 年左右。

5. 人工授粉

香荚兰花由于结构特殊，自然授粉率仅为 1%~3%，因此需进行人工授粉才能结荚。热带地区 3 月中下旬—5 月下旬为香荚兰开花期。香荚兰花在清晨 5 时左右开始开放，中午 12 时开始闭合，因此授粉应在当天 6—12 时完成，最好在当天上午 11 时以前完成授粉。

6. 病虫害防治

主要病害有炭疽病、根腐病、叶片褐斑病等。防治方法为：种植不宜过密，要通风透光；不要碰伤植株，以防病菌侵入；发现病株及时清除；不使用带病的繁殖材料。

主要虫害为大蜗牛。防治方法为人工捕杀，或用药物毒杀等。

（四）采收与加工

香荚兰果顶部开始变黄，其他部分亮绿色变成较深绿色，并出现黄条纹时，即可采摘。经加工，生成香气后，称"香荚兰豆"或称"香子兰豆"。

加工方法为：将采摘下的荚果放置在 95℃ 水中处理 20s，取出擦干。分别用毛毯包好，放置于 45℃ 恒温箱内烘 4h，取出，置于干燥房间，也可放在阳光下晒 6~7h（日晒时要翻动毛毯），再置于干燥房间内，第 2 天打开毛毯，擦干荚果表面水分，再用毛毯包好，如此反复进行 4~10d，荚果即可变成黑褐色，当挥发香气时，即可去掉毛毯，放置于竹帘上，在通风较好的室内晾干、捆束装入密封瓶内，经半年左右，荚果表面即可出现香兰素的白色晶体。

生香后的香荚兰豆主要质量标准：①有良好的香气香味；②香兰素和其他芳香成分含量高；③产品色泽呈巧克力或咖啡色（深褐色）；④外观光洁润泽，果形直；⑤果端不开裂；⑥干燥便于管理，不易长霉变质。

（五）利用价值

1. 香料

香荚兰是兰科植物中最有经济价值的天然香料，现已成为各国消费者最为喜欢的一种天然食用香料，故有"食品香料之王"的美称。由于它具有特殊的香型，因此被广泛用作高级香烟、名酒、茶叶、奶油、咖啡、可可、巧克力等高档食品的调香原料。

2. 药用

香荚兰可入药，具有辅助治疗月经不调和热病等功效。

3. 观赏

香荚兰花大，有芳香，是良好的悬挂观赏花卉。

十一、胡椒

胡椒（*Piper nigrum* Linn.）别名白胡椒、黑胡椒等，为胡椒科（Piperaceae）胡椒属（*Piper*）植物，原产于东南亚，已有 2000 多年的栽培历史，现在主要分布于亚洲、非洲和拉丁美洲的广大热带和亚热带地区。胡椒是世界主要的香辛料作物之一，世界年产量约 20 万 t，主产于印度，是胡椒出口大国，约占世界贸易量的 40%，其次为印度尼西亚、马来西亚等地。近几年来，巴西上升为主要产区。主要消费国为美国，其次是德国、法国和俄罗斯等国家。我国栽培胡椒历史不长，明朝李时珍的《本草纲目》称我国滇南、海南等地有产，但一直产量不大，大部分从东南亚各国进口。中华人民共和国成立后，于 1951—1954 年先后开始从马来西亚、印度尼西亚、柬埔寨等国家引种，获得成功，胡椒栽培在我国得到发展。目前，我国的海南、广东、广西、云南、福建、台湾等地均有栽培。但我国年产量只有 3500t，还需要进口。

种子中含有 1%~2%（质量分数）的挥发油、8%~9%（质量分数）的胡椒碱、6%~8%（质量分数）的粗脂肪、11%~12%（质量分数）的蛋白质、33%~35%（质量分数）的淀粉、5%~14%（质量分数）的可溶性氮等物质。

（一）植物形态

多年生常绿攀缘藤本植物，茎长数米，节膨大，常生根，浅根性作物，蔓近圆形，木栓后呈褐色，主蔓上有顶芽和腋芽；单叶互生，通常椭圆形或卵形椭圆形，近革质、全缘、叶面深绿色，叶长 8~15cm，宽 5~9cm，基部圆形或钝，有基出脉 5~7 条，叶柄长 1.5~3cm，托叶通常稍短于叶柄；花通常单性，雌雄异株，间或杂性。花小，无花被，呈下垂细长的穗状花序，花序短于叶片长度，总花梗长 10~15mm，苞叶匙状长圆形，基部腹面与花序轴合生成浅杯状，仅边缘与顶部分离，雄蕊 2，花丝短，子房卵形或球形，柱头 3~5 裂。果为浆果球形，单核，直径 3~4mm，成熟时为黄绿色、红色。未成熟的果实干后果皮皱缩而黑，称为"黑胡椒"，成熟后的果实脱去果皮后为白色，称为"白胡椒"。我国的胡椒盛花期一般为 3—5 月、5—7 月、8—11 月，花期与雨水、温度及植株营养状况有关。

（二）生长习性

胡椒适于在高温潮湿、静风环境里生活。具有怕冷、怕旱、怕渍、怕风的特性。胡椒多栽培在海拔 500m 以下的平地和缓坡地，以土层深厚、土质疏松、排水良好、pH 5.5~7.0、富含有机质的土壤最适宜。在年平均气温 21℃的无霜地区，能正常生长和开花结果，以年平均气温 25~27℃、月平均气温不超过 7℃ 最为适宜；气温低于 15℃ 时基本停止生长，高于 35℃ 不利于胡椒生长。胡椒最忌积水，但要求年降水量在 1000~2000mm，并且分布均匀。高温多雨是胡椒生长发育的重要条件。

胡椒对光照的要求因品种和年龄而异，多数栽培种不需要荫蔽，成年植株则需要充足的光照才能开花结果。一般栽培 3~4 年即可收获，正常管理下，收获期可达 20~30 年。

（三）繁殖与栽培

1. 繁殖

胡椒可用种子繁殖和扦插繁殖，但以扦插繁殖为主。

扦插繁殖选择生长正常的 1~2.5 年生无病植株作为母株，在 5—6 月从母株上剪下蔓龄 4~6 个月、蔓粗 0.6cm 以上、各节上有发达的活气根，顶部两节各带 1 条分枝及 12~15 片叶的主蔓，将其剪成 30~40cm 长，具 5~7 节的插条。在整好的育苗地畦面上按行距 25~30cm 开沟，将插条按 8~10cm 排在畦面上，使气根紧贴斜面土壤，分别由下至上覆土、压实，及时淋水，淋水时要做到随育随淋，最后在畦上搭棚遮阴，荫蔽度保持在 80%~90%，以提高成活率。一般 10~15d 插条发根。

2. 育苗整地

选择静风环境，平地或缓坡地，靠近水源，土质肥沃，排水良好的砂质壤土作育苗地。在育苗前 1 个月进行深耕细耙，清除石块和杂质，充分暴晒土壤，整平整细，然后按畦宽 100~120cm，高 25~35cm 开沟，沟宽 40cm，畦长视育苗地长度而定，四周开好排水沟。

胡椒育苗期间，要加强苗圃管理。晴天，每天淋水 1 次，保持土壤湿润。发根后，淋水次数可逐渐减少，可以 2~3d 淋一次，育苗头 20~25d，插条长出新根，开始生长时，便可挖起移到椒园内定植，育苗时间过长，根多且长，新蔓抽出纤细，定植时易伤根伤蔓，影响成活及生长。起苗时应先把苗床淋透后再挖苗，避免伤根。把过长的根及新蔓剪掉，只留用 5~10cm 及新主蔓 2~3 节，以利植株生长，最好当天挖苗当天定植。

3. 定植

胡椒怕积水，应选缓坡地、排水良好的平地和透水好的土壤种植。胡椒园地面积不宜过大，一般 3~5 亩为宜。胡椒园地最好为长方形，东西走向，周围营造防护林或保留原生林带。胡椒园地应有排水系统，排除积水。

胡椒定植全年都可进行，以 7—9 月为好，因此时雨量充沛、气候凉爽，成活率较高。定植应在阴天或晴天傍晚进行。栽培密度根据地形、土壤条件和支柱类型而定，一般株距 1.5~2m，行距 1.5~2.5m，穴直径 30~40cm，穴深 30cm。种单苗时，种苗对着柱放置；种双苗时，种苗对着柱呈"八字"形放置。

4. 田间管理

定植后，需要遮阴，荫蔽度 80%~90% 为宜，1~2d 淋水 1 次，成活后淋水可逐渐减少。定植 1 年内都要保持荫蔽，切勿让太阳晒坏胡椒头，引起幼苗死亡。定植后如有死株，要及时补种。胡椒苗抽出新蔓时，要及时立支柱。此外，要注意松土、除草、施肥和绑蔓。

（1）插柱和绑蔓 新蔓抽出时及时插支柱，支柱离椒头 10~15cm，插柱要垂直、牢固、高度一致，株行对齐。绑蔓可固定植株，使其根发达，更有利于胡椒植株生长。幼龄椒一般在新蔓抽出 3~4 节时开始绑蔓，以后每月绑 2~3 次，绑蔓宜在上午露水干后或下午进行。

（2）整形修剪 目前我国胡椒主要种植区，一般采用留蔓 6~8 条、剪蔓 4~5 次的整形方法。中小胡椒抽生新蔓时，多余的芽和枝蔓要及时切除。结果胡椒顶部树冠过大和枝条过密时，必须把顶部的老弱枝和徒长枝剪除，外围过长的枝短截，保持树冠上下平衡，大小一致和通风透光，使其充分利用光能和减少病害的发生。

（3）合理施肥 幼龄胡椒施肥，应以含氮为主，适当配合磷、钾肥。施肥时要贯彻勤施薄施、生长旺季多施的原则。生长正常期，每隔 20~30d 施水肥 1 次。水肥由人畜粪尿和绿叶沤制而成。1 龄胡椒每次每株施 2~3kg。水肥一般在植株正面和两旁轮换沟施。在每次割蔓前施 1 次质量较好的水肥和每株加强复合肥 0.1kg，以促进植株生长。冬季一般不宜施速效氮肥。应施钾肥和复合肥。每株 0.1kg，以提高植株抗寒能力。结果树施肥，应根据胡椒开花结果的各个物候期对养分的需求进行。一般每个结果周期施肥 4~5 次。

5. 病虫害防治

主要病害有胡椒细菌性叶斑病、胡椒枯萎病等；主要虫害有长尾粉蚧、橘腺刺粉蚧、臀纹粉蚧、根粉蚧等。

（1）胡椒细菌性叶斑病 该病在各龄胡椒园均有发生。以大、中胡椒发病较多，叶、枝、蔓、花序和果穗均可受害，主要侵害老熟叶片。叶片染病初期产生水渍状病斑，后变为紫褐色、圆形或多角形病斑。病斑扩大，或多个病斑汇合成 1 个灰白色大病斑。病健交界处有 1 条紫褐色分界线，边缘有一黄色晕圈。潮湿条件下，叶背面病斑上出现细菌溢脓，干后变成一层明胶状膜。枝蔓受害时病菌多从节间或伤口侵入，呈不规则形紫色病斑，剖开病枝可见导管变色。果穗染病初现紫褐色圆形病斑，后整个果穗变黑。叶、枝、花、果重病时均易脱落，而只剩下光秃的主蔓，最终主蔓也变干、枯死。防治方法：①搞好胡椒园规划和基本建设，椒园不要过分集中，面积 3~5 亩为宜，四周做好防护林，挖好椒园内外排水沟；②严禁从病区引进种苗，培育和种植无病胡椒苗；③定期查病，及时消灭中心病株，雨季到来前，应将园内感染细菌叶斑病的病叶全部摘除并集中烧毁，下雨后及时检查，发现病株，及时摘除病叶，并用 1% 波尔多液或 40% 三乙膦酸铝（乙磷铝）可湿性粉剂 100 倍液喷洒病株及其邻近植株，病株地面要同时喷药消毒，连续喷施几次。在流行期对发病椒园可定期喷施波尔多液或乙磷铝药液，10~14d 1 次，连喷几次。

（2）胡椒枯萎病 染病植株一般表现为叶片褪绿、变黄、生长势不旺、植株矮缩，严重时整株呈萎蔫、衰退状。病株地上部分最初为部分叶片失去光泽，逐渐变黄，随后大多数叶片变黄；部分黄叶萎蔫、下垂、脱落，花穗干缩；最终整株萎蔫、死亡。病株根系先是小根变色、腐烂，进而侧根变黑、坏死；严重病株茎基部和主根腐烂、死亡，潮湿时在茎基部长出粉红色霉状物。防治方法：①注意选择植地，做好胡椒园排灌系统，防治土壤干旱和水涝；②选用无病健苗种植；③增施有机肥，不偏施化肥；④线虫数量多的胡椒园应施用杀线虫剂，减少线虫伤根、降低枯萎病发生率；⑤对枯萎病初发病株喷施和淋灌"灭菌灵"1∶250液，每隔7~10d一次，连用3次。或淋灌40%多菌灵与福美双1∶1∶500液。

（3）长尾粉蚧　危害胡椒叶片及刚抽出的嫩梢，被害叶片长大后其上有持久的褪绿斑，幼小果实被害后停止生长、最后脱落。防治方法为：喷洒0.1%~0.3%乐果药液；保护和利用瘿蚊、瓢虫等天敌。

（4）橘腺刺粉蚧、臀纹粉蚧　这两种粉蚧危害胡椒嫩梢和果穗。防治方法为清除胡椒园内及周边的野生寄生刺桐，也不用刺桐作支柱；喷洒40%（质量分数）乐果500倍液。

（5）根粉蚧　危害胡椒根部，若虫和雌成虫生活于胡椒根部，胡椒植株受害后轻则生势衰退、造成减产，严重时烂根整株死亡。防治方法为将对二氯苯撒埋入植株根旁离土表5cm的土中，有一定效果。

（四）采收与加工

胡椒采用矮化栽培，种植后隔年就有收获；采用支柱栽培，随整形方法而异，一般植后3~5年便可收获。若人为控制放花，每年只收获1次；自然开花的，全年都有少量果实成熟。胡椒春夏季开花，但果实成熟在当年10月—翌年4月，每个果穗有果50~60粒。胡椒果实成熟的标志是果实变红，为了减少脱落和被鸟啄食，采收的标准是，当果穗上的果实转黄并有3~5粒变红时就可采收；过早采收会影响产量和质量。胡椒果实成熟不一致，要随熟随收，一般每隔7~10d采收1次，整个收获期采收5~6次。

秋末至次春果实呈暗绿色时采收，晒干，为黑胡椒；果实变红时采收，用水浸渍数日，擦去果肉，晒干，为白胡椒。

（五）利用价值

1. 香料

胡椒是世界著名的调味香料，也是我国人民喜爱的调味品。胡椒精油可用于香料工业，作为香精的调和，用途广泛。在食品工业中广泛用作腌制品的防腐性香料。

2. 药用

胡椒果实入药，医药上用作健胃剂、调热剂、利尿剂及支气管黏膜刺激剂，可治疗消化不良、痰塞、积食、咳嗽、肠炎、支气管炎、梅毒、感冒和风湿病等多种疾病。胡椒茎叶为健胃祛风药，对腹痛、牙痛有效，并能增进食欲。胡椒根煎水可治癣、疱疮等。

🌐 **课程思政**

　　我国的香食文化源远流长,香羹、香饮、香膳从古延续至今。从文献记载来看,将芳香植物运用到调味增香中,可追溯至神农时期,彼时椒桂等芳香植物已被利用。战国以后,随着园圃业的发展以及人们对芳香调料认识的增加,香料品种逐渐丰富。《周礼》《礼记》记载这个时期可用于蔬菜与调味的芳香植物有芥、葱、蒜、梅等;专用于调味的辛辣芳香料主要有花椒、桂皮、生姜等。当时人们主要是直接食用这些芳香植物。这一时期所用香料都是中国原生的本土香料。汉代至南北朝,陆上丝绸之路开通的同时,域外食用香料与饮食文化也传入中国,调味香料品种丰富起来,各地食物风味已具有明显的地方特色,不同菜系的雏形在此时已经出现。博大精深的中华饮食文化是中华灿烂文明的一部分,随着互联网的发展和社交媒体的广泛应用,中国美食在海外的热度不断攀升。如今,海外中餐馆已成为展现中华文化的重要窗口,用美食架起了与世界人民交流沟通的桥梁,让越来越多的人了解和认识魅力无限的中华传统文化。

❓ **思考题**

　　1. 简述香豆蔻、草果、砂仁、白豆蔻、茴香、莳萝、八角、花椒、香荚兰和胡椒的生活习性。

　　2. 简述香豆蔻、草果、砂仁、白豆蔻、茴香、莳萝、八角、花椒、香荚兰和胡椒的主要繁殖方法。

　　3. 简述香豆蔻、草果、砂仁、白豆蔻、茴香、莳萝、八角、花椒、香荚兰和胡椒的主要栽培技术。

第十四章
心材类（茎木类）香料植物

【学习目标】
1. 了解心材类香料植物的形态特征、生长习性、采收加工方法和利用价值。
2. 掌握心材类香料植物的繁殖方法和栽培技术。

一、檀香

檀香（*Santalum album* Linn.）别名檀香、旃檀、白檀、真檀、浴香、白银香、黄英香等，为檀香科（Santalaceae）檀香属（*Santalum*）植物，原产于印度。1962年，我国首次引入檀香，在海南岛栽培获得成功，1972年，第二代檀香树已大量开花结实。檀香木是世界上最珍贵的木材之一，檀香树是世界上单位面积收益第二高的经济作物，也是唯一以斤论价的木材，所以被称为"黄金之树"。在澳大利亚被称为"摇钱树"。属于稀缺、贵重的工业原料，在全世界需求旺盛，供源短缺，导致长期供不应求，素有"香料之王"的誉称。檀香油主产于印度、印度尼西亚、斯里兰卡等国。世界年产量70~2000t。

（一）植物形态

半寄生性常绿小乔木，高6~10m，树冠不开张，具有正常的茎和叶，根具吸盘，附着在寄生根上。树皮褐色，粗糙或有纵裂；枝圆柱状，带灰褐色，具条纹，有多数皮孔和半圆形叶痕；多分枝，幼枝光滑无毛；小枝细长，淡绿色，节间稍肿大；单叶对生，叶椭圆形至卵状披针形，长4~8cm，宽2~4cm，先端急尖或近急尖，基部楔形或阔楔形，稍下延，边缘波状，叶背被白粉，侧脉约10对，网脉不明显；圆锥花序腋生和顶生；苞片微小，位于花序基部，钻状披针形；花初为淡黄绿色，后变为淡红色，逐渐呈紫红色；花萼绿色钟状，萼片4~5裂，三角形，开花时裂片向外反卷，上面淡绿色，后变为淡红以致紫红色；花瓣极小或无，4~5片，橙黄色，后转为紫红色；雄蕊4~5枚，柱头34裂，花丝短，与萼片对生；花丝基部有簇生白柔毛；花开后花丝、花柱、柱头均逐渐呈紫色。肉质球形核果，核果直径约1cm，熟时深紫红至黑色，顶端平截，宿存花柱稍突起，内果皮具纵棱3~4条。花期5—6月，但个别植株终年有花果，果期较长，果期7—9月。从开花到结果约10d。

（二）生长习性

檀香树适宜生长在炎热、潮湿、强光照的环境条件下。具有半寄生性，其生长需适宜的寄主植物，在原产地可供寄生的植物较多，如苦木、木麻黄、阔荚合欢等，并从它们的根瘤中吸取供自己不断生长壮大的养分。目前，我国以长春花、洋金凤、凤凰树、红豆、相思树等植物作寄主，檀香树根产生的吸盘较多，植株生长良好。吸盘多少因寄主植物而有所不同。檀香树可从土壤中吸收一部分水和矿物盐，但不能独立生活，如无寄主植物，檀香树短期内就会停止生长，直至死亡。此外，有些植物不能作寄主植物，如漆树科植物可致其死亡。

檀香树适宜年平均气温高于21℃，最冷月平均气温高于13℃，极端低温高于-4℃，无重霜冻；适宜种植在土层深厚、排水良好、疏松透气，富含铁、磷、钾等营养元素，pH 5~6的红色壤土；地势向阳、开阔起伏、有一定坡度的山地为佳。黄壤、砂质地也可栽种。土质过肥、排水不良的沼泽地及地下水位过高的粗砂壤土不宜种植。檀香树根系最忌积水，地下水位在1m以内或雨季积水的地方不宜种植。

檀香树幼苗期、中期生长较快，成龄期和老龄期生长较慢。

（三）繁殖与栽培

1. 繁殖

主要采用种子繁殖。采集粒大、饱满、紫红色果实，除去果肉，洗净种子，随采随播。檀香种子具休眠特性，催芽前用50~100mg/L的赤霉素浸种24h，促进种子发芽。可在沙床上条播或撒播育苗，播后盖0.5~1cm湿沙后，适当淋水，不宜过多。

2. 育苗期管理

种子出苗后，植入寄主树幼苗。移苗成活率与温度、湿度、土壤、遮阴适度都有关系。檀香幼苗对土壤积水敏感。一般种子苗长出2片真叶时移植成活率高。如果寄主苗中途死亡，应及时补栽。

出苗或移苗1~2个月后，便可第1次追肥，以后每隔2~3个月施肥1次，最好用腐熟的人粪尿或猪粪尿等液肥，再配些化肥效果更好。施肥不宜过浓，人粪尿浓度以30%（质量分数）为宜。施肥不要沾到枝叶上，以免影响生长。

3. 定植

定植前一年冬季整地，使土壤充分风化，消灭部分害虫。穴植，株行距4m×4m、

4m×3m 或 3m×3m，穴规格为 60cm×60cm×50cm，每穴施 50~100kg 火烧土或腐熟的有机肥作基肥。定植前后应在穴四周栽好灌木或多年生草本，在两穴之间定植乔木寄主植物；将檀香苗连同寄主带土团栽入穴内（要保持土团完整，则成活率很高），将土压实，浇足定根水。若无寄主或寄主不够，应及时补种。每年施肥 2~3 次，春夏施用速效肥，如硫酸铵、尿素等；秋冬施用有机肥加过磷酸钙。

4. 寄主植物的选择与配置

檀香树寄主植物可分为长期与短期两种，长期以乔木为主，有苏木、女贞子、大叶紫珠等，水果类植物如龙眼、黄皮、无花果等，经济类树种如台湾相思、马占相思、木麻黄等。短期以灌木与草本为主，如蓝花草、假蒿、山毛豆、茜须草等。为充分利用土地资源，选择寄主植物应充分考虑经济收益，可间作果树（如龙眼）、优质木材（如花梨木）、中药材（如萝芙木、马钱子）等。在每株檀香树周围配置乔木、灌木、草本寄主植物。檀香树寄主植物很广，可根据实际选择。

5. 田间管理

（1）除草、松土、施肥　檀香树定植后，每年除草、浅松土 2~3 次。土壤肥沃，寄主植物生长茂盛可少施或不施肥；土壤较瘠薄，寄主植物生长不良可适当施肥。旱季施水肥，雨季雨后开浅沟撒施化肥。

（2）修枝整形　檀香小苗要庇荫，但荫蔽太大会影响生长，且易发生病虫害，对寄主植物应及时适当修剪，使林内通风透光。檀香树分枝能力较强，生长期间，应适当修剪侧枝，使主干挺直、增粗，提高心材产量。

6. 病虫害防治

主要病害有幼苗立枯病和根腐病；主要虫害有檀香粉蝶、象鼻虫等。

（1）幼苗立枯病　主要由立枯丝核菌侵染所致。侵害幼苗，多在夏季，土壤排水不良时发生。发病前用 0.25%~0.5% 的波尔多液喷洒，或 1%~2% 石灰水浇施；发病期间用甲基托布津可湿性粉剂喷杀。

（2）根腐病　是一种常见病害，幼苗、幼龄树和大树均可发生。发病初期，可用 5% 退菌特可湿性粉剂 500~800 倍液，或 50% 甲基托布津 800~1000 倍液，或 70% 敌克松原粉 500 倍喷洒防治。

（3）檀香粉蝶　又名斑马虫，幼虫啃食叶片。防治方法为人工捕杀幼虫、卵、蛹；用 90% 敌百虫草原药 800 倍液或 80% 敌敌畏乳油 1000~1500 倍液喷杀。

（4）象鼻虫　成虫咬食檀香叶片嫩枝，造成枝条干枯死亡。可人工捕杀或用 50% 甲胺磷 800 倍液喷雾。

（四）采收与加工

作为香料用的檀香树，采伐时要求树龄需在 30 年以上，砍伐后要经过一段时间的自然干燥，然后切成薄片或粉碎，也可利用制工艺品的碎料或锯屑采用水蒸气蒸馏法提取檀香精油。

（五）利用价值

1. 香料

檀香树干、枝和根的心材均含精油，根部心材产油率最高，茎部心材次之。檀香精油为名贵香料，用于调配各种高级化妆品、香水、皂用香精。檀香碎材木屑可提炼精油或打粉，是做高品质线香、盘香及熏衣物、随身佩戴香囊的天然用料；檀香是一种有香木材，可直接燃烧或做成香来焚烧。

2. 药用

檀香油在医药上有广泛用途，具有清凉、收敛、强心、滋补等功效，可用来治疗胆汁病、膀胱炎及腹痛、发烧、呕吐等症。檀香油可用作尿道消毒剂，可治疗淋病。檀香油还是非常理想的镇静剂。檀香的放松效果绝佳，可安抚神经紧张及焦虑，带给使用者更为祥和、平静的感觉。

二、花榈木

花榈木（*Ormosia henryi* Prain）别名花梨木、降香檀、海南檀等，为豆科（Leguminosae）红豆属（*Ormosia*）植物。分布于全球热带地区，主要产地为东南亚、南美及非洲。我国海南、云南及广东、广西地区有引种栽培。花榈木木纹有若鬼面者，类似狸斑，又名"花狸"、花梨木。老者纹拳曲，嫩者纹直。木结花纹圆晕如钱，色彩鲜艳，纹理清晰美丽，可作家具及文房诸器。花梨木有老花梨与新花梨之分。老花梨又称黄花梨木，颜色由浅黄到紫赤，纹理清晰美丽，有香味。新花梨木色显赤黄，纹理色彩较老花梨稍差。花榈木在中国应用的历史相当久远，早在唐朝时期，花榈木就被广泛使用，用花榈木制作成的器物更是受到人们喜爱。

（一）植物形态

常绿乔木，高 16m，胸径可达 40cm；树皮平滑，有浅裂纹。小枝、叶轴、花序密被茸毛。奇数羽状复叶，小叶 1~3 对，革质，椭圆形或长圆状椭圆形，先端钝或短尖，基部圆或宽楔形，叶缘微反卷，叶面深绿色，光滑无毛，叶背及叶柄均密被黄褐色绒毛。圆锥花序顶生，或总状花序腋生；花萼钟形，5 齿裂，萼齿三角状卵形，内外均密被褐色绒毛；花冠中央淡绿色，边缘绿色微带淡紫，旗瓣近圆形，翼瓣倒卵状长圆形，淡紫绿色，龙骨瓣倒卵状长圆形；雄蕊 10 枚，分离，不等长，花柱线形，柱头偏斜。荚果扁平，长椭圆形，顶端有喙，紫褐色，无毛，内壁有横隔膜，有种子 4~8 粒，稀 1~2 粒；种子椭圆形或卵形，种皮鲜红色，有光泽。花期 7—8 月，果期 10—11 月。

（二）生长习性

喜温暖，但有一定的耐寒性。全光照或阴暗均能生长，但以明亮的散射光为宜。喜湿润土壤，忌干燥。

（三）繁殖与栽培

1. 繁殖

主要采用种子繁殖。花榈木采种时宜选择 15 年以上、生长健壮、发育正常、干形通直、无病虫害的植株作为母树。果实一般于每年 12 月大量成熟，当果皮由黄绿色变为黄褐色时就可采种，果实采收后需充分晒干，并将果荚揉碎，除去果荚边缘后获得种子。花榈木种子不能长时间置放，最好随采随播，否则会影响发芽率。

2. 育苗

播种前要平整苗床。花梨种子容易发芽。播种前用清水浸种 24h，捞出晾干后将种子均匀撒播在苗床表面，然后覆盖细土 1cm 左右，再盖一层薄草，或用遮光网搭荫棚遮光。种子播种后，保持苗床适当湿润，约半个月发芽。新鲜饱满种子发芽率达 90% 以上。

3. 幼苗移栽

花榈木种子发芽后 20～30d，幼苗子叶转绿、真叶开始长出时，即可移栽到营养袋中培育。

4. 幼苗管理

幼苗移植约半个月后就可勤施薄尿素，保持足够的水分和养分，平时需注意苗木病虫害防治，每隔 7～10d 喷洒甲基托布津或百菌清防病。若管理得当，一年生苗地径可达 1.5～2.0cm。苗高 50～60cm 时采用低截干苗上山造林。花榈木分枝较低，侧枝粗壮，抚育时要注意整形修枝，培育优良干形。花榈木易倒伏，应在苗木旁插竹竿捆绑，以促主干垂直生长。

5. 造林技术

（1）种植地选择 海拔 600m 以下的荒山荒地和采伐迹地的阳坡、半阳坡均可造林。在造林前一年冬季进行整地，使土壤充分风化，消灭部分害虫，山地坡度超过 20°的要开水平带。穴植，穴规格为 50cm×50cm×40cm。需施足基肥，每穴可施 2.5～5kg 农家肥。

（2）种植时间 最好选在 3—4 月，最迟不宜超过 6 月，宜在小雨或雨后栽植。

（3）栽培密度 种植株行距视立地条件而定，在水肥条件好的地区栽培密度为 3m×3m，干旱地区多采用 3m×2m 或 2m×2m。

6. 田间管理

苗木在上山前 10d 停止施肥和减少淋水次数，并对苗木按大小进行分级及喷药防治病虫害。栽植时小心将营养袋撕掉、放直、压实。当年苗木小，其生长易被杂草抑制，当年抚育与否是造林成败的关键。种植 2 个月后应及时除草抚育 1 次，在秋季杂草种子成熟前再除草、松土 1 次。

7. 病虫害防治

主要病害有黑痣病、炭疽病等。

（1）黑痣病 花榈木苗期和幼树易受危害。病斑主要发生在叶、枝和果荚上，雨季传播速度快。严重时整片叶子均呈黑色，致使叶子大量脱落，严重影响幼树生长。可用百菌清或 5%甲基托布津 500 倍液喷洒防治，每隔 7d 喷 1 次，共喷 2~3 次。

（2）炭疽病 发生于花榈木嫩叶和嫩梢。病害侵染后，叶片上呈现圆形褐色小病斑，其上有黑色小点，嫩枝上发病部位呈黑色，后逐渐干枯。可用百菌清或 70%代森锌喷洒防治，每隔 7d 喷 1 次，共喷 2~3 次。

主要虫害有瘤胸天牛、蝗虫、食叶甲虫等。人工幼林多出现瘤胸天牛危害，被害后幼树会造成风倒或枯死。对成虫可摇树使其落地加以捕杀，也可在幼虫期用注射器将 90%敌百虫或 50%辛硫磷 300~400 倍液注入孔洞，然后用黏泥封住孔口。幼林在夏季还会出现蝗虫、食叶甲虫危害，可采用 90%敌百虫或乐果喷洒树冠叶面防治。

（四）采收与加工

花榈木精油萃取自花榈木的木心材。可用花榈木木屑进行水蒸气蒸馏获得精油。

（五）利用价值

1. 香料

花榈木精油具有甜的木质香，并带有花香及淡的香料感。花榈木精油同时具备花香、果香、木香三大系列多变复杂的香味，且香气悠久绵长。因其香气婉转丰富，故可灵活应用于精油和香水的调配，是精油界的百搭大使，气味芳香，可除臭驱虫。

2. 木材

花榈木木质坚实，质地温润，花榈木木材被用来制作家具、乐器等，素有"木中之冠"的美称。

（六）注意事项

切勿将未经稀释过的花榈木精油涂抹于皮肤。

三、柏木

柏木（*Cupressus funebris*）别名香扁柏、垂丝柏、黄柏、柏木树、柏香树等，为柏科（Cupressaceae）柏木属（*Cupressus*）植物，广布于我国华东、华中、华南和西南等省区，以四川、湖北西部和贵州栽培最多。

（一）植物形态

常绿乔木，高达 35m，胸径可达 2m；子叶 2 枚，条形，先端钝圆；初生叶扁平刺形，起初对生，后 4 叶轮生。树皮淡褐灰色，裂成窄长条片；小枝细长下垂，生鳞叶的小枝扁，排成一平面，两面同形，绿色。鳞叶二型，先端锐尖，中央之叶背有条状腺点，两侧的叶对折，背部具棱脊；雄球花椭圆形或卵圆形，雌球花近球形；球果圆球形，熟时暗褐色；种鳞 4 对，顶端为不规则五角形或方形，中央有尖头或无，能育种鳞有 5~6 粒种子；种子宽倒卵状菱形或近圆形，扁，熟时淡褐色，有光泽，边缘具窄翅。

花期 3—5 月，种子第 2 年 5—6 月成熟。

（二）生长习性

喜温暖湿润的气候条件，在年平均气温 13～19℃，年降水量 1000mm 以上，且分配比较均匀，无明显旱季的地区生长良好。对土壤适应性广，中性、微酸性及钙质土均能生长，尤以在石灰岩山地钙质土上生长良好。耐干旱瘠薄，也稍耐水湿。需有充足光照才能良好生长，但能耐侧方阴遮。耐寒性较强，少有冻害发生。

（三）繁殖与栽培

1. 繁殖

主要采用种子繁殖。在 20～40 年生健壮、无病虫害的母树上采种。果实成熟后，在种鳞微开裂时采集，采后将球果暴晒 2～3d 即可脱粒，净种后，置通风干燥处贮藏。苗圃地施足基肥后平整床面。3 月上旬到中旬播种。柏木种子温水浸种催芽，待大部分种子萌动开口时即可播种。条播育苗，条距 20～25cm，播种量为 6～8kg/亩，播后覆盖薄土，以盖土后仍能见到部分种子为宜，然后盖草，并保持苗床湿润。以后根据种子发芽情况分批揭去盖草，宜早晚或阴天进行，当 50%～60% 出苗时应揭去一半盖草，3～4d 后再 1 次揭完（也可以再分 2 批揭除）。

2. 田间管理

幼苗出土后 40d 内应保持苗床湿润。7—9 月可每月施化肥 1～2 次。主要用一年生苗栽植造林。造林宜在"立春"到"雨水"为好，山区在"惊蛰"亦可。栽植穴底径和深度均不小于 40cm。造林密度为 300～375 株/亩。栽植当年抚育 2 次，第 1 次应在 5—6 月进行松土、除草；第 2 次在 8—9 月进行。第 2 年抚育 2 次，第 3 年如尚未郁闭，继续抚育 1 次。一般柏木在 30～40 年采伐为宜。

3. 病虫害防治

主要病害为赤枯病，发病初期结合苗期管理喷施 0.5～1°Be 的石硫合剂，防治效果较好。

主要虫害为柏毛虫和大袋蛾，柏毛虫可用 90% 晶体敌百虫或杀螟松乳剂 1500 倍液喷杀幼虫。大袋蛾的幼虫蚕食叶片，7—9 月危害最严重，可用 90% 晶体敌百虫喷杀防治，也可在冬季或早春人工摘剪虫囊。

（四）采收与加工

树干或粗树枝的木部削成薄片或木屑，用水蒸气蒸馏法提取精油。

（五）利用价值

1. 香料

柏木精油是天然香料的一种重要原料，是木香调香中重要的香水原料，在不同类型的日化香精中都有应用，又是良好的定香剂，其主要成分雪松脑（或称柏木脑）是合成名贵香料柏木醚的主要原料。香柏木发出的芳香气体具有清热解毒、燥湿杀虫的作用。

2. 观赏

柏木寿命长，是群众喜爱的传统栽培树种，是重要的风景绿化树种。

3. 木材

柏木是珍贵用材树种，主要用于高档家具、办公和住宅的高档装饰，木制工艺品加工等。

四、杉木

杉木（*Cunninghamia lanceolata*）别名杉、沙木、沙树等，为杉科（Taxodiaceae）杉木属（*Cunninghamia*）植物，在中国长江流域、秦岭以南地区栽培最广，生长快，是经济价值高的用材树种。

（一）植物形态

常绿乔木，高达 30m，胸径可达 2.5~3m。幼树树冠为尖塔形，大树为广圆锥形，树皮褐色，裂成长条片脱落；大枝平展，小枝近对生或轮生；叶在主枝上辐射伸展，侧枝的叶基部扭转成二列状，叶线状披针形，螺旋状散生，叶缘有细锯齿，先端渐尖，稀微钝，叶面深绿色，叶背淡绿色；雄球花圆锥状，有短梗，通常 40 余个簇生枝顶，雌球花单生或 2~4 个集生，绿色；果实卵球形，熟时苞鳞革质，棕黄色，三角状卵形，先端有坚硬的刺状尖头，边缘有不规则锯齿，向外反卷或不反卷；种子卵形或长圆形，扁平，暗褐色，两侧有窄翅。花期 4 月，球果 10 月下旬成熟。

（二）生长习性

喜温暖湿润的气候条件，不耐严寒，气温低于-10℃则受冻害。怕风，怕旱，较喜光。适应年平均温度 15~23℃，极端最低温度-17℃，年降水量 800~2000mm 的气候条件。喜肥沃、深厚、排水良好的酸性土壤，忌积水和盐性土，土壤瘠薄和干旱会造成生长不良，单株或单列种植由于其树冠周围空气湿度不足，生长受影响，适度郁闭对生长有利。

（三）繁殖与栽培

1. 繁殖

采用种子繁殖或扦插繁殖。

（1）种子繁殖　杉木一般在 10 月下旬—11 月上旬种球由青绿色转为黄褐色时即可采收。种子应在 15~30 年优良母株上采集，采后干藏，次春播种。圃地应有一定的遮阴、空气温度和土壤水分。

（2）扦插繁殖　3—4 月进行扦插。选择树高比同龄树平均高 25% 以上、胸径比同龄树平均粗大 30% 以上的优树作为采穗母树，将枝条剪成 8~10cm 长的插穗，插穗上如有侧枝应剪除，然后将插穗基部用湿巾包裹保湿，运到圃地扦插。在插床上按行距 25cm

开深 5cm 的条沟，将插穗按株距 5cm 排放好后，覆土压实，浇透水，并在床面上遮盖稻草保湿。尽量做到当天采集的插穗当天扦插完成。

2. 田间管理

园林应用通常移植培育 3~5 年后再定植。幼林抚育的主要工作为除草、松土、除萌、培土扶正。根据当地种植情况，栽植当年要进行 2 次抚育，4—6 月进行块状松土除草，8—9 月全面进行松土除草。第 2 年以后每年进行 1~2 次抚育，直至幼树郁闭成林。栽植后 8~10 年进行第 1 次间伐，伐后保留 170~200 株/亩；13~15 年间进行第 2 次间伐，伐后保留 120~160 株/亩。间伐时要遵循"去小留大，去劣留优，去密留稀"的原则。20 年左右可全面采伐更新。

3. 病虫害防治

主要病害有幼苗猝倒病，可喷 1% 波尔多液防治；主要虫害有杉梢小卷蛾，可冬季人工摘除虫囊并烧毁被害枝梢，并喷洒 50% 杀螟松乳剂 200 倍液防治幼虫。

（四）采收与加工

以杉木木材为原料，用水蒸气蒸馏法提取精油。

（五）利用价值

1. 香料

杉木精油具有强有力的木香–麝香–龙涎香香气，主要用于爽身粉、粉饼、胭脂等脂粉类化妆品和皂类，还适用于配入幻想型香精中。

2. 木材

杉木是我国南方主要建筑用材，因其木材含精油，故抗蚀能力强。

🌐 **课程思政**

　　有些心材类香料植物，例如柏木，寿命长，是群众喜爱的传统栽培树种，也是重要的风景绿化树种。古人很早就认识到了保护环境的重要性，中国第一部环境保护法是西周的《伐崇令》，距今已经 3000 多年。中国植树造林的历史，可以追溯到 2600 年前，柏木是古人最喜爱种植的树木之一。生态文明建设关乎着民众的未来和人民的幸福生活，党的十八大以来，我国生态文明理论研究与实践成果日趋丰富，树立并践行"绿水青山就是金山银山"的理念，提出并贯彻尊重自然、顺应自然、保护自然的新发展理念。在日常生活中，应该人人争当绿色使者、生态先锋，为建设美丽中国增绿添彩，共同谱写人与自然和谐共生的中国式现代化新篇章。

思考题

1. 简述檀香、花榈木、柏木和杉木的生活习性。

2. 简述檀香、花榈木、柏木和杉木的主要繁殖方法。

3. 简述檀香、花榈木、柏木和杉木的主要栽培技术。

第十五章
树脂类香料植物

┌─ 【学习目标】 ───┐
　　1. 了解树脂类香料植物的形态特征、生长习性、采收加工方法和利用价值。
　　2. 掌握树脂类香料植物的繁殖方法和栽培技术。
└──┘

一、岩蔷薇

岩蔷薇（*Cistus ladaniferus* L.）别名赖百当、岩玫瑰等，为半日花科（Cistaceae）岩蔷薇属（*Cistus*）植物。原产于地中海沿岸，属地中海气候型植物。岩蔷薇在地中海地区用于提取树脂、浸膏、净油等产品，类似的还有玫红岩蔷薇（*Cistus creticun* L.）、杨叶岩蔷薇（*Cistus populifolius* L.）等。但以岩蔷薇最好，主产于俄罗斯、乌克兰、西班牙、摩洛哥、希腊、法国等地。全世界年产岩蔷薇浸膏 20~50t。我国 20 世纪 50 年代引入栽培，在江苏、浙江等地表现较好。

（一）植物形态

多年生直立亚灌木，高 1.5~2.5m，全株表面布有由植株分泌的黏稠树脂，具香气。枝条褐色，侧枝分为生长枝和结果枝，结果枝种子成熟后枯死。单叶对生，披针形至线状披针形，长 5~8cm，宽 0.5~1.5cm，先端尖，全缘，黑褐色，叶面无毛，叶背白毛。花常单生于上部小枝腋间，两性；萼片 3，圆形，淡黄色，有鳞片；花瓣 5，纸质，白色且基部有黄斑点，先端有不规则凹陷；雄蕊黄色，多数。蒴果，扁球形或近椭圆形，灰褐色；种子多菱形，细小，褐色。花期 5—6 月，果期 6—8 月。

（二）生长习性

喜温暖、湿润的气候，原产地年平均气温 15~18℃，年降水量 400~800mm。适宜发芽温度为 8~10℃，幼苗生长适宜温度为 15~20℃，气温下降至 10℃以下时，生长缓慢，5℃左右时，叶片呈紫红色，生长停滞。可耐短时间−8~−7℃低温，但幼苗不耐低温和干旱。岩蔷薇喜光，要求肥沃疏松的酸性或中性的砂质壤土。

（三）繁殖与栽培

1. 繁殖

一般采用种子繁殖，也可用扦插繁殖，但成活率低。

种子繁殖在播种前苗床先浇透水，待水渗下后，畦面均匀撒一薄层细土，再行播种。岩蔷薇种子细小，播种时可与细砂土混匀后撒播，再覆细土，覆土厚度以盖没种子为宜。播种后，苗床可用薄膜或草帘覆盖。出苗前，一般要经常喷水保持土壤湿润。苗床温度应不超过 25℃，出苗后，及时揭去薄膜或草帘。

2. 选地整地

选择土壤肥沃、向阳、地势平坦、排灌方便的地块种植。整地时，施入腐熟的有机肥，将土地深翻 20~40cm，作畦，为防止雨季苗床积水，应作高畦。畦长 4~6m，宽 1~1.5m。如在山坡地种植，应作梯田，以便保水和灌溉。

3. 定植

幼苗高 10~15cm，有 4~6 对分枝时即可移栽。定植前一天浇水，起苗时应带土团。选择傍晚或阴天移栽，成活率高。我国长江中、下游地区移栽时间可安排在 3 月下旬，或 8 月中、下旬。株行距一般在 60cm×70cm。定植后应立即浇水。

4. 田间管理

（1）中耕、除草　为防止土壤板结，生长期间应多次进行中耕，松土除草，以利生长。

（2）施肥　岩蔷薇喜肥，生长期应追肥 2~3 次。定植后 20d，可第 1 次追施人粪尿液；第 2 次可在 5 月下旬或 6 月上旬，1∶40 的人粪尿和化肥 10kg 混合追施，促进分枝和丰产；7 月下旬或 8 月上旬植株生长较弱，尚未封行时，应进行第 3 次追肥，用量与第 2 次相同。

（3）浇水　岩蔷薇生长过程中，要求土壤有充足水分。5—9 月是植株生长季节，一般要进行 2~3 次浇水。遇雨季，应及时排出积水。

（四）采收与加工

栽培岩蔷薇以采收香树脂为目的。在杭州、南京地区种植，每年有 2 个生长期，4 月中旬—7 月中旬为夏季生长期；8 月中旬—10 月下旬为秋季生长期。香树脂以夏季较多。2 年生岩蔷薇植株浸膏得率为 2%~3.5%。采收时以剪刀剪取枝叶，扎捆阴干，随时用于加工。

（五）利用价值

1. 香料

岩蔷薇是浸膏膏香中极为重要的品种，有着很好的膏香及定香效果，常用于配制人造琥珀、龙涎香，广泛用于古龙型、东方型及紫罗兰、薰衣草、素心兰、檀香、柑橘、防臭木等花香型和非花香型香精中。岩蔷薇香树脂常用作定香剂、增甜剂和调和剂，用于香水和香皂中。香树脂净油常用于化妆品中，还可用于烟用香精，也可配制柑橘、圆柚等果香型香精，用于饮料、糖果、烘烤食品等。蔷薇花挥发油可用于低档香精的调配。

2. 观赏

岩蔷薇花大，株型美丽，常栽培于庭园中供观赏。

二、乳香

乳香别名乳头香、滴乳香为橄榄科（Burseraceae）乳香属（*Boswellia*）植物，是乳香树（*Boswellia carterii* Birdw）及同属植物 *Boswellia bhaurdajiana* Birdw 渗出的芳香树脂。乳香是乳香树树干切口处分泌出的含有精油的树脂，为淡黄色至淡绿色、有光泽、透明、易碎的泪滴状分泌物，分为索马里乳香和埃塞俄比亚乳香，主要分布于索马里和埃塞俄比亚及阿拉伯半岛南部。我国有少量引种。

（一）植物形态

小乔木，高 4~5m，罕达 6m。树皮光滑，淡棕黄色，粗枝的树皮呈鳞片状。奇数羽状复叶互生，小叶对生，无柄，长卵形，先端钝，基部圆形、近心形或截形，边缘有不规则圆齿裂，或近全缘，两面均被白毛，或叶面无毛，基部小叶最小，向上渐大。花小，排成稀疏总状花序；苞片卵形，花萼杯状，先端 5 裂，裂片三角状卵形；花瓣 5 片，淡黄色，卵形，先端急尖；花盘大，肥厚，圆盘形，玫瑰红色。果实倒卵形，有三棱，钝头，果皮光滑，肉质肥厚。每室具种子 1 枚。花期 4 月。

（二）生长习性

原产地大部分属热带干旱气候，月平均气温在 10℃ 以上，年降水量很少，大多在 300mm 以下。索马里属高温干燥少雨气候，年降水量不足 100mm，年平均气温为 25.4~28.7℃，极端最高气温为 39~44℃，极端最低气温为 7.5~12℃，土壤为砂石土。

（三）繁殖与栽培

仅有野生。

（四）采收与加工

除 5—8 月外，全年均可采收。以春季为盛产期。乳香以淡黄色、颗粒状、半透明、无砂石树皮杂质、粉末黏手、气芳香者为佳。采收时，于树干的皮部由下向上顺序开一狭沟，使树脂从伤口渗出，流入沟中，数天后凝成干硬的固体，即可采取。收集的树脂用水蒸气蒸馏法提取乳香精油。

（五）利用价值

1. 香料

乳香精油散发着温馨清纯的木质香气，又透出淡淡的果香，能让人感受到从未有过的放松和舒缓。古埃及人在很早以前就懂得用乳香制作面膜以保持青春。乳香精油具有抗菌、促进伤口结疤、淡化疤痕和皱纹、增强细胞活性、镇静、补身、回春的作用，能调理干燥、老化、暗沉的肌肤，恢复肌肤弹性、收紧毛孔。如今，乳香精油已是香水中的固定成分。

2. 药用

乳香树脂为常用中药。乳香精油有治疗痛经和缓解经前期综合征、肌肉酸痛的效果，可促进老化皮肤活化、促进结疤，缓解产后忧郁，还能放缓呼吸，有助于冥想。

（六）注意事项

乳香精油具有调经作用，建议孕妇不要服用。

三、土沉香

土沉香（*Aquilaria sinensis*）别名白木香、沉香、蜜香、沉水香、崖香等，为瑞香科（Thymelaeaceae）沉香属（*Aquilaria*）植物，分布于广东、广西、福建、海南、台湾。土沉香是一种热带及亚热带常绿乔木，为世界少有的珍贵药用植物，属国家二级保护植物，也是国际上受保护的树材。

（一）植物形态

常绿乔木，树皮暗灰色；小枝圆柱形，幼时被疏柔毛，后逐渐脱落，无毛或近无毛。叶互生，稍革质，圆形、椭圆形至长圆形，有时近倒卵形，先端锐尖或急尖而具短尖头，基部宽楔形，叶面暗绿色或紫绿色，叶背淡绿色，两面均无毛，边缘有时被稀疏柔毛；花芳香，黄绿色，伞形花序顶生或腋生；花梗密被黄灰色短柔毛；萼筒浅钟状，两面均密被短柔毛，5 裂，裂片卵形，先端圆钝或急尖，两面被短毛；花瓣 10，鳞片状；雄蕊 10 枚，排成 1 轮。蒴果果梗短，卵球形，幼时绿色，顶端具短尖头，基部渐狭，密被黄色短柔毛，2 瓣裂，2 室，每室具 1 粒种子；种子褐色，卵球形，疏被柔毛，基部具有附属体。花期 4—5 月，果期 7—8 月。

（二）生长习性

喜温暖湿润气候，耐短期霜冻，耐旱。为弱阳性树种，幼龄树耐阴，成龄树喜光。适宜的年平均温度为 19~25℃，1 月平均气温 13~20℃，7 月平均气温 28℃以上，极端最低气温可达−1.8℃，年降水量 1600~2400mm，相对湿度 80%~88%。生于海拔 400~1000m 的山地、丘陵及路边阳处疏林中。喜富含腐殖质、土层深厚的砖红土壤或山地黄土壤。

（三）繁殖与栽培

1. 繁殖

主要采用种子繁殖。果实成熟时，采取成熟种子，随采随播。在苗床上，按行距 15~20cm 开浅沟播种，或将种子均匀撒播在苗床上。播后覆 1cm 左右厚细土。育苗后，加强管理，使其生长良好。幼苗长出 2~3 对真叶时，于阴雨天或晴天下午将幼苗移至营养袋中。翌年气温稳定回升时可移苗定植。植前将幼苗下部的侧枝及叶片剪去，只保留上部部分叶片，并修剪过长的主侧根。

2. 定植

定植地要深翻，穴规格为 30cm×（20~30）cm，每穴施 20kg 基肥，与土壤充分混合均匀，覆土待植。种植密度根据立地条件而定，水肥条件不好的地方或山地，可按株行距 2cm×2.5m，种植约 130 株/亩，水肥条件好、土地平坦的地方，可按株行距 2cm×3m，种植 100 株/亩。移栽季节以春季 3—4 月为佳，气温回升，春梢尚未萌动或刚萌动时，尽量选择阴雨天进行定植，成活率可达 95%以上。种植后浇透水。及时拔除死苗，并选 100cm 左右大苗进行补苗。

3. 栽培管理

栽后每年分别在 5—6 月伏旱前和 8—9 月夏末秋初进行中耕除草。每年施肥 2 次，2~3 年以下的树，每次每株施复合肥 100g；3~4 年以上的树，施复合肥 300g，施肥可距离树根 20cm 左右开挖直沟，长宽各 30cm，深 30cm，施肥后覆土浇水。

沉香是主干结香树种，为促进主干生长，利于结香，一定要进行适时修剪。但要注意幼林不要过早修剪，适当暂留一定的侧枝，随时间推移，幼林逐渐长高，再逐步修剪，有利于幼林植株叶片的光合作用，对幼林的生长和根系发展有利，也有利于主干健壮。4~5 年以上的沉香树要修掉所有侧枝，主干树枝仅保留 1 枝，去小留大。

7~8 年以上的成年树一般在春季、秋季各施肥 1 次，开始施用有机肥，不再使用化肥；10 年以下的树在距离树根 30~40cm 远处开挖直沟，每株树施肥用量为 15kg，与土壤混合均匀后覆土，浇水；10 年以上的树，每株树施肥用量为 20~25kg。

4. 接菌凝香

选择树干直径 15cm 以上大树，在树干距地面 1.5~2m 处顺砍数刀，刀与刀的距离 30~40cm，深 3~4cm，待其分泌树脂，感染菌后逐渐变成棕黑色，数年后，即可割取沉香。割取时造成的新伤口，仍可继续凝成沉香；或在距地面约 1m 处树干上凿深 3~6cm，直径 3~10cm 的小孔数个，即"开香门"，然后用泥土封好，待伤口周围的木质部分泌树脂，数年后生成沉香，即可割取。

结香原理都是损伤主树干，真菌从树体表面或内部形成伤口侵入，使其薄壁组织细胞内的淀粉产生一系列化学变化，最后形成香脂，凝结于木材内。其办法有半断干法、化学法、自然法等。

5. 病虫害防治

主要病害有幼苗枯萎病、炭疽病等，发病初期使用 10% 世高水分散粒剂 2000 倍液喷洒治疗。

主要虫害有卷叶虫、天牛、金龟子等，可人工捕杀或用 25% 杀虫脒稀释 500 倍液防治。

（四）采收与加工

经人工促进结香后，正常情况下，会出现枝叶生长不旺、局部坏死（一般在 1 年以后），可断定大多数已经结香。采香全年均可采收。但人工接菌结香，以春季采收为宜，1 年采收后有利于菌种继续生长，采收时选取黑褐色或棕褐色带有芳香树脂的树干（或树根）挖取，提取精油。

（五）利用价值

1. 香料

土沉香树脂和花均可供制香料；木质部可提取精油；花可制浸膏。

2. 药用

土沉香树脂是名贵药材，有镇静、止痛、收敛、祛风的功效。精油用于治疗胸腹疼痛、胃寒呕逆等。

3. 其他

土沉香树皮纤维柔韧，色白而细致可做高级纸原料及人造棉。

四、没药

没药（*Commiphora myrrha*）别名末药、明没药，为橄榄科（Burseraceae）没药属（*Commiphora*）植物。没药为没药树或爱伦堡没药树的胶树脂，产于非洲东北部索马里、埃塞俄比亚以及阿拉伯半岛南部，分布于热带非洲及西南亚等地。采集由树皮裂缝处渗出的白色油胶树脂。

（一）植物形态

低矮灌木或乔木，高约 3m。树干粗，具多数不规则尖刺状的粗枝；树皮薄，光滑，小片状剥落，淡橙棕色，后变灰色。叶散生或丛生，单叶或三出复叶，小叶倒长卵形或倒披针形，中央一片叶远较两侧叶大，钝头，全缘或末端稍具锯齿；萼杯状，上具 4 钝齿；花瓣 4，白色，长圆形或线状长圆形，直立。核果卵形，棕色，尖头，光滑，具种子 1~3 枚，仅 1 枚成熟，种子具蜡质种皮。花期 5—7 月。

（二）生长习性

性喜温暖、干燥气候。主要产地大部分属热带干旱地区，月平均气温在 10℃ 以上，年降水量很少，大多在 300mm 以下。

（三）繁殖与栽培

因没药树是一种亚热带乔木，所以对水和热的要求较高。在纬度略高一点的区域种植就需保证环境的湿度和温度，所以一般适合温室种植。温室内温度一年四季要控制在 30℃ 以上，湿度也要仿照亚热带地区。其次还要注意种植密度，密度不能过高，且要定期进行修剪及病虫害防治。

（四）采收与加工

11 月—翌年 2 月或 6—7 月采收。没药多由树皮的裂缝处自然渗出；或将树皮割破，使含精油的树脂从伤口渗出。树脂初呈黄白色液体，接触空气后逐渐凝固而成红棕色硬块。采后去净树皮及杂质，置于干燥通风处保存。树脂用水蒸气蒸馏法提取精油，得率为 3%~8%。

（五）利用价值

1. 香料

没药精油是制造香水的基础香精之一，能使人感到温暖，具有增强脑部活力、恢复身心朝气、清醒头脑的功能。

2. 药用

没药树脂为常用中药，有活血止痛、消肿生肌、兴奋、祛痰、防腐、抗菌消炎、收敛、祛风及抗痉挛的功能。

（六）注意事项

孕妇、甲状腺功能亢进者禁用。普通人也不可高剂量使用。

五、越南安息香

越南安息香（*Styrax tonkinensis*）为安息香科（Styracaceae）安息香属（*Styrax*）植物，产于爪哇、苏门答腊、泰国。我国广东、广西、云南等省有野生和栽培。树干被割开后会流出具有芳香气味的树脂。

（一）植物形态

乔木，株高 10~30m，树皮暗灰色或灰褐色，有灰白斑点，有不规则纵裂纹；枝稍扁，被褐色绒毛，后变为无毛，近圆柱形，暗褐色。单叶互生，纸质至薄革质，卵形、卵状椭圆形至卵状圆形，顶端短渐尖，基部圆形或楔形，全缘或上部稍有细齿，叶面无毛或嫩叶脉上被星状毛，叶背密被灰色至粉绿色星状绒毛。圆锥花序，或渐缩小成总状花序；花白色；小苞片钻形或线形；花萼杯状，顶端截形或有 5 齿，萼齿三角形，外面密被黄褐色或灰白色星状绒毛，内面被白色短柔毛；花冠裂片膜质，卵状披针形或长圆状椭圆形，两面均密被白色星状短柔毛，花蕾时作覆瓦状排列。蒴果近球形，顶端急尖或钝，外面密被灰色星状绒毛；种子卵形，棕褐色，密被小瘤状突起和星状毛。花期4—6 月，果熟期 8—10 月。

（二）生长习性

喜温暖、阳光充足环境条件，耐短期霜冻。适于在年平均气温 18~26℃，1 月平均气温 10℃以上，绝对最低气温不低于-3℃的地区生长。在土层深厚、排水良好的砂壤土中生长较好。喜湿润，分布在年降水量 1200~1800mm 的地区，但不耐水渍。

（三）繁殖与栽培

1. 繁殖

主要采用种子繁殖。丘陵地区种子成熟为 9 月中下旬，山地为 10 月上旬。随采随播最好。秋播种子发芽率高。

2. 造林技术

适合小苗上山造林，造林最适宜季节为 3—4 月，株行距密的为 3m×3m，稀的为4m×4m。定植后至郁闭前，每年春夏季和秋冬季各除草松土 1 次。

（四）采收与加工

夏、秋季节割裂树干，收集流出的树脂，阴干。树脂可采用水蒸气蒸馏法提取精油。

（五）利用价值

1. 香料

越南安息香树脂用在美容方面已有数百年之久。安息香精油可制造高级香料，现则多用作香水中的定香剂。

2. 药用

越南安息香树脂又称"安息香"，含有较多香脂酸，是贵重药材，对心脏和循环系统有益，能改善支气管炎、气喘、感冒及喉咙痛等；安息香精油能辅助强健呼吸系统，是经常使用的祛痰剂。

六、枫香树

枫香树（*Liquidambar formosana* Hance）别名枫树、枫仔树、三角枫等，为金缕梅科（Hamamelidaceae）枫香树属（*Liquidambar*）植物。产于我国秦岭及淮河以南各省，北起河南、山东，南至广东，东至台湾，西至四川、云南及西藏。也见于越南北部、老挝及朝鲜南部。

（一）植物形态

落叶乔木，高可达 30m。树皮灰褐色，方块状剥落；小枝干后灰色，被柔毛，略有皮孔；芽体卵形，略被微毛，鳞状苞片敷有树脂，干后棕黑色。叶片薄，革质，阔卵形，掌状 3 裂，中央裂片较长，先端尾状渐尖；两侧裂片平展；基部心形；叶面绿色，叶背有短柔毛，或变秃净仅在脉腋间有毛；边缘有锯齿，齿尖有腺状突；叶柄常有短柔毛；托叶线形，或略与叶柄连生，红褐色，被毛。雄性短穗状花序常多个排成总状，雌性头状花序有花 24~43 朵，萼齿 4~7 个，针形。头状果序圆球形，木质；蒴果下半部藏于花序轴内，有宿存花柱及针刺状萼齿。种子多数，褐色，多角形或有窄翅。花期4—5 月，果期 10 月。

（二）生长习性

喜温暖湿润及深厚湿润土壤，也能耐干旱瘠薄，但较不耐水湿，不耐寒。喜光，幼树稍耐荫，耐火烧，萌蘖性强，可天然更新。深根性，主根粗长，抗风力强。幼年生长较慢，入壮年后生长转快。

（三）繁殖与栽培

1. 繁殖

主要采用种子繁殖。选择生长 10 年以上、无病虫害、长势健壮、树干通直的优势树作为采种母树。10 月果实变青褐色时及时采收，果实成熟后开裂，过晚种子易散落。将采收的果实放置于阳光下晾晒 3~5d。晾晒过程中，应常用木锨翻动果实，待蒴果裂开后将种子取出。然后去除杂质获得纯净的枫香种子。采集的种子应装于麻袋内置于通风干燥处进行储藏。翌年春季 2—3 月播种。枫香种子籽粒小，播种量为 0.5~1.0kg/亩，撒播或条播。撒播要均匀，条播行距为 20~25cm。播后用覆细土，以微见种子为佳，并在其上覆盖 1 层稻草，约 3 周出苗，发芽率约 50%。

2. 苗期管理

幼苗基本出齐时，需及时揭草。揭草最好分 2 次进行，第 1 次揭去 1/2，5d 后再揭去剩余部分。揭草要轻，以防带出幼苗。幼苗长至 3~5cm 时，应及时间苗和补苗。间苗后的枫香幼苗密度约为 100 株/m²。揭草后 40d 左右，可追施氮肥，第 1 次追肥浓度应小于 0.1%（质量分数），施肥量为 22.5kg/hm²。以后根据枫香树生长实际情况，在整个生长季节应施肥 2~3 次。每隔 1 个月左右追肥 1 次，浓度为 0.5%~1.0%（质量分数），施肥量为 45~60kg/hm²。前期主要施氮肥，后期施磷、钾肥。雨季应及时排除苗圃地积水；干旱天气应及时浇水。

3. 选地整地

选择温暖湿润、土壤深厚的山坡下部和中部，丘陵地以阴坡半阳坡为好。冬季前完成整地。

4. 定植

3 月中上旬定植。一般株行距为（1.5~3.0）m×（1.5~3.0）m。培养用材林可稀植，以培养原料林、材苗兼用林为主的可密植。丘陵和低山区可营造混交林，与马尾松、杉木等树种混交，混交方式为带状或块状，混交比例为枫香占 30%~40%。

5. 抚育管理

新造林要连续除草松土 2~3 年，在 5—6 月和 9—10 月抚育 2 次，第 1 年以除草为主，第 2、3 年以扩穴为主。幼林在 9 月—翌年 5 月结合抚育进行施肥，用腐熟有机肥或复合肥条状沟施，成林最好在冬季施肥。造林后第 2 年开始修除树木基部 1/3 以下枝条及双叉枝和竞争枝，直至郁蔽成林。在树木休眠期进行修剪，修剪切口要平滑，不伤树皮，不留桩。

6. 病虫害防治

主要病害有根腐病、猝倒病等，采用广谱性杀菌剂防治效果较好。

主要虫害有麻皮蝽、毒蛾、枫香棉粉蚧等。防治方法为：人工摘除虫茧，集中烧毁；保护天敌；灯光诱蛾。

（四）采收与加工

7—8 月割裂树干，使树脂流出，10 月—翌年 4 月采收，阴干。

（五）利用价值

1. 香料

枫香树脂可提取精油，枫香精油沸点较高，用于调香时，可起到有效的气味固定作用，因此它是一种独特的固香剂，在一些增强高档香水配方中可见到。叶精油也可作香料定香剂，用于配制皂用、牙膏香精。

2. 药用

枫香树根、叶、果均可入药，有祛风除湿、舒经活络之效；叶为止血良药。现代医学研究认为枫香树树脂可代替"苏合香"作祛痰剂，且有解毒止痛、止血生肌之效。

3. 观赏

枫香树入秋叶变红色，为林区防火及绿化观赏树种。

4. 其他

枫香树皮可制栲胶；木材轻软，结构细，易加工，通常用作家具及建筑用材，但易翘裂，水湿易腐。

 课程思政

　　有些树脂类香料植物具有很高的药用价值，如没药，作为传统中药材和香料，承载着丰富的文化内涵。它自古以来就被广泛应用于中医药领域，具有活血止痛、消肿生肌等功效。同时，没药也是香料工业的重要原料，其独特的香气为人们的生活增添了无限魅力。乳香也是中药的一种外科和内科药材，用于止痛、化瘀、活血。中医药文化早已融入中国人的血脉，融入百姓的饮食起居，为中华民族的繁衍昌盛作出了巨大贡献，我们应该加强中医药文化传播，讲好中医药故事，正确认识中医药的价值及其对人类文明进步的贡献。

 思考题

　　1. 简述岩蔷薇、乳香、土沉香、没药和越南安息香的生活习性。
　　2. 简述岩蔷薇、乳香、土沉香、没药和越南安息香的主要繁殖方法。
　　3. 简述岩蔷薇、乳香、土沉香、没药和越南安息香的主要栽培技术。

第十六章
皮类香料植物

【学习目标】
1. 了解皮类香料植物的形态特征、生长习性、采收加工方法和利用价值。
2. 掌握皮类香料植物的繁殖方法和栽培技术。

一、肉桂

肉桂（*Cinnamomum cassia* Presl）别名玉桂、筒桂、安桂等，为樟科（Lauraceae）樟属（*Cinnamomum*）植物，原产于我国，现广西、广东、福建、台湾、云南等地广泛栽培，其中广西是全国最大的肉桂产区。肉桂是广西壮族自治区南部亚热带地区特产。该地区自然环境独特，栽培历史悠久，形成了广西肉桂皮厚、色泽光润、含油量高、味道偏辣、药用与调味料用兼优的特点。2008 年，广西肉桂获批中国"地理标志产品"。桂皮即肉桂的树皮，桂皮是我国传统的出口商品，在国际市场上久负盛名。此外，印度、老挝、越南、印度尼西亚等地也有人工栽培。

（一）植物形态

常绿乔木，株高 10~15m。树皮灰褐色；当年生嫩枝黄褐色，具纵向细条纹，密被灰黄短绒毛；顶芽小，芽鳞密被灰黄色短绒毛，宽卵形。叶革质，互生或近对生，长椭圆形至近披针形，长 8~20cm，宽 4~5.5cm，先端稍急尖或钝，基部楔形，边缘软骨质，内卷，上面绿色，有光泽，无毛，下面淡绿色，晦暗，疏被黄色短绒毛，离基三出脉，中脉及侧脉明显凹陷，下面凸起；叶柄粗壮，长 1.5~2cm，被黄色短绒毛。圆锥花序腋生或近顶生，长 8~16cm，序梗被黄色绒毛。花小，白色，花梗长 3~6mm；花被片 6，花被内外两面被黄褐色短绒毛。核果椭圆形，成熟时呈紫黑色或黑色，果托浅杯状。花期 6—8 月，果熟期 10—12 月。

（二）生长习性

喜温暖湿润气候条件。雨量分布均匀的热带和亚热带地区适合栽培，耐热但不耐干旱。肉桂生长要求年平均气温 19~22℃，最适生长温度为 26~30℃，短时间能忍耐−2℃低温；在年降水量 1200~2000mm，空气相对湿度大于 80% 的地区生长旺盛，但雨水过多容易引起根腐叶烂。肉桂随树龄增长对光照的需求有变化，幼树耐阴，要求 60%~70% 的荫蔽度，成株需要充足的光照以促进韧皮部形成油层，从而提高桂皮含油量。以在土层深厚、排水良好、疏松肥沃的砂质壤土或灰钙土或酸性（pH 4.5~5.5）的红色砂质壤土上栽植为宜。

（三）繁殖与栽培

1. 繁殖

主要有萌蘖繁殖、扦插繁殖和种子繁殖。

（1）萌蘖繁殖　每年 4 月上旬，选择 1~2 年生、高 100cm 左右、径粗 2~2.5cm 的萌蘖，在接近地面处用小刀环剥茎部 3~4cm 长的树皮，随后用疏松肥沃的表土将环剥部位覆盖，稍压实后浇透水。1 年后，剥皮处长出新根后，将萌蘖与母树分离，进行定植。该繁殖方法生产的苗木定植后成活率达 95% 以上，缺点是繁殖系数低。

（2）扦插繁殖　一般在每年 3—4 月进行扦插。选择无病虫害、茎粗 0.3~1cm 的细枝条，将其剪成 10~15cm 长、具有 3 个节的插条，插条靠节上端 1~2cm 处剪成平口，下端近节处剪成斜口，剪口要平滑。将剪好的插条放在阴凉处浸在清水中，以防止切口干燥。可选择清洁的细河沙或泥炭土：珍珠岩：蛭石（体积比 4：1：1）混合后做扦插基质，按行株距 15~20cm 斜插入细河沙 2/3，稍压实，浇透水，上加盖塑料薄膜，保持基质湿润。40~50d 后，插条下端长出根系，待根较多时，可移到苗圃或营养钵中继续培育。

（3）种子繁殖　每年 2—4 月，当果实变为紫黑色、果肉变软时即可采收。采收后应及时将果实置于清水中搓去果皮，取出种子摊放在室内通风阴凉处晾干表面水分。肉桂种子寿命短，晾干久藏或晒干都容易失去发芽力。为确保种子发芽率，种子采收后宜随采随播。如不能立即播种，可用湿沙贮藏，方法是用 1 份种子与 2 份湿润细河沙混合均匀（沙的湿度以手握成团，触之即散，指缝无水滴为宜），铺 20cm 左右厚度，9℃ 低温下贮存于室内阴凉处，可放置 2 个月，能保证 80% 左右发芽率。

2. 选地整地

选择水源充足、排水良好、土层深厚、疏松肥沃的砂壤土作为育苗地，深耕细耙，做成高 25cm、宽 120cm、畦间距 40cm 的苗床，做到土壤细碎、床面平坦、沟道畅通。

3. 播种育苗

开沟条播，行距 25cm，每行播种 40~50 粒，用种量为 12~16kg/亩。播后覆土 2cm，及时浇透水，床面可盖稻草保温保湿。20~30d，幼苗出土，及时揭去盖草，并搭荫棚遮阴，且透光度以不超过 40% 为宜。

4. 苗期管理

当幼苗长出 3~5 片真叶时，开始追施稀薄的尿素液肥，以后每隔 1~2 个月追肥 1 次，8~9 个月施草木灰 1 次。育苗 1 年后，当苗高达 30~50cm、地径 0.5cm 以上时，即可出圃定植。起苗前剪去部分叶片，尽量带土，侧根过长可适当剪短。

5. 定植

在 2—3 月阴雨天定植，先将 10kg 腐熟的有机肥与表土混合均匀后填入坑内，栽苗扶正，根部舒展，填土踏实，浇透定根水，再培以松土，根颈培土略高于地面。栽植密度因立地条件不同而定。一般采用株行距 1m×1m 或 0.7m×0.8m，种植密度为 600~700 株/亩；管理水平高的可采用株行距 1m×1.2m 或 1.2m×1.2m，种植密度为 400~600 株/亩。

6. 补栽

栽植后 30d 内进行查苗补缺，用同龄树苗按照原种植密度补种。

7. 田间管理

每年中耕除草 2~3 次，直至林木郁闭为止。每年追肥 3~4 次。生产桂通和采叶蒸桂油的矮林，造林后 3~5 年即可采收加工成商品，培育大肉桂林时，需 15~20 年后才能剥皮。剥皮时应剥一半留一半，可使肉桂树继续生长。以采收桂皮为目的，在肉桂长至 10~15 年时，为促进桂皮油层形成和提高桂皮质量，夏、冬季两次追肥应增加有机肥施用量。

8. 枝条修剪

为使肉桂植株高大通直、粗壮，每年应进行 2 次去萌修枝，剪除靠近地面的侧枝及多余萌蘖。成株后，剪除病虫枝、交叉枝、细弱枝、下垂枝、过密枝，以利通风透光，促进植株生长和树皮油层形成。首次修枝可在栽植后 3~4 年进行，以后隔年修枝 1 次。修枝应在休眠期进行。

9. 萌芽更新

肉桂树萌芽力强。萌芽更新是肉桂生产中 1 次种植多次收获、投入少收益多的一种方法。在肉桂每年 5—6 月砍伐剥皮后，将砍伐的林地进行全面翻耕、除草和松土，同时进行施肥，以促进萌芽生长。当新芽长至 60cm 高时，留 1~2 株生长健壮的幼苗，其余全部剪除。一般萌芽更新可进行 5~10 代。待肉桂树衰老不再产生萌芽时，应全部挖除，重新进行造林。

10. 病虫害防治

主要病害有炭疽病、根腐病、枝枯病；主要虫害有泡盾盲蝽、木蛾、樟红天牛等。

（1）炭疽病　主要危害叶片、花序、果实，还可引起芽腐及死苗。一般叶尖或叶缘先受害，开始先出现大小不一的圆形褐色病斑，病斑后期变为灰白色，有时穿孔，病斑处还会产生灰白色的点状小突起。防治方法为发病初期可采用 80% 多菌灵可湿性粉剂稀释 600 倍喷洒，每 7~10d 喷 1 次，连续喷 3 次。

（2）根腐病 苗期发生。防治方法为：做好排水工作，防止积水；发现病株，立即拔除，病穴用 5% 石灰浇灌杀菌消毒；在发病初期可喷洒 50% 退菌特 500 倍稀释液。

（3）枝枯病 又称"桂瘟"。三大类害虫，即肉桂木娥、肉桂双瓣卷蛾、泡盾盲蝽，危害肉桂嫩梢和茎枝，其中泡盾盲蝽口器中还带有 2 种有害病菌（拟茎点霉、球二孢），会造成肉桂茎枝干枯死亡。发现病虫枝及时从基部剪除，及时清理地下枯枝；在发病初期可通过喷洒代森铵 600 倍稀释液防止病菌蔓延。

（4）泡盾盲蝽 防治方法为冬季清除病虫枝条和病叶，带出林地集中烧毁；泡盾盲蝽发生盛期可用桂虫灵乳油 1500~2000 倍稀释液防治。该虫每年发生 4~5 代。越冬虫卵于 4 月中、下旬孵化，若虫危害枝梢和树干。第 1、2、3、4 代 3~4 龄若虫分别于 6 月上、中旬，8 月上、中旬，9 月中、下旬，10 月下旬出现。第 4 代成虫于 11 月中、下旬产卵越冬。防治方法有：根据泡盾盲蝽发生规律，采取掌握虫情、合理修枝；清除野生寄主，野生寄主有绒毛润楠（*Machilus velutina* Champ. ex Benth.）、樟树 [*Cinnamomum Camphora*（L.）Presl.]、盐肤木（*Rhus chinensis* Mill.）、山黄麻（*Trema orientalis*）、山鸡椒（*Litsea cubeba*）等；控制虫源地（虫源地是虫口密度较大，发生面集中的地方；虫源地地形一般是两边高、中间低，呈"马蹄"形）综合防治措施，可达控制虫害的目的。

（5）木蛾 是肉桂主要害虫之一，幼虫钻蛀肉桂茎秆并取食附近树皮和叶片，1 年发生 1 代。防治方法为：每年 3 月成虫羽化前，清除有虫害和已枯死的肉桂枝茎，集中处理；幼虫孵化期 5 月底—8 月初，用桂虫灵乳油 1500~2000 倍稀释液防治，7~10d 喷 1 次，连续喷 2~3 次，或幼虫孵化期用 50% 螟松乳油 500~800 倍液或 50% 磷胺乳油 1000~1500 倍液喷雾，10d 喷 1 次，连续喷 2~3 次；在秋、冬季，若发现树干有新木屑排出，用棉球蘸 1∶10 倍的敌百虫溶液塞入蛀孔内，并用黄泥封口以熏杀幼虫。

（6）樟红天牛 防治方法为发现天牛幼虫后，可将受害部位砍去焚毁，并进行捕杀；若发现树干有木屑排出，可用棉球蘸 1∶10 倍敌百虫溶液塞入蛀孔内，外用黄泥封口以熏杀幼虫。

（四）采收与加工

矮林作业的目的是采叶蒸油和生产桂通、桂心等产品。造林 3~5 年后，平均可采剥桂皮 40~50kg/ 亩，每年还可采收枝叶蒸油 1.5~1.7kg。桂皮采剥时间以 3 月下旬为宜，此时树皮易剥离，且发根萌芽快。

乔木作业的目的是培养桂皮、桂子和种子。造林 15~20 年采伐剥桂皮。2—3 月采收的称为春桂，品质差；7—8 月采收的称为秋桂，品质好。7—8 月树皮不易剥离，可于 6 月下旬在树干基部先环剥 1 圈树皮，增加韧皮部油分积累，也利于剥皮。

春季将叶和小枝收集晒干，蒸馏出的油称为春油；秋季的叶和小枝蒸馏出的油称为秋油。春叶含油量低，但油中桂皮醛含量高，秋叶含油量高，但油中桂皮醛含量低。

夏、冬两季采集的叶无论是含油量，还是桂皮醛含量均较低。一般来说，桂叶先晾干再用水蒸气蒸馏法提取精油。

1. 桂皮采收方法

准备好专门用于剥皮的桂刀，企边桂和板桂按照 40cm 长，桂通按照 30cm 长，用桂刀在砍倒的树干上环割一圈，深至木质部，再分别按照企边桂 10cm、板桂 15cm、桂通 9cm 的宽度，用桂刀在两环割之间部位纵割，然后将桂刀插入皮内将树皮翘起后剥下树皮。注意动作要轻且稳，桂刀在树皮内滑割时不要割伤树皮，要尽可能保证所割树皮的完整性。对于已更新的植株，一般有几株共生，对某个植株进行砍伐时，可直接从基部 5cm 左右砍伐后剥皮。

2. 桂皮加工

桂皮采收后，应进行加工。加工成不同规格的产品，主要有以下 5 种。

（1）官桂（桂通）　剥取 5~6 年生幼树皮和粗枝皮，晾晒 1~2d，使其自然卷成筒状，阴干即可。

（2）企边桂　剥取 10~15 年生的树干皮，切成一定长度的段，两端削齐，夹在木制的凹凸板中间，晒干，压成两侧向内卷曲的浅槽状。

（3）板桂　取自 20 年以上生的肉桂树皮，桂皮夹在桂夹内，晒至八九成干，取出，纵横堆叠，压成平板状，干燥即为成品。

（4）桂心　即去掉外层粗皮的"桂通"。

（5）桂碎　把加工各种规格桂皮上剪下来的边皮和不符合加工规格的桂皮，去净杂质，晒干，即为桂碎。

（五）利用价值

1. 香料

桂皮可直接用作肉食品的调香料。桂油广泛用于饮料、食品增香、医药、调和香精和高级化妆品中。

2. 药用

桂皮是我国传统名贵中药材，具有补阳、散寒止痛、温经通脉等功效。桂皮精油主要成分为桂皮醛、乙酸桂酯等，可直接用于医药。

3. 其他

肉桂木材可用于制作高档家具；肉桂树四季常绿，枝叶繁盛，可作园林绿化树种。

（六）注意事项

不能在雨天剥皮，否则易发生霉菌污染，不利于新皮再生。肉桂皮剥取后，一般采用药剂（桂皮再生剂）直接涂擦环剥伤口后用透明塑料薄膜包裹 2~3 层的方法，可使伤口迅速形成一层紧贴木质的坚韧软膜，保护伤口。再生新皮基本长满茎干表面呈淡黄绿色，此时要解开包裹的透明塑料薄膜，以便加快再生新皮的栓质化。

二、甜橙

甜橙［*Citrus sinensis*（Linn.）Osbeck］别名橙，为芸香科（Rutaceae）柑橘属（*Citrus*）植物，原产于我国南方及东南亚的中南半岛，主产于四川、广东、台湾、广西、福建、湖南、江西、湖北等地。

（一）植物形态

常绿小乔木，高2~3m。小枝无毛，枝无刺或稍有刺。叶椭圆形至卵形，互生，革质，长6~10cm，宽3~5.5cm，全缘或边缘有不明显波状锯齿；叶柄短，具狭翼，宽2~5mm，顶端有关节。花白色，花瓣通常为5，萼片5，花萼杯状。雄蕊多数，子房上位。果实近球形，径长5~10cm，果皮为橙黄色至红橙色，果皮不易剥离，囊瓣10~13，果肉为淡黄色、橙红色，多汁，味甜或稍偏酸；种子卵形或纺锤形，多胚，白色。花期4—5月，果期11—12月，迟熟品种果期为翌年2—4月。

（二）生长习性

喜温暖、湿润气候。不耐寒，一般年平均气温为18℃以上。最低生长温度为12.5℃，最适生长温度为23~29℃，年绝对最低气温-5℃的地区是我国安全种植甜橙最北界限。不同品种生长发育要求的年积温不同。脐橙、锦橙等年积温（日平均气温≥10℃）以5000~6000℃为宜，而暗柳橙、新会甜橙等年积温（日平均气温≥10℃）以6500~8300℃为宜。最冷月均温在6℃以上。甜橙不耐干旱，需水量大，以年降水量1000~1500mm为宜，雨量不足或分布不均，均会影响其生长发育。土壤相对含水量以60%~80%为宜，低于60%则需灌水。空气相对湿度以75%为宜。日照1000~1400h能满足甜橙生长需求；光照不足，成熟期推迟，果实品质差；土壤pH 6.5~7.0肥沃的微酸性或中性砂质壤土适合生长。

（三）繁殖与栽培

1. 繁殖

多采用嫁接繁殖。砧木主要有酸橘、红橘、枳等。选择适合当地需要的甜橙品种作接穗，一年里除了温度最低的12月—翌年1月（平均气温低于10℃）外，其余时期均可嫁接。

切接法大多采用单芽切接法，即用枝段上仅带一芽作接穗。适宜嫁接时间为2月下旬—4月中旬，一般采用一年生木质化春梢作接穗，应在春芽尚未萌发前剪取，具体做法为：①削接穗，接穗上选一个饱满芽，在此芽下3.5~4cm处下刀，呈45°斜面切断接穗，再在芽对面下方1cm处顺形成层往下纵削，稍带木质部，直至第一刀切断处，削面要求光滑，最后在芽眼上方3cm处切断，即成带芽的枝段；削好的接穗投入清水内浸泡备用，但浸泡时间不要超过8h；②削砧木，在离地面10cm左右剪断砧木，砧木上端削成 45°斜面，斜面要平滑，在斜面下方沿韧皮部与木质部交界位置向下纵切一刀，切面长度略短于接芽长度 0.2cm，切面需平滑；③嫁接，砧木和接穗削好后，放接穗时应选与砧木切面大小一致、长短适宜的接芽，且使穗砧形成层两侧或一侧相对齐，使其紧贴；④绑缚，自下而上均匀作覆瓦状缚扎，仅露出芽眼以利发芽；如用普通单芽，则可先把薄膜带折成小条，中间先扎一圈，然后向下，再向上包扎，使接穗与砧木切口密接，容易成活。

也可采用单芽腹接法，适宜嫁接时间为 3 月—10 月上中旬，接穗可采用当年生长充实的新梢，其优点是嫁接的时间长，容易操作，未成活可补接，缺点是发芽抽梢不整齐。具体做法为：①削接穗，接穗基部向外，平整面向下，菱形面向上，在芽下约 1cm 处向前斜削成 45°削面，再将接穗平整面翻转向上，从芽点附近向前削去皮层，要求削面平滑，恰到黄白色形成层处；再将接穗侧转，芽点向上，在芽点上方 0.5cm 左右处削面为 60°将其削断，放入清水中备用；②削砧木，在离地 8~10cm 的砧木腹部选平直一面，用刀沿皮部和木质部交界处向下纵切，长度视接穗长短而定，再将切削的砧木皮切短 1/3 或 1/2，以利包扎和芽萌发；③嫁接，应选与砧木切面大小一致、长短适宜的接穗，接穗基部要紧贴砧木切口底部；④绑缚，自下而上均匀作覆瓦状缚扎，仅露芽眼，以利萌发；可先将薄膜折成小条，中间先绑扎一圈，然后向下，再向上包扎，使接穗与砧木切口密接。

T 形芽接法，适宜嫁接时间为 8 月中旬—10 月上旬，接穗可采用当年生长充实的春梢和秋梢。嫁接后需用塑料薄膜进行包扎。具体做法为：①切砧木，在离根 5~6cm 处，选茎光滑部位，横切一刀，再从横切处中间垂直向下切一刀，长 1.3~1.5cm，深度以切断砧木皮层为度，形成一个 T 形口；用芽接刀挑开砧木皮，准备插芽；②削接穗，选当年生充实健壮枝条上的饱满芽做接穗，剪去叶片，仅保留叶柄；在芽上方 0.3~0.4cm 处用芽接刀深达木质部横切一刀，再在芽下方 1cm 处向上深达木质部斜削一刀，削至芽上面切口处，轻轻取下芽片，芽片内稍带点木质部；③嫁接，挑去芽片木质部，保留芽及韧皮部，将芽片立即插入砧木 T 形切口内，注意芽片上端皮层要紧贴；④绑缚，用塑料薄膜从上逐渐向下绑缚，仅露出芽和叶柄，绑扎要松紧适度，不要压伤芽片。

2. 嫁接后管理

（1）检查　嫁接 15~20d 后检查嫁接成活情况，如芽片仍为绿色，说明已经嫁接成活，如芽片变黄或变褐，说明嫁接未成活，需及时进行补接。

（2）解绑　嫁接成活后需及时去除绑缚物，以利其萌发。

（3）剪砧和除萌蘖　春季芽萌发前嫁接的，嫁接时就可在嫁接口上方 2cm 处剪去余砧，剪口稍斜，接穗一面略高些；秋季嫁接的，一般在落叶后到春季发芽前半个月左右在嫁接口上方 2cm 处剪砧。嫁接成活后，砧木上所有萌蘖应及时去除。剪砧和除萌蘖过程中，应及时将抽生的幼苗扶直。

（4）肥水管理　嫁接成活后，提倡薄肥勤施，以氮肥为主。苗圃地应施足底肥以利萌芽后植株生长。在春梢、夏梢生长前 1~2 周可施 1 次腐熟的薄肥促梢；秋梢萌发后施

1 次薄肥，加适量磷钾肥，促进秋梢强壮。

（5）整形修剪　苗圃内的整形包括抹芽、摘心等。

3. 定植

嫁接苗栽培 2~3 年后即可出圃定植。春、秋季出圃均可，以秋季最好。

苗木定植前，应深翻熟化土壤，在定植穴或定植带内分层施入有机肥和混合磷肥。定植时期因各地气候不同而有所差别。华南地区多在 2—3 月春雨来临时栽植，西南、华中地区多在秋、冬季栽植，冬季有冻害的地区应在春季栽植。栽植密度以四川丘陵山地为例，枳砧甜橙种植 60~80 株/亩，红橘砧甜橙 50~60 株/亩，也可采用前期加大栽植密度，后期间伐，以提高单位面积产量。栽培方式可采用长方形、正方形、宽窄行、三角形等；山坡地采用等高线种植。嫁接苗应尽量带土坨定植。

4. 田间管理

（1）幼树管理　定植后 1~3 年，主要任务是加强树体营养生长，培养骨干枝，为将来丰产打基础。该阶段需根据树体需要进行全面施肥，结合中耕除草，每年施肥 4~5 次。幼树修剪主要是疏除重叠枝、枯枝和病虫枝等，修剪宜轻。幼树整形在主干高 35~50cm 时摘心，并选留 3~4 个生长势强、方位分布均匀、相距 15cm 左右的新梢作主枝。

（2）结果树管理　合理的水肥管理是甜橙长期丰产的保证。一般每生产 50kg 果实，平均需氮量为 0.25kg，施磷量约为氮的 1/10，施钾量约为氮的 1/2，此外，还需注意微量元素的施用。每年施肥 3~4 次。视当年天气状况进行灌溉和排涝。

5. 病虫害防治

主要病害有柑橘黄龙病、柑橘溃疡病、脚腐病等；主要虫害有红蜘蛛、介壳虫、潜叶蛾等。病害的防治一般以预防为主，药剂防治为辅。

（1）柑橘黄龙病　又称黄梢病，是华南地区甜橙的主要病害，国内植物检疫对象。植株染病初期，个别植株少数新梢上发病，浓绿的树冠中掺杂少量黄梢，俗称"插金花"或"鸡头黄"，病梢上的叶质变硬而脆，逐渐扩展形成叶肉变黄而仅主脉和侧脉保持绿色的黄绿相间斑驳状，幼树发病后 1~2 年内枯死，成年树发病后 2~3 年内丧失结果能力。防治方法为：加强栽培管理；发现病株，立即挖除，集中烧毁；禁止种植有柑橘黄龙病的苗木，防治蚜虫危害等。

（2）柑橘溃疡病　是一种细菌引起的毁灭性病害，为国际主要检疫对象。对幼树危害严重，主要危害嫩叶和幼果。叶片受害初期，叶背出现针头状油浸状病斑，后变为淡褐色，病斑周围有一圈黄色晕环；果实受害后，轻者带病疤不耐贮藏，重者落果。柑橘溃疡病发生的温度范围为 20~35℃，最适发生温度为 25~30℃，高温高湿是柑橘溃疡病流行必要条件。柑橘溃疡病 4 月上旬—10 月下旬均可发生，其中 5 月中旬为春梢发病高峰期，6—8 月为夏梢发病高峰期，9—10 月为秋梢发病高峰期，6—7 月上旬为果实发病高峰期。防治方法为：培育健壮无病苗木；彻底剪除病枝和病叶，集中烧毁；及时防治害虫，减少伤口；可喷施乙酸铜防治。

（3）脚腐病　一种真菌性病害。因高温高湿、排水不良、根颈处有伤口等原因引起。柑橘类果树以甜橙受害最为严重，初期病部皮层腐烂呈褐色，流出胶液，天气干燥时，病部干裂，严重时植株死亡。防治方法为：选用抗病砧木，如枳、酸橘等；低洼积水地注意排水畅通；发现病株，及时用刀刮除腐烂皮层及部分周围健康组织，并涂抹 1：1：10 的波尔多液保护。

（4）红蜘蛛　以成虫、若虫刺吸芽、叶、果汁液危害植物生长，叶片受害初期呈点状失绿，后期叶片枯黄，导致落叶、落果，严重时导致树势减弱。红蜘蛛 1 年可发生多代。以 7—8 月危害最严重。防治方法为：及时清洁园地，将病虫枝彻底剪除并带出园地集中烧毁；放养天敌等；喷施 5%速螨酮乳油 2000～3000 倍液或 73%克螨特乳油 2000～3000 倍液等药剂。

（5）介壳虫　以成虫、若虫的刺吸嫩枝皮、嫩芽汁液危害。每年可发生多代，以每年春末夏初和秋末冬初虫口密度最大，危害最重。嫩梢和嫩芽受害后发生扭曲变形，不能正常抽发新梢。严重时，虫体密布枝干，造成枝干枯死。防治方法为：剪除虫枝，集中烧毁；施放介壳虫天敌，如寄生蜂、瓢虫、草蛉等；若虫发生时，喷 0.2～0.3°Bé 石硫合剂或 50%马拉硫磷乳剂 1000 倍液灭杀。

（6）潜叶蛾　俗称"鬼画符""绘图虫"。幼虫体长 2mm，幼虫钻入叶片表皮下取食叶肉组织，危害嫩叶，有时也会危害果实，造成弯弯曲曲的白色或黄白色虫道，影响叶片光合效率。防治方法为：剪除被害枝叶并集中烧毁，消灭越冬虫蛹；低龄幼虫期可喷施 25%杀虫双水剂 500 倍液，或 5%吡虫啉乳油 1500 倍液，每隔 7～10d 喷 1 次，连续喷 3～4 次。

（四）采收与加工

当果皮 70%～80%转为橙黄色时即可采收。以生产精油为目的的，应适当提前采收，但不能过早采摘，否则果实香气不浓，精油含量低。采收时应注意避免果皮的机械损伤。一般来说，提取甜橙精油与加工橙汁同时进行，用橙类剥皮压榨机将果皮与瓢分离，同时将瓢挤压出汁，果皮单独分离用压榨法或水蒸气蒸馏法提取精油。

（五）利用价值

1. 食用

甜橙果实可鲜食，也是食品工业的重要原料，可制成橙汁、果酒、碳酸饮料等。

2. 香料

柠檬烯是甜橙精油的主要成分。甜橙精油广泛用于饮食香精、日用化学品香料中。

3. 药用

甜橙果皮入药，有行气化痰、健脾温胃的功效。果肉入药，有清热生津的功效。

三、柠檬

柠檬 ［*Citrus limon* （Linn.）Burm. f.］ 别名洋柠檬，为芸香科（Rutaceae）柑橘属

（*Citrus*）植物，我国四川、广东、广西、云南和台湾一带均有栽培。美国、意大利、西班牙和希腊为主要产地。柠檬含丰富的柠檬酸，有"柠檬酸仓库"之称。果实汁多肉脆，芳香浓郁。

（一）植物形态

常绿小乔木，树冠开张，树皮灰色，枝条具短刺，嫩梢先端带紫色。单叶互生，幼叶带红色，后灰绿色，叶片长卵形，长 8~14cm，宽 4~6cm，先端短尖，边缘有锯齿或浅锯齿；叶柄有窄翼或仅具痕迹。花单生或数朵生于叶腋，花蕾带红色，花瓣上部白色，下部带紫色，花萼杯状。果实广椭圆形至倒卵形，长 5~7cm，宽 5~6cm，两端尖，有乳突，表面光滑，成熟时黄色，果皮厚，密布腺点，难剥离；瓢囊 8~10，酸味强，有浓香气；种子小，卵形，先端尖，表面光滑，胚白色，单胚或有多胚。花期在 4 月、6 月、8 月，每次花期 30d 左右，有春花果、夏花果、秋花果 3 个果期，其中以春花果质量最好。

（二）生长习性

柠檬喜温暖湿润气候，不耐寒，要求年平均气温为 17~19℃，冬季无冻害的地区，最冷月平均气温为 8℃以上，极端低温为-1℃以上，年降水量 1000~1300mm，雨量分布均匀，年日照时数 1200h 以上的地区适合柠檬生长。柠檬要求年有效积温 5500℃以上（日平均气温≥10℃）。适栽植于土层深厚、疏松肥沃、排水良好、土壤 pH 5.5~7.0 的缓坡地。柠檬植株生长较快，需肥量较大，具有多次开花多次结果的特性。

（三）繁殖与栽培

1. 繁殖

主要采用嫁接方法。砧木主要有红橘、柚、酸橙、枳壳、枳橙等；从适合当地气候条件、品种纯正、无病虫害、丰产稳产的柠檬树上采集一年生木质化春梢或秋梢作接穗。春季采用单芽切接法，树液开始流动时嫁接最好，广东于立春后 40d 内嫁接，成活率较高，具有操作简单、发芽快、生长迅速等优点，具体操作方法参照甜橙单芽切接法；秋季采用单芽腹接法，雨水前后至 11 月上旬均可进行，具有成活率高、可补接 2~3次等优点，具体操作方法参照甜橙单芽腹接法。

2. 嫁接后管理

嫁接后 15~20d，如芽片仍为鲜绿色，即为成活，如颜色变黄或变褐，需及时补接。砧木上长出的萌蘖枝需及时去除，嫁接后 1 个月，嫁接口愈合牢固，可将薄膜绑缚物去除；加强嫁接苗的水肥管理。

3. 定植

定植时期多在 2—3 月雨季来临前。栽植密度为 32~56 株/亩，也可采用先密后稀的方式，即前期种植 74~222 株/亩，后期根据郁闭情况逐年间伐。

4. 肥水管理

幼树期以迅速扩大树冠为目的。施肥要薄肥勤施，以氮为主，配合少量磷、钾肥施用。2~4 年生柠檬树，施肥时期集中在嫩梢抽生前进行。柠檬一年可抽新梢 3 次，开花 3~4 次，因此对营养物质需求较多。柠檬以年施肥 4~5 次为宜。

柠檬不耐水涝，积水土壤易发生脚腐病。因此，果园应做到排水畅通。此外，根据当年天气情况进行适当灌水。

5. 修剪

幼树修剪采用 1 主干，3~5 个主枝，10~15 个枝组，培育成圆头性树冠，1~3 年内继续选择不同方向的第 2 主枝和第 3 主枝，二者间隔 30~40cm，再培养第 4 主枝和第 5 主枝，第 4 主枝和第 5 主枝与第 3 主枝间距 20~30cm；成年柠檬树一般在采果后进行修剪，剪去树冠内膛的细弱枝、干枯枝、病虫枝、交叉枝等，树冠上部枝条按照强树疏剪强枝、弱树修剪弱枝的修剪原则，调节营养生长和生殖生长的平衡。

6. 病虫害防治

主要病害为流胶病、炭疽病等；主要虫害为红蜘蛛、黄蜘蛛、潜叶蛾等。

柠檬抗病虫能力很强，以预防为主，在栽培管理过程中要注意园地卫生。病害主要防治方法为：选择抗病砧木；加强栽培管理，改善园地卫生条件；注意及时排出积水，增施有机肥，及时间伐和修剪。

虫害防治方法为人工投放捕食螨，喷施 5%达螨灵 2000 倍液或螨克 1000~1500 倍液等防治。零星早发的潜叶蛾及时抹除，可用 3%甲维啶虫脒微乳剂喷雾防治。

（四）采收与加工

果实应达到一定成熟度才能采收。一般柠檬果实横径不小于 50mm，果色由深绿转为黄绿色即可采收。春花果在 10 月下旬—11 月中旬采收，夏花果在 12 月下旬—翌年 1 月上旬采收，秋花果在翌年 6—7 月采收。采果一律采用复剪法，第一剪将果实及连带果枝一起剪下，第二剪齐萼片剪去果梗，把果蒂剪平。采果时应按照自上而下、由外向内的顺序进行。对触及不到的果实，不要攀枝拉果，以免拉伤果蒂。果实轻放于果篓内，从采果篓转入果箱中，也需轻拿轻放。果实采收后不要随地堆放，也不要露天过夜。入库前，挑出伤果、落地果、病虫果。运输途中要轻载。

（五）利用价值

1. 食用

柠檬是欧美市场鲜销果品之一。柠檬果汁是良好的保健食品。柠檬富含维生素 C、维生素 B_1、维生素 B_2、烟酸、柠檬酸、苹果酸及多种氨基酸等，对人体十分有益。维生素 C 能维持人体各种组织和细胞间质的生成，并保持其正常的生理机能。

2. 香料

因其味道极酸，故只能作为上等调味料用来调制饮料、菜肴。枝叶和果皮可提取精油。果皮精油主要成分为柠檬烯、乙酸-β-松油酯、柠檬醛等。柠檬精油可用于调配食用香精、日用化妆品香精，是柠檬型、果香型香精中的重要原料，常用于牙膏、香皂、香水、花露水等产品中。

3. 药用

柠檬果实可入药，具有生津、止咳、祛暑、安胎的功效；其果皮具有行气、祛痰、健胃的功效。

四、柑橘（陈皮）

柑橘（*Citrus reticulata* Blanco）别名橘、黄橘、红橘等，为芸香科（Rutaceae）柑橘属（*Citrus*）植物。我国是柑橘的重要原产地之一，柑橘广泛分布于长江以南各省，栽培于丘陵、低山地带、江河湖泊沿岸或平原。柑橘种质资源丰富，优良品种众多，在我国有 4000 多年的栽培历史。

（一）植物形态

绿小乔木或灌木，高 3~4m。单叶互生，革质，叶片披针形、椭圆形或阔卵形，长 4~11cm，宽 1.5~4cm，先端渐尖，叶缘至少上半段有波状钝锯齿，很少全缘，具半透明油点。花单生或 2~3 朵簇生于叶腋，花小，黄白色；花瓣 5，雄蕊 20~25 枚。柑果近圆形或扁圆形，果皮黄色、橙黄色、淡红黄色，易剥离，有细皱纹及凹下的点状油室，囊瓣 7~14，橘络甚多或较少。种子卵圆形，白色，多胚。花期 3—4 月，果期 10—12 月。

（二）生长习性

柑橘生长发育、开花结果与温度、日照、水分、土壤及风、海拔、地形和坡向等环境条件密切相关，其中温度影响最大。喜温暖湿润气候，不耐低温，生长发育温度 12.5~37℃，生长最适温度 23~29℃。年平均气温 17~20℃，年积温为 5000℃以上（日平均气温≥10℃），年日照小时数为 1200h 以上，年降水量 1000~1500mm，空气相对湿度 75%，土壤相对含水量 60%~80% 最为适宜。柑橘对土壤适应性较广，但要获得高产优质，则以在土层深厚、疏松肥沃、保水保肥、排水良好的微酸性或中性土壤上栽种为宜。

（三）繁殖与栽培

1. 繁殖

繁殖方法有种子繁殖和嫁接繁殖。

（1）种子繁殖　11 月在健壮优良的柑橘树上采集果实，取出种子，洗净，泡水 7d 后取出，小心去除种子外衣，待用。苗床按照行距 30cm，深 5~6cm，将种子均匀播入沟中，用种量为 20~25kg/亩，然后覆土、淋水，保持土壤湿润。出苗后及时除草，当年追肥 3~4 次，根据苗的大小确定株行距进行分苗，培育 2~3 年即可出圃定植。

（2）嫁接繁殖　选香橙、红橘、酸橙等作砧木。嫁接方法可采用切接、腹接、"T"形芽接，具体操作方法可参照甜橙的嫁接繁殖。嫁接成活后，培育 2 年即可定植。

2. 园地选择

园地要求土层深厚、排水透气良好、有机质丰富、灌溉方便、交通便利，且无明显冻害地段。冬季易发生冻害地区应选东南坡种植。可利用大水体对气温的调节作用，在其周围建园。

3. 定植

柑橘在春季 2 月下旬—3 月中旬春梢萌动前栽植，冬季无冻害地区可在秋季 10—11 月中旬栽植。常见株行距为 4m×6m，坑内施入腐熟有机肥、过磷酸钙等基肥，与土混合后，栽苗，浇透定根水。

4. 肥水管理

冬季干旱、气温在 13℃ 以上时，必须灌溉。幼树生长季的 3—4 月、5—6 月、7—8 月是施肥重点时期，施肥量宜把握薄肥勤施，少量多次的原则。3~4 年生的初结果树以采果后、春前、秋前施肥为主，夏前不施为原则。壮年结果树一年施肥 4~5 次，以采果前后、春梢前、秋梢前施肥为主，春梢萌发前和秋梢期萌芽前 15d 分别施一次速效肥，以分别促进春梢、秋梢健壮生长，果实膨大期施 1 次优质肥料，以利壮果。

5. 整形修剪

每年可修剪 2 次，4—5 月进行第 1 次修剪，剪去徒长枝；冬季进行第 2 次修剪，剪去病虫枝、细弱枝、干枯枝、下垂枝、过密枝，以利树体通风透光，增加结果。

6. 病虫害防治

主要病害有柑橘黄龙病、柑橘溃疡病、柑橘疮痂病、柑橘炭疽病；主要虫害有红蜘蛛、柑橘潜叶蛾、蚧壳虫等。

柑橘黄龙病和柑橘溃疡病的防治方法参照甜橙黄龙病和甜橙溃疡病的防治方法。

柑橘疮痂病为柑橘常见的真菌性病害，主要危害叶片、新梢和果实，引发落叶、落果。受害叶片初呈水渍状小点，后逐渐扩大，呈黄色至黄褐色；受害新梢生长不良；病果小而畸形，品质变劣。温度 15~24℃，湿度大的气候是病害发生流行的必要条件，超过 24℃ 停止发病。主要防治方法为对引进的苗木进行检疫；加强栽培管理，保持园地卫生，剪除病枝叶，并将其带出园地集中烧毁；苗木用 50% 苯菌灵可湿性粉剂 800 倍液、40% 多菌灵可湿性粉剂 800 倍液浸泡 30min。

柑橘炭疽病俗称"爆皮病"，是一种真菌性病害，严重时会造成植株大量落叶，梢枯、落果、树皮爆裂，导致树势衰弱，整枝或整株枯死。高温高湿天气有利发病。防治方法为加强栽培管理，增强树势，提高树体抗性；清洁园地，剪除病枝叶，并集中烧毁；适时采收，恢复树势；及时排水和灌溉，做好防冻和防其他病虫工作。

虫害的防治方法为喷施 5% 速螨酮乳油 2000~3000 倍液或 73% 克螨特乳油 2000~3000 倍液等药剂，还需结合及时清洁园地、将病虫枝彻底剪除并带出园地集中烧毁、放养天敌、人工捕杀等防治方法。

（四）采收与加工

柑橘成熟的明显特征是果皮颜色由绿色转为黄色。成熟柑橘会散发出独特的香气。柑橘采摘时，应选择晴朗天气。采摘过程中，不能随意将柑橘果实从高处摔到地上，易伤害果实。12月份采摘成熟柑橘果实后先剥皮，再晾干，最后密封储藏。陈皮（因入药以陈的药效好，故名陈皮）由柑橘皮晾制而成，只有贮藏了3年以上的柑橘皮才能称为陈皮。

（五）利用价值

1. 食用

柑橘果实为我国著名水果之一。柑橘含有人体保健物质，如类黄酮、单萜、香豆素、类胡萝卜素等。陈皮可作为调味料，用于烹制菜肴。

2. 香料

柑橘果皮含精油，主要成分为柠檬烯、α-蒎烯、β-蒎烯等。陈皮精油的香味会令人感到特别轻松愉快。橘皮精油具有很高的经济价值，是食品、化妆品和香水配料的优质原料。

3. 药用

柑橘瓣上的白色网状丝络，称为"橘络"，橘络含维生素P，有通络、化痰、理气、消滞等功效；陈皮是一味常用中药，具有健脾、燥湿化痰、解腻留香、降逆止呕的功效。

五、柚

柚［*Citrus maxima*（Burm.）Merr.］别名文旦、柚子等，为芸香科（Rutaceae）柑橘属（*Citrus*）植物，原产于东南亚，在中国已有3000多年栽培历史。我国浙江、江西、广东、广西、台湾、福建、湖南、湖北、四川、贵州、云南等地均有种植。

（一）植物形态

常绿乔木，高5~10m。小枝扁，有刺，被绒毛；单生复叶，互生，叶片长椭圆形、卵状椭圆形或阔卵形，长9~16cm，宽4.5~8cm，边缘有钝锯齿，叶柄有倒心形宽翅。花单生或为总状花序，腋生；花瓣上部白色，下部紫色。柑果梨形，倒卵形或扁圆形，横径10~15cm，淡黄或黄绿色，果皮厚或薄，海绵质，油胞大；果肉呈红色或淡黄色，白色比较常见，瓤囊10~18瓣。花期4—5月，果熟期9—12月。

（二）生长习性

柚性喜温暖湿润气候，不耐干旱。生长期最适温度为23~29℃，能忍受短时间-7℃

低温。日平均气温≥10℃，年积温为 5300~7500℃、年降水量 900~1500mm 地区适合生长，但不耐长时间水涝；比较喜阴，年日照时数 1200~1500h 生长良好。对土壤要求不严，在富含有机质、pH 5.5~7.5 的土壤上均能生长，但以深厚肥沃、排水良好的中性或微酸性砂壤土或黏壤土较适合，在过酸和过黏土壤上生长不良。

（三）繁殖与栽培

1. 繁殖

主要有种子繁殖和嫁接繁殖。

（1）种子繁殖　选取成熟饱满的种子，将种子外壳去掉后水中浸泡，要每天换水，浸泡 5~7d 后捞出播种。也可用湿沙贮藏，第二年春季再播种。柚种子播种时间为每年 2—4 月或 9—10 月。在育苗畦上按行距 10cm 开沟后播种，播后覆 2cm 左右细土，种子用量 15~18kg/亩，播后用稻草覆盖畦面，淋水保湿。一般 15~20d 出苗，出苗后及时去除稻草覆盖物；苗过密时及时间苗。

（2）嫁接繁殖　选择酸柚或枳壳做砧木。春季采用单芽切接法，秋季采用单芽腹接法。嫁接成活后需培育至翌年春季（3 月）或秋季（10 月）出圃。出圃时幼苗根系需带土坨或需蘸泥浆并用稻草包扎保湿。

2. 定植

定植穴内应施足基肥，施肥量为有机肥 50kg，过磷酸钙 0.5~1kg。株行距 5m×5m 为宜，约种植 26 株/亩。种植时植株根颈与地面平齐。

3. 田间管理

（1）施肥　根据柚树生长发育特点，每年施肥 3~4 次。春季发芽前施肥以氮肥为主；5 月初施坐果肥，可施用人粪尿、尿素等；7 月上、中旬施壮果肥，可施用复合肥、人粪尿、过磷酸钙等；11 月施越冬肥，可施用厩肥、人粪尿、复合肥等，用以恢复树势，增加贮藏养分以利来年丰产。

（2）中耕除草和灌溉　幼树未结果前可套种其他作物，以加强中耕除草；结果柚园每年采果后进行 1 次 15~20cm 深度的翻耕，中耕除草 2~3 次。如遇高温干旱，及时灌水，树盘下可盖草以保持土壤湿润。

（3）整形修剪　定植后，于 60~70cm 高度定干，选 3~5 个枝条作主枝，幼龄树应重整形，轻修剪。可通过坠枝、撑枝等开张枝条角度，调整枝梢生长方向；新梢留 15cm 左右短截，促进分枝；剪除弱枝、交叉枝、徒长枝、病虫枝；一些柚树定植后 2~3 年才能开花结果，但此时树冠尚未形成，要适当疏除花蕾、花、幼果，以减少养分消耗，保证植株的正常生长。初结果树修剪应掌握培养短壮春梢，抹除夏梢，培养健壮秋梢的原则。如初结果树很弱，则应轻剪或不剪，主要通过加强肥水管理，增强树势，再通过轻剪培养丰产树冠。初结果树内膛除修剪干枯枝、病虫枝外，其余枝条一般不剪。

4. 病虫害防治

主要病害有炭疽病、流胶病、脚腐病；主要虫害有红蜘蛛、介壳虫、潜叶蛾、卷叶蛾等。高温高湿天气有利于发病，地下水位高、排水不良，致使柚园受涝害，或偏施氮肥均会降低植株抗性而容易发病。病害主要防治方法为做好果树修剪，保证树体通风透光；改善园地卫生条件，清除病虫果、枝、叶，减少病源；加强肥水管理，使树体健壮，及时排出积水；发病初期，对症使用药剂喷施防治。虫害防治可通过施放天敌、剪除虫枝、初发期喷药剂防治。

（四）采收与加工

果实采收一般在10月下旬—11月初进行。柚的果形较大，采摘方便。采收时需用刀剪，并应轻堆轻放，忌扭摘和抛果，以免影响果实采后贮藏。采摘的柚果用于鲜食，回收果皮，再除去柚皮上白瓤，即可作为提取精油的原料。

（五）利用价值

1. 香料

柚的果皮、花、叶均可提取精油。果皮精油主要成分为柠檬烯和β-月桂烯。精油具有令人愉快的芳香味，可用于调配多种食品、饮料、化妆品和牙膏等。冷榨的柚皮油是现代食品工业调味增香的良好天然食品添加剂之一。

2. 食用

柚是我国重要的南方亚热带水果之一。果肉的维生素C含量较高，果肉可鲜食，也可加工成果汁、果酒、果酱及罐头等。因柚酸甜适度、营养丰富、耐贮藏，故有"天然罐头"之称。

3. 药用

柚的茎、叶可入药，有散寒、燥湿、利气、消痰的功效。

4. 其他价值

柚的果皮中可提取优质果胶；种子榨油供制皂、制润滑剂使用；木材为优良家具用材。

六、酸橙

酸橙（*Citrus aurantium* L.）别名苦橙、玳玳、代代，为芸香科（Rutaceae）柑橘属（*Citrus*）植物，原产于我国，主产于浙江、福建、江苏等省，长江流域各省均有栽培，被广泛用于嫁接甜橙和宽皮橘类的砧木。酸橙果实在冬季初呈深绿色，成熟后为橙黄色，挂满枝头，十分悦目，果实不脱落，翌年春夏季果实又变为青绿色，故有"回青橙"之称。如养护得当，果实常在植株上着生2~3年不落，隔年花果同存，犹如"三世同堂"，故又名"代代"。橙花是苦橙的白色花瓣，可采用蒸馏法提取橙花精油，精油带有苦味、药味和百合花香味。

（一）植物形态

常绿小乔木，高3~4m。枝绿色、细长，疏生短棘刺。单叶互生，革质，叶片椭圆形、卵状椭圆形或倒卵形，先端钝尖，基部广圆形至楔形，长 5~10cm，宽 2.5~5cm，叶缘有不明显的浅状钝锯齿，有透明油点；叶柄长 2~3cm，有宽大叶翼，叶翼倒卵形，有个别品种几无翼叶。花瓣 5，白色，芳香，花单生或数朵簇生于叶腋，萼片 5 或 4 浅裂。果圆球形或近球形，纵径 5~7cm，横径 6~9cm，皮厚，表面粗糙有瘤状突起，熟时橙红色；瓤囊 10~13，味酸多汁；种子多且大；花期 4—5 月，果期 12 月。

（二）生长习性

酸橙喜温暖湿润的气候条件，一般在年平均温度 15~17℃、年降水量 1000~2000mm 的亚热带地区适宜栽培。适宜生长温度为 20~25℃，可短时间忍受-9℃左右低温；年平均相对湿度 65%~75%，雨量分布均匀的地区适合生长。较耐阴，但光照充足有利于精油的合成。酸橙对土壤适应性较广，红壤、黄壤均能生长，但以砂壤土为最适合，过于黏重的土壤不宜栽培。土壤 pH 5.8~7.8 均能生长。

（三）繁殖与栽培

1. 繁殖

采用种子繁殖和嫁接繁殖。

（1）种子繁殖　苗床选土层深厚、疏松肥沃、排水良好的壤土或砂壤土为宜。深翻、耙平后做成 1m 宽的畦子作为育苗地。冬播为当年采种后播种；春播在翌年 3 月上中旬，播种行距 30cm，株距 3~6cm，沟深 3cm 进行条播，播后覆盖细土与苗床平齐，淋透水后，覆草保温保湿，幼苗出土后及时去除覆盖物，并及时进行中耕除草和间苗，按株距 15cm 定苗。待苗高 1m 左右时，可移栽定植。

（2）嫁接繁殖　主要用枳壳、红枳、枸头橙、枸橼等作砧木。各地可根据本地气候、土壤条件选择适宜的砧木。从当地优良母株上采集 1~2 年生健壮枝条作为接穗。嫁接一般采用枝接或芽接。枝接一般采用切接法，芽接一般采用 T 形芽接。嫁接时要求刀要锋利，削口要平，包扎要紧。成活 1~2 年后，发育正常即可定植。酸橙切接和 T 形芽接的具体方法参照甜橙的嫁接方法。

2. 定植

定植时期为春季或秋季，春季定植常在 2 月下旬—3 月上旬进行；秋季定植在 10 月进行为宜，而在冬季温暖、无霜冻地区，可迟延至 12 月以后定植。四川秋雨春旱，以 9—10 月定植成活率较高；浙江春季雨水多，秋季干旱，以 2—3 月为最佳定植时期。将整地深翻的表层土与基肥按（2~3）：1 比例拌匀，然后填入定植穴内，每填 20~25cm 踏实 1 次，当填到 90cm 左右接近定植穴面时，在穴中挖孔，将苗木放入孔内。种植时，根系要充分展开，填土后将苗向上轻提，然后压实，浇透水。花叶兼收的，种植密度约为 444 株/亩。定植后，为防倒伏，可在植株旁插立柱支撑，苗稳后即可撤除。

3. 田间管理

（1）中耕除草　幼树期每年至少 4 次中耕除草，冬季注意松土。

（2）肥水管理　幼树宜结合中耕除草后各追肥 1 次，以氮肥为主。结果树于 2 月春季发芽、现蕾开花前，5—6 月采花后、夏梢抽发前，7—8 月秋梢抽发前各施肥 1 次，以速效氮肥为主，配合施用适量磷钾肥。11 月中旬施入冬肥，以人畜粪肥为主，适量加入过磷酸钙。定植初期根据天气情况进行浇水。成年树如遇干旱，可在施肥时多加些水，雨季及时排水，防止涝害。

（3）整形修剪　整枝方法随树龄不同而有所差异。当主干长至 1m 高时，开始定干。选择 3~5 个不同方向生长健壮的枝条作为主枝，然后逐年在主枝上培养 3~4 个副主枝，在副主枝上放出侧枝。经过几年的整形修剪即形成半圆形树形。成年树主要是对病虫枝、密生枝、下垂枝进行修剪。

4. 病虫害防治

主要病害有柑橘溃疡病、疮痂病等；主要虫害有橘天牛、介壳虫、潜叶蛾等。

（1）柑橘溃疡病　危害部位为叶片、枝梢、果实。防治方法为：培育无病苗木；冬季或早春发芽前剪除病枝，集中烧毁；春季芽萌动前每隔 10~15d 喷 1：2：200 倍波尔多液 1 次，连续喷 5~6 次。

（2）疮痂病　危害叶片、果实和新枝幼嫩部分。参照柑橘疮痂病的防治方法。

橘天牛、介壳虫、潜叶蛾等虫害主要危害树叶、枝梢。防治方法为：施放天敌，如潜叶蛾的天敌有草蛉、寄生蜂，介壳虫的天敌有跳小蜂、澳洲瓢虫等，天牛的天敌有天牛茧蜂和寄生卵的长尾啮小蜂；合理增施有机肥，增强树体抗性；剪除虫枝，集中烧毁；对橘天牛可用铁丝钩杀幼虫等。

（四）采收与加工

一般在 8—9 月果实未成熟时采摘，过迟则瓤大皮薄，质量差。将采收的果实从中间部位横切成两半，晒干。晒时切忌沾灰、淋雨。不要放在石板或水泥地上摊晒，干后才能保证皮青肉白。

一般在 4 月中下旬—5 月上旬开花。待开放的花蕾最适宜采收。鲜花采摘应在晴天上午进行。鲜花采收后，应及时提取精油，如不能及时提取，要摊放在宽敞通风的地方；叶片在生长旺季采收。

（五）利用价值

1. 香料

酸橙叶、花、果皮中均可提取精油，供化妆品原料用。果皮精油主要成分为柠檬烯和 β-月桂烯。叶精油主要成分为芳樟醇、乙酸芳樟酯等。酸橙果皮精油可作为柑橘类餐后甜酒的制作材料，也是制作食物、饮料和糖果的调味品。酸橙花精油，即橙花精油，是调配高级香水、化妆品和香皂用香精，特别是花香型香精的重要原料，也是香料美容茶。

2. 药用

酸橙未成熟果实，即枳壳，是一种常用的中药材，具有较高的医疗价值。具有理气宽中、行滞消胀的功效。

3. 食用

酸橙果实内氨基酸含量较高，为柑橘类水果之首。经深加工浓缩汁，可作化工、食品、制药原料。也可生产配制饮料、罐头、蜜饯，也可制成甜蜜果酱。

4. 观赏

酸橙栽培可供观赏。

七、枸橼

枸橼（*Citrus medica* Linn.）别名香橼、枸橼子，为芸香科（Rutaceae）柑橘属（*Citrus*）植物，原产于亚洲热带，我国长江流域及其以南地区均有分布。越南、老挝、缅甸、印度等也有分布。

（一）植物形态

常绿小乔木或灌木，小枝幼时有棱角，不久成圆形，无毛；叶腋间具短针。叶片长圆形、椭圆卵形或卵状披针形，先端急尖或圆钝，基部楔形或圆形，边有锯齿；叶柄短，无叶翼或略有痕迹，与叶片间无明显关节。花单生或丛生，花两性或雄性花；花瓣5，内面白色，外面淡紫色；子房圆柱状，10~13室，花柱肥大，宿存。果实大型，味香，阔长圆形、长圆形或卵圆形，长10~22cm，表面平滑或粗糙，成熟时果皮黄色，果皮厚，内瓤小，约10~13瓣，汁胞淡绿色，味酸或甜，有时带苦味；种子多数，小型，基部尖，平滑，胚白色。花期8月末—9月初陆续开花，果熟期12月—1月。

（二）生长习性

喜温暖湿润气候，不耐严寒。对土壤要求不严，但以土层深厚、疏松肥沃、富含腐殖质、排水良好、土壤pH 5.5~6.5的砂质壤土较为适宜。生于海拔350~1750m的高温高湿环境。生长期要求光照充足。

（三）繁殖与栽培

1. 繁殖

主要是种子繁殖和扦插繁殖。

（1）种子繁殖　种子成熟后，取出种子，洗净，去杂，晾干，随即播种。或将种子与湿沙混合均匀后层积贮藏，来年春季播种。种子条播，行距30cm，均匀播入沟内，覆盖细土，浇透水。苗高30cm左右进行移栽定植。

（2）扦插繁殖　选生长健壮的一年生枝条，剪成12~15cm长的茎段，下部剪斜口，上部剪平口，剪去部分叶片，按照行距30cm，株距12cm插入基质中，茎段插入土中2/3，压紧，浇透水。培育1~2年后移栽定植。

2. 定植

枸橼定植时间为春季2月上中旬，秋季9—10月。

定植后每年中耕除草、追肥 2~3 次。第 1 次追肥在现蕾前，第 2 次追肥在夏至前后，可用 2.5kg 尿素和 5kg 过磷酸钙混合加水 1000 倍进行叶片喷施，第 3 次追肥在果实采收后，以菜饼肥、腐熟的有机肥、过磷酸钙为好。平时保持土壤湿润，花期和坐果初期应少量浇水。修剪时间一般是采果后冬季，修剪时剪去徒长枝、过密枝、病虫枝。定植后 4~5 年结果。

3. 病虫害防治

主要病害为煤烟病；主要虫害为介壳虫、潜叶蛾、蚜虫和红蜘蛛。

烟煤病是一种真菌性病害。主要危害叶片、枝梢、果实。植株受害后，叶面初现煤灰小斑点，后扩展变成黑色，影响光合作用。防治方法为科学修剪，改善植株通风透光条件，防治蚜虫、介壳虫等，因为它们的外排物可为煤烟病菌提供寄生条件。

虫害防治可通过施放天敌、剪除虫枝、初发期喷药剂防治。

（四）采收与加工

当果实已长定形，但果皮还是深绿色时采摘，采摘后切成 2cm 厚的薄片，除去种子及果瓤，摊晒或烘干即可。

（五）利用价值

1. 香料

枸橼的枝、叶、花、果实均可提取精油，枸橼油的香气优于柠檬油。果皮精油主要成分为柠檬烯、二戊烯、乙酸香叶酯、乙酸芳樟醇酯等。果实精油主要成分为乙酰牦牛儿醇酯、乙酸芳樟醇酯、右旋柠檬烯、柠檬醛、水芹烯。果皮油可用于调味和日化香精，作为食品工业中的矫味剂和赋香剂；叶油可用于化妆品中。

2. 食用

枸橼的果皮可制作蜜饯；果瓤可制作果汁、果酒等。籽可以榨油供食用。

3. 药用

枸橼果皮干制可入药，有消食、顺气、消肿的功效。

4. 观赏

枸橼具有观赏价值。

八、葡萄柚

葡萄柚（*Citrus paradisi* Macf.）别名西柚、朱栾，为芸香科（Rutaceae）柑橘属（*Citrus*）植物，主产地为南非、以色列等，我国四川、广东、广西、浙江、海南等地有栽培。因挂果时果实簇生密集，悬挂似成串的葡萄，故称葡萄柚。

（一）植物形态

常绿小乔木，树冠圆形，枝叶稠密；幼枝有棱角，无毛或近无毛。叶片卵形，厚革质，先端钝，基部广圆形，稍小于柚，无毛；叶柄上的翼叶倒卵形或倒披针形，先端常与叶片基部重叠。总状花序，花小，白色。果中大，扁球形或圆球形；成熟时果皮为不均匀黄色或橙红色，果皮薄，不易剥离；果肉淡黄白色或粉红色，汁胞柔软多汁，甘酸适口；种子白色，稍小于柚，种子少或无，多胚。花期 3—5 月，果期 10—11 月。

（二）生长习性

葡萄柚为热带和亚热带果树。喜高温，要求年平均温度为 19℃ 以上，日平均气温 ≥ 10℃，年积温为 5000℃ 以上；一般年降水量在 800 ~ 1000mm 较适宜，但年降水量在 500mm 以下，光热充足，辅以适当灌水，葡萄柚生长势和结实状况也较好；要求年日照时数为 1500h 以上；对土壤要求不严，除了高酸或高盐碱土壤外，大多数土壤均能栽植，但以土层深厚、富含腐殖质、疏松肥沃、土壤 pH 5.0~6.5 的砂壤土最为适宜。

（三）繁殖与栽培

1. 繁殖

以嫁接繁殖为主。国外多选用酸橙和粗柠檬为砧木，我国以枸头橙、本地早为砧木。

嫁接方法为切接、腹接、芽接均可。

2. 种植地选择

葡萄柚种植地最好选择平地或缓坡地，坡向最好选择向阳背风南坡，以保证气温较高、日照时间长、光照充足；为防止光照不足或受冻害，尽量避免选择东北坡、西北坡和北坡作为种植地。

3. 定植

当葡萄柚苗干粗 0.8cm 以上即可定植。一般春季 2—3 月或秋季 9—11 月栽植。为提高栽植成活率，尽可能带土坨或黄泥浆蘸根；定植前还要剪去部分枝叶，尽可能降低苗木水分蒸发，又不影响植株光合作用。定植穴规格均为 50cm×50cm×50cm，将表土与腐熟的有机肥混合均匀后回填穴内后栽植，将苗木垂直放入坑中，填土至与地面地平齐，再向上轻提树苗，使其根系舒展，压实，浇透定根水，盖上稻草保温保湿。种植密度按株行距 3m×3.5m 或 3.5m×4m 栽植，即栽植 50~60 株/亩为宜。

4. 田间管理

（1）中耕除草　定植后及时进行中耕除草，耕深 4~5cm。为防止露根，中耕时要注意培土，即将土培到树盘。

（2）水分管理　葡萄柚从苗木定植到成活需 1 个月左右，其间要注意浇水，保持土壤湿润，雨季造成的积水需及时排除。苗木成活后，浇水可视降雨情况而定。

（3）施肥管理　幼树施肥原则为薄肥勤施，以氮肥为主，配合施用磷、钾肥，春、夏、秋梢抽发期施肥 5~6 次，1~3 年生幼树每株年施氮量 0.1~0.4kg。成年树 1 年中做好 4 次施肥。即 2 月上旬萌芽前施萌芽肥，以速效肥为主，施肥量占全年的 15%；第 2

次生理落果前后施保果肥，施用三元复合肥，施肥量占全年的 15%；7 月底之前施用壮果肥，有机肥和复合肥混合施用，施肥量占全年的 40%；采果前后施采果肥（即冬肥），以有机肥为主，配合施用三元复合肥，施肥量占全年的 30%。为提高果实含糖量和增加果面亮丽，果实成熟后期应多次叶面喷施高钾和含硼含钙叶面肥。

（4）整形修剪　当幼树苗高 20~40cm 时剪顶，3~4 个主枝在主干不同方向错落有致地分布，各个主枝上留副主枝 2~3 个。在副主枝上再培育二级副主枝或结果母枝，使整个树冠张开。幼树修剪以轻剪为主；盛果树及时剪去过密枝、干枯枝、病虫枝。

5. 病虫害防治

主要病害有黄龙病、溃疡病、炭疽病等；主要虫害有红蜘蛛、蚜虫、介壳虫等。

黄龙病和溃疡病的防治方法参照甜橙的病害防治方法，炭疽病的防治方法参照柑橘的病害防治方法。

红蜘蛛和介壳虫的防治方法参照甜橙的虫害防治方法。

蚜虫以成虫、若虫群集于新梢、嫩叶上刺吸汁液，叶片受害后产生黄色斑点，蚜虫分泌的蜜露使叶片表面凹凸不平，难以正常伸展，受害后新梢会弯曲变形，严重影响植株生长发育。防治方法为：剪除虫叶和虫枝；施放蚜虫天敌，如食蚜虫、寄生蜂等；低龄若虫高峰期，用 70%吡虫啉可湿性粉剂喷施，7~10d 喷 1 次，连喷 2~3 次。

（四）采收与加工

根据葡萄柚果实成熟度确定采收时期。不同栽培地区的气候条件存在差异，尤其是气温条件，导致葡萄柚果实采收期不同。同一品种在热带地区 10 月可达到采收标准，而在中亚热带地区可能要到翌年 4 月才能达到最低品质要求。贮藏果实的采收标准是果皮有 2/3 转为黄色，汁泡肥大。采收时避免果实损伤，采收后通风失水 2~3d，套上塑料袋，立即装箱，置于阴凉通风处贮藏后陆续上市。

（五）利用价值

1. 食用

葡萄柚果实柔嫩多汁，略有香气，味偏酸甜，口感佳，可鲜食，可制成罐头和果汁。在欧美、日本等国家和地区，葡萄柚鲜果及果汁是很多家庭早餐必备的水果和饮料。葡萄柚营养成分丰富，是其他橘柚类果实所不能比拟的。葡萄柚中的钾和天然果胶可辅助维护血管功能，因此，葡萄柚是高血压和心血管病患者的食疗佳果。

2. 香料

葡萄柚常作为调味剂应用于甜品、烘烤食物、碳酸饮料和酒类；果皮可压榨葡萄柚精油，气味清新、香甜，精油中含有丰富的柠檬烯，葡萄柚果皮精油可作为化妆品、清洁剂、香皂、肥皂的芳香剂。

3. 观赏

葡萄柚可作为庭院观赏树种进行种植，既可收获果实，又能美化庭院。

课程思政

　　农业科技工作者应该扎根种植、生产、加工一线，围绕农产品绿色贮藏加工，研发新技术新手段，用科技力量帮助人们吃得更好、用得更好，推动农产品加工业和食品产业高质量发展。

? 思考题

　　1. 简述肉桂、甜橙、柠檬、柑橘、柚、酸橙、枸橼、葡萄柚的生活习性。

　　2. 简述肉桂、甜橙、柠檬、柑橘、柚、酸橙、枸橼、葡萄柚的主要繁殖方法。

　　3. 简述肉桂、甜橙、柠檬、柑橘、柚、酸橙、枸橼、葡萄柚的主要栽培技术。

参考文献

［1］何金明，肖艳辉．芳香植物栽培学［M］．北京：中国轻工业出版社，2010.

［2］肖艳辉，何金明．芳香植物概论［M］．北京：中国林业出版社，2018.

［3］王有江，刘海涛．香料植物资源学［M］．北京：高等教育出版社，2021.

［4］《中国香料植物栽培与加工》编写组．中国香料植物栽培与加工［M］．北京：科学出版社，1985.

［5］孙汉董．中国香料植物资源［J］．香料香精化妆品，1988（3）：2-14.

［6］赵铭钦．卷烟调香学［M］．北京：科学出版社，2008.

［7］徐怀德．天然产物提取工艺学［M］．北京：中国轻工业出版社，2008.

［8］谢剑平．烟草香原料［M］．北京：化学工业出版社，2009.

［9］林翔云．辨香术［M］．北京：化学工业出版社，2018.

［10］罗金岳，安鑫南．植物精油和天然色素加工工艺［M］．北京：化学工业出版社，2005.

［11］易封萍，毛海舫．合成香料工艺学［M］．2版．北京：中国轻工业出版社，2016.

［12］杨世林，杨学东，刘江云．天然产物化学研究［M］．北京：科学出版社，2009.

［13］程必强，喻学俭，孙汉董，等．云南香料植物资源及其利用［M］．昆明：云南科技出版社，2001.

［14］张卫明，肖正春，等．中国辛香料植物资源开发与利用［M］．南京：东南大学出版社，2007.

［15］何金明．茴香精油含量和组分变异及其对环境的响应［D］．哈尔滨：东北林业大学，2006.

［16］窦宏涛，肖红喜．收获时气象因子对苏格兰型留兰香精油产量和品质的影响［J］．中国农业气象，2007（3）：331-333.

［17］韩永明，肖清铁，郑新宇，等．不同栽培方式对紫苏生物量及精油产量的影响［J］．福建农业学报，2018，33（5）：502-506.

［18］范慧慧．芳樟矮林生物量和精油产量的动态变化及对采收方式和立地条件的响应［D］．南昌：江西农业大学，2020.

［19］杨红茹，窦宏涛．硼、锌肥用量对苏格兰型留兰香精油品质和产量的影响［J］．陕西农业科学，2011，57（6）：61-62.

［20］丁一，顾洪如，丁成龙，等．氮肥对柠檬草草产量、粗蛋白和精油含量的影

响［J］. 江苏农业科学，2007（6）：216-218.

　　［21］于静波，张国防，李左荣，等. 不同施肥处理对芳樟叶精油及其主成分芳樟醇含量的影响［J］. 植物资源与环境学报，2013，22（1）：76-81.

　　［22］陈保冬，于萌，郝志鹏，等. 丛枝菌根真菌应用技术研究进展［J］. 应用生态学报，2019，30（3）：1035-1046.

　　［23］董诚明，谷巍. 药用植物栽培学［M］. 上海：上海科学技术出版社，2020.

　　［24］董娟娥，张康健，梁宗锁. 植物次生代谢与调控［M］. 西安：西北农林科技大学出版社，2020.

　　［25］范双喜，李光晨. 园艺植物栽培学［M］. 北京：中国农业大学出版社，2007.

　　［26］马炜梁. 植物学［M］. 3版. 北京：高等教育出版社，2022.

　　［27］王莉等. 植物次生代谢物途径及其研究进展［J］. 武汉植物学研究，2007，25（5）：500-508.

　　［28］王小菁. 植物生理学［M］. 北京：高等教育出版社，2019.

　　［29］张宪省. 植物学［M］. 2版. 北京：中国农业出版社，2014.

　　［30］孙宝国，刘玉平. 食用香料手册［M］. 北京：中国石化出版社，2004.

　　［31］中国科学院中国植物志编辑委员会. 中国植物志（第六卷第三分册）［M］. 北京：科学出版社，2004.

　　［32］吴卓珈，徐哲民，李春涛. 芳香植物的研究进展［J］. 安徽农业科学，2005，33（12）：2393-2396.

　　［33］高健敏. 气雾栽培条件下四种香料植物扦插、生长及品质研究［D］. 广州：广州中医药大学，2015.

　　［34］潘佑找. 药用植物栽培学［M］. 北京：清华大学出版社，2014.

　　［35］胡延吉. 植物育种学［M］. 北京：高等教育出版社，2004.

　　［36］谢英荷. 土壤学［M］. 北京：中国林业出版社，2023.

　　［37］曹卫星. 作物栽培学总论［M］. 北京：科学出版社，2023.

　　［38］张永清. 药用植物栽培学［M］. 北京：中国中医药出版社，2021.

　　［39］苗青，赵祥升，杨美华，等. 芳香植物化学成分与有害物质研究进展［J］. 中草药，2013，44（8）：1062-1068.

　　［40］张奋强，刘欢，黄丽娜，等. 树莓酮生物合成途径及关键酶功能研究进展［J］. 生物技术进展，2017，7（2）：111.

　　［41］王荣香，宋佳，孙博，等. 香豆素类化合物功能及生物合成研究进展［J］. 中国生物工程杂志，2023，42（12）：79-90.

　　［42］李文茹，施庆珊，谢小保，等. 植物精油化学成分及其抗菌活性的研究进展［J］. 微生物学通报，2016，43（6）：1339-1344.

　　［43］李莹莹. 花香挥发物的主要成分及其影响因素［J］. 北方园艺，2012（6）：

184-187.

[44] 李晓颖，宋立琴，李明媛，等．果实挥发性成分的生物合成与代谢调控研究进展［J］．农业生物技术学报，2023，31（3）：629-642.

[45] 党玥，陈雪峰，刘欢，等．香兰素生物合成的研究进展［J］．微生物学通报，2020，47（11）：3678-3688.

[46] 庄以彬，吴凤礼，殷华，等．芳香族香料化合物生物合成研究进展［J］．生物工程学报，2021，37（6）：1998-2009.

[47] 严伟，高豪，蒋羽佳，等．2-苯乙醇生物合成的研究进展［J］．合成生物学，2021，2（6）：1030.

[48] 卞一凡，刘姝晗，张贝萌，等．微生物合成 2-苯乙醇研究进展［J］．中国生物工程杂志，2022，42（8）：128-136.

[49] 牛福星，杜云平，黄远，等．工程微生物合成苯丙酸类化合物及其衍生物的研究进展［J］．合成生物学，2020，1（3）：337.

[50] 陈鑫洁，钱芷兰，刘启，等．毕赤酵母底盘芳香族氨基酸合成途径改造生产肉桂酸及对香豆酸［J］．中国生物工程杂志，2021，41（10）：52-61.

[51] 申晓林，袁其朋．生物合成芳香族氨基酸及其衍生物的研究进展［J］．生物技术通报，2017，33（1）：24.

[52] 梁景龙，郭丽琼，林俊芳，等．生物合成对香豆酸大肠杆菌工程菌的构建［J］．现代食品科技，2016（3）：86-90.

[53] 张思琪，周景文，张国强，等．产对香豆酸酿酒酵母工程菌株的构建与优化［J］．生物工程学报，2020，36（9）：1838-1848.

[54] 张韶瑜，孟林，高文远，等．香豆素类化合物生物学活性研究进展［J］．中国中药杂志，2005，30（6）：410-414.

[55] 叶云芳，田清尹，施婷婷，等．植物中 β-紫罗兰酮生物合成及调控研究进展［J］．生物技术通报，2023，39（8）：91-105.

[56] 吴伟鹏．酿酒酵母生物合成香叶基香叶醇和 β-紫罗兰酮的研究［D］．杭州：浙江大学，2023.

[57] 张帆，王颖，李春．单萜类化合物的微生物合成［J］．生物工程学报，2022（2）：38.

[58] 吴杰，赵乔．合成生物学在现代农业中的应用与前景［J］．植物生理学报，2020，56（11）：2308-2316.

[59] 康升云，潘华，刘晶晶，等．转基因在农作物生产上的应用［J］．南方农机，2022，53（7）：19-21，25.

[60] 朱安俊．转基因农产品发展分析［J］．智慧农业导刊，2022，2（17）：79-81.

[61] 汪铭．CRISPR/Cas9 技术：基因魔剪［J］．科学通报，2020，65（36）：

4168-4170.

［62］王燕雪，尉粮苹，刘亚芳，等．智能无人遥感系统在精准农业中的应用研究［J］．科技创新与应用，2022，12（8）：39-41.

［63］范月圆，刘华勇．无人机遥感技术在精准农业中的应用［J］．农业装备技术，2021，47（3）：16-18.

［64］李隽钰．轻小型无人机遥感技术在精准农业中的应用分析［J］．南方农机，2022，53（15）：50-52.

［65］郭静霞，张明旭，王聪聪，等．遥感技术在药用植物资源中的应用研究［J］．中国中药杂志，2021，46（18）：4689-4696.

［66］林娜，陈宏，赵健，等．轻小型无人机遥感在精准农业中的应用及展望［J］．江苏农业科学，2020，48（20）：43-48.

［67］钟烨冰，肖楠，胡晴，等．转 *iaaM* 基因黄花蒿中基因表达量与其腺毛密度相关性分析［J］．作物研究，2020，34（2）：161-165.

［68］严蕾．5G 关键技术及其在精准农业中的应用前景［J］．热带农业工程，2016，40（2）：8-11.

［69］Qian K，Shi T Y，Tang T，et al. Preparation and characterization of nano-sized calcium carbonate as controlled release pesticide carrier for validamycin against *Rhizoctonia solani*［J］．Microchimica Acta，2011，173（1-2）：51-57.

［70］郭勇飞，张小军．纳米农药研究进展［J］．世界农药，2021，43（4）：1-7.

［71］Adisa I O，Pullagurala V，Peralta-Videa J R，et al. Recent advances in nano-enabled fertilizers and pesticides：a critical review of mechanisms of action［J］．Environmental Science-Nano，2019（6）：2002-2030.

［72］滕青，戴启斌，林慧凡，等．缓释纳米肥施用对青椒生长、土壤养分及酶活性的影响研究［J］．安徽农学通报，2018，24（22）：82-86.

［73］张大侠，潘寿贺，白海秀，等．纳米杀虫剂及其在农业害虫防治中的应用［J］．昆虫学报，2020，63（10）：1276-1286.

［74］Barik T K，Sahu B，Swain V. Nanosilica—from medicine to pest control［J］．Parasitology Research，2008，103（2）：253-258.

［75］Landa P. Positive effects of metallic nanoparticles on plants：Overview of involved mechanisms［J］．Plant Physiology and Biochemistry，2021，161（3）：12-24.

［76］邱兆美，张昆，毛鹏军．我国植物生理传感器的研究现状［J］．农机化研究，2013，35（8）：236-240.

［77］胡幼棠，殷晓玲，王盛洪，等．一种农业种植迷迭香用移栽机：中国，217771038 U［P］．2022-11-11.

［78］王景立，冯伟志，付大平，等．一种电动人参移栽机：中国，216163350 U［P］．2022-04-05.

［79］欧玲.机械自动化和现代农业的关系［J］.南方农业，2014，8（30）：184-185，190.

［80］武光.一种玫瑰花收割机：中国，215819407 U［P］.2022-02-15.

［81］聂鹏程，张慧，耿洪良，等.农业物联网技术现状与发展趋势［J］.浙江大学学报（农业与生命科学版），2021，47（2）：135-146.

［82］谢铮辉.海南农业物联网发展综述［J］.热带农业科学，2019，39（1）：103-112.

［83］阴国富，朱创录.植物工厂生产方式下智慧农业监控平台的研究与设计［J］.江苏农业科学，2018，46（21）：232-237.

［84］何伟，常赛.基于专家系统的智慧农业管理平台的研究［J］.电脑知识与技术，2016，12（31）：52-53.

［85］刘丽伟，高中理.美国发展"智慧农业"促进农业产业链变革的做法及启示［J］.经济纵横，2016（12）：120-124.

［86］沈延，肖安，黄鹏，等.类转录激活因子效应物核酸酶（TALEN）介导的基因组定点修饰技术［J］.遗传，2013，35（4）：395-409.

［87］王延鹏，程曦，高彩霞，等.利用基因组编辑技术创制抗白粉病小麦［J］.遗传，2014，36（8）：848.

［88］李君，张毅，陈坤玲，等.CRISPR/Cas 系统：RNA 靶向的基因组定向编辑新技术［J］.遗传，2013，35（11）：1265-1273.

［89］廉小平，黄光福，张玉娇，等.长雄野生稻有利基因的发掘与利用［J］.遗传，2023，45（9）：765-780.

［90］凌闵.浅谈转基因植物在我国农业上的应用现状及未来［J］.上海农业科技，2020（6）：10-13.

［91］廉雨乐.转基因技术在玉米育种中的应用研究［J］.农业开发与装备，2020（6）：91-92.

［92］徐建伟，于沐，张果果，等.小麦转基因技术研究进展［J］.现代农业科技，2017（19）：33，35.

［93］杜丽缺，赵明超，林拥军，等.β-胡萝卜素加强的转基因水稻培育［J］.华中农业大学学报，2014，33（5）：1-7.

［94］2019 年全球生物技术/转基因作物商业化发展态势［J］.中国生物工程杂志，2021，41（1）：114-119.

［95］赖文安.广西肉桂高效栽培技术［J］.农技服务，2008，25（11）：122，127.

［96］何伟达.肉桂枝枯病成因及防治［J］.农业与技术，2015，35（18）：132.

［97］王羽梅.中国芳香植物［M］.北京：科学出版社，2008.

［98］王羽梅.中国芳香植物资源［M］.北京：中国林业出版社，2020.

［99］黄荫规．肉桂泡盾盲蝽生物学特性及防治［J］．广西植保，1997，4：5-9.

［100］秦民坚，郭玉海．中药材采收加工学［M］．北京：中国林业出版社，2008.

［101］李向高．中药材加工学［M］．北京：中国农业出版社，2004.

［102］李青．桂皮的采收与加工技术［J］．农村百事通，2011，9：20-21.

［103］陈钰．柠檬高产栽培技术［J］．四川农业科技，2012，3：30-31.

［104］钟景勇．柠檬繁殖方法概述［J］．农业工程技术：温室园艺，2014，2：38-40.

［105］谢晓林．柠檬栽培技术［J］．四川农业科技，2012，6：14-16.

［106］石健泉，曾沛繁．沙田柚树的修剪技术（一）［J］．广西园艺，2001，38（3）：30-31.

［107］吕玉奎，陈德才，杨文光．酸橙栽培技术［J］．重庆林业科技，2010，89（1）：58-59.

［108］韩学俭，陈文玲．酸橙的整形修剪［J］．特种经济动植物，2003，4：35.

［109］方才君．巴柑檬叶油研究初报［J］．香精香料化妆品，1990，1：14-18.

［110］方才君．巴柑檬叶油生产技术研究［J］．四川日化，1990，3：9-12.

［111］方才君．南溪巴柑檬引种试种研究初报［J］．四川日化，1989，4：24-29.

［112］聂述成．巴柑檬生长结果习性的初步观察与栽培管理［J］．四川日化，1990，2：17-22.

［113］陈全友，刘晓东，郭天池，等．巴柑檬引种栽培及其精油理化性质研究［J］．中国柑橘，1986，1：22-23.

［114］戴宝合．野生植物栽培学［M］．北京：中国农业出版社，1997.

［115］张康健，王蓝．药用植物资源开发利用学［M］．北京：中国林业出版社，1997.

［116］戴宝合．野生植物资源学［M］．北京：农业出版社，1993.

［117］周厚高，王凤兰，刘兵，等．有益花木图鉴［M］．广州：广东旅游出版社，2006.

［118］刘方农，彭世逞，刘联仁．芳香植物鉴赏与栽培［M］．上海：上海科学技术文献出版社，2007.

［119］王有江．芳香花草［M］．北京：中国林业出版社，2004.

［120］郭巧生．药用植物栽培学［M］，北京：高等教育出版社，2004.

［121］周厚高．芳香植物景观［M］．贵阳：贵州科技出版社，2007.

［122］包满珠．花卉学［M］．北京：中国农业出版社，1998.

［123］北京林业大学园林花卉教研组．花卉学［M］．北京：中国林业出版社，1990.

［124］姚雷．芳香植物（新世纪农业丛书）［M］．上海：上海教育出版社，2002.

［125］朱家枏．拉汉英种子植物名称［M］．2版．北京：科学出版社，2001.

［126］李作轩. 园艺学实践［M］. 北京：中国农业出版社，2004.

［127］朱亮锋，李泽贤，郑永利. 芳香植物［M］. 广州：南方日报出版社，2009.

［128］钟荣辉，徐晔春. 芳香花卉［M］. 汕头：汕头大学出版社，2009.

［129］邬志星. 彩图家庭养花护花［M］. 上海：上海文化出版社，2007.

［130］秋实. 养花一本通［M］. 北京：中医古籍出版社，2009.

［131］王玉生，蔡岳文. 南方药用植物图鉴［M］. 汕头：汕头大学出版社，2007.

［132］章镇，王秀峰. 园艺学总论［M］. 北京：中国农业出版社，2003.

［133］谭文澄，戴策刚. 观赏植物组织培养技术［M］. 北京：中国林业出版社，1991.

［134］胡繁荣. 园艺植物生产技术［M］. 上海：上海交通大学出版社，2007.

［135］阎凤鸣. 化学生态学［M］. 北京：科学出版社，2003.

［136］张振贤. 蔬菜栽培学［M］. 北京：中国农业大学出版社，2003.

［137］王玉华，王丽芸. 藤本花卉［M］. 北京：金盾出版社，1999.

［138］河北农业大学. 果树栽培学总论［M］. 北京：中国农业出版社，1980.

［139］孙明，李萍，吕晋慧，等. 芳香植物的功能及园林应用［J］. 林业使用技术，2007，5：46-47.

［140］陈辉，张显. 浅析芳香植物的历史及在园林中的应用［J］. 山西农业科学，2005，3：140-142.

［141］姚雷. 观赏芳香植物待开发［J］. 中国花卉园艺，2004，10：6-7.

［142］吴卓珈，徐哲民，李春涛. 芳香植物研究进展［J］，安徽农业科学，2005，33（12）：2393-2396.

［143］佚名. 云南加紧建设香料基地［J］. 浙江林业，2005，5：34.

［144］张婷，邹天才，刘海燕. 贵州芳香植物资源及其开发利用的探讨［J］. 贵州林业科技，2009，3（2）：19-27.

［145］冯兰香，杜永臣，刘广树. 蓬勃发展中的台湾芳香植物产业［J］. 中国蔬菜，2004，2：40-42.

［146］张振贤. 蔬菜栽培学［M］. 北京：中国农业大学出版社，2003.

［147］欧亚丽. 芳香植物景观建设初探［J］. 邢台职业技术学院学报，2008，25（1）：68-70.

［148］欧阳惠，李超. 湖南省主要香料植物气候生态适应性的研究［J］. 长沙水电师院自然科学学报，1993，8（2）：209-218.

［149］刘鹏，陈立人，李顺大. 浙江省芳香植物资源的分布和开发［J］. 山地学报，2000，18（2）：177-179.

［150］李昊民，李勇，赵荣钦. 河南省芳香植物资源与开发［J］. 商丘师范学院学报，2004，20（5）：130-134.

［151］侯元同，王康满. 山东省的野生芳香植物［J］. 国土与自然资源研究，

2000，3：74-76.

[152] 郝培尧．北京芳香植物资源开发利用初探 [J]．山东林业科技，2007，4：64-67.

[153] 冯旭，周勇，郭立新．黑龙江省野生香料植物资源及其利用 [J]．国土与自然资源研究，1995，2：68-72.

[154] 周繇．长白山区野生芳香植物资源评价与利用对策 [J]．安徽农业大学学报，2004，31（2）：212-218.

[155] 江燕，章银柯，应求是．我国芳香植物资源、开发应用现状及其利用对策 [J]．中国林副特产，2007，5：64-67.

[156] 仲秀娟，李桂祥，赵苏海，等．谈芳香植物应用及前景 [J]．现代农业科技，2008，24：105.

[157] 丛虎滋，闫夏，景生．博州香紫苏滴灌优质高效栽培技术 [J]．现代农业科技，2017，11：91.

[158] 孙学忠．香紫苏及其栽培技术 [J]．中国野生植物，1989，3：39.